# 细胞培养

## Cell Culture

第3版



主　　编　刘　斌
名誉主编　司徒镇强
主　　审　吴军正
编　　者　（按姓氏笔画排列）
王　为　王　静　王之发　司徒镇强
朱晓英　刘　峰　刘　斌　关素敏
李　龙　李　焰　李志进　吴军正
陈建元　段建红　徐小方　徐海燕
谭新颖　薛　辉　戴太强

世界图书出版公司
西安　北京　上海　广州

图书在版编目(CIP)数据

细胞培养/刘斌主编. —3版. —西安:世界图书出版西安有限公司,2018.1(2022.12重印)
ISBN 978-7-5192-4082-0

Ⅰ.①细… Ⅱ.①刘… Ⅲ.①细胞培养—高等学校—教材 Ⅳ.①Q813.1

中国版本图书馆CIP数据核字(2018)第006557号

| | |
|---|---|
| 书　　名 | 细胞培养<br>Xibao Peiyang |
| 主　　编 | 刘　斌 |
| 责任编辑 | 杨　菲 |
| 装帧设计 | 新纪元文化传播 |
| 出版发行 | 世界图书出版西安有限公司 |
| 地　　址 | 西安市锦业路1号都市之门C座 |
| 邮　　编 | 710065 |
| 电　　话 | 029-87214941　029-87233647(市场营销部)<br>029-87234767(总编室) |
| 网　　址 | http://www.wpcxa.com |
| 邮　　箱 | xast@wpcxa.com |
| 经　　销 | 新华书店 |
| 印　　刷 | 西安华新彩印有限责任公司 |
| 开　　本 | 787mm×1092mm　1/16 |
| 印　　张 | 21.25 |
| 字　　数 | 400千字 |
| 版　　次 | 2018年1月第3版　2022年12月第5次印刷 |
| 国际书号 | ISBN 978-7-5192-4082-0 |
| 定　　价 | 59.00元 |

# 前　言

随着我国生命科学的迅猛发展，动物组织（细胞）培养技术不断发展和完善，目前该技术已广泛应用于生物学、医学各个领域，成为细胞与组织研究的重要技术之一，是生命科学工作者和研究生必备的实验技能。为了适应教育和教学改革的发展，更好地满足生命科学和医学人才的培养需求，我们根据多年的教学实践经验，于 1996 年编写了第 1 版《细胞培养》教材，2004 年进行了第一次修订，2005 年该书被教育部学位与研究生教育发展中心推荐为"研究生教学用书"。2007 年我们编写了第 2 版《细胞培养》。

在教学和科研实践过程中，《细胞培养》受到生命科学和医学相关专业研究生和科研人员的广泛关注并产生了一定的社会影响力。时至今日，我们根据同道们在使用过程中提出的宝贵意见，对第 2 版《细胞培养》再次进行全面修订，在保持原书样式和风格的基础上，注重基础理论和实践的联系，突出实验操作可行性。本版中，更正了一些文字错误，删除了一些不合时宜的内容，补充了一些细胞培养新技术，如三维细胞培养、诱导多能干细胞培养、肿瘤干细胞培养等，也补充了一些细胞检测相关的仪器分析技术，如扫描电镜、透射电镜、原子力显微镜和活细胞工作站。

本书的顺利完成，离不开司徒镇强和吴军正老前辈的鼎力支持以及许多年轻有为教员的大力帮助，特此致谢！

《细胞培养》历经多次修订，内容逐渐完善，但是，疏漏之处在所难免，欢迎广大读者批评指正，以便今后再版时更正。

刘　斌

2017 年 12 月于第四军医大学

# 内容简介

本书作为研究生教学用书,简要介绍了细胞培养的基础理论，较详细地叙述了哺乳类动物细胞培养必需的用品器材、具体的操作步骤及操作提示等。

主要内容包括：细胞培养基本知识；细胞培养室的设置、设备和准备工作；细胞培养用液及培养基；二维及三维细胞培养技术（细胞原代培养、传代培养、细胞冻存与复苏、细胞系鉴定方法、三维细胞培养等）；上皮细胞、干细胞等各类正常组织细胞的培养；肿瘤细胞培养、肿瘤药物敏感性试验、肿瘤放射敏感性试验、裸鼠移植瘤模型等各类肿瘤试验模型；细胞活力的检测、细胞凋亡检测、细胞遗传学及细胞形态学等细胞培养中的研究方法；细胞和细胞器的分离、细胞克隆形成及杂交瘤细胞制备等有关的实验技术；培养细胞的原位杂交、细胞的基因转移等有关的分子生物学实验技术；细胞检测相关的仪器分析技术（流式细胞仪、激光扫描共聚焦显微镜、扫描电子电镜、透射电子电镜、原子力显微镜及活细胞工作站）。

本书可供生物学、医学等相关专业人员在科学实验中参考。

# 目　录

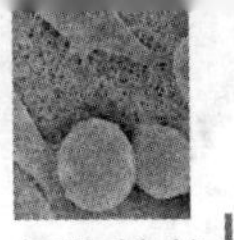

# 细胞培养基本知识

## 1.1 前　言

细胞或组织培养现已广泛应用于生物学、医学各个领域，成为细胞与组织研究的重要技术之一。组织细胞培养泛指从动物活体体内取出组织，在模拟体内生理环境等特定的体外条件下，进行孵育培养，使之生存并增殖。若以培养物而言，可分为组织培养、细胞培养和器官培养。组织培养指把活体的一小块组织置于底物上孵育，细胞从组织块边缘游出并增殖。细胞培养是把取得的组织用机械或消化的方法分散成单个细胞悬液，然后进行培养，使其存活和增殖。这些培养物的主要成分均属细胞，而这些细胞在体外增殖时，仍然是相互依存、互相影响的。因此，细胞培养与组织培养实际上区别不大，本书将细胞培养与组织培养以相同的含义使用。此外，体外培养中尚有一种培养物，系将活体中器官或一部分器官取出，置于体外生存、生长并同时保持其一定的结构和功能特征，称为器官培养，以与一般的细胞培养相区别。

## 1.2 细胞培养简史、现状及发展趋势

动物组织培养（tissue culture）最初可追溯到19世纪末，1885年，Wilhelm Roux将鸡胚髓板置于温盐水中存活数日，被认为是第一个进行动物组织培养的人。1907年，美国生物学家Harrison为研究神经纤维的起源问题，将从蝌蚪的脊索中分离出的神经组织，放在青蛙的淋巴液中培养，组织成功存活了数周并长出了神经纤维，开创了动物组织培养的先河，被公认为动物组织培养开始的标志。而他使用的悬滴培养法（suspension culture）一直沿用至今。1912年，Carrel在实验中引入了无菌操作技术，并完善了经典的悬滴培养法，在不使用抗生素的情况下将鸡胚心脏细胞在人工培养条件下培养存活了34年，

期间进行了3 400次的传代。他的工作成果充分印证了组织在体外条件下增殖和生长的可能，动物组织培养可以成为研究组织和细胞的有效手段。1923年，Carral创立了卡氏瓶培养法，使用这种方法可以随时更换培养液，使组织能够不断生长，又可以使用不同的培养液培养不同的细胞，极大地推动了当时组织培养研究。Harrison和Carrel的卓越贡献极大地推动了生物工程的发展，细胞培养技术成为生物及细胞领域极为重要的基础技术。

组织细胞培养最初是使用未离散的组织小块作为对象，组织的生长也仅仅局限于从组织中迁移出的细胞，这种培养细胞的方法一直沿用了50多年。在此期间，经过无数科学家的探索和努力，动物组织培养逐渐转变为动物细胞培养（cell culture）。所谓动物细胞培养，指的是离散的动物活细胞在体外人工条件下的生长、增殖过程，在此过程中细胞不再形成组织。1916年，Rous和Jonee首次使用胰蛋白酶将离体细胞分散开来。继卡氏瓶培养法之后，Earle改良了该方法，使得细胞能够直接生长于玻璃瓶壁上，并成功维持了正常细胞和肿瘤细胞株的生长，培养瓶培养细胞的方法在随后的研究中得到了广泛应用。1948年，Sanford等成功从小鼠L细胞中克隆出最早的细胞株L929。1949年，Hanks设计了Hanks盐溶液。1952年，Dulbecco等采用胰蛋白酶消化法获取了单个细胞进行悬液培养，并使用单层细胞培养建立了多个细胞系，开创了细胞培养方法。此后，胰蛋白酶在细胞传代中得到了广泛的应用。同时，化学合成培养基逐渐代替天然培养基，Parker、Eagle等分别设计了不同成分的培养基应用于不同细胞的培养，直到60年代，Ham发明了无血清培养基。基于当时的细胞培养技术，1952年，Gey等成功建立了首个人类细胞系——Hela细胞系（子宫颈癌）。1961年，Hayflick首次建立了25种人类二倍体细胞系，开辟了细胞培养技术新的应用方向。

自20世纪中叶起，组织细胞培养技术的应用进入了一个繁盛的阶段，在医学、药学、生物学等领域得到了广泛应用，极大地推动了人类科学技术的发展。1964年，Wiktor等使用WI－38人肺成纤维细胞生产狂犬病疫苗。1965年，Harris和Watkins成功培养出人－小鼠杂种细胞。1976年，Illmensee和Milstein发现了胚胎干细胞的全能性。20世纪80年代，通过细胞培养，基因表达的调控以及癌基因的转变得到了深入的探索。20世纪90年代，利用体外细胞培养形成了大规模工业化生物制药的生产。进入21世纪，人类基因组计划提上日程，基因组学、蛋白组学以及组织工程等新兴前沿分支的探索正如火如荼地进行，通过支架材料发展细胞3D化培养成为近年来火热的研究方向。

细胞培养作为生物工程、细胞工程的基本技术已经渗透到人类生活的许多领域，取得了许多具有开发性的研究成果，收到了明显的经济和社会效益。随着生物技术在新世纪中的地位不断提高，它的前景和产生的影响将会逐渐显现出来。目前组织细胞培养正朝着规模化、自动化、低成本、高目的产品产量的方向发展，如开发特定产物表达的特异性细胞系、研制新型无血清培养基、设计大规模生物反应器等。伴随着近年来试管动物、转基因动物、器官移植再生、新型生物药剂等的不断出现，细胞培养技术在基因、肿瘤、免疫、药物、生殖等多个方面将获得更加广泛的应用和发展。

## 1.3 细胞培养的优点和缺点

细胞培养具有很多优越性，但也存在一定的局限性，因此对细胞培养应有全面的认识。

### 1.3.1 细胞培养的优点

（1）研究的对象是活的细胞。这是细胞培养最重要的优点。在实验过程中，根据要求可始终保持细胞的活力，并可长时期地动态观察和检测活细胞的形态、结构和生命活动等。

（2）研究的条件可以人为地控制。这也是其他的实验方法如体内实验等难以比拟的。进行体外细胞培养的实验时，可以根据需要，严格控制包括 pH、温度、$O_2$ 张力、$CO_2$ 张力、培养基等物理化学的条件，并且保持其相对的恒定。同时，可以施加化学、物理、生物等因素作为条件而进行实验、观察，从而保证实验具有良好的可重复性。

（3）研究的细胞样本具有均一性。一般的组织样本含有多种细胞类型，即使是来源于同一组织，仍然存在个体差异。但是，通过细胞培养一定的代数后，所得到的细胞系则可以达到均一性而属同一类型的细胞；可采用克隆化等方法使细胞达到纯化。

（4）研究的内容便于观察、检测和记录。体外培养的细胞可采用各种技术和方法来观察、检测和记录，充分满足实验的要求。如：通过倒置相差显微镜、摄像等直接观察活的细胞；电子显微镜分析细胞的超微结构；同位素标记、放射免疫等方法检测细胞内物质的合成、代谢的变化等。

（5）研究的范围比较广泛。多种学科均可利用细胞培养进行研究，如：细胞学、免疫学、肿瘤学、生化学、遗传学、分子生物学等。可供实验的组织来源众多，包括各种动物的各类组织，可以是啮齿类动物或哺乳类动物；可以是动物的胚胎或成体；可以是正常组织或肿瘤组织等。

（6）研究的费用相对较经济。由于细胞培养可大量提供相同时期、条件、性状的实验样本，因此有时比体内实验经济得多。例如：先经过体外实验的初步筛选，筛选出适合体内实验的条件，然后再进行体内实验，可大大减少直接进行体内实验的成本，缩短研究时间。

（7）可以规避动物实验所产生的伦理、道德和法律问题。

### 1.3.2 细胞培养的缺点

细胞培养虽然具有很多优点，但亦存在一定的不足。

（1）与体内存在差异。尽管培养技术不断发展，并努力创造条件以模拟动物体内状况，但是体外培养的组织或细胞与体内相应者仍然存在差异。体外培养的环境与体内的不完全相同，特别的是培养环境缺乏神经和内分泌系统等的调节。缺乏这些控制，体外的细胞比体内细胞的代谢更恒定，但并不能真实代表细胞来源的组织。

（2）培养的细胞存在一定的不稳定性。体外培养的细胞，尤其是反复传代、长期培养者，有可能发生去分化现象和筛选现象，细胞失去原始细胞的一些生物学特性。

（3）细胞培养对人员、设备等条件均

要求较高，需要建立规范的无菌实验条件，才能保证细胞学实验的可重复性。

（4）细胞培养提供的实验材料相对有限。

## 1.4 细胞培养的应用范围和领域

细胞培养的确是一种研究活组织和活细胞的良好方法。利用这一技术，可进行多方面的研究。

### 1.4.1 细胞培养的应用范围

（1）细胞内的活动：例如能量的代谢、DNA 转录、凋亡以及蛋白质的合成等。

（2）细胞内部与细胞外界之间的作用：例如细胞对外界刺激的反应、药物对细胞的作用、细胞内产物的分泌等。

（3）细胞与细胞之间的相互作用：例如形态发生、细胞与细胞之间的黏着作用、接触抑制、密度抑制等。

（4）细胞内的流动：如信号的传导、钙离子的流动、RNA 的移动、激素受体复合物的易位等。

（5）遗传学：如遗传学分析、转染、转化等。

### 1.4.2 细胞培养的应用

（1）细胞实验模型：以培养细胞为研究对象，建立基本的细胞生物学实验模型，研究致病因子与细胞的相互关系、药物对细胞的影响、衰老的过程及其诱发因素等。

（2）细胞毒试验：细胞培养已是细胞毒性研究和药效测试的常用手段。虽然体外细胞培养的结果尚不能完全地反映出整个动物的情况；但可以说，如果某一物质对几种不同的细胞系均能产生有害的影响，那么当把该物质作用于整个动物时，预期产生不良效应的可能性极大。

（3）肿瘤学：细胞培养技术已广泛应用于研究肿瘤细胞的生物学特性、肿瘤的发生和发展，特别是抗肿瘤药物的筛选。例如：通过细胞培养对细胞进行转化从而改变细胞原来的性质，被认为是研究肿瘤发生的良好方法；而采用细胞培养技术进行的抗肿瘤药物敏感试验已用于临床肿瘤患者个体性化疗的抗肿瘤药物筛选。

（4）免疫学：最突出的例子是单克隆抗体技术。杂交瘤—单克隆抗体技术极大地促进了免疫学的发展，而这种技术就是在细胞培养技术的基础上发展起来的。

（5）病毒学：细胞培养是分离病原体的重要手段，近年来病毒学中的很多发展与能在培养细胞中生长病毒的技术有关。以往病毒学的研究、实验常需大量动物，并且检测技术较烦琐，同时重复性较差；现已可采用细胞培养技术、作斑点分析等代替，方法简单、准确而且重复性好。并可利用细胞培养技术进行病毒的鉴定、病毒抗原的制作和疫苗的生产，以及血清学诊断及流行病学调研等。

（6）遗传学：可以利用细胞培养技术进行染色体分析。由于细胞融合技术的引入，与遗传学技术相结合建立了体细胞遗传学，并已成为包括人在内的高等脊椎动物遗传学分析的一个重要的组成部分。

（7）分化及发育：高等动物真核细胞分化的研究是比较困难的，现在利用体外培养对分化进行研究。例如：经一已知的外界因素刺激后，有些细胞群体可发生改变，这些改变可以被确认并进行监测，并可研究细胞分化及发育过程中相互作用及细胞内控制的机制。

（8）细胞工程、组织工程及临床医学方面的应用：细胞培养技术亦已为临床医学所采用。例如：从子宫取得细胞作染色体分析可揭示尚未出生胎儿的遗传性疾患；在合适的宿主细胞作的培养可进行病毒感染的定性及定量分析；用细胞培养作克隆、微量分析或其他体外的检测分析方法来检测药物的效应。此外，细胞培养已用于某些治疗目的。如将某些细胞体外培养，经适当处理后重新导入动物体内以达到治疗的目的，如：经体外刺激生长的淋巴细胞可用以改善对肿瘤的免疫反应等。

现在利用细胞培养技术已经可以生产出多种生物制品，如：狂犬病、小儿麻痹症等病毒疫苗，表皮生长因子等生长因子，激素、干扰素、白细胞介素等生物调节剂，单克隆抗体及酶制剂等。

具有临床应用发展前景的干细胞培养（如培养干细胞移植或在体外定向诱导分化干细胞后移植）、组织工程（如组织工程皮肤、骨和软骨缺损的修复）、试管婴儿等也都离不开细胞培养技术。

## 1.5 培养细胞的特性

### 1.5.1 培养细胞的生长方式及类型

体外培养的细胞，按其生长方式可分为贴附型和悬浮型两大类。

#### 1.5.1.1 贴附生长型细胞

为附着于底物（支持物）表面生长的细胞，本书主要讨论本型细胞的培养。活体体内的细胞除血细胞外，当离体培养时大多数以贴附型方式生长。必须贴附于底物才能生长的细胞称为贴附（锚着）依赖性细胞。

目前已有很多种细胞能在体外培养生长，包括正常细胞和肿瘤细胞。例如：成纤维细胞、骨骼组织（骨及软骨）、心肌与平滑肌、肝、肺、肾、乳腺、皮肤等组织来源细胞、神经胶质细胞、内分泌细胞、黑色素细胞及各种肿瘤细胞等。这些细胞在活体体内时，各自具有其特殊的形态；但在体外培养状态下，其贴附生长型细胞在形态上表现得比较单一化，失去其在体内原有的某些特征。一般可将贴附生长的体外培养细胞从形态上大体分为上皮细胞型和成纤维细胞型两类，还有一些难以确定其稳定形态的细胞。

（1）上皮细胞型（图1-1A）：细胞培养中的上皮细胞指那些形态上类似上皮细胞，其来源于外胚层及内胚层的细胞，如皮肤及其衍生物、乳腺、肝、肺泡、消化道上皮等组织的细胞，上皮性肿瘤（如鳞状细胞癌）等的培养细胞的形态均呈上皮样。培养中的上皮细胞形态为扁平的多角形，胞质近中央处有圆形的细胞核。其生长特点为细胞之间紧密相靠、互相衔接，呈“铺路石”状，具有连接成片的能力。

（2）成纤维细胞型（图1-1B、C）：起源于中胚层组织的细胞，如：纤维结缔组织、平滑肌、心肌、血管内皮等。本型细胞的形态似在体内生长的成纤维细胞，具有长短不等的数个细胞突起，因而多呈梭形、不规则三角形或扇形，核为卵圆形位于靠近胞质的中央。其生长特点为细胞一般并不紧靠相连成片，而是排列为漩涡状、放射状，或栅栏状。

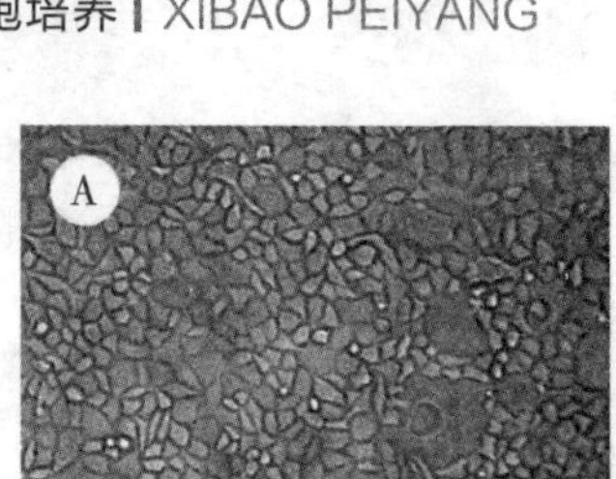


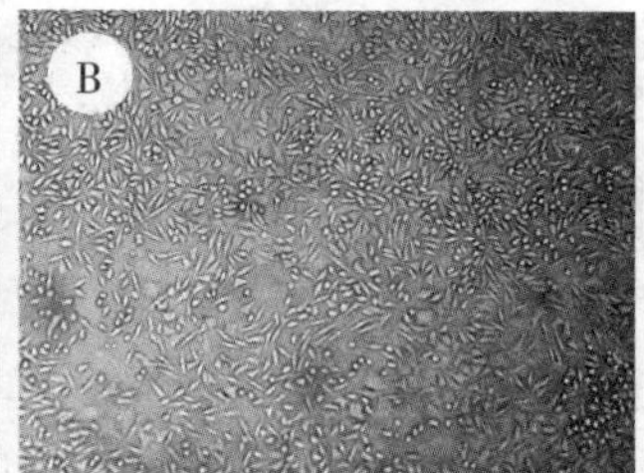


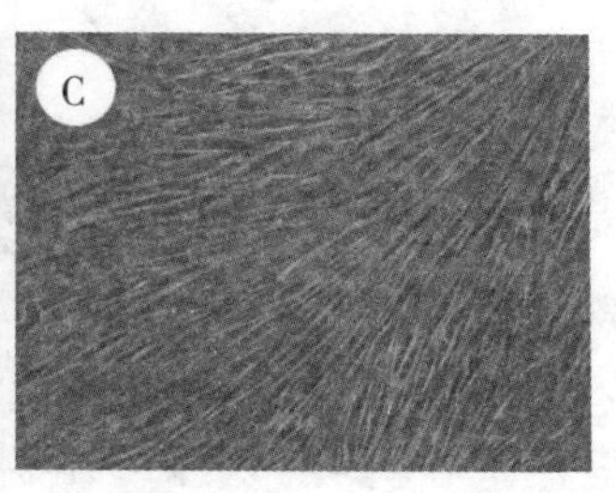


**图1-1 贴附型细胞**

A. 上皮细胞型；B. 成纤维型细胞型；C. 成纤维型细胞（旋涡状）

上述两种以形态分类的名称，仅是一种笼统的提法，并不是很确切。体外培养时所谓的上皮细胞型细胞或成纤维细胞型细胞，仅是因为其形态与体内的上皮细胞或成纤维细胞类似，并不能将体外培养的这些细胞与体内同名的细胞完全等同；而且，这种名词系用于描述细胞的外形而并非说明细胞的起源。与这两种形态类似的细胞，可能来自不同性质的细胞亚类。取自不同组织的上皮细胞，其生化特征及其原来的形态可有差异；而来自不同组织的形态相似的成纤维细胞，其发展的趋向可能并不相同。例如：在体外培养中，可从脾脏及骨髓各自分离出形态相似的"成纤维细胞"，但是当接种这些细胞于同源的动物时，只有那些来自骨髓的"成纤维细胞"才有可能形成骨样组织。因此，采用上皮样细胞或成纤维细胞样细胞的名词似乎更为恰当。此外，体外培养细胞的形态并不完全是恒定的，可因各种因素而发生改变，包括 pH、细胞密度、污染等的影响。例如：Hela 细胞本身是上皮细胞型，但若培养的条件过酸或过碱，则可呈现为梭形而似成纤维细胞样；有些细胞在高浓度血清中生长时为细长的成纤维细胞样，在低浓度血清中则更似上皮样。

#### 1.5.1.2 悬浮生长型细胞

少数细胞类型在体外培养时不需要附着于底物，在悬浮状态下即可生长，包括一些取自血、脾或骨髓的培养细胞，尤其是血液白细胞，以及癌细胞。这些细胞在悬浮中生长良好，可以是单个细胞或为微小的细胞团，观察时细胞呈圆形。由于悬浮生长于培养液之中，因此其生存空间大，具有能够提供繁殖大量细胞、传代繁殖方便（只需稀释而不需消化处理）、易于收获细胞等优点，并且适于进行血液病的研究。缺点是不如贴附生长型观察方便，而且并非所有的培养细胞都能悬浮生长。

### 1.5.2 培养细胞的增殖特点

体外培养细胞的生物学特性特点与其在体内相似。但由于生存条件的改变，有些方面如增殖的规律等，与体内不完全相同，而具有其本身的规律，即体外培养的细胞既保持一定的体内细胞的基本特性，但也具有本身的一些特点。例如当组织在体外培养时，细胞丢失其成熟细胞的特异性分化表型的性质。在多数细胞系统，细胞增殖与分化性质的表达常是矛盾的，细胞培养中分化特性的表达被细胞增殖的促进所限制。由于体外培养的细胞之间及细胞与基质之间的相互作用减少，细胞缺乏异质性和在体内存在的三维结构，以及激素与营养环境发生改变，产生有利于非特异性细胞的伸展、迁移和繁殖的环境，而不是分化功能的表达。分化的细胞在体外常失去其在体内的特异的分化性质。

体外培养细胞重要的生存和增殖特点有：贴附和伸展以及接触抑制和增殖的密度限制。

#### 1.5.2.1 贴附和伸展

贴附和伸展，是多数体外培养细胞的基本特点。虽然血细胞如淋巴细胞在活体体内并无聚集的倾向，而在体外可于悬浮状态中生存和增殖，但是大多数的哺乳动物细胞在体内和体外均需附着于一定的底物，在体外时这些底物可以是其他细胞、胶原、玻璃或塑料等。培养细胞在未贴附于底物之前一般均似球体样；当与底物贴附后，细胞将逐渐伸展而形成一定的形态，呈成纤维细胞样或上皮细胞样等。细胞附着于底物时并非一种需要能量的过程，一般认为与电荷有关。据资料记载，37 ℃时在 2 min 内细胞之间即可形成键，该键可对 0.01% 胰蛋白酶起作用且仅发生于细胞之间，而细胞与底物之间则无；8 min 后才有稳定的键形成。

一些特殊的促细胞附着的物质（如细胞黏附分子、层粘连蛋白、纤维连接蛋白、胶原、血清扩展因子等）可能参加细胞的贴附过程。这些促细胞附着因子均为蛋白质，存在于细胞膜表面或培养液尤其是血清之中。在培养过程中，这些带正电荷的促贴附因子先吸附于底物上，悬浮的圆形细胞再与已吸附有促贴附物质的底物附着，以后细胞将伸展成其原来的形态。一般来说，从底物脱离下来的贴附生存型细胞，不能长时期在悬浮中生存而将逐渐退变，除非这是一些转化了的细胞或恶性肿瘤细胞。

近年来已发现细胞附着是由对细胞外基质中分子的特异性细胞表面受体所介导的。可能是细胞伸展之前先有细胞分泌胞外基质蛋白及蛋白多糖，基质附着于带电的底物，然后细胞通过特异性受体而与基质结合。已发现有 3 种主要的细胞黏附分子与细胞 - 细胞及细胞 - 底物黏附有关：①细胞 - 细胞黏附分子，包括钙非依赖性的细胞黏附分子及钙依赖性的钙黏素，主要与相应的细胞之间的相互作用有关；②细胞与底物的相互作用则主要由整合素（integrin）所介导，此外，还包括层粘连蛋白、纤维连接蛋白、胶原、巢蛋白等分子参与；③细胞黏附分子是跨膜蛋白多糖，也与基质成分如其他蛋白多糖或胶原相互作用。

细胞的贴附和伸展可以分为几个阶段。以成纤维细胞为例，一般在细胞接种后，很快（约 5 ~ 10 min）便发现细胞以伪足初期附着，与底物形成一些接触点；接着，细胞逐渐呈放射状地伸展开，细胞体的中心部分亦随之变为扁平；最后，细胞成为成纤维细胞的形态。

细胞的贴附和伸展，首先底物须具备一定的条件（如上述的促附着因子等）。另外，尚可受一些因素的影响，例如离子的作用。如细胞的伸展需要有钙离子的存在，含低浓度钙的培养液不利于细胞的伸展。机械、物理因素也可影响细胞的附着。如低温或培养液流动过快均可妨碍细胞的附着。

有些生物因素对细胞的伸展可能有影响。如表皮生长因子可刺激神经胶质细胞的皱褶活动，成纤维细胞生长因子能减少 3T3 细胞在底物上的扁平程度。

#### 1.5.2.2 运动的接触抑制及增殖的密度抑制（密度依赖性调节）

接触抑制是体外培养中某些贴附型细

胞增殖特性之一。体外培养的细胞在培养过程中发生分裂而增殖。一般情况下，正常的细胞存在不停顿的活动或移动，其外周的细胞膜呈现一些特征性皱褶样活动。但是，当两个细胞移动而互相靠近时，其中之一或两个将停止移动并向另一方向离开，这保证了细胞不会重叠。当一个细胞被其他细胞围绕致无处可去而保持接触时，细胞不再移动，在接触区域的细胞膜皱褶样活动将停止，此即接触抑制。因此，一般的正常细胞并不互相重叠于其上面而生长；但是，转化细胞或癌瘤细胞则接触抑制下降，他们互相之间可在上面或下面重叠生长。

一般而言，当细胞增殖、汇合形成单层时，细胞变得比较拥挤，而扁平形状的程度减小，与培养液接触的表面区域亦因而减少；同时培养液中的一些营养物将逐渐消耗掉，尤其紧靠着细胞周围的部位。这种形成单层的细胞，其分裂将停止。例如3T3 细胞系，在细胞稀少状态下培养时，其增殖迅速；一旦细胞汇合成一片时（每6 cm 培养皿约 $1 \times 10^6$ 个细胞），其分裂停止，这种细胞可在静止状态维持存活一段时间，但不发生分裂增殖。其确切的细胞密度常与培养液中的血清浓度有关。上述这种增殖特性即为密度依赖性调节（或细胞生长的密度抑制）。转化细胞或恶性肿瘤细胞与正常细胞不同，他们的密度依赖性调节常常降低，因而可以增殖至较高的终末细胞密度。

## 1.5.3 培养细胞的生长过程

### 1.5.3.1 单个细胞的增殖过程：细胞周期

所谓细胞周期（cell cycle）是为研究细胞的增殖行为而提出的。在动物体内或在体外培养中，细胞处于增殖或静止状态。细胞处于静止状态亦即 $G_0$ 期。细胞的增殖状态包括 DNA 合成及细胞分裂两个关键过程。细胞周期即一个母细胞分裂结束后形成的细胞至其下一次再分裂结束形成两个子细胞的这段时期。

细胞周期为 $G_1$ 期 + S 期 + $G_2$ 期 + M 期（图 1－2）。

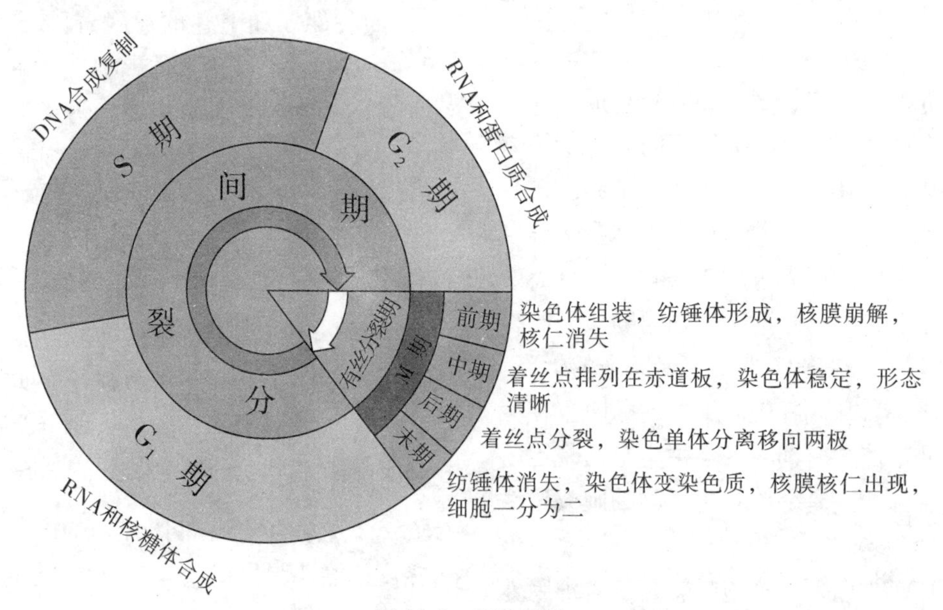


图 1－2 细胞周期

（1）$G_1$ 期：DNA 合成前期，又称细胞分裂后期。发生于上一个细胞周期结束后的第一个生长阶段。在本期中细胞进行正常的物质代谢，制备更多的细胞质和细胞器，为下一步 DNA 复制和蛋白质合成做准备。包括初阶段时 RNA 的合成、GMP 及 cAMP 的形成，以及后阶段时形成 DNA 前驱物质脱氧核苷酸、胸苷激酶等。此外，为了以后中心体的复制做准备，在本期中心体将进行分离。各种细胞 $G_1$ 期持续时间的长短差异较大，短者 4～5 h，长者可达数日。增殖旺盛细胞的 $G_1$ 期持续时间短，衰退细胞则时间长。

（2）S 期：即 DNA 合成期。细胞分裂前必须进行 DNA 的合成、复制。若 DNA 的复制发生错误，将引起变异而导致发生异常细胞。在 S 期的开始阶段，DNA 合成的强度较大，以后逐渐减少，至 S 期结束时 DNA 含量将加倍。本期为遗传物质较易受损的时期，因 DNA 在合成过程中，其核苷酸双链分离，易于受到致突变或致癌物的影响。各种细胞的 S 期持续时间差别较小，约在 2～30 h，平均约 6～8 h。

（3）$G_2$ 期：为 DNA 合成后期，又称细胞分裂前期。$G_2$ 期是细胞的第二个生长阶段，细胞 DNA 已复制完成，细胞器及蛋白质也已合成，为细胞分裂做最后准备工作。主要的变化是 RNA 及蛋白质的合成以及染色质的螺旋化。在 $G_2$ 期，蛋白质的合成与细胞的分裂有关，若此期内蛋白质的合成受阻，将影响细胞进行分裂。细胞于本期中对周围环境较敏感，易因温度、pH 等因素的影响而受干扰，停滞于 $G_2$ 期；但当这些不利的作用因素去除后常能恢复。本期持续时间较短，约 2～3 h 或略长。

（4）M 期：为有丝分裂期。是细胞周期的终结期，此时每个细胞将分裂成 2 个子细胞。细胞处于分裂时称为分裂相。细胞分裂相的多少可作为细胞生活状态和增殖旺盛情况判断的重要参考指标。M 期整个持续时间很短，也较稳定，一般只有 1～2 h 左右。细胞分裂的进程又分为前、中、后、末 4 期。

① 有丝分裂的前期：尚未明确细胞如何从 $G_2$ 期结束后过渡到本期的确切标记。前期最开始可能是出现细胞核的转动；当核内可见染色质且逐渐清楚时，表示细胞已进入有丝分裂前期。染色质进一步浓缩，形成有一定数目及形状的染色体。以后，核膜及核仁消失，染色体混入至胞质之中且呈活跃的运动。细胞质逐渐回缩，细胞倾向于形成球状。已复制的两个中心体开始分离并向两极移动，两中心体之间有丝相连而形成纺锤体。纺锤体并不稳定而以伸缩或摆动等状态移动。染色体渐由分散状态向细胞中央移动集中，并很快排列于赤道平面，此时前期结束。前期持续时间约 20～30 min。

② 有丝分裂的中期：中期细胞的染色体高度浓缩，形成典型的中期染色体，集中于赤道板，丧失其明显的运动。此种聚集在赤道板上的中期染色体又称为中期板，具有一定的方向性，常与底物的平面垂直。两个中心体亦已完全移至两极，纺锤体则基本停止移动。此期细胞的胞质进一步发生回缩，细胞成球形。由于它们呈球状而与底物附着面缩小，易于因摇动、冲击等作用而脱落，常可作为中期分裂相细胞收集的方法。此即有丝分裂细胞选择性同步化方法的一种。细胞在本期时亦对外界因素敏感，易于受影响而延缓甚至停止向后期过渡。中期持续时间约

20 ~ 30 min。

③ 有丝分裂的后期：后期开始的标志为染色体的一分为二。中期板的各个染色体于着丝点开始分离而成为 2 个染色单体。分开的染色体（染色单体）分为两组并向两极分别移动。整个细胞亦随着向两极拉长，逐渐由圆球形变成椭圆的球形，在赤道部开始变窄，胞体似哑铃状。后期持续时间最短，仅 5 ~ 6 min。

④ 有丝分裂的末期：在本期，胞质中分别移动的两组染色体到达两极，细胞继续拉长，染色体重新变成染色质，核仁及核膜再次出现，胞体中部进一步变细，胞体逐渐分离而形成 2 个子细胞。开始时此 2 个子细胞之间仍有细丝相连，较长时间后完全分开成为 2 个独立的子细胞。以后各子细胞的细胞质重新伸展，细胞恢复原来的形态。于是细胞又开始进入 $G_1$ 期。本期持续的时间约 20 ~ 30 min。

整个细胞周期的持续时间和细胞周期中各期的持续时间因不同细胞类型而异。一般说来，哺乳动物细胞的细胞周期约 10 ~ 30 h。其中 S 期、$G_2$ 期及 M 期一起为 10 h 左右，不同细胞的变异程度较小；而 $G_1$ 期持续的时间差别则较明显。因此，某种细胞的细胞周期时间的长短主要与 $G_1$ 期的关系密切。部分常用的体外培养细胞的细胞周期时间见表 1 – 1。

**表 1 – 1　一些常用的培养细胞的细胞周期时间（h）**

| 细胞类型 | TC | $tG_1$ | tS | $tG_2$ |
|---|---|---|---|---|
| Hela 细胞 | 20 ~ 28 | 8 ~ 16 | 5 ~ 9 | 2 ~ 8 |
| 人成纤维细胞 | 16 ~ 30 | 3 ~ 16 | 6 ~ 11 | 4 ~ 5 |
| 人羊膜细胞 | 19.4 | 9.8 | 6.7 | 2.2 |
| 鼠 L 细胞 | 18 ~ 23 | 6 ~ 11 | 6 ~ 12 | 3 ~ 4 |
| 中国仓鼠成纤维细胞 | 12 ~ 15 | 3 ~ 6 | 4 ~ 8 | 2 ~ 3 |

注：TC 为细胞周期的整个时间；$tG_1$、tS、$tG_2$ 分别为 $G_1$、S、$G_2$ 各期的时间

Zynkiewicz（1980）提出细胞周期室（cell cycle compartment）的概念，认为在 $G_1$、S、$G_2$ 各期中，除 DNA 的含量有变化以外，生理状况有差异，RNA 含量也不同，于是出现各种静止或过渡状态。

**1.5.3.2 细胞系的生长过程**

取自动物并置于体外培养中生长的细胞在其传代之前称为原代培养或原代细胞。培养的细胞是生长于培养器皿之中的。当细胞持续生长繁殖一段时间，到达一定的细胞密度之后，就应当将细胞分离成两部分（或更多）至新的培养器皿并补充、更新培养液，此即称为传代或再培养。传代生长以后，便成为细胞系。一般正常细胞的这种细胞系的寿命只能维持一定的时间期限，称为有限（生长）细胞系。因此，在体外培养的细胞，其生命的期限并非无限的。当细胞自动物体内取出后，在培养中大多数的细胞仅持续生长有限的时间，然后将自行停止生长。即使提供这类细胞生长所需的包括血清在内的营养物质，最终仍会死亡。细胞系在培养中存活时间的长短，主要取决于细胞来自何种动物种类。例如：人胚成纤维细胞约可培养 50 代（Hayflick）；恒河猴的皮肤成纤维细胞亦能超过 40 代（Hsu）；鸡胚胎成纤维细胞在培养中则最多只有少数克隆

群体倍增30多次（Beug）；而小鼠成纤维细胞的寿命最短，正常者多数生长8代左右（Meek）。

体外培养时，不同组织来源及取自不同年龄的人成纤维细胞，平均寿命也不同。例如，从年老个体取得的成纤维细胞的寿命比取自年轻者的短。此外，可能影响培养细胞寿命的因素还有培养的条件等，如在上皮细胞的培养液中加入表皮生长因子，则可能使之延迟衰老，寿命可从50代延长到150代（Rheinwald）。

虽然，体外培养的细胞一般最终至死亡，但还是可以生长一段时间。例如，培养成纤维细胞若从$1\times10^6$个细胞开始，理论上讲，成倍生长50次即可产生$1\times10^6\times2^{50}$个细胞。因此，若小心地按一定的要求操作维持其生长，一个培养物有可能利用以研究一段相当长的时间。

体外培养细胞寿命的过程一般可分为3个阶段（图1-3）。

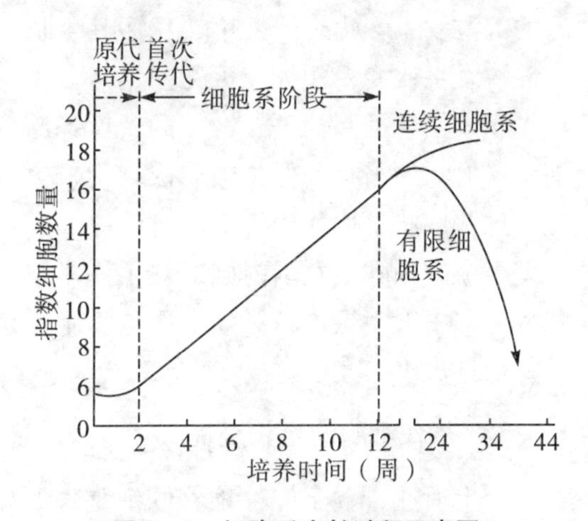


**图1-3 细胞系生长过程示意图**

（1）原代培养或初代培养期：从活体组织取材在体外培养生长至第1次传代的时期，一般约1~4周。原代培养通常为异质性，含较少的生长组分，为二倍体核型。此期中的细胞移动比较活跃，有细胞分裂但并不旺盛。原代培养的细胞与体内相应的细胞性状相似，更能代表其来源组织的细胞类型及组织特异性质，因此是一些实验如药物试验等的良好工具；但是，需要注意的是此期中生长细胞包含的类型较多。

原代培养培养物的生长是一系列的选择过程，最终将形成相对均一的细胞系。原代培养维持几小时后，将发生进一步的选择。具有增殖能力的细胞将增加，有些细胞类型将存活但数目并不增加，有些细胞则在此特殊的培养条件下不能存活。因此，各种类型细胞的相对比例将改变，并继续改变直至在单层培养者所有可供使用的培养底物已被占据为止。

当细胞增殖达到汇合后，即所有可供生长的区域已被利用，且细胞相互之间紧密接触，那些生长对密度抑制敏感的细胞将停止分裂；而转化细胞或肿瘤细胞则由于对密度抑制不敏感仍可增殖。

（2）传代期：原代培养的细胞生长一定时间之后，如贴附型细胞将逐渐融合成片而铺满底物的表面，应及时将原代细胞分开接种至2个或更多的新的培养器皿中，即传代。这种传代大约数天至1周左右即可重复1次，持续数月。在首次传代后，原代培养成为细胞系，一般是有限细胞系，可传代若干次。随着以后的每次传代，细胞群体中具有迅速增殖能力的成分将渐占优势，而非增殖的或增殖缓慢的细胞将被减弱。这在首次传代后尤为明显，因为此时增殖能力的差异与对转移的耐受能力结合在一起。

传代期的细胞增殖旺盛，一般仍然是二倍体核型，并保留原组织细胞的很多特征。但当继续长期反复传代，细胞将可逐渐失去其二倍体性质，至一定期限后（如

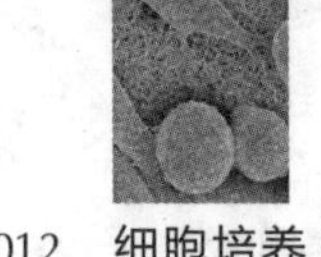



一般为传代30～50次后）细胞增殖变慢而至停止分裂，于是进入衰退（老）期。

（3）衰退（老）期：一般有限细胞系在此期的细胞开始时虽仍然存活，但增殖已很缓慢并逐渐完全停止，进而细胞发生衰退、死亡。正常细胞仅能分裂有限的次数，从正常细胞来源的细胞系经一定数目的群体倍增后将死亡，因此是有限细胞系。这是遗传学所决定的，称为衰老（senescence），并被认为是由于在每次细胞分裂后在端粒中DNA的终末端序列不能复制所致。其结果是端粒进行性缩短，直到最后细胞不能再进一步分裂（Bodnar等，1998）。在此规则之例外的是生殖细胞、干细胞和转化细胞，它们通常表达端粒酶活性。

端粒位于真核细胞染色体两端，其功能为保护染色体的稳定性和完整性，以维持DNA完整复制。人的端粒DNA长5～20 kb，与衰老密切相关，体细胞传代1次，端粒缩短50～200 bp。当端粒短至一定程度，正常人的二倍体细胞不再分裂。Harely（1990）发现随年龄增长，端粒长度下降，胎儿的端粒明显长于老年（93岁）。端粒酶是一种具有端粒特异性末端转移酶活性的核糖核酸蛋白酶，其作用是催化、合成并维持端粒一定的长度，能合成染色体DNA末端序列，以弥补DNA复制中端粒的缺失。其激活可延长细胞的生命期，使细胞获得无限增殖的能力。端粒酶在生殖细胞中表达，在干细胞中有中度活性，但在体细胞则无；肿瘤细胞的端粒酶活性高，端粒长，因此能无限增殖。

在体外培养细胞的生命期间，有所谓“危机期”（crisis）。有限细胞系生长过程中若不能通过“危机期”，将进入衰退期而趋于死亡。但是，并非所有原代培养的后代传代细胞最后全部都发生死亡；而是，传代中可有极少的后代细胞能发生转化，通过“危机期”，获得不死性而具有持久或无限增殖的能力。这种永生化细胞即称为无限细胞系，或连续（生长）细胞系，过去亦曾称为已建立的细胞系。培养细胞是否能获得无限繁殖生长的能力，与其种族、来源及性质有关。例如：鸡细胞在数次成倍生长后即死亡，即使是鸡的肿瘤细胞也无不死性；人正常细胞不易获得不死性，肿瘤细胞才有可能无限地生长；但是啮齿类动物的胚胎期细胞则较易形成永生化的连续细胞系。

培养细胞的转化意味着：由DNA及基因表达的可遗传改变产生永久性的表型改变。转化可起于自发性或诱导性，后者可因病毒的感染，或因电离辐射或化学致癌物等诱发。转化细胞发生转化后其生长特性将发生改变，例如：可无限增殖、生长无序、接触抑制消失、增殖的密度抑制下降、血清的需求降低、锚着依赖性丧失等。这些性状可代代相传，长期维持。

至今，国际上及国内已建立了许多细胞系。其中大多数来自肿瘤，部分细胞系的特征见表1－2。

#### 1.5.3.3 每代细胞的生长过程

如上所述，置于体外培养的细胞，如条件合适，将生长繁殖。在培养器皿中，细胞繁殖到一定程度后，供培养生长的区域被细胞占满，培养液中的营养物质将被

**表1－2 某些常用细胞系的特征**

| 细胞 | 来源 | | 特点 |
|---|---|---|---|
| | 种族 | 组织 | 形态学 |
| 3T3 | 小鼠 | 内皮 | 成纤维样 |
| 3T6 | 小鼠 | 胚胎 | 成纤维样 |
| A549 | 人 | 肺腺癌 | 上皮样 |
| A9 | 小鼠 | 结缔组织 | 成纤维样 |
| ACC－2 | 人 | 腺样囊性癌 | 上皮样 |
| AR42J | 大鼠 | 胰腺癌 | 成纤维样 |
| BGC－823 | 人 | 胃腺癌 | 上皮样 |
| BH－100 | 人 | 乳腺 | 上皮样 |
| | 人 | 舌鳞癌 | 上皮样 |
| Cal－27 | 人 | 结肠腺癌 | 上皮样 |
| CHO | 中国仓鼠 | 卵巢 | 上皮样 |
| CH3 | 大鼠 | 垂体瘤 | 上皮样 |
| Hela | 人 | 宫颈癌 | 上皮样 |
| HEp－2 | 人 | 喉癌 | 上皮样 |
| Hep－G2 | 人 | 肝癌 | 上皮样 |
| H1－60 | 人 | 人早幼粒细胞白血病结肠癌 | 淋巴样 |
| HT－29 | 人 | 上皮样 | |
| IEC－6 | 大鼠 | 正常小肠 | 上皮样 |
| JEG－2 | 人 | 绒毛膜癌 | 上皮样 |
| Jurkat | 人 | 淋巴瘤 | 淋巴样 |
| K562 | 人 | 慢性髓细胞性白血病 | 淋巴样 |
| KB | 人 | 鼻咽肿瘤 | 上皮样 |
| L | 鼠 | 结缔组织 | 成纤维样 |
| McCoy | 小鼠 | 成纤维细胞 | 成纤维样 |
| MCF－7 | 人 | 乳腺癌 | 上皮样 |
| MOPC－31C | 小鼠 | 浆细胞瘤 | 淋巴样 |
| P388D | 小鼠 | 淋巴样肿瘤 | 淋巴样 |
| SGC－7902 | 人 | 胃癌 | 上皮样 |
| SMMC－7721 | 人 | 肝癌 | 上皮样 |
| Tca－8113 | 人 | 舌鳞癌 | 上皮样 |
| XC | 人 | 肉瘤 | 上皮样 |
| U937 | 大鼠 | 组织细胞淋巴瘤 | 淋巴样 |

耗尽。如不及时传代，原代细胞将导致死亡。原代细胞传代后即为细胞系，以后可能继续传代。有限细胞系经过一定的代数之后，最终衰老而死亡；无限细胞系或连续（生长）细胞系则因具不死性而可无限传代。在细胞的生长过程中，增殖到一定密度后，将之分开而移至新的培养皿中（称为接种），使之继续增殖，即为传代。细胞自接种至新培养皿中至其下一次再接种传代的时间为细胞的一代。每代细胞的生长过程可分为三个阶段。

细胞先进入增殖缓慢的滞留阶段，以后为增殖迅速的指数增殖期，最后到达增殖停止的平台期。下面以贴附生长型细胞进行说明（图 1－4）。

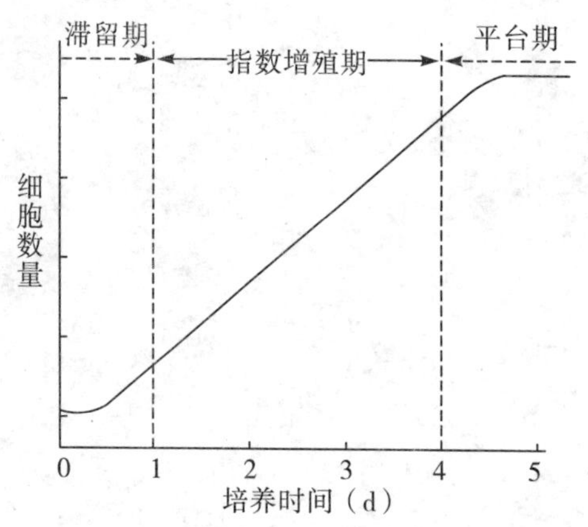


**图 1－4　每代细胞生长过程示意图**

（1）滞留期：包括悬浮期（游离期）及潜伏期。当细胞接种入新的培养器皿，不论是何种细胞类型、其原来的形态如何，此时细胞的胞质回缩，胞体均呈圆球形，先悬浮于培养液中，短时间后，那些尚可能存活的细胞即开始附着于底物，并逐渐伸展，恢复其原来的形态。再经过一潜伏期，此时细胞已存活，具有代谢及运动活动但尚无增殖发生，以后出现细胞分裂并逐渐增多而进入指数增殖期。一般细胞滞留期的时间不长，约为 24 ~ 96 h；肿瘤细胞及连续（生长）细胞系则更短，可少于 24 h。

（2）指数增殖期：又称对数生长期。此期细胞增殖旺盛，成倍增长，活力最佳，适用于进行实验研究。细胞增殖状况可用细胞倍增情况（细胞群体倍增时间）及细胞分裂指数等来判断。细胞分裂指数是指在 1 000 个细胞中分裂细胞所占的比率。在此阶段，若细胞处于理想的培养条件，将不断增殖，细胞数量日渐增加，细胞将接触而连成一片，渐次铺满培养器皿底物，提供细胞生长的区域逐渐减少甚至消失。因接触抑制而细胞运动停止，密度抑制而细胞终止分裂，细胞不再增殖而进入平台期。此期时间的长短因细胞本身特性及培养条件而不完全相同，一般约可持续 3 ~ 5 d。

$DT = t\,[\lg 2/(\lg Nt - \lg No)]$。DT 代表细胞倍增时间，t 代表细胞培养时间，N0 及 Nt 分别代表接种后及培养 t 小时后的细胞数。

（3）平台期：又称生长停止期。此期可供细胞生长的底物面积已被生长的细胞所占满，细胞虽尚有活力但已不再分裂增殖。细胞数目不再增加时，即达细胞生长的饱和密度。此时细胞虽已停止增殖，但仍存在代谢活动并可继续存活一定的时间。若及时分离培养、进行传代，将细胞分开接种至新的培养器皿并补充以新鲜培养液，细胞将于新的培养器皿中成为下一代的细胞而再次增殖。否则，若传代不及时，细胞将因中毒而发生改变，甚至脱落、死亡。

传代接种后，观察细胞的这些生长增殖过程，若每天进行检测计数，以细胞数为纵坐标，时间为横坐标，可以绘制成曲线，称为生长曲线。各细胞的生长曲线各具特点，是该细胞生物学特性的指标之一。细胞生长曲线可以提示群体倍增时间、饱和密度等有关细胞生长增殖的参数。

## 1.6 培养细胞生长的条件

体外培养的细胞需要合适的环境和必需的条件才能生存、繁殖。

### 1.6.1 细胞的营养需要

体外培养的细胞，首先需要能提供其生存的营养条件。在组织培养技术发展史中的早期，多数细胞是于血浆或血纤维蛋白原凝块中，或在组织提取物等中生长的。经过反复的研究，人们已证实体外培养细胞如体内一样需要一些基本营养物质及促生长因子等物质。

#### 1.6.1.1 基本营养物质

体外培养细胞的生长必需一些基本的营养物质，包括氨基酸、维生素、碳水化合物及一些无机离子。

氨基酸是组成蛋白质的基本单位，培养细胞时有 12 种氨基酸是必需的，包括异亮氨酸、亮氨酸、胱氨酸、精氨酸、组氨酸、色氨酸、苏氨酸、蛋氨酸、赖氨酸、缬氨酸、酪氨酸及苯丙氨酸，另外尚需谷氨酰胺。

维生素是维持细胞生长的生物活性物质。其中有些是不可少的，如烟酰胺、叶酸、核黄素、维生素 $B_{12}$、泛酸、吡哆醇及维生素 C。

碳水化合物提供细胞的能源，其中主要的是葡萄糖。

此外，培养细胞的生长尚需要钠、钾、镁、钙、磷等基本的无机离子，这些都是细胞组成所必需并参与细胞的代谢。

#### 1.6.1.2 促生长因子等物质

体外培养细胞既需要上述基本营养物质，还需要促细胞生长因子等物质才能正常生长、增殖。部分有关的促细胞生长因子见表 1－3。

**表 1－3　部分生长因子产品**

| 因子 | 别名或类型 | 来源 | 分子量或特性 | 参考使用浓度 | 说明 |
|---|---|---|---|---|---|
| 克隆刺激因子（GSF） | GM－CSF | 人，重组 | 15.5～19.5 ku 取决于糖基化 | 10～20 ng/mL | 刺激干细胞分裂及分化为粒细胞及巨噬细胞 |
| 克隆刺激因子（GSF） | GM－CSF | 鼠，重组 | 14～21 ku 取决于糖基化 | 10～50 ng/mL | 刺激鼠粒细胞及巨噬细胞 |
| 表皮生长因子（EGF） | | 鼠颌下腺 | 6.1 ku | 1～20 ng/mL | 原代细胞特别是成纤、上皮及胶质细胞有力的有丝分裂原 |
| 表皮生长因子（EGF） | β－尿抑胃素（β－urogastrone） | 人，重组 | 6.1 ku | 4 ng/mL | 促进人二倍体细胞生长 |
| 成纤维生长因子（FGF） | | 牛组织 | 16～18 ku | 0.5～2.0 ng/mL | 多种细胞的有力的有丝分裂原，能诱导胶原合成 |
| 成纤维生长因子（FGF） | | 牛，重组 | 16～18 ku | | 多种细胞的有力的有丝分裂原，能诱导胶原合成 |

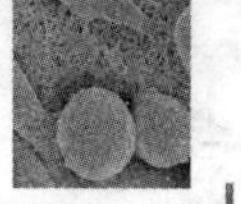



续表

| 因子 | 别名或类型 | 来源 | 分子量或特性 | 参考使用浓度 | 说明 |
| --- | --- | --- | --- | --- | --- |
| 成纤维生长因子（FGF） | | 人，重组 | 17.5 ku | 1~3 ng/mL | 多种细胞的有力的有丝分裂原，能诱导胶原合成 |
| 胰岛素样生长因子（IGF） | IGF I 或生长调节素 C（生长介素 somatomedin C） | 人，重组 | 7.6 ku | 1~50 ng/mL | 刺激多种间充质细胞，活性似胰岛素，但为更有力的有丝原 |
| 胰岛素样生长因子（IGF） | IGF I 或 II | 人，重组 | 7.5 ku | 5~100 ng/mL | 与 MSA（增殖刺激素）及生长调节素 A 同源，能替代某些细胞对胰岛素的需要 |
| 白细胞介素-1（IL-1） | LAF | 人，白细胞 | 17.5 ku IL-1α 及 IL-1β 混合物 | 0.05~0.4 ng/mL | 刺激很多类型细胞的生长及分化，激活 T 淋巴细胞 |
| 白细胞介素-1（IL-1） | IL-1α | 人，重组 | 17.0 ku | 50~400 pg/mL | 刺激很多类型细胞的生长及分化，激活 T 淋巴细胞 |
| 白细胞介素-1（IL-1） | IL-1β | 人，重组 | 17.0 ku | 5~40 pg/mL | 刺激很多类型细胞的生长及分化，激活 T 淋巴细胞 |
| 白细胞介素-1（IL-1） | IL-1α | 鼠，重组 | 17.5 ku | 0.01~0.4 ng/mL | 激活鼠 T 淋巴细胞 |
| 白细胞介素-2（IL-2） | | 鼠，重组 | 15 ku | 4~400 ng/mL | T 淋巴细胞的有丝分裂原 |
| 白细胞介素-3（IL-3） | | 人，重组 | 15 ku | 5~10 ng/mL | 促进粒细胞、巨噬细胞及其他类型细胞生长 |
| 白细胞介素-3（IL-3） | | 鼠，重组 | 28 ku | 0.05~1 μg/mL | 促进多种鼠细胞生长 |
| 白细胞介素-4（IL-4） | BCSF-Ⅰ | 人，重组 | 15.5 ku | 1~40 ng/mL | 促进 B 及 T 淋巴细胞激活及生长 |
| 白细胞介素-4（IL-4） | | 鼠，重组 | 14.6 ku | 10~200 ng/mL | 刺激鼠 B 和 T 淋巴细胞促进肥大细胞生长 |
| 白细胞介素-5（IL-5） | BCSF-Ⅱ | 鼠，重组 | 50 ku | 1~100 U/mL | 促进 B 细胞激活及生长嗜酸细胞激活因子 |
| 白细胞介素-6（IL-6） | IFN-$\beta_2$ | 鼠，重组 | 26 ku | 1~10 ng/mL | 杂交瘤的有丝分裂原并促进克隆生长 |
| 白细胞介素-6（IL-6） | IFN-$\beta_2$ | 人，重组 | 26 ku | 1~50 ng/mL | 杂交瘤的有丝分裂原并促进克隆生长 |

续表

| 因子 | 别名或类型 | 来源 | 分子量或特性 | 参考使用浓度 | 说明 |
| --- | --- | --- | --- | --- | --- |
| 白细胞介素－7（IL－7） | LP－1 | 人，重组 | 17 ku | 1～10 ng/mL | 促进B及T细胞生长及分化 |
| 白细胞介素－7（IL－7） | LP－1 | 鼠，重组 | 17 ku | 1～10 ng/mL | 促进B及T细胞生长及分化 |
| 白细胞介素－8（IL－8） | NAF | 人，重组 | 8.5 ku | 5～50 ng/mL | 中性粒细胞的有力化学引诱剂 |
| 神经生长因子（NGF） | 2.5S | 鼠，颌下腺 | 26.5 ku | 5～10 ng/mL | 刺激神经细胞分泌活性及分化 |
| 神经生长因子（NGF） | 7S | 鼠，颌下腺 | 130 ku 高分子量复含物 | 5～10 ng/mL | 纯化的多肽有较高活性但不如复合物稳定与大的携带蛋白结合 |
| 血小板源生长因子（PDGF） |  | 人，血小板 | 38 ku | 0.1～0.3 ng/mL | 间充质和神经外胚层细胞的有丝分裂原 |
| 血小板源生长因子（PDGF） |  | 人，重组 | 26 ku | 1～4 ng/mL | 间充质和神经外胚层细胞的有丝分裂原 |
| 转化生长因子（TGF） | TGF－β | 人 | 25 ku | 0.1～5 ng/mL | 由血小板分泌，促进间充质细胞在软琼脂中生长 |
| 转化生长因子（TGF） | TGF－α | 人，重组 | 7 ku | 1～20 ng/mL | 与 EGF 30% 同源并具有相似性质 |
| 转化生长因子（TGF） | TGF－β1 | 人，重组/天然 | 25 ku | 2～5 ng/mL | 促进间充质细胞生长<br>阻止上皮细胞生长 |
| 肿瘤坏死因子（TNF） | TNF－α | 人，重组 | 36 ku | 5～250 ng/mL | 对转化细胞有细胞溶解或细胞抑制效应<br>促进有些正常细胞的生长和分化 |
| 肿瘤坏死因子（TNF） | TNF－β | 人，重组 | 18.8 ku | 0.05～50 ng/mL | 对转化细胞有细胞溶解或细胞抑制效应<br>促进有些正常细胞的生长和分化 |
| 氢化可的松（He） |  | 合成 | 362.5 ku | 0.1～3.0 μmol/L | 促进细胞在生长表面伸展 |
| 胰岛素 |  | 牛，胰 | 5.7 ku | 1～200 μg/mL | 对细胞代谢有多种刺激效应 |

注：产品可因生产厂家不同而不同

血清中含有多种上述细胞生长所需的物质，有利于多数细胞的存活和生长；但同时也有些组成不明、对细胞有害的成分。

#### 1.6.1.3 常用的细胞培养基

（1）BME（basal medium eagle），适用于二倍体或原代哺乳动物细胞培养的动物细胞培养基。

（2）MEM（minimum essential medium），是动物细胞培养中的常用的培养基，也称最低必需培养基，它仅含有12种必需氨基酸、谷氨酰胺和8种维生素。可广泛适应各种已建成细胞系和不同地方的哺乳动物细胞类型的培养。

（3）DMEM，Dulbecco's改良培养基，是一种含各种氨基酸和葡萄糖的培养基，在MEM培养基的基础上研制的。浓度高出MEM 2～4倍，同时又分为高糖型（低于4 500 mg/L）和低糖型（低于1 000 mg/L）。

（4）IMDM，为营养非常丰富的培养液，因此可以用于高密度细胞的快速增殖培养。

（5）RPMI 1640，RPMI是Roswell Park Memorial Institute的缩写，代指洛斯维帕克纪念研究所。RPMI是该研究所研发的一类细胞培养基，1640是培养基代号。广泛应用于哺乳动物、特殊造血细胞、正常或恶性增生的白细胞，杂交瘤细胞的培养，是目前应用十分广泛的培养基。

（6）M199，主要用于鸡胚成纤维细胞培养。此培养液必须辅以血清才能支持长期培养。M199可用于培养多种种属来源的细胞，并能培养转染的细胞。

（7）Mccoy's 5A，主要用于肉瘤细胞的培养，可支持多种（如骨髓、皮肤、肺和脾脏等）的原代移植物的生长，除适于一般的原代细胞培养外，主要用于组织活检培养、一些淋巴细胞培养以及一些难培养细胞的生长支持。

（8）Ham's F12培养基，可以在加入很少血清的情况下应用，特别适合单细胞培养和克隆化培养，是无血清培养中常用的基础培养液。

（9）DMEM/F12，适于克隆密度的培养。F12培养基成分复杂，含有多种微量元素，和DMEM以1∶1结合，称为DMEM/F12培养基，作为开发无血清配方的基础，以利用F12含有较丰富的成分和DMEM含有较高浓度的营养成分为优点。该培养基适用于血清含量较低条件下哺乳动物细胞培养。

### 1.6.2 细胞的生存环境

除了满足营养的需要以外，培养环境还必须具备细胞生存并繁殖的生理学能接受限度内的物理化学特性，包括温度、气相及pH等。

（1）温度：体外培养的细胞需在保持一定恒温的环境中才能生长，其适宜的温度与取材的动物种类有关。在达到有限的值之前，一般细胞繁殖率因温度升高而增加，但当温度进一步升高超过此值后，繁殖将迅速变成抑制。哺乳动物包括人类体外培养细胞的理想温度是35 ℃～37 ℃；鸟类的体温较高，因此在38.5 ℃时生长较好，而在36.5 ℃生长减慢；鼠的表皮细胞在较低的温度，如34 ℃时亦可生长；而冷血动物细胞的培养则是在接近该种动物理想体温上限的温度时生长良好。培养温度如不适当，将会影响细胞的代谢及生长，甚至发生死亡。一般说，高温比低温对细胞的影响更为明显。在较低的温度时，当温度为25 ℃～35 ℃，细胞的生长速度虽然很慢，但仍然能够生存；细胞在4 ℃能存活数天；温度只要不低于0 ℃，细胞的代谢虽受抑制，但伤害作用并不很严重，若加保护剂甚至可于液氮中冷冻至－196 ℃。在高温时则不同，细胞不能忍受温度升高。在41 ℃～42 ℃中培养1 h，损伤严重，至43 ℃以上时多数细胞将死亡。

（2）气相及pH：体外培养细胞需要理想的气体环境。包括 $O_2$ 及 $CO_2$，但其量则须恰当。

多数细胞需要在有 $O_2$ 条件下才能生长，氧张力通常维持在略低于大气状态，若 $O_2$ 分压超过大气中氧的含量可能对有些细胞有害。体外培养细胞采用开放培养时，其气体环境一般应为5% $CO_2$ ＋95%空气的混合气体。但器官培养则需高浓度的 $O_2$。

$CO_2$ 为细胞生长所需要，同时又是细胞代谢的产物，并与维持培养基的pH有关，$CO_2$ 增加将使pH下降。各种细胞对pH的要求不尽相同。大多数细胞适于在pH 7.2～7.4条件下生长，低于pH 6.8或高于pH 7.6可能对细胞有害，甚至退变或死亡。一般来说，细胞对碱性不如对酸性的变化耐受，偏酸的条件比偏碱的环境对生长的影响小。为了使培养环境的pH保持稳定，多采用在培养液中加入磷酸盐等缓冲剂的方法。

（3）渗透压：多数培养细胞对渗透压有一定范围的耐受能力，理想的渗透压因细胞的类型及种族而异。人胚肺成纤维细胞于250～325 mOsm/L下克隆生长最理想。由于人类血浆的渗透压约为290 mOsm/L，因此，可以认为这是体外培养人类细胞的理想渗透压。而鸡胚成纤维细胞为275～325 mOsm/L，鼠则为310 mOsm/L左右。在实际应用中，260～320 mOsm/L的渗透压可适于大多数细胞。若以培养皿培养，则培养液可略为低渗，以代偿在培养过程中的蒸发。

### 1.6.3 无污染及无毒

体外培养的细胞必须生长于无污染及无毒的环境。

无毒是培养细胞的必需条件。凡与细胞直接接触者（如培养器皿、底物、培养基等）或间接接触者（如配制培养基时使用的器皿、瓶盖、瓶塞等），若具细胞毒性，在培养过程中将导致细胞死亡。因此在选用这些器皿、材料时必须注意。

细胞培养中的污染问题包括细菌等微生物的污染、不同细胞类型的交叉污染及上面所述有害物质的污染。

体外培养的细胞由于缺乏机体的免疫系统等机制而失去对微生物的防御能力，若发生细菌等微生物的污染，细胞最终会死亡。微生物的污染虽然因为使用抗生素及超净工作台等措施已大为减少，但仍然是细胞培养工作中要非常重视的问题。可能导致微生物的污染包括细菌、霉菌及支原体。

污染的另一问题是不同细胞类型的交叉污染，其发生的机会常为人们所忽视。细胞的交叉污染，可使实验室原来的细胞系失去原有特性。因此，也应引起足够的重视。为了避免交叉污染，对不同细胞系操作时要特别注意，例如避免使用同一瓶培养液或试剂；曾伸入一种细胞培养瓶中的吸管不应再放置于培养液瓶中。

（司徒镇强，王　静，刘　斌）

# 第2章

# 细胞培养室的设置、设备和准备工作

## 2.1 细胞培养实验室的设置及设备

### 2.1.1 细胞培养实验室的设置

细胞培养是在体外适宜的环境中，通过人为方法，建立细胞的生长和支持体系。以细胞培养为目的而建立的实验室，就是细胞培养实验室。细胞培养实验室的出现使得生命体的相关研究得以简化，并且避免了相关生命研究中的伦理问题，它是生命科学类综合实验室建设中的基本组成部分，也是科研高校和院所专业教学和科研的核心部分。细胞培养实验室的建设是一个系统工程，涉及场地、环境、仪器设备等因素，同时其质量好坏，直接关系到细胞培养的成败，甚至科研活动的成败。

细胞培养实验室主要进行细胞培养及其相关工作，涉及无菌操作、细胞观察与孵育、实验试剂等制备与储藏、实验用品的清洗、消毒与灭菌等。根据工作的不同，将细胞培养实验室进行功能区域的划分：无菌操作间一般应单独设置，保证无菌操作的顺利进行；细胞观察与孵育的区域，可以设置在无菌操作间内，也可设置在多个无菌操作间的公共区域，以便于资源的利用和共享；试剂等的制备区域或细胞培养前的准备工作区域一般单独设置房间，与细胞培养工作区域相邻，便于试剂等的制备，储藏和使用以及各项准备工作顺利进行，培养液等与细胞培养密切相关的无菌试剂也可储藏在无菌操作间的冰箱内；实验用品的清洗、消毒和灭菌区域应设置在实验室的一侧，与其他区域相隔的房间内，以免影响细胞培养工作的进行。

#### 2.1.1.1 无菌操作间

无菌操作间是在细胞培养过程中进行无菌操作的区域。为保证细胞培养工作的顺利进行，目前实验室内的无菌操作间一般都独立设置，与外界隔离，减少或避免其他因素的干扰。进入无菌操作间之前，一般设置更衣间和缓冲间。更衣间位于最外侧，实验者于更衣间内更换无菌工作服和鞋子，并穿戴帽子和口罩；缓冲间位于更衣间与无菌操作间之间，一般设置风淋系统，可有效地去除附着于衣物等表面的灰尘、头发、杂屑等，减少出入所带来的污染问题；无菌操作间位于最内侧，其大小应设置合理，过大不利于清洁从而难以保证无菌，过小则空间狭窄，影响操作。其顶部不宜设置过高，以保证顶部安装紫外灯的灭菌效果；墙壁应光滑，墙角圆钝无死角以便于清洁和消毒；各操作台不应紧贴墙壁，以便清洁，操作台面应为白色或灰色，以便某些操作中颜色变化的观察；无菌操作间应为密闭式，需要设置过滤通风装置，同时还应设置中央空调，尽量保证操作间内恒温恒湿。操作间内对无菌要求较高，因此每天使用前需用稀释成比例的 84 消毒液擦拭操作间的地面及所有操作台面。同时还应对操作间的空气进行消毒灭菌处理，一般使用紫外线灯，电子灭菌灯或电子消毒灭菌器。波长 200 ~ 290 nm 的紫外线能穿透细菌、病毒的细胞膜，给 DNA 以损伤，使细胞失去繁殖能力，达到快速杀菌的效果。波长 200 nm 以下的短波长紫外线以及电子灭菌灯或电子消毒灭菌器可以产生臭氧，臭氧是一种强氧化剂，能同细菌的胞膜及酶蛋白氢硫基进行氧化分解反应，从而靠臭氧气体弥漫性扩散达到杀菌的目的，消毒时没有死角。消毒后空间内的残留臭氧只需 30 ~ 40 min即能自行还原成氧气，空间不留异味，消毒物体表面不留残毒。

#### 2.1.1.2 细胞观察与孵育区

此区域进行细胞的孵育培养和生长状态等的观察，需要孵箱和倒置显微镜等设备。它可以位于无菌操作间内，也可位于多个无菌操作间的公共位置，以便资源共享，但位置应合理，尽量减少穿行等外界因素的干扰。本区域的无菌要求虽然不如无菌操作间那么严格，但仍需清洁无尘，防止观察或孵育的过程中造成细胞的污染，导致实验失败。

#### 2.1.1.3 准备区

该区主要进行细胞培养前的准备工作以及实验相关试剂的配制和存储等，其应与无菌操作区和细胞观察孵育区域相隔离，设置在单独的房间内，同时又应与上述两个区域邻近，以便于进行细胞培养工作。该区域对环境要求不高，但也应尽量保证清洁，以免影响对细胞培养造成不利影响。细胞培养液、缓冲液等无菌制剂，在准备区配制后，应在无菌操作间内过滤除菌，以避免细胞污染。

#### 2.1.1.4 清洗和消毒灭菌区

细胞培养过程中使用的部分器械和器皿等需要重复利用，因此需要清洗、消毒和灭菌等工作。该区应与其他区域分开，一般位于实验室的一端，既便于物品的清洗，消毒和灭菌，同时还能减少对其他区域的影响。

### 2.1.2 细胞培养实验室的设备

为保障细胞培养工作的顺利进行，需要一定的设备和器械作为支撑和保障，这其中有些与细胞培养工作息息相关，为常用的基本设备，如超净工作台、倒置显微镜、离心机、$CO_2$ 孵箱等等，有些则是比较特殊的一些相对高级的设备，如荧光显微镜、流式细胞仪等，它们与细胞培养的后续检测等实验相关，其存在与否不会影响细胞培养工作的顺利进行。

### 2.1.2.1 常用的基本设备

2.1.2.1.1 仪器设备

（1）超净工作台：超净工作台是细胞培养实验室必不可缺少的设备之一，是为细胞培养工作提供局部洁净无菌环境的主要设备，细胞培养过程中的无菌操作主要在其内部完成。超净工作台操作简便，净化效率较高，能满足大多数细胞培养工作的需要。根据其大小规格设置，可以分为单人单面操作，双人单面操作和双人双面操作等模式，同时根据其结构形式，又可分为垂直层流式和水平层流式两种，不同的细胞培养实验室可根据实验室的设置和实验的不同要求进行选择。此外，超净工作台多采用可调风量风机系统，并配置照明灯具和紫外线灭菌灯具等，保证工作区域内的风速，视野和空气洁净程度始终处于理想状态。

超净工作台是相对比较精密的设备，需要定期的检测和维护，以保证其正常运行，为细胞培养工作提供洁净无菌的环境。在使用超净工作台的过程中，需注意以下几个方面。

① 超净工作台应安装在隔离好的无菌间内或清洁无尘的房间内，以免尘土过多易使过滤器阻塞，降低净化效果，缩短其使用寿命。

② 新安装的或长期未使用的工作台，工作前必须对工作台和周围环境用真空吸尘器或不产生纤维的工具进行清洁工作，然后，再采用药物灭菌法或紫外线灭菌法进行灭菌处理。

③ 使用超净工作台前，应先用75%乙醇擦洗台面，并提前用紫外线灭菌灯照射30～50 min杀灭净化工作区内积存的微生物。关闭灭菌灯后应启动风机使之运转2 min后再进行培养操作。

④ 超净工作台使用完毕应及时清理工作台面上的物品并用75%乙醇擦洗台面，使之始终保持洁净。注意切勿用酒精纱布擦拭工作台的有机玻璃面板，以免影响其透明度。

⑤ 超净工作台内不应存放不必要的物品，以保持洁净气流流型不受干扰。

⑥ 必须经常注意工作区上方微压表的指示数据，当指针从绿色区进入红色区时说明高效空气过滤的容尘量趋于饱和。一旦感到气流变弱，如酒精灯火焰不动，加大电机功率仍未见情况改变则说明滤器已被阻塞，应及时更换。一般情况下，高效过滤器1～2年更换1次。更换高效过滤器应请专业人员操作，以保持密封良好。粗过滤器中的过滤布（无纺布）应定期清洗更换，时间应根据工作环境洁净程度而定，通常1～3个月进行1次。

⑦ 超净工作台应定期请专业人员进行功能测试，检查工作台各项工作指标是否达到要求，例如进行无菌试验，定期核查台面空气的洁净度是否达标。

（2）显微镜：细胞培养实验室内必需的也是最常用的设备之一，通常配置倒置相差显微镜、体视显微镜、生物显微镜，有条件的话，配置活细胞工作站。倒置相差显微镜是最常用的显微镜，它可以清晰的观察细胞生长状态，以便准确掌握细胞传代或后续操作的时机。同时它还用于血球计数板计数法等细胞培养的相关操作中。目前，倒置相差显微镜多配备照相系统，以便随时观察、记录、拍摄细胞的生长情况。此外，还有普通光学显微镜、荧光显微镜和立体显微镜等，分别用于普通组织学染色（如HE染色，免疫组化染色等）检测，免疫荧光染色检测和原代细胞培养的组织解剖等。

（3）培养箱：组织细胞经解剖分离消化等由体内转移至体外进行培养，除需要必要的营养物质，还需要适宜的生长环境。体外的适宜生长环境便由培养箱提供。当前大多数情况下，体外细胞培养的最适温度为 37 ℃，温差变化不超过 ±0.5 ℃。体外培养的细胞对温度变化比较敏感，尤其是高温，当温度升高 2 ℃，持续数小时，细胞即不能耐受，当温度达到 42 ℃以上时，细胞将死亡。目前常用的便是能够精细控温的 $CO_2$ 恒温培养箱，可将温度稳定在 37 ℃左右。除了温度可控之外，$CO_2$ 培养箱还能提供 5% 浓度的 $CO_2$，以维持碳酸盐缓冲系统，将细胞培养液的 pH 稳定在 7.0～7.4，以保证细胞的良好生长。同时，$CO_2$ 培养箱内还保持 100% 的湿度，以防止培养液的蒸发。

$CO_2$ 培养箱的细胞培养多为开放式或半开放式，细胞培养瓶或培养皿内的气体与孵箱内气体相通，因此，培养箱内气体要保持清洁。培养箱应定期以自带消毒灭菌系统进行清洁或经酒精擦洗，紫外线照射的方法进行消毒灭菌。同时，培养箱内为保持 100% 湿度而添加的水也应为无菌水，应定期检查水槽，及时补加，从而为细胞生长提供稳定环境。此外，不同的细胞培养室应根据其规模决定培养箱的数量，以便定期维护或应对突发状况时不影响细胞培养的工作。

目前，新兴生物技术工业的发展为细胞培养提供了各种高效率的具备不同特点的新型 $CO_2$ 培养箱，例如，双气道培养箱。这类产品不仅具有优异的性能和可靠的质量，同时具备多种性能，可提供各种不同需要的培养方式所需的条件。例如：可进行 $CO_2/O_2/N_2$ 气瓶更换和可控制的多气道培养装置系统。另外，还有适合大规模细胞培养的设备，例如，转瓶培养装置、悬浮培养装置、中空纤维生物反应器、微重力生物反应器等。转瓶培养装置可使培养表面积增加，同时温和地转动刺激细胞生长，使细胞在培养瓶转动时从培养液中隔开，使其气体交换得以增强。中空纤维生物反应器适用于大规模、高密度和高表达细胞的培养。

（4）离心机：在原代及传代细胞的细胞收集、洗涤、制作细胞悬液、调整细胞密度等工作中，都需要用到离心机，它是细胞培养工作的必需设备之一。细胞培养工作中需要的离心机转速多数集中在 800～1 200 rpm，因此，一般台式低速离心机即可满足大多数细胞培养工作的需求。另外，离心机的转子大小不同，可以容纳 10 mL、50 mL 等不同规格的离心管，可根据实验需求进行选择。某些细胞培养中，可能对离心过程有特殊需求，如温度，或需梯度离心，则可根据具体要求选择某些具有特殊功能的离心机。

（5）冰箱：是细胞培养中储藏试剂等的必需设备，常用的有 4 ℃恒温冰箱，低温冰箱（−20 ℃），超低温冰箱（−80 ℃）等。4 ℃恒温冰箱常用来储存培养液，生理盐水，PBS 缓冲液等试剂，低温冰箱常用来储存血清，抗体等试剂和物品，超低温冰箱则用来存储一些需要保持生物活性的样本和血清等试剂。各类冰箱需定期检查制冷效果，并定期进行清理，以保持清洁，防止对保存试剂造成污染。

（6）恒温水浴箱或恒温摇床：这两者也是细胞培养室不可缺少的仪器。恒温水浴箱主要用于试剂，如培养液等的复温，血清的灭活，原代细胞培养时细胞的消化等操作。细胞消化与培养液复温的温度一

般为 37 ℃，血清的灭活温度一般为 56 ℃。与恒温水浴箱相比，恒温摇床增加了振荡功能，可根据不同需求设置转速，主要用于细胞原代培养的消化过程，通过振荡，可以提高细胞的消化速度。

（7）液氮生物容器：细胞培养工作中常需储存细胞。液氮生物容器根据使用需要分为不同的类型及多种规格。选择购置液氮容器时容积大小、取放使用方便情况及液氮挥发量（经济）3 种因素应综合考虑。液氮容器的大小可为 25 ~ 500 L，可以储存 1 mL 的安瓿瓶 250 ~ 15 000 个。液氮温度可低达 -196 ℃，使用时应防止冻伤。由于液氮不断挥发，应注意观察存留液氮情况，及时定期补充液氮，避免挥发过多而致细胞受损。目前，国内各类实验室已广泛使用新型的细胞冷冻储存器。市场所提供的各种新型的液氮生物容器具有性能优异、使用方便等特点。例如：可通过先进的电子控制器实现冻存自动化并监测液氮水平和样品温度，确保样品温度始终处于设定温度点；可配备先进的警报系统，分别警报液氮液面、温度、电池、电压、电源等失常情况；同时具备热气体旁路系统，防止高于 -130 ℃的暖空气进入液氮罐，防止升温，更有效地保护样品。另外，多种规格的先进的液氮运输、供应罐系列产品不仅移动方便，还可通过连接管给贮存罐补充液氮，提高工作效率，保证样品安全。

（8）水纯化装置：细胞培养中用的某些试剂，如培养液，PBS 缓冲液等的配制均离不开水，但细胞培养用水的要求较高，一般需经过严格的纯化处理。水纯化处理一般有两种方法，即蒸馏或经离子交换进行纯化。使用蒸馏制作纯水是一种比较经典传统的方法，能去除水中的大部分不可溶性杂质，但少部分可溶杂质，如氨，二氧化硅等则不可去除。应用离子交换的方法可去除水中的阴阳离子，获得一定程度的纯水甚至超纯水，但其无法去除水中的有机物。最理想的水纯化方式是先经离子交换纯化后再进行蒸馏，便能得到纯度很高的细胞培养用水。目前，水纯化设备日趋先进，有些仅经离子交换便可得到纯度较高的水，有些则将离子交换与蒸馏合为一体，效率和水质大为提高。经纯化后的水应尽快使用，一般不超过 3 d，3 d以上则应舍弃，重新制备新的纯水配制细胞培养所用的培养液等试剂。

（9）过滤装置：细胞培养使用的培养液等无菌液体试剂，因在高温高压或射线照射下灭菌会发生变性，失去原有功能，所以多采用过滤的方法除菌。目前常用的过滤器械主要有 Zeiss 滤器、玻璃滤器和微孔滤器，各种滤器有其使用原理和特点，详见本章 2. 2 节。

（10）试剂配制所需的设备：主要包括天平、磁力搅拌器、pH 计等。试剂配制过程中，各种物品的称量均离不开天平，目前常用的为电子天平，称量范围规格不同，一般选择可精确到 0. 1 mg 感量的天平即可满足细胞培养试剂的配制需求。磁力搅拌器是利用磁场的作用，使带磁性的搅拌转子进行圆周转动，从而加速试剂的混合或溶解，它还带有加热系统，以满足某些试剂配制中对温度的需求。在培养液，PBS 缓冲液等的配制中，需要调节液体的 pH 值，这便需要 pH 计，它可以实时显示所配液体试剂的 pH，以便随时进行调节，从而保证所配液体的 pH 值满足细胞生长的需求。

（11）消毒灭菌设备：细胞培养实验中大部分物品都需要经消毒灭菌处理后才

能使用，除培养液等需过滤除菌外，其他的如细胞培养用金属器械，玻璃培养瓶，滴管，离心管以及PBS缓冲液等，使用前多采用高压蒸汽灭菌进行处理，因此，细胞培养实验室应配备消毒灭菌设备，以满足工作需求。细胞培养室可根据规模选择不同体积的消毒灭菌设备，一般选用小型高压蒸汽灭菌器，方便灵活，效率高，能基本满足细胞培养用品消毒灭菌的需求。目前，市场上已供应具有高效、安全、方便性能的适用于各种器皿、液体的高压灭菌装置，可供使用者在灭菌的同时监测灭菌容器内压力和温度，确保灭菌质量和安全，并可通过记忆（储存）支持系统改变各种参数（例如灭菌、排气、加热等参数），即使在进行灭菌时发生停电故障，仍可保留所设定的参数。

（12）干燥器：用于细胞培养的器械、器皿需要烘干后才能使用。玻璃器皿等须干热消毒，因此，细胞培养实验室均应配置电热干燥箱。干热消毒时，电热干燥箱升温较高，一般需达到160 ℃以上。通常使用鼓风式电热干燥箱。其优点是温度均匀、效果较好，缺点是升温过程较慢。升温时不能先升温后鼓风，而应鼓风与升温同时开始，至100 ℃时，停止鼓风。应避免包裹器皿的纸或棉花烧焦，烧焦的碎屑会影响细胞的生长。消毒后，不能立即打开箱门，以免骤冷而导致玻璃器皿损坏，应等候温度自然下降至100 ℃以下方可开门。

2.1.2.1.2 培养用器皿

（1）培养器皿：供细胞接种、生长等用的器皿，可由透明度好、无毒的中性硬质玻璃或无毒而透明光滑的特制塑料制成。玻璃培养器皿的优点是多数细胞均可生长，易于清洗、消毒，可反复使用，并且透明而便于观察；缺点是易碎，清洗时费时费力。塑料制培养器皿的优点是一次性使用，厂家已消毒灭菌密封包装，打开包装即可用于细胞培养操作，有的表面经过特殊处理，更适于细胞的生长。但由于一次性使用，其成本相对较高。

常用的培养器皿包括以下几种。

培养瓶：主要用于培养、繁殖细胞，由玻璃或塑料制成，透明度高，厚薄均匀一致，便于观察细胞生长情况。早期的培养瓶多用胶塞，适用于封闭式培养。现在使用的培养瓶多用螺旋盖封口，适合于封闭式、开放和半开放式培养。国产培养瓶的规格常以容量（mL）表示，如250 mL、100 mL、25 mL等；进口培养瓶则多以底面积（$cm^2$）表示。

培养皿：由玻璃或塑料制成，供盛取、分离、处理组织或做细胞毒性、集落形成、单细胞分离、同位素掺入、细胞繁殖等实验使用。常用的培养皿规格（直径）有：10 cm、9 cm、6 cm、3.5 cm等。

多孔培养板：为塑料制品，可供细胞克隆及细胞毒性等各种检测实验使用。其优点是节约样本及试剂，可同时测试大量样本，易于进行无菌操作。培养板分为各种规格，常用的规格有：96孔、24孔、12孔、6孔、4孔等。

各种单层生长的细胞在培养器皿中长满时可获得的细胞数，主要取决于器皿的底表面积和细胞体积的大小。常用培养器皿及可获得的细胞数（以Hela细胞为例）见表2-1。

（2）培养操作有关的器皿。

贮液瓶：主要用于存放或配制各种培养用液体如培养液、血清及试剂等。贮液瓶分为各种不同规格，如1000 mL、500 mL、250 mL、100 mL、50 mL、5 mL等。

吸管：主要分为刻度吸管、无刻度吸管。刻度吸管主要用于吸取、转移液体，常用的有1 mL、2 mL、5 mL、10 mL等规格。无刻度吸管分为直头吸管及弯头吸管，除可作吸取、转移液体外，弯头尖吸管还常用于吹打、混匀及传代细胞。

加样器（移液器）：用于吸取、移动液体或滴加样本，可根据需要调节量的大小，吸量准确、方便。特别是微量加样器，可保证实验样品（或试剂）含量精确，重复性良好。目前，可高温消毒的、多通道的各类移液器可供使用者选择，能确保加样准确、快速、方便且达到无菌要求。

（3）其他用品：有收集细胞用的离心管，放置试剂或临时插置吸管用的试管，装放吸管以便消毒的玻璃或不锈钢容器，用于存放小件培养物品便于高压消毒的铝（或不锈钢）制饭盒或贮槽，套于吸管顶部的橡胶吸头，封闭各种瓶、管的胶塞、盖子，冻存细胞用的安瓿瓶或冻存管，不同规格的注射器、烧杯和量筒以及漏斗，超净工作台上使用的酒精灯，供实验人员操作前清洁消毒手使用的盛有乙醇或其他消毒液的小型喷壶等。

2.1.2.1.3 器械

主要用于解剖、取材、剪切组织及操作时持取物件。常用的有：手术刀或解剖刀、眼科手术剪或解剖剪（弯剪及直剪），用于解剖动物、分离及切剪组织，制备原代培养的材料；眼科虹膜小剪（弯剪或直剪），用于将组织材料剪成小块；血管钳及组织镊、眼科镊（弯、直），用于持取无菌物品（如小盖玻片），夹持组织等；口腔科探针或代用品，用以放置原代培养之组织小块。

表2－1 常用的培养器皿

| 培养器皿 | 底面积（$cm^2$） | 加培养液量（mL） | 可获细胞量 |
|---|---|---|---|
| 96孔培养板 | 0.32 | 0.1 | $1\times10^5$ |
| 24孔培养板 | 2 | 1.0 | $5\times10^5$ |
| 12孔培养板 | 4.5 | 2.0 | $1\times10^6$ |
| 6孔培养板 | 9.6 | 2.5 | $2.5\times10^6$ |
| 4孔培养板 | 28 | 5.0 | $7\times10^6$ |
| 3.5 cm培养皿 | 8 | 3.0 | $2.0\times10^6$ |
| 6 cm培养皿 | 21 | 5.0 | $5.2\times10^6$ |
| 9 cm培养皿 | 49 | 10.0 | $12.2\times10^6$ |
| 10 cm培养皿 | 55 | 10.0 | $13.7\times10^6$ |
| 25 cm塑料培养瓶 | 25 | 5.0 | $5\times10^6$ |
| 75 cm塑料培养瓶 | 75 | 15～30 | $2\times10^7$ |
| 25 mL玻璃培养瓶 | 19 | 4.0 | $3\times10^6$ |
| 100 mL玻璃培养瓶 | 37.5 | 10.0 | $6\times10^6$ |
| 250 mL玻璃培养瓶 | 78 | 15.0 | $2\times10^7$ |
| 2500 mL旋转培养瓶 | 700 | 100～250 | $2.5\times10^8$ |

#### 2.1.2.2 特殊设备

细胞培养实验室除了应配备上述的常用基本设备以外，如有条件，可添置一些特殊或先进的设备仪器，以便更有效、更精确、更深入地进行实验室工作。这些设备主要用于细胞培养的后续实验检测等，它们的缺乏一般不影响细胞培养的正常进行。

（1）酶联免疫检测仪：简称酶标仪或ELISA 仪，是细胞实验室常见的仪器之一。它通过比色法来检测样本的吸光值，进而通过标准曲线计算样本浓度或对实验各组进行比较分析。酶标仪可选择多种波长的光波，对多种规格的孔板进行检测。酶标仪可广泛应用于低紫外区 DNA、RNA 的定量及纯度分析，蛋白定量，酶联免疫测定，以及细胞增殖与毒性分析等，其中，在细胞培养室中利用酶标仪检测细胞增殖最为常用。

（2）细胞计数仪：细胞计数是细胞培养过程中的一个重要步骤，涉及原代细胞培养，细胞增殖检测以及流式检测细胞表面分子等过程，多年来常用的是血球计数板计数法，但其计数不精确，而且费时费力。近年来，自动细胞计数仪的出现，使细胞计数更加方便，更加准确，而且还可以自动分析细胞图像，检测细胞浓度和细胞大小，但其成本相对较高。根据功能，可以大体分为低、中、高端细胞计数仪，低端细胞计数仪为明场下进行细胞计数，同时可将细胞图片储存，并进行简单分析。中端细胞计数仪为双荧光检测，可以排除红细胞，血小板，细胞碎片的污染，精确计数有核细胞，是细胞计数和活力分析的最佳选择。高端细胞计数仪带有流式分析功能，可以进行细胞凋亡，细胞周期，转染后 GFP 蛋白表达等的检测分析。不同的细胞培养室可以根据实验室的功能检测需求，细胞计数仪的性价比进行选择。

（3）荧光显微镜：细胞培养后续工作中，蛋白等物质的免疫荧光检测常用到荧光显微镜。它可发出一定波长的激发光，激发细胞中被荧光染料标记的某种物质，发射不同颜色的荧光，从而判断某种物质在细胞内的分布。目前尚有倒置荧光显微镜，可以对自带荧光的活细胞进行观察。激光共聚焦荧光显微镜也是荧光显微镜的一种，但它功能更为强大，且价格昂贵，关于它的详细介绍，详见第 10 章。

除了以上几种设备之外，尚有可对细胞进行自动分析和筛选的流式细胞仪，以及可用于大量细胞培养的旋转培养器等设备，这些设备功能强大，但价格较为昂贵，细胞培养实验室可根据自己的实际需求进行选择。

## 2.2 培养用品的清洗和消毒灭菌

细胞培养工作中使用的器械和玻璃制品，如培养瓶、贮液瓶、滴管等需回收进行重复利用，因此，每次使用后，都需要清洗、消毒和灭菌，以保证器皿清洁无污染，以免对细胞培养造成不良影响。以下对清洗、消毒和灭菌的方法，过程以及注意事项进行详细介绍。

### 2.2.1 培养用品的清洗

（1）清洗：在细胞培养中，细胞对任何有害物质都十分敏感，因此，对新的或用过的培养器皿均需严格清洗。细胞培养

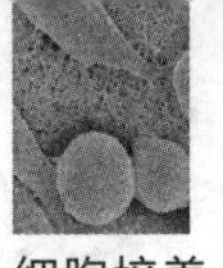



器皿清洗的要求比普通实验用器皿更为严格。每次实验后器皿都必须及时、彻底清洗，不同的器皿清洗方法和程序也有所不同，必须进行分别、分类处理。

① 玻璃器皿：玻璃器皿用于培养细胞、细胞冻存、培养用液的存放等。提供细胞生长的玻璃表面不但要清洗干净，而且要带适当的电荷。苛性碱清洗剂会使玻璃表面带的电荷不适于细胞附着，需以 HCl 或 $H_2SO_4$ 中和。清洗玻璃器皿不仅要求干净透明、无油迹，且不能残留任何毒性物质。为了保证清洗的质量，一般玻璃器皿的清洗分为 4 个步骤。下面以玻璃培养瓶或培养皿为例，加以说明。

A. 浸泡：新的玻璃器皿在生产过程中常使玻璃表面呈碱性，并带有一些如铅和砷等对细胞有毒的物质，使用前必须彻底清洗。首先用自来水初步刷洗，5% 稀盐酸溶液中浸泡过夜，以中和其碱性物质。使用后的玻璃器皿应立即浸入清水中，避免器皿内蛋白质干涸后黏附于玻璃上难以清洗。浸泡时应将器皿完全浸入水中，使水进入器皿内而无气泡空隙遗留。

B. 刷洗：经浸泡后的玻璃器皿尚需刷洗。一般多用毛刷和洗涤剂或洗衣粉洗涤，以去除器皿内外表面的杂质。刷洗时有两点需注意：一是防止损坏器皿内表面光洁度以免影响细胞生长，所以应选择软毛毛刷和优质的洗涤剂，刷洗时不宜用力过猛；二是不能留有死角，要特别注意瓶角等部位的洗涤。刷洗后要将洗涤剂彻底冲洗干净，晾干。

C. 清洁液浸泡：传统的清洁液由浓硫酸、重铬酸钾及蒸馏水配制而成，具有很强的氧化作用，去污能力很强，对玻璃器皿无腐蚀作用。经清洁液浸泡后，玻璃器皿残留的未刷洗掉的微量杂质可被完全清除。

清洁液可配制成 3 种不同的强度，其成分用量见表 2－2。

**表 2－2　清洁液配制**

| | 弱液 | 次强液 | 强液 |
|---|---|---|---|
| 重铬酸钾（g） | 100 | 120 | 63 |
| 浓硫酸（mL） | 100 | 200 | 1 000 |
| 蒸馏水（mL） | 1 000 | 1 000 | 200 |

细胞培养物品清洗所需配制的清洁液强度通常为次强液。新配制的清洁液呈棕红色，经多次使用、水分增多或遇有机溶剂时变为绿色，此时表示清洁液已失效，应废弃而重新配制。

清洁液本身具有强腐蚀作用（玻璃除外），因此在配制及使用时应注意安全。配制时注意保护身体裸露部分及面部的防护，应使用耐酸手套、耐酸围裙，防止皮肤损伤及烧坏衣服。配制过程中，应先将重铬酸钾完全溶解于蒸馏水中（必要时可加热帮助溶解），然后缓慢加入浓硫酸。由于加入浓硫酸时将产生热量，因此配制的容器宜用陶瓷或塑料器皿，同时注意散热、降温，防止容器破裂，发生危险。清洁液配制完毕浸泡器皿时，同样要注意防止灼伤，应轻轻将器皿浸入。浸泡时，应使器皿内部完全充满清洁液，不留气泡，一般浸泡过夜，或至少为 6 h 以上。

近年来，随着科技的发展，出现了多

种新型的清洁液，如7×洗液，迪康Decon 90等。7×洗液是一种浓缩液，含有阴离子表面活化剂和一些特殊的溶剂，可与水以任意比例混合。它可生物降解，不具有腐蚀性，可用于细胞培养相关器皿的浸泡清洗。使用时，一般用去离子水稀释成1%～2%的洗液，将需要清洗的器皿放入其中浸泡2～3 h，同时可根据器皿的污染程度适当延长浸泡时间或增加洗液的浓度。迪康Decon 90是一种碱性清洁液，由阴离子与非离子表面活性剂、稳定剂、碱、非磷酸盐洗涤促净剂等组成，可用于玻璃制品、橡胶制品、不锈钢制品和铁质金属制品等的浸泡清洗。它可代替铬酸混合清洁剂，避免了储存，使用和处理中的危险。使用时，一般稀释成2%～5%的溶液，物品浸泡2～24 h，同时根据污染程度可以延长浸泡时间或增加溶液浓度。

D. 冲洗：玻璃器皿经浸泡后，第一步，使用流水彻底冲洗，每个器皿用流水灌满、倒掉，须重复10次以上，直至清洁液全部冲洗干净，不留任何残迹为止。再用蒸馏水漂洗2～3次，最后用三蒸水漂洗1次。烤箱内烘干备用。

② 胶塞、盖子等杂物：组织培养中使用的胶塞、培养瓶盖子、针头等均不能以清洁液浸泡。清洗过程中，初次使用的胶塞因带有滑石粉，应先用自来水冲洗干净，再进行常规清洗；使用后的胶塞、盖子应及时浸泡在清水中，然后用洗涤剂刷洗。针头需用自来水冲洗干净后置入2% NaOH中煮沸10～20 min，冲洗干净；再以1%稀盐酸浸泡30 min，冲洗；用蒸馏水漂洗2～3次，最后三蒸水漂洗1次。晾干备用。

③ 塑料器皿：细胞培养常用的塑料器皿包括各种培养板、培养皿及培养瓶等。这些产品主要为进口的一次性物品，供应商提供给用户时已消毒灭菌并密封包装，打开包装即可使用。由于各种原因，部分实验室尚未能做到将这类物品完全作一次性使用，仍需经过清洗和消毒灭菌后反复使用。我们的清洗方法通常是：用后立即以流水冲洗干净或浸入清水中，防止干涸。超声波清洗机内加入少量洗涤剂清洗30 min，流水彻底冲洗干净，清洁液浸泡过夜，流水彻底将残留清洁液冲洗干净，蒸馏水漂洗2～3次，三蒸水漂洗2次，晾干备用。亦可采用下述步骤：器皿经冲洗干净后，晾干，2% NaOH浸泡过夜，自来水冲洗，5%盐酸浸泡30 min，流水彻底冲洗，蒸馏水漂洗。但不宜反复使用次数太多。

（2）包装：细胞培养的器皿经清洗，晾干后需进行包装，以便消毒及储存，防止落入灰尘及消毒后再次被污染。一般用皱纹包装纸、硫酸纸、牛皮纸、棉布等作为包装材料，对培养瓶、滤器、存放培养液用贮液瓶、吸管和胶塞（或培养瓶盖子）等物品的容器瓶口部分做局部包装密封，再用牛皮纸、玻璃纸或布包起来备用。对体积较小的培养皿、移液器吸头等可以全封闭包装。注射器、金属器械可直接装入铝制饭盒或不锈钢等容器内。重复使用培养板则用优质塑料纸严密封口。

### 2.2.2 培养用品的消毒灭菌

造成组织细胞培养失败的主要原因之一是发生污染，特别是微生物的污染。组织细胞培养中所使用的各种培养基，对细胞来说是体外培养必不可少的，同时，对微生物也是最合适的营养物。若有微生物污染，微生物可比细胞生长更迅速，并可产生毒素影响细胞的生长甚至使其死亡。

因此，在组织细胞培养技术中，务必保证组织细胞在无微生物的条件下生长。防止培养物污染可通过消毒灭菌（将已存在的微生物去除）和无菌操作技术（防止已经消毒灭菌的用品被污染）来完成。

**2.2.2.1 消毒灭菌的方法**

根据材料的要求可采用不同的消毒灭菌方法。总的说来有物理方法及化学方法两大类。物理方法包括用湿热（高压蒸汽）、干热、紫外线、射线、过滤、离心沉淀等方法杀灭或去除微生物；化学方法是使用化学消毒剂、抗生素等杀灭微生物。以下重点介绍组织细胞培养常规工作中常用的几种消毒灭菌方法。

（1）干热灭菌法：一般在烤箱中进行，主要用于玻璃器皿。干热灭菌后的器皿干燥，易于保存。缺点是干热传导慢，可能有冷空气存留于烤箱内，因此要用较高的温度和较长的时间才能达到灭菌的目的，需加温到 160 ℃，保持 90 ~ 120 min 才能杀死芽孢。消毒完毕后不可马上将烤箱门打开，以免冷空气突然进入，影响消毒效果和损坏玻璃器皿或发生意外事故。

（2）湿热灭菌法：湿热灭菌法是一种更为有效的灭菌方法，在同一温度下，湿热灭菌法的效力要高于干热灭菌法。湿热灭菌法包括巴氏消毒法，煮沸法，流动/间歇蒸汽灭菌法和高压蒸汽灭菌法等，细胞培养实验室内主要用到的是高压蒸汽灭菌法和煮沸法，并以前者为主。高压蒸汽灭菌是在可承受高压的密闭灭菌器内，通过加热使水沸腾，产生蒸汽，使容器内压力升高，从而达到灭菌的目的。最常用的压力为 103.4 kPa，这时水的沸点可达到 121.3 ℃，保持 15 ~ 20 min，即可达到灭菌效果。常用于玻璃制品，手术器械以及生理盐水等的灭菌。高压蒸汽灭菌时，为了保证灭菌的效果，置于灭菌器的无菌包裹不宜过大，堆放不易过紧，各包裹之间留有间隙，保证蒸汽能够到达。液体灭菌时，瓶内液体量一般在 2/3 左右，不宜过多，以免发生危险。灭菌完毕后一定要先打开阀门放气，再打开灭菌器的盖子，以免发生意外。

煮沸法可用于注射器及某些用具的快速消毒，缺点是湿度过大。

（3）紫外线消毒：紫外线直接照射消毒是目前各实验室常用的方法之一，主要用于实验室房间里的空气、操作台表面及桌椅等消毒。但在房间内紫外线灯的安装不宜高于 2.5 m，每天照射 2 ~ 3 h，期间可间隔 30 min。紫外线消毒也可以用于一些塑料培养器皿（如塑料培养皿、塑料培养板等）。缺点是消毒存有死角。现已有电子灭菌灯可代替紫外线灯进行实验室的空气消毒。

（4）过滤除菌：部分组织细胞培养使用的液体不宜采用高压灭菌的方法进行灭菌处理，如血清、合成培养液、酶及含有蛋白质具有生物活性的液体等，可采用过滤方法以去除细菌等微生物。滤器有抽吸（抽滤）式及加压式两种类型；滤板（或滤膜）结构可为石棉板、玻璃或微孔膜。常用的滤器有以下几种。

① Zeiss 滤器：这种滤器为不锈钢的金属结构，中间夹有一层石棉制成的一次性纤维滤板。滤板具有一定的厚度，可承受一定的压力，因此是过滤血清等黏稠液体较理想的滤器。滤板有不同规格，进口的型号为 EKSl、EKS2、EKS3 等，国产的有甲 1、甲 2、甲 3 等。其中以 EKS3 及甲 3过滤除菌的效果较好，但因孔径很

小，速度较慢，目前多数实验室已经很少使用。

滤器可分为抽滤式或加压式。抽滤式滤器与抽滤瓶相连，真空泵抽气形成负压以过滤液体。由于抽气造成负压抽吸，操作使用时要防止倒流而引起污染。因此要注意：正确连接出、入管道；停止抽气时应使气体缓慢回流，要先用止血钳夹住抽气管再关机，防止气体回流。加压式滤器的容器为密闭式，加入待过滤的液体后，通以气体（常用 $N_2$、$O_2$或 $CO_2$）形成压力将液体过滤，效果较佳。使用时注意压力不得过大，不应超过 0.2 $kg/cm^2$。另外，由于使用的滤板为石棉，滤过的液体内有时可能混有少许杂质，因此在过滤前应先以少量生理盐水湿润滤板。

Zeiss 滤器的清洗较玻璃滤器简单，滤板属一次性，使用后即可弃去，以自来水将金属滤器初步冲洗，洗涤剂刷洗干净，自来水冲净，蒸馏水漂洗 2～3 次。最后二蒸水漂洗 1 次，晾干包装。消毒前将滤板装好。旋钮不应拧得过紧；消毒后立即将旋钮拧紧以保证过滤除菌的效果。

② 玻璃滤器：这种滤器为玻璃结构，以烧结玻璃为滤板固定于玻璃漏斗上，可用于过滤除血清等黏稠液体以外的各种培养液体，只能采用抽滤式；根据滤板孔径的大小，分为 G1～G6 六种规格型号，其中只有 G5 及 G6 可用以过滤除菌。一般都使用 G6 型，其缺点是速度较慢。

玻璃滤器的使用方法与抽滤式 Zeiss 滤器相同，但其清洗过程比较烦琐，详见清洗一节。

③ 微孔滤膜滤器：这种滤器是目前最常用的，其基本结构与 Zeiss 滤器相同，为金属结构，但其中间为一种一次性的特制混合纤维素脂滤膜。可用于包括血清在内的各种培养液体的过滤除菌，速度较快，效果较好，现已为许多实验室所使用。滤膜的规格，主要根据滤器的直径大小划分型号，可按待过滤液体的数量选择适当的型号。我们实验室过滤较大量培养液多用直径 10 cm（容器量为 500 mL）及直径 15 cm（容器量为 2 000 mL）两种规格滤器。用于小量培养液时，可选用直径 2.5 cm 滤器，以注射器推动为压力而过滤。

微孔滤膜滤器可为加压式（正压式）或抽滤式，由于加压式微孔滤膜滤器过滤效果好、使用方便、易清洗，目前使用最为广泛。

常用的滤膜孔径为 0.6 μm、0.45 μm、0.22 μm。用以过滤除菌时，通常使用 0.22 μm 孔径的滤膜（可有效除去细菌）。由于滤膜较薄且光滑、易移动，滤器的上层和下层的相应部位各设有一凹槽以放置一硅胶垫圈便于固定滤膜。安装滤膜时应注意滤膜要用蒸馏水浸湿后使用；同时应注意正确放置滤膜，滤膜正面即光面应向上。由于滤膜承受压力有限，滤器不宜安装过紧，以免造成滤膜破裂。我们实验室在过滤大量液体时通常使用两层滤膜，上层为 0.45 μm，下层为 0.22 μm，以确保过滤安全。每次过滤完毕，应核实滤膜是否移动或破裂。

微孔滤膜滤器的清洗、消毒方法和 Zeiss 滤器相同，滤膜使用后即丢弃。

目前市场已供应各种一次性滤器，可根据实验需要进行选择，例如，可连接在加压蠕动泵上的过滤较多液体的滤器、可直接连接在注射器上过滤少量液体的针头式滤器、可用于过滤微量液体的微型滤器等。

（5）消毒剂及抗生素：组织细胞培养

工作中也可利用消毒剂进行灭菌处理，常用的消毒剂主要包括75%乙醇、过氧乙酸、乳酸等化学制剂。可分别用于操作人员的皮肤、实验台、器械、器皿的操作表面，实验室的椅、桌、墙壁、地面及空气等的处理。75%乙醇最为常用，用途也最广泛；0.1%苯扎氯铵可对器械、皮肤、操作表面进行擦拭和浸泡清毒；乳酸可用于空气消毒；另外尚有各种用于地面消毒的消毒液（例如山花消毒液、过氧乙酸等）可供选用。

抗生素也常在组织细胞培养工作中使用，常用的抗生素为青霉素及链霉素。

（6）其他方法：

① 电子消毒器消毒灭菌，使用市售的电子灭菌器可消毒不宜高热灭菌的器皿及用物，例如塑料制品等，消毒时间通常为30 min，消毒完毕应及时关闭消毒物品容器。② 辐射灭菌，通常采用放射性$^{60}$Co照射需灭菌的各种不宜高热灭菌的器皿及用具以及部分实验用药物、制剂等。

**2.2.2.2 消毒灭菌方法的选择**

组织细胞培养工作中的消毒灭菌方法如上所述可有多种，应根据具体情况选择适当的方法。

实验室环境的消毒：实验室中空气的消毒，最理想是采用过滤系统与恒温设备结合使用，但价格较昂贵。亦可用紫外线消毒，但安置紫外线灯时要符合要求，且在工作期间不宜在开启的紫外线灯下操作。另外尚可用乳酸等蒸气或电子灭菌灯消毒。实验室的地面多用山花消毒液等消毒液或苯扎氯铵溶液等处理。桌椅等亦多用消毒剂消毒处理，最常用的是以乙醇擦拭，亦可以紫外线照射。

培养器械的灭菌：多数培养用的器材常用干热或湿热灭菌，干热灭菌的方法最为简便，凡高温不致损坏的器具如玻璃器皿等，可以干热灭菌。湿热时的蒸汽能较快穿透，热传导较佳，故比干热更有效，对于干热高温会损坏的器材，可采用湿热灭菌，如有些器械、液体、橡胶制品、布料等常用高压蒸汽灭菌。有些器械可煮沸消毒灭菌，或以消毒剂浸泡；不能耐高温的塑料制品，可用消毒剂浸泡或紫外线照射。

培养用液体的除菌：盐溶液及一些不会因高温破坏其成分的溶液，常采用高压蒸汽灭菌。血浆、血清等生物性的天然培养基，不能以高压蒸汽灭菌，必须用过滤方法除菌，但因较黏稠而不易进行；合成液体培养基则通常采用过滤的方法除菌。

（戴太强，李　焰，陈建元，司徒镇强）

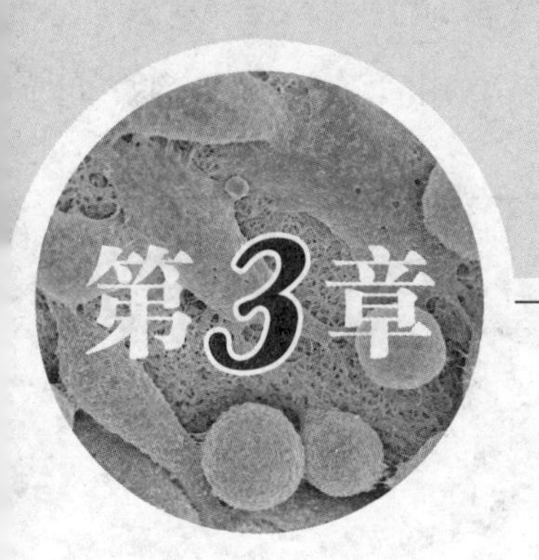


# 细胞培养用液及培养基（液）

## 3.1 培养用液

组织细胞培养时除必须有培养基（液）外，还须使用大量的液体。这些液体都有一定的要求，包括水、盐溶液、消化液、缓冲液、维生素液及用于检测的各种染液等。本节只讨论水、盐溶液及消化液，其他液体将在各有关章节中叙述。

### 3.1.1 水

水是细胞培养所必需的，细胞所需的化学成分、生存环境、营养物质都必须用水溶解后才能被细胞吸收；细胞代谢产物也必须溶解于水才能被排泄。同时这种水配制的溶液对维持细胞形态、调节渗透压及平衡 pH 值均有一定的作用。细胞在体外培养时对水的质量非常敏感，不仅要求无菌，而且所用水应不含离子及其他杂质，否则影响细胞的生长。普通自来水含有大量离子及其他杂质，对细胞生长不利，因此在配制细胞培养用液时，水必须经过高度纯化。

实验室所用纯化水一般为蒸馏水和离子交换水，离子交换水中仍存有一些非离子物质及有机物，一般在细胞培养中较少使用，所以细胞培养主要使用蒸馏水。外购或自制的蒸馏水大部分在金属蒸馏器中制备，往往混有金属离子，仍需经过石英玻璃蒸馏器重新蒸馏二次，才能用于配制培养用液。蒸馏水的储存和储存容器开启次数对保证水的质量有很大影响。因此蒸馏水不宜储存时间过久，一般不要超过2周，最好现用现制，且应尽量减少与外界的接触。我们实验室在配制各种培养用液时均使用新鲜蒸馏的三蒸水。

### 3.1.2 平衡盐溶液

平衡盐溶液（BSS）是组织细胞培养中常用的基本液体。它可以维持渗透压、调节 pH 值及供给细胞生存所需的能量和无机离子成分。主要作为合成培养基

（液）的基础液及用于洗涤组织、细胞等。

平衡盐的种类很多，常用的几种见表3-1。

**表3-1 常用的平衡盐溶液**

| | Ringer（1895年） | PBS | Earles（1948年） | Hanks（1949年） | Dulbecco（1954年） | D-Hanks |
|---|---|---|---|---|---|---|
| NaCl | 9.00 | 8.00 | 6.80 | 8.00 | 8.00 | 8.00 |
| KCl | 0.42 | 0.20 | 0.40 | 0.40 | 0.20 | 0.40 |
| $CaCl_2$ | 0.25 | | 0.20 | 0.14 | 0.10 | |
| $MgCl_2 \cdot 6H_2O$ | | | | | 0.10 | |
| $MgSO_4 \cdot 7H_2O$ | | | 0.20 | 0.20 | | |
| $Na_2HPO_4 \cdot H_2O$ | | 1.56 | | 0.06 | | 0.06 |
| $NaH_2PO_4 \cdot 2H_2O$ | | | 1.14 | | 1.42 | |
| $KH_2PO_4$ | | 0.20 | | 0.06 | 0.20 | 0.06 |
| $NaHCO_3$ | | | 2.20 | 0.35 | | 0.35 |
| 葡萄糖 | | | 1.00 | 1.00 | | |
| 酚红 | | | 0.02 | 0.02 | 0.02 | 0.02 |

注：如无特殊说明，表中数据单位为g/L

（1）概述：平衡盐溶液主要用无机盐和葡萄糖配制。各种平衡盐溶液的主要区别在于NaCl的浓度、离子的浓度及缓冲系统不同，可根据需要选用适当的平衡盐溶液。例如：Hanks液与Earles液不同是因为采用不同的缓冲系统，Hanks液中$NaHCO_3$浓度较低，为350 mg/L，利用空气平衡，其缓冲能力较弱，若放入$CO_2$培养箱，溶液将迅速变酸；Earles液含有高浓度的$NaHCO_3$，为2.2 g/L，缓冲能力较强，需用5% $CO_2$平衡。D-Hanks液与Hanks液的一个主要区别是D-Hanks液不含$Ca^{2+}$、$Mg^{2+}$，因此D-Hanks液常用于配制胰蛋白酶溶液。Dulbecco液中$Ca^{2+}$、$Mg^{2+}$的浓度较低，如配制一些特殊要求的消化液或其他用液可考虑选用。平衡盐溶液中一般加有少量的酚红作为溶液酸碱度的指示剂，以便于观察培养液pH的变化。溶液中性时为桃红色，偏酸时呈黄色，偏碱性时则为紫红色。

（2）用品：

① 天平、烧杯、量筒。

② NaCl、KCl、$CaCl_2$、$MgSO_4$、$Na_2HPO_4$、$KH_2PO_4$、$NaHCO_3$、葡萄糖、酚红、三蒸水。

（3）方法（以Hanks液为例，在超净工作台中无菌操作）：

① 按表中Hanks液各成分的含量准确称量。试剂含水分子时，应根据具体含水分子的量进行换算，然后称量。

② 先将$CaCl_2$溶解于100 mL水中。

③ 依次将其他成分逐个溶解于800 mL水中。溶解时必须等一种试剂完全溶解后，再加下一种试剂，待所有试剂溶解后，混匀。

④ 酚红用数滴5.6% $NaHCO_3$溶解。

⑤ 缓慢将100 mL $CaCl_2$液②倒入于③中，搅动，防止沉淀。

⑥ 将酚红液④加到⑤中。

⑦ 补加水至1 000 mL，混匀。

⑧ 将混匀的 Hanks 液分装于盐水瓶内，356.18 kPa 10～20 min 高压蒸汽消毒灭菌，4 ℃冰箱内保存备用。

⑨ 用水配制 7.4% $NaHCO_3$溶液，过滤除菌，分装备用。

⑩ 用无菌 $NaHCO_3$溶液调节 Hanks 液 pH 值至 7.2～7.4。

（4）操作提示：

① 配制前，容器用纯水清洗 3 次以上。

② 为了避免形成钙盐、镁盐及磷酸盐的沉淀，要单独溶解；配制后液体呈桃红色，没有浑浊和沉淀，液体若出现沉淀应重新配制。

③ 酚红对细胞有一定的毒性，滴加时不能过量。

④ 所用的试剂必须达到一级 GR 或者二级 AR 规格。

⑤ 配制好的溶液应立即采用高压灭菌、过滤或加抑菌物质进行灭菌处理，防止杂菌生长。

⑥ 不能放置时间过长，最好现用现制。

## 3.1.3 消化液

原代培养中欲分散组织、细胞时，传代中欲使细胞脱离附着的底物时均需使用消化液。组织细胞培养中常用的消化液为胰蛋白酶、乙二胺四乙酸二钠（EDTA）、胶原酶及中性酶等，使用时可以分别单独使用或混合使用。

### 3.1.3.1 胰蛋白酶

（1）概述：胰蛋白酶是从动物胰脏分离的一种水解酶，特异性强。其主要功能为水解细胞间的蛋白质，使贴壁生长的细胞分散成单个细胞。但因消化能力强，常会损坏细胞，导致细胞的贴壁率低。常用的胰蛋白酶分为 1∶125 和 1∶250 两种，即 1 份胰蛋白酶可以分别水解 125 份或 250 份酪蛋白。胰蛋白酶分离细胞的能力与细胞种类及细胞的特性有关，不同种类的细胞以及不同数量的细胞采用胰蛋白酶消化的时间亦不相同。另外，浓度、温度和作用时间也会影响胰蛋白酶的消化能力。所以在使用胰蛋白酶时，应控制好这些影响因素，以免消化过度造成细胞损伤。浓度大、温度高、新配制的胰蛋白酶可使细胞分离速度增快。37 ℃时，消化细胞一般需要 5～45 min，4 ℃时，消化组织一般需要 4～18 h。胰蛋白酶浓度为 0.1%～0.5%，常用浓度为 0.25%，pH 值为 7.2 左右。配制胰蛋白酶消化液时应采用不含 $Ca^{2+}$、$Mg^{2+}$和血清的缓冲液，以免 $Ca^{2+}$、$Mg^{2+}$、血清的存在降低胰蛋白酶的活力，影响消化效果。一旦细胞分散后可加入适量含血清的培养液终止消化。

（2）用品：

① 天平、烧杯、量筒、微孔滤膜、试纸、过滤器、磁力搅拌器。

② 胰蛋白酶粉末、D－Hanks、酚红、三蒸水、$NaHCO_3$。

（3）方法（以 0.25% 胰蛋白酶为例，在超净工作台中无菌操作）：

① 称取所需胰蛋白酶 0.25g。

② 加入 100 mL 无 $Ca^{2+}$、$Mg^{2+}$的平衡盐溶液（D－Hanks）或 PBS 中。

③ 磁力搅拌混匀，使其完全溶解。

④ 用 $NaHCO_3$调节 pH 值至 7.2～7.4。

⑤ 0.22 μm 滤膜正压过滤除菌，分装成小瓶，－20 ℃冰箱冻存，备用。

（4）操作提示：

① 为了避免产生气泡，混匀时动作要轻。

② 胰蛋白酶在高温下容易变性，操作应尽量在低温下进行。

③ 过滤后将胰蛋白酶分装到小离心管中，避免反复冻融。

④ EDTA 可以络合 $Ca^{2+}$，增加消化效力，对于难消化的细胞，可以加入 0.02 g 的 EDTA（0.02%）。

⑤ 传代前，用 D－Hanks 液反复冲洗培养皿，消除血清的影响。

⑥ 现用现制，长时间放置会降低酶的活性。

**3.1.3.2 EDTA**

（1）概述：EDTA 是一种化学螯合剂。主要作用为螯合细胞上的 $Ca^{2+}$、$Mg^{2+}$，使贴壁细胞分离，对细胞毒性小。EDTA 对上皮组织分散效果好，但对成纤维细胞作用差，所以常与胰蛋白酶混合使用（1∶1 或 2∶1），其作用比胰蛋白酶缓和。EDTA 常用浓度为 0.02%，配制时采用无 $Ca^{2+}$、$Mg^{2+}$ 平衡盐液溶解，高压灭菌后即可使用。EDTA 影响细胞贴壁，而且容易导致细胞裂解，使用时要慎重。容易消化的细胞可不加；若消化时必须要用，但又影响细胞贴壁，先用完全培养基终止消化，离心弃去上清，再加完全培养基培养，可去除 EDTA；如果对贴壁没影响，可不离心。

（2）用品：

① 天平、烧杯、量筒、微孔滤膜、试纸、抽滤泵、过滤器、高压灭菌器、磁力搅拌器。

② EDTA 粉末、PBS、酚红、三蒸水、$NaHCO_3$。

（3）方法（以 0.02% EDTA 为例，在超净工作台中无菌操作）：

① 称取所需 EDTA 0.02 g。

② 加入 100 mL PBS 中。

③ 磁力搅拌混匀，使其完全溶解。

④ 用 $NaHCO_3$ 调节 pH 值至 7.4 左右。

⑤ 高压灭菌或 0.22 μm 滤膜正压过滤除菌，分装，－20 ℃冰箱冻存，备用。

（4）操作提示：

EDTA 不能被血清中和，消毒后要彻底清洗培养瓶，否则细胞贴壁困难。

**3.1.3.3 胰蛋白酶－EDTA 混合消化液**

（1）概述：对于一些比较难消化的细胞，胰蛋白酶和 EDTA 联合使用（1∶1 或 2∶1）。加入的 EDTA 可以络合细胞外基质中的 $Ca^{2+}$，缩短消化时间，提高消化效率，而且可减少胰蛋白酶对细胞的损伤，但也可能会使细胞不易贴壁。常用于消化上皮样组织。

（2）用品：

① 天平、烧杯、量筒、微孔滤膜、试纸、过滤器、磁力搅拌器。

② 胰蛋白酶粉末、EDTA 粉末、PBS、酚红、三蒸水、$NaHCO_3$、双抗。

（3）方法（以 0.25% 胰蛋白酶－0.02% EDTA 消化液为例，在超净工作台中无菌操作）：

① 先配制好 PBS 溶液，高压灭菌后定容至 100 mL。

② 称取 0.02 g EDTA 溶于 100 mL PBS 溶液中，磁力搅拌器搅拌至完全溶解。

③ 加入双抗（PS）。

④ 加入酚红。

⑤ 待冷却到室温，加入 0.25 g 胰蛋白酶，低温混匀，避免产生气泡。

⑥ 0.22 μm 滤膜正压过滤除菌，分装，－20 ℃冰箱保存，备用。

（4）操作提示：

① 低温混匀，并避免产生气泡。

② 胰蛋白酶 - EDTA 相对比较难溶，可用磁力搅拌器，或放入 4 ℃冰箱过夜，待溶解后过滤除菌。

③ 消化后需要离心洗涤细胞，除去 EDTA、

#### 3.1.3.4 胶原酶

（1）概述：主要水解结缔组织中的胶原蛋白成分，作用缓和，无须机械振荡，但对上皮细胞损伤小。常用浓度为 0.1% ~0.3%，最适 pH 值为 6.5 ~ 7.2。对于一些较硬结缔组织，消化时间一般需要4 ~48 h；对于容易消化的组织，37 ℃振荡消化 15 ~45 min 即可。胶原酶最好现用现配，放置时间越长，对 pH 值影响越大，超过 48 h 时，pH 值可降至 6.5 以下。另外，其他操作（如过滤除菌）也可能影响胶原酶的 pH 值。胶原酶有多种同工酶，分为Ⅰ、Ⅱ、Ⅲ、Ⅳ、Ⅴ型及肝细胞专用酶，这几种同工酶都需要 $Ca^{2+}$ 激活才能发挥活性，配制时所用缓冲液应含有 $Ca^{2+}$。

Ⅰ型胶原酶主要用于上皮、肺、骨、脂肪等组织；Ⅱ型胶原酶主要用于肝、软骨、甲状腺、心脏等组织；Ⅳ型胶原酶主要消化胰腺组织；Ⅴ型胶原酶可用于胰岛细胞的分离，也可用于肾小管上皮细胞的分离。

消化不同的组织要选择不同的具有针对性的胶原酶。如Ⅱ型胶原酶在软骨细胞培养中具有一定优势；在成骨细胞培养时，Ⅰ型胶原酶则更容易获得大量的成骨细胞；对于心肌细胞，一般采用Ⅱ型胶原酶；对于脂肪干细胞，可采用 0.1% 的Ⅰ型胶原酶消化 1 h。

（2）用品：

① 天平、烧杯、量筒、微孔滤膜、试纸、过滤器、磁力搅拌器。

② Ⅰ型胶原酶干粉、PBS 缓冲液、酚红、三蒸水、$NaHCO_3$。

（3）方法（以 0.1%Ⅰ型胶原酶为例，在超净工作台中无菌操作）：

① 称取 0.1 gⅠ型胶原酶。

② 加入 100 mL 已灭菌的 PBS 中溶解。

③ 用配制好并已灭菌的 $NaHCO_3$ 调节 pH 值至 7.2 左右。

④ 0.22 μm 滤膜正压过滤除菌，分装，−20 ℃冰箱冻存，备用。

（4）操作提示：

① Ⅰ型胶原酶分子颗粒比胰蛋白酶大，不容易正压过滤除菌，因此，用蔡式滤器过滤除菌。

② 胶原酶的消化作用不受 $Ca^{2+}$、$Mg^{2+}$ 和血清成分的影响，可用 PBS 或含血清的培养液配制。

③ 胶原酶消化上皮细胞时，细胞可能不能彻底分散，出现一些细胞团，若无要求可不必进一步处理。

④ 种类多，而且不同公司的产品，其纯度、酶的活性都有一定的差异，使用时需注意。

⑤ EDTA 是胶原酶的抑制剂，使用胶原酶时不加 EDTA。

⑥ 胶原酶消化时，加入 BSA（牛血清白蛋白）可防止胶原酶水解，对细胞有保护作用。

（5）胶原酶与胰蛋白酶的区别：这两种酶也可混合应用，如人羊膜间充质干细胞，采用胰蛋白酶（0.05 g/L）和Ⅰ型胶原酶（1 g/L）联合消化的方法，可以更好更纯地把人羊膜间充质干细胞提取出来；对于心肌细胞，胰蛋白酶和胶原酶可以按照 1∶1 的比例混合，联合

消化组织（表3－2）。

表3－2　胶原酶和胰蛋白酶生物活性的区别

| 项目 | 胰蛋白酶 | 胶原酶 |
|---|---|---|
| 消化特性 | 适用于消化软组织，分解组织间质的蛋白成分 | 适用于消化含较多结缔组织或胶原成分的组织 |
| 作用强度 | 强烈 | 缓和，无须机械振荡 |
| 蛋白影响 | 易损伤细胞膜上的功能蛋白 | 不损伤其他蛋白质和组织 |
| 细胞影响 | 时间过长有影响 | 对细胞影响小 |
| 血清抑制 | 有 | 无 |
| $Ca^{2+}$和$Mg^{2+}$ | 有影响 | 无影响 |

### 3.1.3.5 中性蛋白酶（Dispase Ⅱ）

（1）概述：Dispase Ⅱ酶是一种中性蛋白酶，又称分散酶Ⅱ，可以消除悬浮细胞培养过程中发生的细胞聚集，多用于表皮细胞。一般pH为6.0～8.5，常用浓度为0.25%。与胰蛋白酶、胶原酶相比，Dispase Ⅱ酶消化组织时有以下优点：①作用温和、有效；②可以得到较多的角朊细胞，而且其活性不变；③不会引起成纤维细胞污染；④特异性地作用于表皮－真皮结合处，可以得到完整的表皮细胞；⑤选择性地分离纤维结合蛋白，不损伤细胞膜，能维持细胞膜的完整性，对细胞无毒性、损伤小；⑥稳定性强，不受温度、pH及血清的影响。

对于上皮细胞，0.25% Dispase Ⅱ酶在4 ℃环境中消化过夜，剥离表皮与真皮，弃去表皮，将真皮层剪碎，然后用0.25%胰蛋白酶在37 ℃环境中消化；对于神经细胞，用2 mg/mL Dispase Ⅱ酶消化并进行培养，细胞生长良好；对于角膜缘干细胞，采用4 ℃环境下使用Dispase Ⅱ酶、37 ℃环境下使用胰蛋白酶－EDTA冷热交替的方法消化分离细胞，然后用含10%胎牛血清的KSFM培养基进行培养，不用高速离心，可以获得大量角膜缘干细胞，对细胞损伤小；对于兔膝关节软骨细胞，0.3% Dispase Ⅱ酶和0.2% Ⅱ型胶原酶联合使用，消化效果好；对于小鼠黑色素细胞，0.25% Dispase Ⅱ酶消化液4 ℃消化14～16 h，剥离表皮与真皮，再加入0.25%胰蛋白酶，37 ℃水浴锅内消化分离下来的表皮，可以获得大量的黑色素细胞。

（2）用品：

①天平、烧杯、量筒、微孔滤膜、试纸、过滤器、磁力搅拌器。

②Dispase Ⅱ干粉、D－Hanks缓冲液、酚红、三蒸水、$NaHCO_3$。

（3）方法（以0.25% Dispase Ⅱ酶溶液，在超净工作台中无菌操作）：

① 称取0.25g Dispase Ⅱ酶。

② 溶于少量D－Hanks液中，待充分溶解后，定容至100 mL。

③ 调节pH值。

④ 0.22 μm滤膜正压过滤除菌，分装，－20 ℃冰箱冷冻保存，备用。

（4）操作提示：

① 第一次使用Dispase Ⅱ酶，注意控

制消化时间。

② Dispase Ⅱ 酶最好现用现配，放置时间长，影响消化效果。

③ 消化组织时，可以降低浓度，在4 ℃条件下过夜，对细胞影响最小，可以最大的保存细胞的活性。

④ Dispase Ⅱ 酶作用的是表皮和真皮连接的基底膜层，消化时间要长一些，做时尽量去除真皮和皮下组织。

#### 3.1.3.6 透明质酸酶

透明质酸酶消化能力较弱，可降低细胞间质的黏性，随机裂解透明质酸、软骨素和硫酸软骨素中的β-N-乙酰己糖胺-(1-4) 糖苷键。最佳pH值为4.5~6.0，浓度根据需要配制。透明质酸酶不受$Ca^{2+}$和$Mg^{2+}$抑制，可用含或不含$Ca^{2+}$和$Mg^{2+}$的BSS配制。消化组织时，常与胶原酶、胰蛋白酶联合使用。例如：脐带间充质干细胞，采用0.1%透明质酸酶、0.3% Ⅱ型胶原酶、0.1%胰蛋白酶、0.02% EDTA联合消化；对于髓核细胞，采用透明质酸酶与Ⅱ型胶原酶联合消化；对于乳腺细胞，由于乳腺组织中的胶原蛋白含量很低，一般不采用胶原酶。所以对于乳腺细胞采用0.25%胰蛋白酶和100 U/mL透明质酸酶联合消化，可以得到大量的乳腺细胞。

## 3.2 培养基（液）

培养基（液）是维持体外细胞生存和生长的基本溶液，是组织细胞培养时最重要的条件。可分为天然培养基和合成培养基两大类。

### 3.2.1 天然培养基

最初的体外细胞培养，均采用天然培养基。天然培养基主要是取自动物体液或从动物的组织中分离提取，其优点是营养成分丰富，培养效果良好，缺点是成分复杂，来源受限。实际工作中常将天然培养基与人工合成培养基结合使用。

天然培养基（液）种类很多，包括：生物性液体（如血清）；组织浸液（如胚胎浸液），凝固剂（如血浆）等。

#### 3.2.1.1 血清

组织细胞培养中最常用的天然培养基是血清，血清中含有丰富的营养物质，包括大分子的蛋白质和核酸等，对促进细胞生长繁殖、黏附及中和某些毒性物质的毒性有一定作用。组织细胞培养所用的血清种类较多，主要为胎牛血清、小牛血清、马血清、兔血清及人血清等，最广泛使用的是胎牛血清和小牛血清。血清使用前需进行灭活处理（加温到56 ℃，30 min），以消除补体活性；未灭活血清应保存在-20 ℃冰箱。

优质的血清外观应为透明、无溶血、淡黄色、无沉淀物，灭活后颜色略深。合格的动物血清，均经过严格检测，无细菌、无支原体及病毒等污染。血清总蛋白为（3.5~4.5）$\times 10^{-2}$ g/mL，球蛋白不高于$2\times 10^{-2}$ g/mL。球蛋白在补体或其他物质作用下，可产生细胞毒而对细胞有损害，因而血清中球蛋白含量低者，其质量较好。

为了保证血清质量，可作细胞集落形成率、连续细胞传代培养、细胞生长曲线等方法进行检测。血清虽是常用的天然培养基，对绝大多数细胞的生长有利，但其成分复杂，有些尚未明确，其中某些成分可能对有些细胞有害。

#### 3.2.1.2 血浆

早期的组织培养常将组织块生长于血

凝块之中，自从 Harrison（1907）首次使用血浆以来，曾被广泛应用。血浆不仅可用以支持培养组织块，而且还供给细胞生长的营养物质，凝固后形成的血浆凝块可为体外细胞的生长提供支架，以利于细胞三维生长。但其缺点是易发生液化，目前已很少单独使用。一般使用禽类血浆，最常用的为小于1年的雄性鸡类，其血钙水平较恒定，血中激素含量少，且较易于采取。采血的方法有3种：翼静脉取血，心脏取血及颈动脉取血。采血时应防止凝血，整个制备过程要特别注意保持无菌。

鸡血浆制备方法如下。

① 干燥注射器先吸肝素少许，湿润针管内壁（注意肝素过量可以产生细胞毒性）。

② 选择年幼的鸡，从其翼静脉采血。

③ 3 000 r/min 离心 10 min，取上清液分装，低温冰箱保存。

#### 3.2.1.3 组织浸出液

以前培养组织的培养基中含有的组织浸出液通常是胚胎浸出液。它的主要成分中所含有的大分子核蛋白和小分子氨基酸有促进细胞生长的作用。近年来，组织浸出液已被有效的制品所替代，仅在某些特殊情况下使用。

鸡胚浸出液制备方法如下。

① 选正常受精鸡胚，将其放于 37 ℃ 的孵箱内孵育，保持空气流通和一定的湿度，每日翻动鸡蛋1次。

② 经常在灯上检查鸡胚发育状况。如发现血管不清晰等不良状况，应及时去除。

③ 在 10 ~ 11 d，用碘酒和乙醇消毒蛋壳。

④ 用消毒弯剪剪除气室部蛋壳，剥离气囊膜和尿囊膜，取出鸡胚，将几个鸡胚置于无菌平皿中。

⑤ 去除鸡胚眼睛，用 Hanks 液洗去血液及卵黄。

⑥ 加入等量 Hanks 液，用匀浆器匀浆。

⑦ 移至离心管内，室温放置 30 min 后，3 000 r/min 离心 30 min，取上清液分装后低温保存。使用前需解冻，然后用 2 000 r/min 离心 10 min，取上清液方可使用。

#### 3.2.1.4 水解乳蛋白

水解乳蛋白是一种常用的天然培养基，它是乳蛋白经蛋白酶或肽酶水解的产物，氨基酸和多肽含量较高，为淡黄色粉末，易潮解，应密封保存在阴凉干燥处。其水溶液一般呈弱碱性，不溶于醇或醚。不同产品在颜色、氨基酸含量和营养成分上有一定差别，一般配制成 0.5% 溶液，可 1:1 与合成培养液共同使用。

配制方法（以 0.5% 水解乳蛋白为例，在超净工作台中无菌操作）如下。

① 用灭菌的 Hanks 液（少于 100 mL）将 0.5 g 水解乳蛋白粉末调制成糊状。

② Hanks 液补足至 100 mL，室温下放置 1 ~ 2 h，并搅拌几次使水解乳蛋白完全溶解。

③ 滤纸过滤，分装，445.22 kPa 10 min 高压消毒。

④ 4 ℃冰箱保存备用。

#### 3.2.1.5 鼠尾胶原

（1）概述：鼠尾胶原主要用于改善某些特殊类型细胞（如上皮细胞）的表面特性，促进细胞贴壁生长。同时鼠尾胶原也是一种天然的黏附剂，当需要制备细胞爬片时，可在瓶底涂一层胶原，再放上小玻片，自然干燥后小玻片就固定于培养瓶之中。胶原可来自大鼠尾腱、豚鼠真皮、牛真皮、牛眼晶状体等，其中鼠尾胶原最为常用。

（2）用品：

① 剪刀、镊子、止血钳、弯头吸管、平皿、三角烧瓶、烧杯、量筒、天平、离心管。

② 大鼠尾巴、生理盐水、75%酒精、0.1%醋酸溶液。

（3）方法（在超净工作台中无菌操作）：

① 制备0.1%醋酸溶液，灭菌。

② 取250 g大鼠，过量麻醉处死，剪取鼠尾，放入75%酒精中浸泡30 min。

③ 将鼠尾剪成1.5 cm小段，剥去毛皮，抽出尾键。

④ 取剪碎尾键1~1.5 g，按每50 mL 1 g尾键的比例，浸于100~150 mL 0.1%醋酸中，4 ℃冰箱放置，并间断摇动。

⑤ 48 h后移入灭菌离心管，4 ℃下以4 000 r/min离心30 min。

⑥ 收集上清并分装，-20 ℃保存。

⑦ 残渣中可再加40 mL醋酸，作用24 h后再离心，收集保存。

（4）操作提示：

① 在培养瓶的细胞生长面涂抹胶原时，要涂抹均匀，不宜太厚，以倾斜瓶时不流动为准。

② 向瓶中通入氨气或者用沾有氨水的消毒棉封住瓶口后置灭菌箱内。

③ 室温下使氨气与胶原作用30 min，胶原凝固。

④ 用BSS溶液或基础营养液洗涤胶原面，再经细胞培养液浸泡过夜，37 ℃干燥后即可使用。

⑤ 因鼠尾胶原黏度大，无法高温高压或过滤消毒灭菌，制备过程应严格无菌操作。

⑥ 在中性环境下（大约pH 7.4）鼠尾胶凝结。

## 3.2.2 合成培养基（液）

体外培养动物细胞已有近百年的历史，人工合成培养基的问世促进了细胞培养工作的发展。合成培养基是对细胞体内生存环境中各种已知物质在体外人工条件下的模拟。这种模拟不是被动的、不加选择的，而是在体外反复实验和筛选、进行强化和重新组合后形成的人工合成培养基。这种培养基在很多方面具有天然培养基无法比拟的优点。它给细胞提供了一个近似体内生存环境的、又便于控制和标准化的体外生存环境。目前，所有细胞培养室都已采用商品化的各种合成培养基。普通的合成培养基仍然不能完全满足体外培养细胞的生长需求，使用时仍需添加一定比例的天然培养基加以补充，目前多采用胎牛血清、小牛血清、马血清等，比例从百分之几到百分之几十不等，具体根据需要而定。

### 3.2.2.1 合成培养基（液）基本成分

合成培养基的种类虽多，但一般均含有氨基酸、维生素、糖类、无机离子和一些其他的辅助性成分。

（1）氨基酸：是合成培养基的主要内容，合成培养基中以必需氨基酸为主。不同种类的细胞对氨基酸的需要略有不同，一般细胞仅能利用氨基酸的L型同分异构体，因此配制培养液时要避免使用D型氨基酸。需要特别指出的是谷氨酰胺，细胞对之有较高要求，而谷氨酰胺在溶液中很不稳定。配制好的培养液如果在4 ℃冰箱

内放置两周后谷氨酰胺大部分已破坏，在缺少谷氨酰胺时细胞生长不良而逐渐死亡。因而配制好的超过两周的培养基都需重新补加与原来含量相同的谷氨酰胺。

（2）维生素：细胞生长代谢中大多数的酶、辅酶是依靠维生素来形成的，主要维持细胞生长，对细胞代谢有重要影响。维生素分为两大类，一种为水溶性，另一种为脂溶性，配制时应注意。

（3）糖类：培养基中的碳水化合物包括葡萄糖、核糖、脱氧核糖、丙酮酸钠等，主要提供细胞生长的能量，也参与合成蛋白质和核酸。

（4）无机离子：培养基含有平衡盐液中的钾、钠等无机盐，有些培养基含有微量元素，如 $Fe^{2+}$、$Zn^{2+}$、$Ca^{2+}$ 等。

（5）其他成分：有时可在少数合成培养基中加入一些代谢的中间产物、氧化还原剂、三磷酸腺苷、辅酶 A 等。

目前，合成培养基的配方都已相对固定，并形成配制好的干粉型商品。其成分趋于简单化，以能维持细胞生长的最低需求而去除了不必要的成分，同时为适应某些特殊培养的需要补加一些新的成分，如：培养杂交瘤细胞时采用 DMEM 培养基需补加丙酮酸钠和 2-巯基乙醇；为增加细胞转化和 DNA 合成，有时补加植物血凝素（PHA）等。这些变化需根据实验和细胞的具体要求而定。

**3.2.2.2 常用的合成培养基（液）**

合成培养基种类很多，据报道已有数十种，每种合成培养基最初都是为了培养某种细胞而设计的，但应用后发现其他细胞也可以生长或经改良也适合其他细胞的生长。

（1）199 培养液：是 Morgan、Morton 及 Parker 等人在 1950 年为培养鸡胚细胞研制的，可用于各种细胞的维持和病毒的生产。最初是在 Earle 生理盐水溶液的基础上添加各种物质如氨基酸、维生素，然后又补加嘌呤、嘧啶、胆固醇、ATP 等进行试验性研究，并根据哺乳动物细胞的特点进一步完善其配方。

199 培养基含有多达 69 种成分。其组成成分虽然很多，但单独使用时只能维持细胞存活数天，在加入血清后可以维持很多种细胞的生长。由于成分较为复杂，现在一般应用不多。后在 199 基础上改良研制了 109 合成培养基，与 199 相比较效果更好。

（2）Eagle 培养液：Parker 等根据氨基酸和维生素等物质的生理含量制备出一种基本培养液，后来 Eagle 等对来源于人的细胞株进行更深入的研究后发现胞质内的氨基酸及维生素的含量比基本培养液中大 1～5 倍，而且其中谷氨酰胺等 13 种氨基酸和 8 种维生素是必需的，于是将这些物质的浓度调整至接近胞质内含量的水平，制成了最低必需培养液（Eagle's minimum essential medium，MEM），MEM 细胞培养基去除赖氨酸、生物素，增加氨基酸浓度，适合多种细胞单层生长。MEM 细胞培养基有多种类型，如含 Earle's 平衡盐类型、含 Hanks 平衡盐类型、高压灭菌型、过滤除菌型、含非必需氨基酸类型。应根据实际情况选择合适的 MEM 细胞培养基。

（3）BME 培养液：在 MEM 基础上又改良研究制成了 BME（basal Eagle medium）和 DMEM（Dulbecco MEM）两种培养液。BME 去除了 MEM 成分中的一部分必需氨基酸，增添了一些非必需氨基酸。是最简单的培养基，只有 11 种氨基酸和盐及一些维生素，最先用于培养小鼠的 L 细胞和人类 Hela 细胞，现广泛用于各种细胞的培养。

（4）DMEM 培养液：DMEM 培养液是一种含氨基酸和葡萄糖的培养基。与 MEM 比较增加了各种成分用量，分为高糖型（含葡萄糖 4500 mg/L）和低糖型（含葡萄糖 1000 mg/L）。DMEM－高糖型适合生长较快、附着性较差的肿瘤细胞、克隆细胞，也可用于杂交瘤中骨髓瘤细胞和 DNA 转染的转化细胞等的培养，例如 CHO 细胞表达生产的乙肝疫苗。高糖型使细胞生长过快，不利于融合细胞的染色体稳定，做单抗细胞融合时，一般使用低糖型，当稳定培养在 10 代以上，可以使用高糖型。DMEM－低糖型主要用于干细胞的培养。

（5）DMEM/F12 培养液：DMEM 培养液营养成分浓度较高，F12 培养液成分复杂，含有多种微量元素。DMEM 和 F12 以 1∶1 结合，称为 DMEM/F12 培养液，该培养液作为开发无血清培养液配方的基础，适用于血清含量较低条件下细胞培养，常用于细胞的克隆生长及干细胞培养。DMEM/F12 单纯配制易偏酸，在配制时需要加入 $NaHCO_3$ 调节 pH 值。

（6）RPMI 1640 培养液：RPMI l640 是由 Moor 等研究成功的，最初为培养小鼠白血病细胞的需要而制备。开始的配方特别适合悬浮细胞的生长，主要针对淋巴细胞，后经几次改良从 RPMI 1630、1634，而至 RPMI 1640，其组成较为简单。目前，RPMI 1640 是应用最为广泛的培养基之一，主要用于悬浮细胞的生长，如人类白细胞、骨髓瘤细胞、杂交瘤细胞等，此外，还可以适应很多种类细胞的生长，包括肿瘤细胞以及很多正常组织细胞体外培养。我们实验室数年来将 RPMI 1640 作为实验和细胞维持的基本培养液，曾经用它培养了包括癌细胞和正常细胞在内的数十种细胞，无论是原代和长期传代等效果都很好（表 3－3）。

**表 3－3　RPMI 1640 培养液和 DMEM 培养液的区别**

| 培养液 | 适用细胞 | 葡萄糖含量 | 氨基酸及维生素 | 对于肿瘤细胞生长 | HEPES |
|---|---|---|---|---|---|
| DMEM | 贴壁细胞 | 多 | 少 | 相对慢 | 不含，细胞增殖慢 |
| RPMI 1640 | 悬浮细胞 | 少 | 多 | 生长快 | 富含 |

（7）Ham 培养液：1962 年 Ham 研究了适合小鼠二倍体细胞克隆化的培养基，将其命名为 F7，在此基础上进行改良成为 F10 培养基，使之不仅适应小鼠细胞而且也适用于人类二倍体细胞的培养。Ham l965 年继续研究制成了 F12 培养基，可用于 CHO 细胞的培养。这种培养基的特点是在配方中加入了一些微量元素和无机离子，可以在加入很少血清的情况下应用，特别适合进行单细胞培养和克隆化培养，是无血清培养中常用的基础培养基。

上述几种是最为常用的培养基。目前虽然各种合成培养基有几十种，多以上述几种为基础加以改良而制成。实验者可参考有关文献或根据实验需要在定型的合成培养基基础上进行增减和选择。如果不是特殊需求，上述培养基基本上可以满足绝大部分细胞培养的需要。

对于一些特殊细胞，需使用特殊培养基。如乳腺上皮细胞，使用 MaECM

(mammary epithelial cell medium) 培养基，该培养基以 BM 培养基为基础，加入 10 μg/L雌激素和 50 μg/L 生长激素形成，可以有效抑制成纤维细胞的生长，快速促进乳腺上皮细胞的增殖；对于内皮细胞，在 DMEM 培养基中，加入 10% 胎牛血清、肝素（按 1/1 000 比例稀释）以及内皮细胞生长因子（ECGF，按 1/100 比例稀释）；对于大鼠心肌细胞，以 DMEM 培养基为基础，加入 HEPES、L－谷氨酸胺、0. 1 mmol/L 的β－巯基乙醇、100 U/mL 青霉素、100 U/mL 链霉素及灭活的小牛血清；对于口腔黏膜细胞，采用 Y27632 的条件培养基，可以使细胞快速稳定扩增；对于 CIK 细胞，常采用 KBM581 培养基进行体外诱导和扩增；对于兔角膜缘干细胞，其培养基是在 KSFM 基础培养液中加入 10% 胎牛血清 5 mL，青－链霉素双抗水 1 mL，5 μg/mL 的胰岛素、0. 5 μg/mL 的氢化可的松和 20 ng/mL 的表皮生长因子各 100 μL。KSFM 培养基既不含钙也不含血清，但含有胰岛素以及成纤维细胞生长因子等多种促生长添加剂，能够更好地维持角膜上皮细胞的形态。

常用培养液的成分及配方见表 3－4。

**表 3－4　常用的培养液成分及配方**

| 成分名称 | MEM | DMEM | Ham's F10 | Ham's F12 | McCoy 5A | RPMI 1640 | 199 | L－15 | Fischer | Waymouth MB752/L |
|---|---|---|---|---|---|---|---|---|---|---|
| 丙氨酸 | 8. 9 | | 9. 00 | 9. 00 | 13. 36 | | 50. 00 | 225. 00 | | |
| 精氨酸 | 126. 00 | 84. 00 | 211. 00 | 211. 00 | 42. 14 | 200. 00 | 70. 00 | | 15. 00 | 75. 00 |
| 天冬氨酸 | 13. 30 | | 13. 30 | 13. 30 | 19. 97 | 20. 00 | 60. 00 | | | 60. 00 |
| 天冬酰胺 | 15. 00 | | 15. 01 | 15. 01 | 45. 03 | 50. 00 | | 260. 00 | | 61. 00 |
| 胱氨酸 | 31. 3 | 62. 60 | | | | | 26. 00 | | | 15. 00 |
| 半胱氨酸 | | | 35. 00 | 35. 00 | 24. 24 | | 0. 11 | 120. 00 | | 61. 00 |
| 谷氨酸 | 14. 70 | | 14. 70 | 14. 70 | 22. 07 | 20. 00 | 133. 60 | | | 150. 00 |
| 谷氨酰胺 | 292. 00 | 72. 00 | 146. 00 | 146. 00 | 219. 15 | 300. 00 | 100. 00 | 300. 00 | 200. 00 | 350. 00 |
| 甘氨酸 | 7. 50 | 30. 00 | 7. 51 | 7. 51 | 7. 51 | 10. 00 | 50. 00 | 200. 00 | | 50. 00 |
| 组氨酸 | 42. 00 | 42. 00 | 21. 00 | 20. 96 | 20. 96 | 15. 00 | 21. 88 | 250. 00 | | 128. 00 |
| 羟脯氨酸 | | | | | 19. 67 | 20. 00 | 10. 00 | | | |
| 异亮氨酸 | 52. 00 | 105. 00 | 2. 60 | 3. 94 | 39. 36 | 50. 00 | 40. 00 | 125. 00 | 75. 00 | 25. 00 |
| 亮氨酸 | 52. 00 | 105. 00 | 13. 10 | 13. 10 | 39. 36 | 50. 00 | 120. 00 | 125. 00 | 30. 00 | 50. 00 |
| 赖氨酸 | 72. 50 | 146. 00 | 29. 30 | 36. 50 | 36. 54 | 40. 00 | 70. 00 | 93. 00 | 50. 00 | 240. 00 |
| 蛋氨酸 | 15. 00 | 30. 00 | 4. 48 | 4. 48 | 14. 92 | 15. 00 | 30. 00 | 75. 00 | 100. 00 | 50. 00 |
| 苯丙氨酸 | 32. 00 | 66. 00 | 4. 96 | 4. 96 | 16. 52 | 15. 00 | 50. 00 | 125. 00 | 67. 00 | 50. 00 |
| 脯氨酸 | 11. 50 | | 11. 50 | 34. 50 | 17. 27 | 20. 00 | 40. 00 | | | |
| 丝氨酸 | 10. 50 | 42. 00 | 10. 50 | 10. 50 | 26. 28 | 30. 00 | 50. 00 | 200. 00 | 15. 00 | 75. 00 |

续表

| 成分名称 | MEM | DMEM | Ham's F10 | Ham's F12 | McCoy 5A | RPMI 1640 | 199 | L-15 | Fischer | Waymouth MB752/L |
|---|---|---|---|---|---|---|---|---|---|---|
| 苏氨酸 | 48.00 | 95.00 | 3.57 | 11.90 | 17.87 | 20.00 | 60.00 | 300.00 | 40.00 | 40.00 |
| 色氨酸 | 10.00 | 16.00 | 0.60 | 2.04 | 3.06 | 5.00 | 20.00 | 20.00 | 10.00 | 40.00 |
| 酪氨酸二钠 | 51.90 |  | 2.61 | 7.78 | 26.10 | 28.83 | 57.66 | 373.00 | 74.60 |  |
| 缬氨酸 | 46.00 | 94.00 | 3.50 | 11.70 | 17.57 | 20.00 | 50.00 | 100.00 | 70.00 | 65.00 |
| 氯化钙 | 185.00 | 265.00 | 44.10 | 44.10 | 132.43 |  | 265.00 | 186.00 | 91.00 | 120.00 |
| 硫酸镁 | 97.67 | 97.67 | 74.64 |  | 97.68 | 48.84 | 97.67 | 400.00 | 121.00 | 200.00 |
| 氯化钾 | 400.00 | 400.00 | 285.00 | 224.00 | 400.00 | 400.00 | 400.00 | 400.00 | 400.00 | 150.00 |
| 磷酸二氢钾 | 60.00 |  | 83.00 |  |  |  |  | 60.00 |  | 80.00 |
| 磷酸氢二钠 | 47.88 |  | 153.70 | 142.04 |  | 800.00 |  |  |  | 566.00 |
| 磷酸二氢钠 |  | 109.00 |  |  | 504.00 |  | 122.00 |  | 78.00 |  |
| 氯化钠 | 8 000 | 4 400 | 6 800 | 7 100 | 6 460.00 | 6 000 | 6 800 | 8 000 | 8 000 | 6 000 |
| 生物素 |  |  | 0.024 | 0.0073 | 0.20 | 0.20 | 0.01 |  | 0.01 | 0.02 |
| 氯化胆碱 | 1.00 |  | 0.69 | 13.96 | 5.00 | 3.00 | 0.50 | 1.00 | 1.50 | 250.00 |
| 肌醇 | 2.00 | 7.20 | 0.54 | 18.00 | 36.00 | 35.00 | 0.05 | 2.00 | 1.50 | 1.00 |
| 烟酰胺 | 1.00 | 4.00 | 0.62 | 0.04 | 0.50 | 1.00 | 0.03 | 1.00 | 0.50 | 1.00 |
| D-泛酸（半钙） | 1.00 | 4.00 | 0.72 | 0.48 | 0.20 | 0.25 | 0.01 |  |  |  |
| 吡哆醛 | 1.00 | 4.00 | 0.21 | 0.06 | 0.50 | 1.00 | 0.03 |  | 0.50 |  |
| 吡哆醇 |  |  |  |  | 0.50 |  | 0.03 |  |  | 1.00 |
| 硫胺素 | 1.00 | 4.00 | 1.00 | 0.34 | 0.20 | 1.00 | 0.01 | 1.00 | 1.00 | 10.00 |
| 核黄素 | 0.10 | 0.40 | 0.38 | 0.04 | 0.02 | 0.20 | 0.01 |  | 0.05 | 1.00 |
| 抗坏血酸 |  |  |  |  | 0.56 |  | 0.05 |  |  | 17.50 |
| 维生素B-12 |  |  | 1.36 | 1.36 | 2.00 | 0.005 |  |  |  | 0.20 |
| 对氨基苯甲酸 |  |  |  |  | 1.00 | 1.00 | 0.05 |  |  |  |
| 叶酸 | 1.00 | 4.00 | 1.32 | 1.32 | 10.00 | 1.00 | 0.01 | 1.00 | 100.00 | 0.40 |
| 偏多酸钙 |  |  |  |  |  |  |  | 1.00 | 0.50 | 1.00 |
| D-葡萄糖 | 1 000 | 1 000 | 1 100 | 1 802 | 3 000 | 2 000 | 1 000 |  | 1 000 | 5 000 |
| 酚红 | 11.00 | 9.30 | 1.30 | 1.30 | 11.00 | 5.30 | 21.3 | 10.00 | 5.00 | 10.00 |
| 丙酮酸钠 |  | 110.00 | 110.00 | 110.00 |  |  |  | 550.00 |  |  |
| 次黄嘌呤 |  |  | 4.08 | 4.08 |  |  | 0.30 |  |  | 25.00 |
| 胸苷 |  |  | 0.73 | 0.73 |  |  | 0.03 |  |  |  |
| 谷胱苷肽（还原型） |  |  |  |  | 0.50 | 1.00 | 0.05 |  |  | 150.00 |
| 碳酸氢钠 | 350 | 3 700 | 1 200 | 1 176 | 2 200 | 2 000 | 200 |  |  |  |

注：如无特殊说明，表中数据单位为 mg/L

部分培养液中含有一些不常用的成分，例如酪氨酸、组氨酸、氯化镁、琥珀酸、硝酸铁、硫酸铜、硫酸锌、醋酸锌、醋酸钠、硫酸亚铁、硝酸钙、磷酸氢二钠、胆碱酒石酸氢盐、维生素 $K_3$（亚硫酸氢钠）、维生素醋酸盐、DL－α－生育酚磷酸钠、烟酸、磷酸核黄素、N－2－羟乙基哌嗪－N－2－乙基磺酸、亚油酸、盐酸腐胺、硫辛酸、胨、腺嘌呤、腺苷－5－三磷酸二钠盐、胆固醇、脱氧核糖、鸟嘌呤、胸腺嘧啶、尿嘧啶、黄嘌呤钠、2－脱氧腺苷、核糖、葡萄糖醛酸内脂等。

**3.2.2.3 合成培养基（液）的配制**

（1）概述：虽然各种培养基的组成各有不同，但商品化的干粉型培养基的配制方法大同小异。绝大多数合成培养基的生产都已标准化、商品化，较为常用的培养基可在市场上购得。这种干粉型培养基性质稳定，便于储存、运输，价格便宜，给使用和配制合成培养基带来很大方便。特殊需求也多可在现有合成培养基基础上补加或调整某些成分予以满足。以往实验室自购各个组分，称量后再按一定顺序进行溶解配制的老方法，一方面需购置大量各种各样的成分，而且每种成分用量很少，很难控制和统一；另一方面要精确称量，顺序溶解，步骤烦琐，质量难以保证。因此，自行配制培养基的方法除了因需要而专门配制一些特殊培养基外，大部分已不再使用。

（2）用品：滤器、微孔滤膜、磁力搅拌器、天平、烧杯、量筒、贮液瓶、瓶塞、注射器、pH 计、$NaHCO_3$、培养基、三蒸水、胎牛（小牛）血清、NaOH、HCl、青霉素、链霉素。

（3）方法：

① 将干粉型培养基溶于欲配制液体总量2/3 的三蒸水，冲洗包装袋两次倒入培养液中，加入磁性搅棒并置于磁力搅拌器上充分搅拌，以确保培养基干粉充分溶解。

② 按照产品包装说明的要求和实验需要补加 $NaHCO_3$和谷氨酰胺。

③ 加入抗生素。最终浓度为青霉素 100 U/mL，链霉素 100 μg/mL（一般市售的青霉素为 80 万单位/瓶，将其溶解于 4 mL 三蒸水中，每升培养液中加入0.5 mL；市售链霉素为 1 克/瓶，将其溶解在 5 mL 中，每升培养液加入 0.5 mL）。

④ 加入所需浓度的经 56 ℃水浴灭活的胎牛（或其他）血清，补加三蒸水至最终体积。

⑤ 调整培养液 pH 值，一般情况下市售干粉型培养基溶解后，pH 值都有一相对稳定的数值，但某些因素例如配制液体使用的三蒸水、加入不同浓度的血清、采用 $CO_2$ 加压过滤等，有可能使所配制液体的 pH 有所改变。因此，配制过程中，应强调采用新鲜制备的三蒸水并在加入血清后调整 pH 值，过滤除菌时宜采用 $O_2$ 加压过滤。常规配制培养液时 pH 值常略偏碱，可采用 1 mol/L HCl 溶液进行调整，使用时可将预先配制的 HCl 溶液逐滴缓慢加入欲调整的偏碱的液体中并搅拌均匀，用 pH 计或 pH 精密试纸观察调整结果达到 pH 7.2～7.4。

⑥ 将上述溶液用过滤法消毒除菌。所使用的滤器采用0.22 μm 和0.45 μm 滤膜各 1 张，常规高压灭菌消毒。

⑦ 将过滤除菌的培养液分装于贴有标签的无菌贮液瓶中，加盖瓶塞，加封75%乙醇浸泡的玻璃纸，4 ℃冰箱存放。

（4）操作提示：

① 配制培养液以及调节培养液 pH 值所使用的 HCl 和 NaOH 等溶液需新鲜制备的三蒸水，一般于配制当天制备，以保证水的纯度和质量。

② 配制培养基的各种器皿都应彻底清洗，烤干后备用。

③ 培养液配制过程中一般不需加热助溶。

④ 培养液配制后应行无菌试验，以检测培养液是否有污染。配制培养液所需血清的质量应保持稳定。一项实验应尽可能采用同一批号血清。

⑤ 每批次配制液体数量以使用 2 周左右为宜，以免时间过长造成营养成分损失。

⑥ 谷氨酰胺在溶液中很不稳定，放置 2 周以上，需要根据情况重新添加。

⑦ 抗生素在 37 ℃稳定性维持 3 ~4 d，可控制轻度污染，但预防污染重在无菌操作。

**3.2.2.4 无血清培养基（液）**

随着细胞培养技术发展和应用范围的扩大，对各种培养用液的要求也越来越严格。现在大多数人工合成培养基都需要加入不同浓度的血清才能培养细胞。血清除了提供细胞生长的营养成分外，还能促进细胞 DNA 的合成，另外，血清含有细胞增殖所必需的生长因子。但由于血清成分复杂，培养时容易导致所需细胞外其他细胞过度生长；不同批次间的血清生物活性因子差异大，导致实验结果重现性差；血清中含有一定的细胞毒性物质和抑制性物质，对细胞有去分化作用，影响某些细胞功能的表达；血清中含有大量成分复杂的蛋白质及一些未知因素，其不利于分离制备细胞生长因子、单克隆抗体等，而且容易出现残留蛋白的抗原性；培养时，添加血清容易导致细胞污染；另外，血清本身价格也比较贵。因而现在很多培养研究工作者都在寻求不含血清或其他天然培养基成分的培养基。无血清培养基是在合成培养基的基础上发展起来的，引入成分完全明确的或部分明确的血清替代成分。

加有血清的培养液存在前述血清的缺点，可能影响实验的结果。因此，在体外进行细胞培养时，减少血清等动物源性物质的添加，增加无血清培养基的使用。无血清培养基可避免和改善血清带来的弊病，而且可用以作为选择性培养液用于培养所需要的细胞；无血清培养基成分相对明确、蛋白质含量低，利于细胞产品生产及纯化；在培养细胞时，无血清培养基有助于调节细胞的增殖和分化；有效避免成纤维细胞的过度生长。如采用 MCDB170 和 MCDB153 培养液培养乳腺和皮肤的上皮细胞，可有效地抑制成纤维细胞的生长。在无血清条件下，某些细胞的生长量甚至比有血清时高出数倍。如脂肪干细胞，在难愈合创面长期所处的低氧缺血环境中，采用无血清培养可以提高脂肪干细胞向血管内皮细胞诱导的效率。

3.2.2.4.1 无血清培养基的发展。

（1）无血清培养基（serum – free medium，SFM）：不含血清，但添加替代血清的生物材料，如牛血清白蛋白、转铁蛋白、胰岛素等生物大分子物质。该类培养基总蛋白量低于含血清培养液，但蛋白含量依然很高，增加了纯化工作的难度。另外，添加物质的化学成分不明确，引入了动物性源污染物，成本高。

（2）无动物来源培养基（animal component free medium，ACFM）：不含动物源

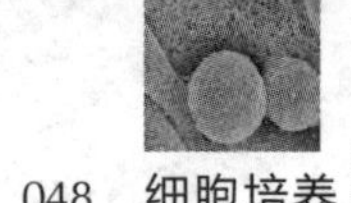



性蛋白衍生物，其蛋白来源于蛋白水解物、重组蛋白。可保障细胞生长、增殖及产品的安全性。

（3）无蛋白培养基（protein - free medium，PFM）：不含大分子量的蛋白质类，成分相对稳定，目标蛋白易于分离纯化，但通用性较差，适于培养的细胞系较少，必须添加类固醇激素和脂类前体。目前，对于 CHO 细胞、杂交瘤等细胞系一般采用无蛋白培养基。如，PF1 培养基，该培养基是在 DMEM/F12（1:1）（GIBCO，USA）的基础上，通过优化血清替代物（黄体酮、乙醇胺、脂类等）与蛋白替代物（胰岛素、转铁蛋白）而开发的无蛋白培养基。

（4）化学成分限定培养基（chemically defined medium，CDM）：此类培养基完全无血清、无蛋白，成分完全明确，可以保证培养液批次间的一致性，利于细胞体外培养研究，是目前最为安全和理想的全能型培养基。但是并非所有细胞都能在此培养基中达到较高的表达水平，需要不断改进设计方案和配方，使不同细胞可以生长。

3.2.2.4.2 无血清培养基成分

目前无血清培养基已有很多种，但都不够理想，还没有具有稳定的效果并适应多种细胞的培养基。设计新的无血清培养基可采取两种途径：设计并实验全新的、适应多种体外培养细胞增殖的培养基；或在现有合成培养基的基础上添加一定量的生长因子等物质。总的说来无血清培养基一般包括基础培养液及辅加成分两大部分，它们分别有不同配制要求。

（1）基础培养液：无血清培养基的基础溶液一般采用人工合成培养液。以 Ham's F12 和 DMEM 最为常用，例如两者以 1∶1 混合，加入 15 mmol/L HEPES，1.2 g/L $NaHCO_3$后作为基础溶液，然后再添加其他成分，如葡萄糖、氨基酸、无机盐、维生素等。这些物质是维持组织或细胞生长代谢必不可少的。其中最重要的营养成分是葡萄糖和谷氨酰胺。但是由于谷氨酰胺容易降解，在新配的培养液中要重新添加。

无血清培养基由于没有天然大分子物质对细胞的保护，因而对配制所用的水要求很高，必须采用新制备的三蒸水配制，否则会对细胞生长产生不利影响。

（2）辅加成分：即补充因子，替代传统培养基中的血清。为了满足细胞生长的需要及替代血清对细胞的保护作用，多数无血清培养基须补加 3 ~ 8 种因子。补充因子根据功能不同可分为贴壁和铺展因子、结合蛋白、激素和生长因子、微量元素和低分子量营养因子、维生素和酶抑制剂等。如软骨细胞的无血清培养基，添加生长因子 FGF - 2（100 ng/mL）、EGF（10 pg/mL）、PDGF（625 pg/mL）、TGF - β（5 pg/mL）、胰岛素（5 μg/mL）白蛋白、透明质酸酶等。

① 培养基质：即贴壁和铺展因子，主要目的是帮助细胞附着贴壁。常用的培养基质有：纤维连结素（fibronectin），以 1 mg尿素 PBS 配制成 1 mg/mL 母液，-20 ℃保存；多聚赖氨酸（polylysine），以 PBS 配制成 1 mg/mL 母液，-20 ℃保存；胶原，以 PBS 或 0.1 mol/L 盐酸或 0.1 mol/L 醋酸溶液配制成 1 ~ 3 mg/mL 母液，-20 ℃保存。

使用培养基质时可直接将之加入培养基中；或先将之涂布在细胞生长的底物表面，以后者较为常用。步骤如下。

第一步，将按上述方法制备好的培养

基质母液用高纯度的蒸馏水稀释成0.1 mg/mL的使用浓度。

第二步，过滤除菌，吸取0.1 mg/mL的培养基（液），以50 μL/$cm^2$的量均匀涂于培养底物的表面，使表面全部被溶液覆盖。室温下静置5 min，胶原则所需时间较长。

第三步，吸除多余溶液，以少量灭菌蒸馏水洗涤，将水分彻底吸净去除。

② 蛋白质类：主要添加牛血清白蛋白和转铁蛋白。血清白蛋白主要保护细胞免受机械损伤，调节维生素、脂类、激素、生长因子等的活性，减少毒素对细胞的损伤。但对于疫苗的生产多添加重组蛋白或非动物源蛋白水解物，其中最常用的有大豆植物水解蛋白、小麦植物水解蛋白、水稻植物水解蛋白、酵母水解物等；转铁蛋白是一些微量元素的螯合剂，缺失或不够时，都可能导致细胞生长受到抑制，但有研究表明，对于Vero细胞，柠檬酸铁和维生素C混合使用可以替代转铁蛋白。

③ 激素和生长因子：主要作用是促进细胞生长。如胰岛素、氢化可的松、生长激素、胰高血糖素、表皮生长因子、成纤维细胞生长因子、神经生长因子等。但对于Vero细胞，无血清培养基中可以不添加胰岛素。

④ 微量元素和低分子量营养因子：在无血清培养基中常添加的微量元素有亚硒酸钠、锌。其主要作用是消除氧化物和自由基对细胞的伤害，抑制细胞凋亡。

⑤ 维生素和酶抑制剂：维生素的作用是调节细胞代谢，维持细胞生长。常添加的有维生素C、维生素E、维生素A等。添加酶抑制剂主要是替代血清对细胞的保护作用。经胰蛋白酶等消化传代后的细胞，消化后残留的酶对细胞的生长有严重影响，因而无血清培养基必须加酶的抑制剂。常用的有0.1%～0.5%的大豆胰酶抑制剂（soybean trypsin inhibitor），一般可用基础培养液配制，过滤除菌后－20 ℃保存。使用时可以在消化后加入，也可直接加入培养基中。

3.2.2.4.3 无血清培养基的设计原则

（1）首先确定细胞的类型，是贴壁依赖性细胞还是悬浮细胞；然后，确定培养的目的，是要收集细胞的培养上清还是要收集细胞，是要用于科研还是用于规模化培养。

（2）根据细胞特性，确定培养基中添加成分及量。

（3）培养时，注意观察细胞生长状态及活力，根据实际情况，调节细胞生长的微环境。

3.2.2.4.4 无血清培养基的驯化

（1）先使用含血清培养基，当细胞生长旺盛，处于对数生长期，部分细胞继续按常规培养于含血清培养基中，剩余部分换成无血清培养基培养。

（2）细胞转入无血清培养基时要逐步降低血清浓度，从10%到5%、3%、1%，最后转为完全无血清培养，使细胞逐渐适应。

（3）无血清培养时要注意观察细胞形态是否发生变化，是否有部分细胞死亡，存活细胞的活性如何。

（4）对于一些贴壁生长的细胞，复苏时可用少量的血清（如5%）先培养，当贴壁后再换为无血清培养基。

3.2.2.4.5 特殊细胞无血清培养基

（1）肝细胞生长的无血清培养基：以DMEM/F12培养基为基础，加入胰岛素5 μg/mL，转铁蛋白5 μg/mL，亚硒酸钠10 μg/mL，表皮生长因子（EGF）20 ng/mL，

肝细胞生长因子（HGF）20 ng/mL，纤维连结素 1 μg/mL，地塞米松 1 nmol/mL，胰高血糖素 4 μg/mL，HEPES 10 mmol/L，青链霉素 100 U/mL。

（2）人脐带间充质干细胞（human umbilical cord mesenchymal stem cells，hUC－MSCs）生长的无动物源性成分培养基：以 DMEM/F12 为基础，加入 10g/L rHSA、胰蛋白酶抑制剂、NEAA、转铁蛋白、胰岛素、亚硒酸钠、10 ng/mL rhEGF、10 ng/mL rhbFGF、L－谷氨酰胺、G－SH、氢化可的松、β－巯基乙醇及青霉素、链霉素。

（3）人胚胎干细胞（human embryonic stem cell，hES）的无血清培养基：以 DMEM/F12 为基础，添加 KSR、2 mmol/L 谷氨酰胺，非必需氨基酸（NEAA）、0.1 mmol/L β－巯基乙醇、4 μg/L bFGF、青霉素、链霉素。

（4）NSO 骨髓瘤细胞的无血清培养基：以 DMEM/F12（1∶1）培养基为基础，添加胰岛素、转铁蛋白、混合脂（由胆固醇、维生素 E 等配制而成）、碳酸氢钠、HEPES、Pluronic F68 等成分配制而成无血清低蛋白培养基 LP3.6。

（5）适合于重组 CHO 细胞生长的无血清培养基：以无血清培养基 SFM（在 DMEM/F12 的基础上添加了氨基酸、维生素、脂类以及其他微量元素组成）为基础，添加 0.4% 大豆蛋白水解物、0.4% 酵母提取物、激素（10 μmol/L 的地塞米松、氢化可的松）、脂类物质（0.05% 脂肪乳剂、50 mg/L 氯化胆碱、10 mmol/L 磷脂酰胆碱）。

现已有商品化的无血清培养基供应。如：Sigma 公司的 MCDB131 可用于培养内皮细胞；Biofluids 公司的 LHC－9 用于气管上皮细胞；CHO－S－SFM 用于 CHO－K1 细胞；Gibco 公司的 Opti－MEM 用于造血细胞；GIBCO 公司的专用羊水细胞培养基 AmnioMAX II complete；用于 Vero 细胞的无血清培养基 MDSS2、ProVERO－1、EX－CELL Vero、VP－SFM、Opti－ProSFM、HyClone SFM4MegaVir 等；用于阴道黏膜细胞（RVECs）培养的 D－KSFM 无血清培养基；用于脐带间充质干细胞培养的 MesenCult－XF 培养基；用于培养犬肾细胞（MDCK）的 UltraMDCK 无血清培养基；用于培养 CHO 细胞（中国仓鼠卵巢细胞）的 UltraCHOTM 培养基；用于 293 细胞（转化的人胚肾细胞）的 Pro293TM 化学成分限定培养基；用于杂交瘤细胞和骨髓瘤细胞的 UltraDOMA－PFTM 无蛋白培养基；还有限定性角质细胞无血清培养基；巨噬细胞无血清培养基；淋巴细胞无血清培养基以及神经元基础培养基等。

无血清培养基仍存在很多缺点：①在无血清培养基中细胞缺乏血清白蛋白的保护作用，容易受到机械和化学因素的损伤，另外，一些重组的组分不稳定，不易保存；②各种细胞所需的无血清培养基的配方不完全相同，各种无血清培养基的针对性较强，其选择性常使某种无血清培养基仅利于某种细胞的生长，目前尚无对所有细胞通用的无血清培养基；③无血清培养基培养细胞时其生长增殖一般比较缓慢；④无血清培养基成本相对高；⑤不同细胞对培养环境及营养成分的需求不同；⑥过分的纯化可能也同时去除了一些保护性的、去毒的作用。

无血清培养基尚处于研究阶段，很多配方都需经过预试验观察对细胞生长的影响后才能使用。

（徐海燕，李　焰，陈建元，司徒镇强）

# 细胞培养技术

随着现代科学的发展，组织细胞培养技术已被广泛地应用于很多领域，尤其是组织工程和再生医学领域。而且，为了适应和满足不同实验目的的需要，组织细胞培养的新技术和新方法亦在不断出现。综述和分析各种不同的细胞培养方法，虽然有些细节和操作方面略有差异，但其基本的技术都是相似的。古人说：工欲善其事，必先利其器。这些基本技术是从事和做好细胞培养工作的基础，只有熟悉和掌握了基本技术才有可能并易于学习和掌握其他方法，也才有可能很好地完成相关实验。本章重点叙述一些常用的组织细胞培养基本技术。

## 4.1 基本操作技术和要求

### 4.1.1 细胞培养室内的无菌操作

由于体外培养的细胞没有抗感染能力，因此，控制污染是决定细胞培养成功与否的首要条件。即便使用设备完善和条件优越的实验室，若实验者粗心大意，对培养细胞的要点掌握不全面，技术操作不规范，也有可能会发生细胞污染，导致实验进展不顺。为在实验操作中尽最大可能地保证无菌，操作者应该明确实验目的，合理安排实验，务必遵守细胞培养室各项实验操作规范。

（1）培养前准备：在开始实验前要制定好实验计划和操作流程。根据实验要求，准备各种所需器材和物品、清点无误后将其放置操作场所（培养室、超净台）内，然后，开始细胞培养室的消毒工作。避免开始实验后，因物品准备不全反复进出细胞培养室，增加细胞污染的机会。

（2）培养室和超净台的消毒：无菌培养室每天都要用0.2%的苯扎氯铵拖洗地面1次，电子灭菌器消毒30~50 min，超净工作台台面每次实验前要用75%乙醇擦拭，然后，紫外线灯照射消毒30 min。在工作台面消毒时切勿将培养细胞和培养用液同时照射紫外线；消毒时工作台面上用

品不要过多或重叠放置，否则会遮挡射线，降低消毒效果。一些操作用具如移液器、废液缸、试管架等用75%乙醇擦拭后置于工作台内同时紫外线照射消毒。

（3）洗手和着装：进入无菌培养室原则上须彻底洗手并按外科手术要求穿着无菌服、帽子和口罩。开始操作前要用75%乙醇或0.2%苯扎氯铵消毒手和前臂。一般来说，如果能戴手术用手套进行实验操作，则更能进一步减少污染的可能。如果实验过程中手触及可能污染的物品以及出入培养室后都要重新用消毒液洗手。平时仅做观察不做培养操作时，可穿经紫外线照射30 min的一般清洁工作服或一次性工作服。

（4）无菌培养操作：为保证做到无菌，除实验中所用物品需事先消毒外，在实验中还需保持无菌操作。因此，在进行实验前，要点燃乙醇灯或煤气灯，一切操作如安装吸管帽、打开或封闭瓶口等，都应在火焰近处经过烧灼进行。但要注意，金属器械不能在火焰中长时间烧灼。烧过的器械要冷却后才能使用，如镊子应冷却后才能挟取组织，否则可能造成组织细胞损伤；已吸过培养液的吸管不能再用火焰烧灼，因残留在吸管内的培养液成分如蛋白质等烧焦后会产生有害物质，吸管再用时会将其带到培养基中。开启和关闭有细胞生长的培养瓶瓶盖时，火焰灭菌时间要短，防止因温度过高影响甚至烧死细胞。另外胶塞、橡皮乳头及塑料的细胞培养用品过火焰时也不能时间过长，以免烧焦产生有毒气体，危害培养细胞和实验操作人员，塑料细胞培养用品也会产生变形影响使用。

工作台面上的用品要放置有序、布局合理。一般来说，乙醇灯在中间，右手使用的物品在右侧，左手用品在左侧。工作时忌扰乱洁净空气流动方向。组织、细胞及培养板在未做处理和使用前，不要过早暴露于空气中。应分别使用不同吸管吸取营养液、PBS、细胞悬液及其他各种用液，而不能混用。用吸管、注射器进行转移液体操作时，吸管、注射器针头、不能触及瓶口以防止细菌污染或细胞的交叉污染。培养瓶、培养液不要过早打开，已开口者要尽量避免垂直放置以防止下落细菌的污染。放置吸管时管口应向下倾斜，以防液体倒流入橡胶帽内引起污染。

进行培养操作时，不要用手触及已消毒的器皿，如已接触，要用火焰烧灼或取备用品更换。面向操作野时勿大声讲话或咳嗽，以免喷出的唾沫把细菌等带入工作台面发生污染。

### 4.1.2 培养细胞的取材

人和动物体内绝大部分组织细胞都可以在体外培养，但其难易程度与组织类型、分化程度、供体的年龄、原代培养方法等有直接关系。原代取材是进行组织细胞培养的第一步。

#### 4.1.2.1 取材的基本要求

（1）取材的组织最好尽快培养。因故不能即时培养，可将组织浸泡于含血清培养液内，密封后冰浴或放置于4 ℃冰箱中待用。如果组织块很大，应先将其切成1 $cm^3$以下的小块再低温保存，但时间不能超过24 h。

（2）取材时应严格无菌操作，用无菌包装的器械、器皿以及带少许培养液的小瓶取材。取材过程中组织样本要尽量避免紫外线照射和接触消毒用化学试剂如碘、汞，乙醇等。从消化道或周围有坏死组织等可能污染的区域取材时，为减少污染，可用含500～1 000 U/mL的青霉素、500～1 000 μg/mL的链霉素BSS液漂洗5～10 min,或浸泡10 min再做培养。

(3) 取材和原代培养时，要用锋利的器械如手术刀、组织剪等切碎组织，尽可能减少对细胞的机械损伤。

(4) 对于组织样本带有的血液、脂肪、结缔组织或坏死组织，取材时要细心除去非目的组织。在修剪和切碎过程中，为避免组织干燥，可将其浸泡于少量培养液中。

(5) 原代培养，特别是正常细胞的培养，应采用营养丰富的培养液，一般都会添加胎牛血清，含量以5%～20%为宜。

(6) 一般来说，胚胎组织较成熟个体的组织容易培养，分化低的比分化高的组织容易生长，肿瘤组织比正常组织容易培养。如无特殊要求，可采用更加容易培养的组织进行培养，成功率较高。

(7) 为了便于以后鉴别原代组织的来源和观察细胞体外培养后与原组织的差异性，原代取材时要同时留好组织学标本和电镜标本，对组织的来源、部位、取材的时间、处理方法以及包括供体的一般情况都要做详细的记录。

#### 4.1.2.2 取材的基本器材和用品

(1) 眼科组织弯剪、弯镊、手术刀。

(2) 装有无血清培养基或Hanks液的小瓶以及提前配置消毒好或购买的瓶装的磷酸盐缓冲液（PBS）。

(3) 小烧杯（10 mL，50 mL）（用前消毒）。

(4) 无菌培养皿（特殊用途物品详见后面相关章节）。

#### 4.1.2.3 皮肤和黏膜的取材

皮肤和黏膜是上皮细胞培养的主要组织来源。一般皮肤、黏膜主要取自手术过程中切除的部分组织；如特殊需要也可酌情单独取材。方法类似外科取断层皮片手术的操作，但面积一般在2～3 $mm^2$即可，这样局部不留瘢痕。注意取材时不要用碘酒消毒，以免影响所分离获得的上皮细胞的活性。

皮肤、黏膜培养多是以获取上皮细胞为目的，因而无论何种方法取材都不要切取太厚并要尽可能去除所携带的皮下或黏膜下组织。如欲培养成纤维细胞则反之。皮肤及黏膜与外界相通，表面细菌、霉菌很多，取材时要严格消毒和遵守无菌操作，必要时用较高浓度的抗生素溶液漂洗。

#### 4.1.2.4 内脏和实体瘤的取材

人和动物体内所发生的肿瘤及各脏器是较常用的培养材料。内脏除消化道外基本是无菌的，但有些实体瘤有坏死并向外破溃者可能被细菌污染。内脏和实体瘤取材时，一定要明确所需组织类型和部位，要修剪去除不需要部分如血管、神经和组织间的结缔组织。取肿瘤组织时要尽可能取肿瘤实质部分，避开坏死液化区域。但有些复发性、浸润性较强的肿瘤较难取到较为纯净的瘤体组织，其肿瘤组织与结缔组织混杂在一起，培养后会有很多成纤维细胞生长，给细胞纯化带来麻烦。对于一些特殊细胞培养的取材，详见后面相关章节。

#### 4.1.2.5 血细胞的取材

血液中的白细胞是很常用的培养材料，常用于进行染色体分析、淋巴细胞体外激活进行免疫治疗等。一般多采用静脉采集抗凝血。抗凝剂的量以产生抗凝效果的最小量为宜，量过大易导致溶血。肝素常用浓度为 20 U/mL，抽血前针管要用浓度较高的肝素（500 U/mL）湿润。抽血时要严格无菌。

#### 4.1.2.6 骨髓、羊水、胸水、腹水内细胞的取材

要根据各种有关操作规程进行，详见后面的章节。这几种样品取材后一般不需要其他处理，离心后最好立即培养，不宜低温保存。

#### 4.1.2.7 小鼠胚胎组织的取材

由于小鼠胚胎组织取材方便，易于培养，同时鼠与人类一样都是哺乳类动物，已成为较常用的培养材料来源。由于小鼠皮毛中隐藏微生物较多，取材时要注意消毒。一般采用引颈法处死动物，然后将其浸入 75% 乙醇中消毒 5 min，注意时间不能太长以免乙醇从口和其他孔道进入体内，影响组织活力。取出后放在消毒过的解剖板上，用消毒过的固定针将其固定，然后用眼科剪和止血钳剪开皮肤，解剖、切取所需组织器官。取好的组织器官要放置在另一干净的无菌培养皿中进行原代培养操作。动物消毒后的操作宜在超净台内或无菌环境中进行。

#### 4.1.2.8 鸡胚组织的取材

鸡胚是组织培养经常被利用的材料来源，一般使用鸡胚时多为自行孵育。主要步骤为：精选新鲜受精鸡蛋，表明擦洗干净，置 37 ℃ 普通温箱中孵育，箱内同时放一盛水的平皿以维持培养箱内的湿度。一般采用 9 ~ 12 d 的鸡胚，在这期间，每天翻动鸡蛋 1 次。于无菌条件下，将鸡蛋以气室向上放在 1 个小烧杯中，碘酒、乙醇消毒。用剪刀环行剪除气室端蛋壳，切开蛋膜，暴露出鸡胚，用钝弯头玻璃棒伸入蛋中轻轻挑起鸡胚、放入无菌培养皿中，根据需要进行原代培养。

### 4.1.3 组织材料的分离

从动物体内取出的各种组织均由结合相当紧密的多种细胞和纤维成分组成。在培养液中 1 $mm^3$ 的组织块，仅有少量处于周边的细胞可能生存和生长。若要获得大量生长良好的细胞，须将组织分散开，使细胞解离出来。另外有些实验需要提取组织中的某种细胞，也须首先将组织解离分散，然后才能分离出目的细胞。目前分散组织的方法有机械分散法和消化分散法。根据组织种类所需和培养要求，采用适宜的手段。

#### 4.1.3.1 细胞悬液的分离方法

培养材料为血液、羊水、胸水和腹水等细胞悬液时，可采用离心法分离。一般用 500 ~ 1 000 r/min 的低转速，时间约 5 ~ 10 min。如果 1 次离心样品量很多，时间可适当延长；但离心速度过快、时间过长，会挤压细胞造成损伤甚至细胞裂解死亡。

#### 4.1.3.2 组织块的分离方法

4.1.3.2.1 机械分散法

**概述**

在采用一些纤维成分很少的组织进行培养时，如脾脏、脑组织、部分胚胎肝组织等，可以直接用机械法进行分散。采用剪刀剪切后用吸管反复吹打分散组织细胞；或用注射器针芯挤压通过不锈钢筛网的方法。

**用品**

（1）眼科组织弯镊、不锈钢网或尼龙筛（孔径大小为 50 目、200 目、400 目）。

（2）直径为10 cm的培养皿、弯头吸管、注射器。

（3）培养液、Hanks液、PBS等。

**步骤**

（1）将组织用Hanks液或无血清培养液漂洗2～3次后，将其剪成5～10 $mm^3$的小块，置入50目孔径的不锈钢筛网中。

（2）把筛网放在培养皿中，用注射器针芯轻轻压挤组织，使之穿过筛网。

（3）用吸管从培养皿中吸出组织悬液，置入200目筛网中用上述方法同样处理。

（4）镜检计数被滤过的细胞悬液，然后接种培养。如细胞团块过大，可用400目筛网再过滤1次。

**操作提示**

机械分散组织的方法简便易行，但对组织细胞有一定的损伤，且仅能用于处理部分纤维成分较少的软组织，对硬组织和纤维性组织效果不好，不建议使用。

4.1.3.2.2 剪切分离法

**概述**

在进行组织块移植培养时，可以采用剪切法，即将组织剪切成小块然后培养分离细胞。

**用品**

同机械分散法，但不需要筛网。

**步骤**

（1）首先将经修整和冲洗过的组织块（大小约为1 $cm^3$）放入小烧杯或无菌培养皿中，用眼科剪反复剪切组织至似糊状。

（2）用吸管吸取Hanks液或无血清培养液加入到烧杯中，反复轻轻吹打。低速离心去上清，剩下的组织小块即可用于培养。为避免剪刀对组织挤压损伤。也可以用手术刀或保险刀片交替切割组织，但操作较慢，不易切割很细。

4.1.3.2.3 消化分离法

消化法是结合生化和化学手段把已剪切成较小体积的组织进一步分散的方法。以此法获得的细胞制成悬液可直接进行培养。消化酶通过降解细胞外基质，使组织松散、细胞分离。消化解离获得的细胞多，并容易生长，成活率高。各种消化试剂的作用机制各不相同，要根据组织类型和培养的具体要求选择不同的消化方法和消化试剂。目前较为常用的消化试剂和方法如下。

4.1.3.2.3.1 胰蛋白酶消化法

**概述**

胰蛋白酶（trypsin）是目前应用最为广泛的组织消化分离试剂，适用于消化细胞间质较少的软组织，如胚胎、上皮、肝、肾等组织；也经常在细胞需要传代培养时用于消化分散细胞。但对于纤维性组织和较硬的癌组织消化效果很差。胰蛋白酶的消化效果主要与pH值、温度、胰蛋白酶的浓度、组织块大小和硬度有关。胰蛋白酶浓度一般为0.1%～0.5%，常用0.25%，pH值以8～9较好，常用pH8，这样消化后残留的胰蛋白酶溶液不会影响培养液的pH值和后续培养的细胞的活性。消化温度以37 ℃最好，但在室温25 ℃以上对一般传代细胞也能达到很好的消化效果，在4 ℃时胰蛋白酶仍有缓慢的消化作用。消化时间要视情况而定：温度低、组织块大、胰蛋白酶浓度低者，消化时间长，反之则相应减少时间。例如，消化5 $mm^3$的胚胎类软组织，以0.25%胰蛋白酶，37 ℃下，20～30 min即可。一般新鲜配制的胰蛋白酶消化力很强，所以开始使用时要注意观察。另外有些组织和细胞比较脆弱，对胰蛋白酶的耐受性差。因而要采用分次消化并及时把已消化下来的细胞与组织分开放入含有血清的培养液中，更换新鲜消化液后再继续消化。$Ca^{2+}$ 和 $Mg^{2+}$ 及血清均对胰蛋白酶活性有抑制作用。消化过程中使用的液体，应不含这些离子及血清；在消化传代细胞后，可直接加入含血清培养液抑制胰蛋白酶活性，而不必再用 Hanks 液清洗。

为了提高消化效果有时可以采用胰蛋白酶和 EDTA 联合消化的方法。EDTA 作用较胰蛋白酶缓和，适用于消化分离传代细胞。其主要作用在于能从组织生存环境中螯合 $Ca^{2+}$、$Mg^{2+}$，这些离子是维持组织完整的重要因素。但 EDTA 单独使用时不能使细胞完全分散，因而常与胰蛋白酶按不同比例混合使用，效果较好。常用 0.02% EDTA 与 0.25% 胰蛋白酶按照比例为 1∶1 或 1∶2 混合使用。需要特别注意的是由于 EDTA 不能被血清等灭活，因而在使用 EDTA 消化后必须采用离心洗涤方法将其去除，否则 EDTA 在培养液中会改变钙离子浓度，影响细胞贴壁和生长。

## 用品

（1）眼科弯剪、组织镊、不锈钢筛网（200 目）。

（2）三角烧瓶（20 mL、50 mL）、10 mL离心管、弯头吸管、注射器。

（3）磁力搅拌棒及搅拌器。

（4）无菌直径为 10 cm 的培养皿、培养瓶。

（5）细胞计数板。

## 步骤

（1）将组织剪成 1 ~ 2 $mm^3$的小块。

（2）置入已事先放置有磁性搅捧的三角烧瓶内，再注入 30 ~ 50 倍组织量并预温到 37 ℃的 0.25% 胰蛋白酶溶液。

（3）放在磁力搅拌器上进行搅拌，速度要慢一些。一般消化 20 ~ 60 min。也可以放入水浴或温箱中，但需每隔 5 ~ 10 min 摇动 1 次。如需长时间消化，可每隔 20 ~ 30 min 取出 2/3 上清液移入另一离心管中冰浴，或离心后去除胰蛋白酶，收集细胞并加入含血清培养液。然后，再给原三角烧瓶添加新的胰蛋白酶继续消化组织块。

（4）消化完毕后将消化液和分次收集的细胞悬液通过孔径 200 目不锈钢筛网过滤，以除掉未充分消化的组织块。离心去除胰蛋白酶，用 Hanks 液或培养液漂洗 1 ~ 2 次，每次离心 800 ~ 1 000 r/min，3 ~ 5 min。最后，细胞计数后，一般按（5 ~ 10）$\times 10^5$/mL 细胞密度接种培养瓶（图 4－1）。如果采用 4 ℃条件下的冷消化，时间可以长达 12 ~ 24 h。从冰箱取出离心

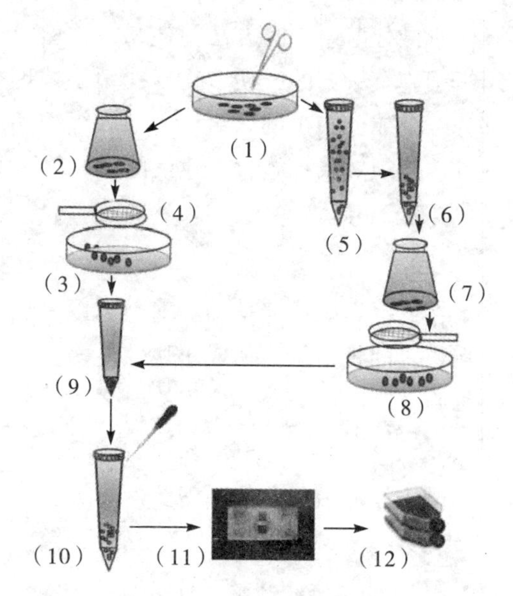


**图 4－1 消化法培养示意图**

（1）取材漂洗修剪成 1 ~ 2 $mm^3$；（2）加胰蛋白酶 37 ℃热消化；（3）过筛；（4）必要时重复；（5）加胰蛋白酶冷消化 6 ~ 24 h；（6）沉淀去上清；（7）加新胰蛋白酶 37 ℃消化 30 min；（8）过筛；（9）离心去上清；（10）加含血清培养液终止消化；（11）细胞计数；（12）接种培养瓶

后，可再添加胰蛋白酶，置入37 ℃温箱中，继续温热消化20～30 min，效果可能更好。

4.1.3.2.3.2 胶原酶法

概述

胶原酶（collagenase）是从溶组织梭状细胞芽孢杆菌提取制备的。分为Ⅰ、Ⅱ、Ⅲ、Ⅳ、Ⅴ型以及肝细胞专用胶原酶。要根据所要分离消化的组织类型选择胶原酶类型，如消化上皮组织采用胶原酶Ⅰ型或Ⅳ型，消化脂肪组织采用胶原酶Ⅰ型，消化胰岛采用胶原酶Ⅳ型，消化肝、骨、软骨、甲状腺、心脏、唾液腺等组织可采用胶原酶Ⅱ型，而胶原酶Ⅲ型则对哺乳动物的组织有广泛的消化作用，不分型的复合胶原酶多用于肿瘤细胞的分离。胶原酶对胶原的消化作用很强，而且它仅对细胞间质有消化作用而对上皮细胞影响不大。钙、镁离子和血清成分不会影响胶原酶的消化作用，因而可用BSS或含血清的培养液配制，这样实验操作简便同时提高细胞成活率。但胶原酶价格较高，大量使用将增加实验成本。胶原酶的常用剂量为200 U/mL（约为1 mg/mL）或0.03%～0.3%。

用品

同胰蛋白酶消化法。

步骤

（1）将漂洗、修剪干净的组织剪成约1～2 $mm^3$ 大小的小块。

（2）将组织块放入三角烧瓶中加入30～50倍体积的胶原酶溶液，密封烧瓶。

（3）将烧瓶放入37 ℃水浴或37 ℃温箱内，每隔3 min振摇1次，如能放置在37 ℃的恒温震荡水浴箱中则更好。消化时间与组织的类别有密切的关系，对于某些肿瘤组织或其他较致密结缔组织，消化时间多为4～48 h不等，而对于容易消化的组织可以采用37 ℃震荡消化15～45 min即可，但也需根据具体情况而定。如组织块已分散呈絮状，一经摇动即成细胞团或单个细胞，可以认为已消化充分。上皮组织经胶原酶消化后，由于上皮细胞对此酶有耐受性，可能仍有一些细胞团未完全分散，但成团的上皮细胞比分散的单个上皮细胞更易生长。因此，如无特殊需要可以不必再进一步处理。

（4）将消化后的组织液通过100目不锈钢筛网过滤，收集消化液，移入离心管，1 000 r/min离心5 min，去除上清，用Hanks液或无血清培养液离心漂洗1～2次，去除上清，加含血清培养液制成细胞悬液，然后细胞计数，接种培养瓶。

## 4.2 原代培养

原代培养也叫初代培养，是从供体取得组织细胞后在体外进行的首次培养。原代培养是建立各种细胞系的第一步，是从事组织培养工作人员必须熟悉和掌握的最基本的技术。原代培养的细胞具有很多特点。首先组织和细胞刚刚离体，其生物学特性未发生很大变化，仍具有二倍体遗传特性，最接近和反映体内生长特性，适合做药物敏感性测试、细胞分化等实验研究。而且，原代细胞未经体外培养传代，对某些细胞的特性维持较好，可用于一些特殊实验的研究，如原代的软骨细胞则适合用于培养软骨细胞膜片。

虽然，原代培养是获取细胞的主要手段，但是，原代培养的组织由多种细胞成分组成，比较复杂，即使生长出同一类型细胞如成纤维样细胞或上皮样细胞，细胞间也存在很大差异。如果供体不同，即使组织类型、部位相同，个体差别也可以在细胞上反映出来。由于原代培养的细胞生物学特征尚不稳定，如要做较为严格的对比性实验研究，还需对细胞进行短期传代后进行。此外，如果是分离培养干细胞用于细胞膜片的培养构建，则不建议用原代细胞，原因是原代培养的细胞类型尚不单一，如果传代 1 ~2 次后再用于细胞膜片的构建，则成膜片效果会更好。

原代培养方法很多，最基本和最常用的是组织块法和消化法。

### 4.2.1 组织块培养法

**概述**

组织块培养法是一种常用的简便易行且成功率较高的原代培养方法。即将组织剪切成小块后，接种于培养瓶。培养瓶可根据不同细胞生长的需要作适当处理。例如预先涂以胶原薄层，以利于上皮样细胞等的贴壁和生长，涂以多聚赖氨酸培养神经膜细胞等。如果原代细胞准备做组织染色、电镜等检查，可在做原代培养前先在培养瓶内放置无菌小盖玻片（小盖玻片要清洗干净，在消毒前放置）。组织块法操作简单，易于学习掌握。部分种类的组织细胞在小块贴壁培养 24 h 后，细胞就从组织块边缘游出，继而，分裂繁殖。但由于在反复剪切和接种过程中对组织细胞的损伤，并不是每个组织块都能长出细胞。组织块法特别适合于组织量少的原代培养，如牙髓细胞培养等。

**用品**

（1）Hanks 液（也可用无血清培养液）、培养液。

（2）无菌培养瓶（必要时瓶内可放置小盖玻片）、吸管和胶帽，小烧杯(20 mL)或青霉素小瓶。

（3）眼科剪、眼科镊、直径 5 cm 的培养皿或小玻璃板（8 cm×5 cm），牙科探针。

**步骤**

（1）按照前述的培养细胞取材基本原则和方法取材、修剪，将组织剪切成约 1 $mm^3$大小的小块。在剪切过程中，可以适当向组织上滴加 1 ~2 滴含血清培养液，以保持组织块湿润和尽可能减小组织细胞的损伤。

（2）将剪切好的组织小块，用眼科镊或吸管送入培养瓶内。用无菌牙科探针或弯头吸管将组织块在瓶壁上均匀摆置，每小块间距约 5 mm。组织块的量不要过多，如 25 mL 培养瓶，放置 20 ~30 组织小块为宜。如果瓶内有盖玻片，其上也放置几块。组织块放置好后，轻轻将培养瓶翻转，让瓶底朝上，向瓶内注入适量培养液，盖好瓶盖，将培养瓶倾斜放置在 37 ℃孵箱内。

（3）放置 2 ~4 h 待组织小块贴附后，将培养瓶慢慢翻转平放，静置培养。此过程动作要轻巧，让液体缓缓覆盖组织小块。动作过快液体产生冲力可使黏附在培养瓶底的组织块漂起而造成原代培养失败。若组织块不易贴壁可预先在瓶底壁涂薄层血清或鼠尾胶原等以增加组织块黏附力（图 4 –2）。

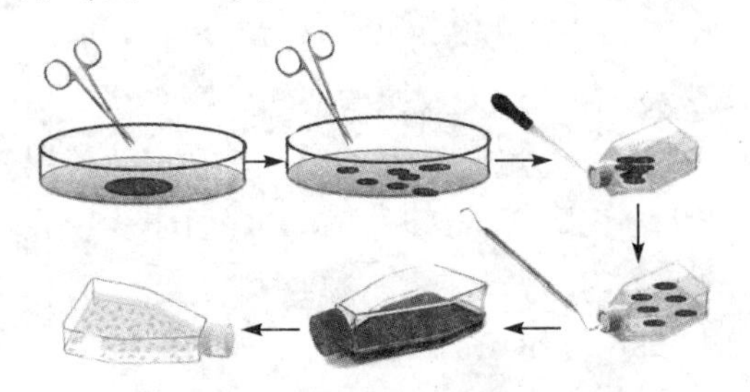

图 4 –2　组织块法原代培养示意图

组织块培养也可不用翻转法，即在摆放组织块后，向培养瓶内仅加入少量含血清培养液，以能保持组织块湿润即可。盖好瓶盖，放入孵育箱培养 4 ~ 24 h 再补加适量的培养液。

**操作提示**

剪切组织时一定要滴加 1 ~ 2 滴含血清培养液，可减少组织快漂浮。组织块接种后 1 ~ 3 d，由于游出细胞数很少，组织块的粘贴不牢固，在观察和移动过程中注意要动作轻巧，尽量不要引起液体的振荡而产生对组织块的冲击力使其漂起。在原代培养的 1 ~ 2 d 内要特别注意观察是否有细菌、霉菌等的污染。一旦发现，要及时清除，以防给培养箱内的其他细胞带来污染。

对原代培养要及时观察，发现细胞游出后要照相记录。原代培养 3 ~ 5 d，需换液 1 次，瓶中漂浮的组织块和残留的血细胞或细胞生长较多时，全部更换新鲜培养液，细胞较少时，可换一半培养液。已漂浮的组织块和细胞碎片，含有有害物质，会影响原代细胞的活力和生长，应及时清除。

## 4.2.2 消化培养法

**概述**

这种方法采用前述的组织消化分散法，将细胞间质包括基质、纤维等去除，使细胞分散，可以很快得到大量活细胞，从而很方便的接种培养瓶进行快速培养，细胞可在短时间内生长成片。本方法适用于培养大量组织，原代细胞产量高；但步骤烦琐、容易污染，一些消化酶价格昂贵，实验成本高。

**用品**

消化法的用品和与前述的组织分离消化法基本相同。

**步骤**

（1）按消化分离法收获细胞。

（2）在消化过程中，可随时吸取少量消化液在镜下观察，如发现组织已分散成细胞团或单个细胞，则终止消化。通过孔径 200 目的筛网过滤掉残留的较大组织块。大组织块可加新的消化液后继续消化。

（3）已过滤的消化液 800 ~ 1 000 r/min 低速离心 5 min 后，去除上清，加含血清培养液终止酶消化作用，轻轻吹打形成细胞悬液。如果用胶原酶或 EDTA 消化液等，尚需用 Hanks 液或无血清培养液洗 1 ~ 2次后再加培养液重悬，细胞计数后、接种培养瓶，置 $CO_2$ 培养箱培养。某些特殊类型细胞如内皮细胞、骨细胞等需用特殊的消化手段和步骤进行，将在正常细胞培养章节中叙述。对悬浮生长的细胞如白血病细胞、骨髓细胞和胸水、腹水等含有的癌细胞可不经消化直接离心分离收集，或经淋巴细胞分离液等梯度离心分离后，直接接种进行原代培养。

**操作提示**

采用消化分散法进行原代培养，一定要根据组织类型选择适宜的消化酶，尤其是注意选择适当类型的胶原酶。应当控制消化时间，避免消化过渡，造成细胞膜损伤，从而影响细胞贴壁及生长。首次进行原代培养时，适当提高接种细胞密度，有助于提高培养成活率。

## 4.2.3 器官培养

### 4.2.3.1 概述

器官培养是指从供体取得器官或器官组织块后，不进行组织分离，保持其原有

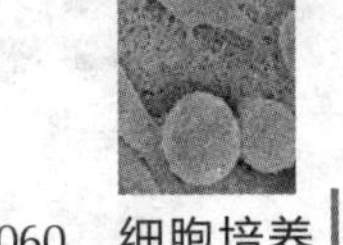



器官的三位形态结构及功能，直接将器官或器官的一部分在体外培养，在培养过程中保持器官或其一部分组织的结构和功能。器官培养主要强调器官组织的相对完整性，重点观察组织细胞形态和结构以及它们之间的相互影响和局部环境的生物调节作用等。

胚胎器官或器官原基在体外以类似于体内的方式发育和生长。在基质存在的条件下，上皮以适当的方式生长和分化并产生特异的分泌产物。激素依赖器官，例如前列腺和乳腺、阴道和子宫，在体外仍保持激素敏感性和反应性；而内分泌器官，如卵巢、精巢、肾上腺和垂体，在体外仍继续分泌特异的激素。因此，器官培养可提供组织正常发育、生长、分化以及外部因子对这些功能影响等方面的重要信息。上述特征使器官培养中的组织比细胞培养中的组织更好地成为生理试验模型。通常，离体试验比活体试验能更快地获得实验结果，而且可以进行定量分析。实验已证实，器官培养的定量结果既可重复又可靠。

但器官培养不能完全取代动物实验。在体内，由于存在系统因子的影响，实验结果的解释较为复杂。而在体外，消除了这些因子的影响，使要研究的问题更明确；但同时由于缺少了系统因子的作用，体外培养所获得的结果是否与体内状况相符，尚不一定。有关药物实验的研究有时甚至会出现体内体外相矛盾的结果，因为某些药物在体内存在代谢而体外则无。

另一个问题则是器官培养能维持的时间较短，目前还未超过数月。总之，器官培养实验并不能完全取代动物实验，但体外（离体）试验结果，可作为体内试验有价值的指导，从而大大地减少了研究某一特定问题所需进行的动物实验次数。

#### 4.2.3.2 器官培养基本技术简介

100 多年以前 Leob 首次在含有少量血浆凝块的试管中培养成年兔的肝、肾、甲状腺和卵巢，并发现它们在 3 d 内仍保持正常的组织学结构。随着细胞培养技术的发展和器官培养研究的深入，科学家们发现体外器官培养中氧的供给是十分重要的。充分的氧气供给可以防止移植块的中心坏死。但氧的供给仅仅靠提高氧气浓度还不能解决问题，组织块完全浸入培养液中也无法保证有效供氧。目前人们已认识到，除皮肤外，大多数器官碎片或器官在固体支持物上比在液体培养基中能够更好地维持生长。下面介绍一些基本的器官培养方法。

（1）凝固的血浆基质培养法：Fell HB 和 Robison R（1929）创立“表玻璃法”，将器官碎片或器官放置在覆盖有凝固的鸡血浆和鸡胚胎浸出液的表面皿上培养，这一方法已成为研究胚胎原基形态发生的经典的标准技术。此法后来略作修改，用于研究成年哺乳动物组织中激素、维生素及致癌因子的作用。

另一类型的培养容器是由含有血浆凝块并用玻璃片覆盖和石蜡封口的表面皿组成。Gaillar 使用由 2 份人血浆，1 份人胚胎血清，1 份婴儿脑浸出物与 6 份平衡盐溶液组成的凝固物作培养基。血浆凝固物尽管能支持胚胎和成体器官的生长和发育，仍有许多缺点。它通常在移植块的周围液化，使移植块陷入培养基中。另外，由于培养基的成分复杂，不能做生化分析。

（2）琼脂基质培养法：将血浆基质或鸡胚浸出液与消毒好的琼脂混合，形成较为稳定的半固体培养基，然后将器官组织片放置其上进行培养。此法已成功地用于发育和形态发生研究。

（3）漂浮法（“救生筏”法）：Chen JM（1954）发现擦镜纸是疏水性的，可以漂浮在液体培养基上。他在漂浮于血清液面的 25 mm×25 mm 擦镜纸上，接种4～5块培养物。Richter KM（1958）对此加以改进，对擦镜纸进行硅化处理，以防止它沉入培养基中。Lash 等将擦镜纸与微孔滤膜结合使用。他们在漂浮的擦镜纸中央打小孔，然后用微孔滤膜条覆盖。不同类型的组织培养于微孔滤膜的任一表面上，并研究其相互作用和影响。Shaffer 用醋酸纤维膜（rayon acetate）代替擦镜纸，通过将 rayon acetate 条的 4 个角做硅化处理，而使之漂浮在液体培养基上。Rayon acetate 优于擦镜纸之处在于它溶于丙酮。因此，在组织学技术中，可以将它浸于丙酮中溶解去除。

（4）格栅培养法：液体培养基上漂浮的“救生筏”容易下沉，因此，组织块可能逐渐浸入培养基中。而 Trowel OA（1959）设计的“格栅（grid）”培养技术可以克服这一缺陷。他引入金属格栅，最初是由铅丝网做成的。后来使用更硬和具延展性的金属，例如不锈钢或钛。格栅呈正方形，大小为 25 mm×25 mm，将格栅的四边呈直角地做成约 4 mm 高的平台。组织可直接培养于格栅上，但较软的组织（例如腺体或皮肤）则先接种于擦镜纸或微孔滤膜条带上，再放到格栅上。将格栅及其上面的外植体放置于培养皿内，添加培养液，充满到格栅的水平。格栅培养术最初是为了维持对氧需求比胚胎器官高的成体哺乳动物组织而设计的。因此，培养小室应放置在充满 $CO_2$ 和 $O_2$ 混合气体的密闭容器内。本法可成功地保存成体组织的活力和组织学结构，例如前列腺、肾、甲状腺和垂体。这一技术，特别是气相的使用，在经过简化和改进后，至今仍广泛地沿用着。

（5）交替暴露于培养液和气相的培养法：近年来，一种使组织块交替的暴露于培养液和气相的方法也开始成功地用于人成体组织的长期培养，这些组织包括支气管上皮、乳房上皮、食道和子宫颈黏膜上皮。在此培养法中，器官组织块贴附于塑料培养皿的底部并用培养基覆盖，培养皿密闭于充有适当混合气体的气控小室内，然后将小室放置于一个摇转平台上，以每分钟数转的转速缓慢摇动培养皿，使培养液和气相交替通过组织块表面。

#### 4.2.3.3 器官培养的基本操作

**概述**

上述各种器官培养方法尽管形式各样，但都需满足一些基本要求，下面以常用的格栅培养法（网状支架培养法）为例介绍器官培养的步骤和操作要求。

**用品**

除一般细胞培养用品外还需以下器材。

（1）不锈钢筛网（用做支架）。

（2）0.5 μm 微孔滤膜。

（3）器官培养的培养皿。

（4）如有条件建立三气道培养箱可以实现对培养环境中 $CO_2$、$O_2$ 浓度分别进行精确控制，可以极大地方便器官组织的体外培养。

**步骤**

（1）将不锈钢筛网做成支架形状（如凸型），其高度为 4 mm 或调整至培养皿的 1/2 深度平面，在其表面放置0.5 μm

孔径滤膜。

（2）将培养液加入培养皿，使液面刚刚接触到滤膜，但又不会使其浮起。

（3）将要培养器官组织放在滤膜上，一般厚度不要超过 200 ~ 1 000 μm，水平面积不超过 10 $mm^2$，如组织为肝、肾等，体积不能大于 1 $mm^3$。

（4）将上述准备好的培养物放入 $CO_2$ 培养箱，并加注氧气调整氧分压，必要时可以调到 90%。

（5）培养过程中要注意观察培养液平面，尽可能保持在与滤膜一致的水平上。

（6）上述方法可进行器官培养 1 ~ 3 周，每 3 ~ 5 d 换液 1 次，并根据情况做进一步实验和检测。

（7）培养完成的器官组织小块，可以取下直接进行石蜡包埋或冷冻切片或连同微孔滤膜一起进行组织学研究，也可以继续培养，或进行体内移植试验。

**操作提示**

器官培养对于成体组织器官培养一定要保持较高氧分压，可达到 90%；对于胚胎组织器官或肿瘤组织可以适当降低氧分压，达到 45%，尽量避免组织器官中心部位发生缺氧坏死。培养皿中加培养液一定要浸没组织器官高度的 1/2，以保证营养物质交换。不同的器官培养，尚需一些特殊的条件，如某些生长因子、激素等，可参考相应文献。

## 4.3 传代培养和细胞系的维持

### 4.3.1 原代培养的首次传代

原代培养后由于细胞游出数量增加和细胞的增殖，单层培养细胞相互汇合，整个瓶底逐渐被细胞覆盖。这时需要进行分离培养，否则细胞会因生存空间不足或密度过大导致的密度接触抑制，以及营养物质缺乏等影响细胞生长。细胞由原培养瓶内分离稀释后传到新的培养瓶的过程称之为传代；进行一次分离再培养称之为传一代。原代培养的首次传代是很重要的，是建立细胞系关键的时期。

**操作提示**

（1）细胞没有生长到足以覆盖瓶底壁的大部分表面以前（80%），不要急于传代。

（2）原代培养时细胞多为混杂生长，上皮样细胞和成纤维样细胞并存的情况很多见，传代时不同的细胞有不同的消化时间，因而要根据需要注意观察及时进行处理。并可根据不同细胞对胰蛋白酶的不同耐受时间而分离和纯化所需要的细胞。另外，早期传代的培养细胞较已经建系的培养消化时间相对较长。吹打细胞时动作要轻巧尽可能减少对细胞的损伤。

（3）首次传代时细胞接种数量要多一些，使细胞能尽快适应新环境而利于细胞生存和增殖。随消化分离而脱落的组织块也可一并传入新的培养瓶。

### 4.3.2 细胞传代方法

**概述**

培养细胞传代根据不同细胞采取不同的方法。贴壁生长的细胞用消化法传代；部分贴壁生长但贴附不牢固的细胞也可用直接吹打传代；悬浮生长的细胞可以采用直接吹打或离心沉淀后再分离传代，或直接用自然沉降法吸除上清后，再吹打传代。

**用品**

（1）0.25% 胰蛋白酶或其他消化液、

培养液、Hanks液。

（2）吸管、离心管、培养瓶（皿）、培养瓶盖、注射器、计数板、橡皮乳头。

**步骤**

（1）贴壁细胞的消化法传代：

① 吸除或倒掉瓶内旧培养液，必要时可用Hanks液或PBS轻轻漂洗2~3次。

② 以25 $cm^2$培养瓶为例，向瓶内加入1 mL消化液（胰蛋白酶或与EDTA混合液）轻轻摇动培养瓶，使消化液流遍所有细胞表面，然后吸掉或倒掉消化液后再加1 mL新的消化液，轻轻摇动后再倒掉大部分消化液，仅留0.2~0.4 mL消化液。也可不采用上述步骤，直接加1~2 mL消化液进行消化，但要注意尽量减少消化液的剩余量，因为消化液过多对细胞有损伤，同时也需较多的含血清培养液去抑制胰蛋白酶的活性。

③ 消化最好在37 ℃或室温25 ℃以上环境下进行，消化2~5 min后把培养瓶放倒置显微镜下进行观察，发现胞突回缩、细胞间隙增大以及细胞已经从培养瓶底分离为单个或成团细胞后，应立即加入适量的含血清培养液终止消化。

④ 如仅用胰蛋白酶可直接加含血清的培养液，终止消化。

⑤ 用弯头吸管，吸取瓶内培养液，反复吹打瓶壁细胞，吹打过程要顺序进行。细胞脱离瓶壁后形成细胞悬液。

⑥ 计数，分别接种在新的培养瓶内，根据培养细胞类型的不同，接种比例一般多为1∶3。

（2）悬浮细胞的传代：因悬浮生长细胞不贴壁，故传代时不必采用酶消化方法，而可直接传代或离心收集细胞后传代。直接传代即让悬浮细胞慢慢沉淀在瓶底后，将上清吸掉1/2~2/3，然后用吸管吹打形成细胞悬液后，再传代。

悬浮细胞多采用离心方法传代，即将细胞连同培养液一并转移到离心管内，800~1 000 r/min离心5 min，然后去除上清，加新的培养液到离心管内，用吸管吹打使之形成细胞悬液，如有必要可计数，然后传代接种。

部分贴壁生长细胞，不经消化处理直接吹打也可使细胞从壁上脱落下来，而进行传代。但这种方法仅限于部分贴壁不牢的细胞，如Hela细胞等。直接吹打对细胞损伤较大，导致较大数量的细胞丢失，因此绝大部分贴壁生长的细胞均需消化后，才能吹打传代。

**操作提示**

对于贴壁细胞传代培养，通常采用0.25%胰蛋白酶很容易使细胞脱离瓶壁，但是，对于上皮组织来源的细胞需要采用消化作用更强的消化液，常用0.01EDTA-0.125%胰蛋白酶混合消化液。使用含EDTA的消化液，务必进行离心洗涤细胞，除净EDTA，否则，影响细胞贴壁和生长。吹打时动作要轻柔不要用力过猛，同时尽可能不要出现泡沫，这些都对细胞有损伤。细胞传代比例依细胞生长速度而定，通常正常细胞传代比例为1∶2~1∶3，肿瘤细胞1∶5 ~1∶10。细胞传代间隔时间要相对稳定，不要忽长忽短，以免影响培养细胞的生物学性状。

### 4.3.3 细胞系的维持

细胞系的维持是培养工作重要内容。概括起来说细胞系的维持是通过换液、传代、再换液、再传代和细胞冻存与复苏实现的。每一个细胞系都有其自身特点，要做好细胞系的维持，必须注意以下几点。

（1）细胞系档案要记录好，如组织来

源、生物学特性、培养液要求、传代、换液时间和规律、细胞的遗传学标志、生长形态、常规病理染色的标本等。这些记录对于保证细胞正常生长、保持细胞的一致、观察长期体外培养后细胞特性的改变都有十分重要的意义。因而无论在索取新细胞系或自己建立新细胞系时都要尽可能把上述资料收集齐全。

（2）细胞系的传代、换液一般都有自身的规律性，因而在维持传代时要注意保持其稳定的规律性，这样可以减少由于传代时细胞密度的频繁增减或换液时间的不规律，而导致细胞生长特性的改变，给以后细胞实验带来影响。

（3）多种细胞系维持传代，要严格操作程序，以防细胞之间的交叉污染或造成培养细胞的不纯。传代时所用器械要编号或做好标记，严禁交叉使用。

（4）每一种细胞系都应有充足的冻存储备，防止由于培养细胞污染等因素造成细胞系的绝种；另外二倍体细胞等有限细胞系如果暂时不用最好冻存以免传代太多，造成细胞衰老或生物学特性发生改变。

### 4.3.4 培养细胞的纯化

体外培养细胞源于动物机体，而活体组织中细胞类型有多种，每一种组织都有血管和间叶组织，因而从体内取得的培养材料所做的原代培养，绝大多数都多为各种细胞混合生长。在体外培养的细胞中即使都是纤维样细胞或上皮样细胞，他们也有种类的不同，如纤维样细胞包括成纤维细胞、骨髓来源干细胞、肌细胞、骨细胞、滑膜细胞以及脂肪来源干细胞等。而利用体外培养细胞进行实验研究都要求采用单一种类细胞而进行，这样才能对某一种类细胞的功能、形态等的变化进行研究，因而培养细胞纯化就成为实验研究的重要环节。

细胞的纯化方法一般分为两大类，自然纯化和人工纯化。可根据不同细胞种类、来源、实验要求和目的而选择采用。本节主要仅介绍一些基本的方法，如要纯化特殊细胞请见其他章节。

#### 4.3.4.1 自然纯化

多种细胞混杂在一起培养时，某一种细胞对体外环境适应性强，增殖较快，成为优势生长细胞群，而其他种类的细胞所占比率则越来越少，最终消失。自然纯化即利用某一种类细胞的增殖优势，去除其他细胞，达到细胞纯化的目的。但这种方法常无法人为地选择细胞，且时间长，优势增殖的往往是成纤维细胞。部分恶性肿瘤细胞可以通过此方法，自然纯化而建立细胞系。

#### 4.3.4.2 人工纯化

利用人为手段造成对某一细胞生长有利的环境条件，抑制其他细胞的生长，从而达到纯化细胞的目的。下面介绍几种原代培养细胞纯化常用基本方法。

##### 4.3.4.2.1 酶消化法

**概述**

由于上皮细胞和成纤维细胞对胰蛋白酶的耐受性不同，在消化培养细胞时，常是成纤维细胞先脱壁，而上皮细胞要消化相当长的时间才脱壁，特别是在原代培养和培养早期的细胞这种差别尤为明显。因而可以利用这种差异采用多次差别消化方法将上皮细胞和成纤维细胞分开。

**用品**

与消化法传代的用品相同。

**步骤**

（1）采用普通消化传代方法，将0.25%胰蛋白酶注入培养瓶内2次，每次加1 mL（25 $cm^2$培养瓶），稍加摇动让胰蛋白酶流过所有细胞表面，然后倒掉。

（2）盖好瓶盖，将培养瓶放在倒置显微镜下观察，发现纤维样细胞变圆，部分脱壁，立即加入2 mL含血清培养液终止消化。

（3）用弯头吸管轻轻吹打纤维样细胞生长的区域（可事先在显微镜下用记号笔在培养瓶上划出记号）。吹打过程中不要用力，尽可能不要吹上皮细胞生长区域。吹打结束后，再用少量培养液漂洗1遍，然后加入适量培养液继续培养，也可重复上述操作1次，或隔几日后或下次传代时，再进行上述操作。经过几次处理可能将成纤维细胞去除或将两者分开。但是，这种方法仍难以完全清除成纤维细胞。

为了保证细胞纯化效果，可以采用选择性消化方法。显微镜下选择孤立的上皮细胞克隆，在培养皿上做好标记，吸弃培养上清液，使用灭菌的直径5 mm不锈钢管，在钢管一端涂上硅脂，套在标记好的上皮细胞克隆，在管内注入消化液，获取消化的上皮细胞悬液，然后，转移到微孔培养板中，逐步扩大培养，从而建立纯化的细胞系。

#### 4.3.4.2.2 机械刮除法

**概述**

原代培养成功后，上皮细胞和成纤维细胞多数都同时出现并混杂生长。这种混杂生长常常分区或呈片状，每种细胞都以小片或区域性分布的方式生长在培养瓶底壁上。因此，可以采用机械的方法去除不需要的细胞的区域，而保留需要的。

**用品**

（1）橡皮细胞刮子（有成品出售，也可自制楔形的橡胶刮子，大小可根据需要而定）。

（2）细胞传代用品。

**步骤**

（1）将要待纯化细胞的培养瓶，放在倒置显微镜观察下进行，在瓶壁上标记好欲保留的细胞群。

（2）用上述工具在生长有不需要细胞的区域推刮，使细胞脱壁悬浮在培养液中，注意不要伤及所需细胞。

（3）推刮后用培养液冲洗2次，即可加培养液继续培养。

（4）数日后如发现不需要的细胞又长出，可再进行上述操作，这样反复多次可以纯化细胞。操作过程要严格无菌操作，防止污染。

#### 4.3.4.2.3 反复贴壁法

**概述**

成纤维细胞与上皮细胞相比，其贴壁过程快，大部分细胞常能在短时间内（大约10～30 min）完成附着过程（但不一定完全伸展）；而上皮细胞大部分在短时间内不能附着或附着不稳定，稍加振荡即浮起，这样可以利用此差别来纯化细胞。

**用品**

与消化法传代的用品相同。

**步骤**

（1）将细胞悬液接种1个培养瓶内（最好用无血清培养，因为在无血清支持下，上皮细胞贴壁更慢）静止20 min。

（2）在镜下观察，见细胞部分贴壁、稍加摇荡也不浮起时，将培养液连同尚未贴壁细胞一起倒出或吸到另一培养瓶。

（3）继续培养或重复上述操作，将上

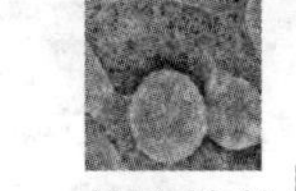



皮细胞和成纤维细胞逐步分离开。

4.3.4.2.4 克隆法

在同一细胞系中，存在生物学特性不完全相同的亚群，他们的功能和生长特点略有差异。要纯化出某一种细胞，用上述方法常不能将同一细胞系的不同株分开，可采用细胞克隆的方法。

具体过程即采用细胞克隆法或有限稀释法（详见后面相关章节）将细胞分成单个细胞，使之分别生长成克隆，然后对每一克隆进行测试，选择出所需要的克隆。

4.3.4.2.5 培养基限定方法

某些细胞在生长过程中必须存在或必须去除某种物质，否则将无法生长。而其他细胞与之相反，可以利用这种技术来纯化细胞。如转基因和杂交瘤技术中常用的 G418 及 HAT 限定性培养基或条件性培养液等，就用来筛选转基因或杂交瘤细胞中阳性细胞，而抑制其他细胞（详见后面相关章节）。

4.3.4.2.6 流式细胞仪分离法

流式细胞仪可根据细胞大小、细胞表面标志物等参数来将细胞分离成不同的群体（详见后面相关章节）。

随着细胞生物学和相关技术的发展，近年来出现了免疫磁珠分离法，梯度分离法等细胞分离纯化方法等。

## 4.4 培养细胞生长状况的观察

### 4.4.1 培养细胞的常规观察

细胞经原代培养、传代、换液等操作后均需进行动态性观察。一般应每日或隔日观察 1 次，对细胞生长过程出现的变化包括活细胞形态、数量改变、细胞移动情况等要及时记录、照相和采取相应措施进行处理，特别是如果能早期发现培养细胞出现的可能疑似为污染的情况，可以尽早地处理，最大限度地挽救回已污染的细胞并能防止污染的扩散。这样可以较为全面、细致的了解细胞生长变化概况。

（1）培养液：培养液的肉眼观察是常规检查的重要内容，重点观察培养液的颜色和透明度的变化。一般培养液中均含有酚红作为指示成分，以此来显示培养液的 pH 值。正常新鲜的培养液为桃红色，这种颜色代表培养液的 pH 值大约为 7.2～7.4。加入细胞进行培养后由于细胞代谢产生酸性产物，使培养液 pH 值下降引起颜色变浅变黄。一旦发现培养液变黄，说明培养液中代谢产物已堆积到一定量，需换液或传代处理。一般正常情况生长稳定的细胞需每 2～3 d 换液 1 次，生长慢的细胞需 3～4 d 换液 1 次。目前细胞培养多采用恒温 $CO_2$ 孵育箱，这样使 pH 值相对稳定，可以很好地监控培养环境的温度、湿度等，有利于细胞生长。传代和换液后，如果发现培养液很快变黄，要注意以下几点：是否有细菌污染发生；培养器皿是否未洗干净，有残留物；细胞生长是否很快或接种数量是否较大。在以上 3 种条件下，培养液会很快变色。培养液正常为清亮透明，出现混浊多为污染（悬浮细胞培养除外）。

（2）细胞生长概况：常规检查应特别注意细胞的生长增殖变化。原代培养和传代培养后，绝大多数细胞并不马上开始增殖，都经历一段时间的适应或潜伏期，其时间长短不同。细胞系细胞一般时间很短，多为 24 h 以内；原代培养潜伏期较长，从几天到数周不等。一般胚胎组织细胞生长的潜伏期较短，而成年组织细胞和部分癌组织潜伏期较长。原代培养中最先可见从组织块边缘“长出”细胞，这些细胞通常并不是增殖产生而是从原代组织块中游走出来。原代细胞培养的早期较少见到分裂细胞。最早游出的细胞多以成纤维样细胞为主，成纤维细胞是最易生长的细胞，生长速度快，适应性强，细胞为细长梭形，多为放射状和旋涡状分布，有时互相连接成网状。上皮样细胞通常生长速度较慢，细胞零星游走出来后，逐步分裂繁殖，呈岛状生长，并逐步汇合成片，称铺路石样形态。

细胞传代后，经过悬浮、贴壁伸展进入潜伏期，然后开始生长进入对数生长期，细胞开始大量繁殖，逐渐相连成片而长满瓶底。贴壁生长的细胞在长满瓶底80%就应及时传代，否则细胞可由于营养物质缺乏、代谢产物的堆积以及细胞的接触密度抑制等，进入平台期并衰退。这时细胞轮廓增强，细胞变得粗糙，胞内常出现颗粒状堆积物。严重时细胞甚至可从瓶壁脱落。悬浮生长的细胞当增长迅速、培养液开始变黄时也应及时传代。

（3）细胞形态变化：经传代或换液后生长状况良好的细胞在显微镜下观察时透明度大、折光性强、轮廓不清；用相差显微镜观察能看清部分细胞细微结构，细胞处于对数生长期时可以见到很多分裂期细胞。细胞生长状态不良或衰老时，细胞折光性变弱，轮廓增强，胞质中常出现空泡、脂滴、颗粒样物质，细胞之间空隙加大，细胞变得不规则，失去原有特点，上皮样细胞可能变成纤维样细胞的形状，有时细胞表面和周围出现丝絮状物，如果情况进一步严重，可以出现部分细胞死亡、崩解、漂浮。只有生长状态良好的细胞才适合进一步传代和实验。对生长状态不良的细胞首先要查明原因，采取相应措施进行处理，如换液、排除污染等。

（4）微生物污染：细菌和霉菌的污染多发生在传代、换液和加药等操作之后，因而在进行上述操作后24 ~48 h要密切注意是否有污染发生。微生物污染最典型的表现为培养液混浊，液体内漂浮真菌丝或细菌。尤其要注意低毒微生物污染情况，例如，最常见的酵母菌污染，在镜下注意观察细胞之间存在细小的、透亮的、成簇的、呈卵圆形酵母菌。通常酵母菌与培养细胞竞争消耗营养物质，导致细胞生长缓慢。如是支原体污染则不同，一般传代稳定、生长规律的细胞系，如培养条件没有改变而细胞生长却明显变缓、胞质内颗粒增多、有中毒表现，但培养液多不发生混浊，即可考虑为支原体污染。必要时，进行支原体鉴定，如扫描电镜观察、RT - PCR检测等。

## 4.4.2 活细胞的观察

### 4.4.2.1 培养细胞相差显微镜观察

在细胞培养工作中，无论从形态上或从功能上对细胞进行研究，对活细胞的观察都是最基本内容。倒置相差显微镜是观察培养中的活细胞的必备工具。

**概述**

在一般情况下，人眼只能在光波的波长（颜色）和振幅（亮度）发生变化时，才能看到被检物体。但大部分生物体，特别是细胞在生活状态下，都呈无色透明，光线通过这些物体时波长和振幅并不发生变化，因此，应用普通显微镜无法看清活细胞的形态和结构。相差显微镜原理则与之不同。它主要利用光在通过不同物质时的折射和物体厚度差别，产生衍射而引起的光程变化，光程的变化引起相位差即相差的变化来观察物体结构。一般情况下人眼不能分辨相差，而相差显微镜利用光的衍射和干涉现象，把相差变为明暗之差，就可以分辨出被检物体的结构。

**步骤**

（1）调正光轴：要想利用显微镜清晰地观察细胞结构，必须首先将显微镜调整好。调整显微镜重要内容之一是调正光轴。首先用低倍镜，并把照明灯虹彩关至最小，使光落于视野中央；如有偏斜可用聚光器的调整螺丝进行调整。然后打开虹彩使视野内呈均匀照明强度并使目的物图像达到最大限度反差为止。

（2）相位板合轴调节：相差显微镜的相差装置由两部分组成，即相差聚光器和相差物镜。每个相差物镜中都有一带环状光栅的透镜，在聚光器里有数个可转换的相位板；一定倍数的物镜要配相应的相位板。目前，常用的相差显微镜的相位板上都刻有倍数，相位板与相对倍数的相差物镜配合使用。首先保证光轴居中，将环状光栅与相位板调整重合，环状光栅不能过大或过小，也不能偏移一侧，才能达到最好的相差效果。

（3）调焦与摄影：现代较高级的倒置显微镜，视野中间都有双线十字，调焦前先转动目镜使十字的双线清晰，即目镜与观察者的视力相配，然后再调节物镜（用调焦旋钮）使观察物质清晰。在照相目镜上也要采用同样步骤调焦。有时摄影目镜和观察目镜焦点不相一致，这时根据需要调焦，照相时以摄影目镜为主，观察时以观察目镜为主。

照相时应做好记录，把细胞种类、代数、观察内容、放大倍数、时间等记录，以备查寻和对比。

**操作提示**

（1）用于活细胞观察的培养器皿要求较高，培养瓶的上下壁必须是尽可能平行的平面。如培养瓶底平面不平行，则不可能得到良好的相差像；瓶壁不能太厚，否则也引起影像失真。经标准化生产的培养板、培养瓶/皿一般成像效果都较好。但反复刷洗过的玻璃或塑料培养器/皿将严重影响显微镜的分辨力，因而如果器皿的划痕过多将不能再用于活细胞的观察和照相记录。天气较冷时从温箱中取出培养瓶在室温中观察活细胞，由于温度差别培养瓶内壁有雾滴形成影响显微镜观察的清晰度，此时可轻轻将瓶倾斜使瓶内培养液浸润内壁，就可以重新得到好的相差像。

（2）若作原代培养细胞的相差显微镜照相，可选择换液后进行，这样可以将漂浮的组织块和死细胞去除，提高成像清晰度。

（3）在培养室中观察细胞也要有无菌观念，在搬动培养瓶时动作要轻巧，不要猛烈振荡，不要接触瓶口区域以防污染。每次观察时间不能太长，以免温度过低影响细胞生长。每次观察时不要把细胞全部取出，要分次分批进行，尽可能减少细胞在外暴露时间。

#### 4.4.2.2 培养细胞的动态观察

培养细胞的附着、贴壁、伸展、移动、有丝分裂等活动是连续动态的，是培养细胞观察中最为生动的部分。要做到细胞动态观察一般不仅需有较好的相差倒置显微镜，最好还有显微镜恒温装置和连续、定格缩时拍摄电影或录像装置。例如，活细胞工作站。

拍摄培养细胞的动态电影需首先对要观察的细胞活动周期进行预观察，掌握其大致的活动时间。如一个细胞从多边形到圆球形然后进入分裂，最后又贴壁伸展，这是一个细胞分裂活动的全过程，一般时间数小时到十几小时不等，要把它变成很短时间内的动态影像需根据以后放映时所要的时间进行换算。正常放映速度为每秒放映24幅，这样就可以把较长的细胞分裂时间在放映时压缩为数秒或十几秒内完成。用此方法可以观察很多生动的细胞运动变化影像。具体时间的估算一般按下述公式计算：

缩时的间隔时间＝“目的物”活动时间（s）/［24×要求影片放映时间（s）］

如果没有拍电影装置，利用自制恒温装置或在室温较高时也可采用简易的固定视野连续照相的方法进行培养细胞的动态观察。

### 4.4.3 细胞生长状况的观察

#### 4.4.3.1 细胞计数

**概述**

细胞计数法是细胞培养研究中的一项基本技术，它是了解培养细胞生长状态，测定培养基、血清、药物等物质生物学作用的重要手段。常用的细胞计数有血球计数板计数法和电子细胞计数仪计数法。

**用品**

（1）血球计数板、巴氏吸管、盖玻片。

（2）0.25%胰蛋白酶溶液、无血清培养液。

（3）显微镜。

**步骤**

（1）准备计数板：用无水乙醇或95%乙醇清洁计数板及专用盖玻片，然后用绸布轻轻拭干。

（2）制备细胞悬液：用消化液分散单层培养细胞或直接收集悬浮培养细胞，制成单个细胞悬液。本法要求细胞密度 $1 \times 10^4 \sim 1 \times 10^5$/mL,若细胞数很少，应将悬液离心（1 000 r/min，5 min），重悬浮于少量培养液中。若细胞密度过大，需要适当稀释后进行计数。

（3）加样：用吸管轻轻吹打细胞悬液，取少许细胞悬液，在计数板上盖玻片的一侧加微量细胞悬液。

（4）计数：在显微镜下，用10×物镜观察计数板四角大方格中的细胞数。细胞压中线时，只计左侧和上方者，不计右侧和下方者。

（5）计算：将计算结果代入下式，得出细胞密度。

细胞数/毫升原液＝（4大格细胞数之和/4）$\times 10^4 \times$稀释倍数

另外，随着电子计数仪的出现，使大规模细胞计数工作自动化成为现实。目前，已有多种型号的自动计数仪，其基本工作原理是，用PBS液（磷酸盐缓冲液）或生理盐水适当稀释细胞悬液，移入样品杯中，将样品杯放置在计数仪微孔管下，计数仪吸取0.5 mL样品进行计数。被吸取的细胞穿过微孔时改变了流经微孔的电流，产生一系列脉冲信号，计数仪借以进行分类、计数。不同型号的计数仪其操作程序不尽相同，使用时应详细参照仪器说明书进行。

**操作提示**

（1）消化单层细胞时，务求细胞分散良好，制成单细胞悬液，单个细胞率应大于95%。否则会影响细胞计数结果。

（2）加样时不要溢出盖玻片也不能溢入两侧的玻璃槽内，如果产生上述情况需对计数板冲洗和拭干后重新加样，加样量也不要过少或带气泡。

（3）取样计数前，应充分混匀细胞悬液。在连续取样计数时，尤应注意这一点。否则，前后计数结果会有很大误差。

（4）镜下计数时，遇见2个以上细胞组成的细胞团，应按单个细胞计算。如细胞团占10%以上，说明消化不充分；或细胞数少于2/mm$^2$或多于50/mm$^2$时，说明释释不当，需重新制备细胞悬液、计数。

（5）对于压边线的细胞，采用单边计数原则，只计压上边线和左边线的细胞，不计压下边线和右边线的细胞。

[细胞密度换算]

在细胞培养实验设计中，常根据设计需求制备一定量、一定密度的细胞悬液，这就涉及细胞密度换算问题。

细胞密度换算实际上仍根据溶液稀释公式，即溶液稀释前后溶质含量保持不变。

C1 · V1 = C2 · V2：式中C1、V1代表溶液稀释前的浓度和体积；C2、V2代表溶液稀释后的浓度和体积。例如：欲配制10 mL，$1\times10^6$/mL细胞密度的细胞悬液，现有$1\times10^7$/mL的细胞悬液若干毫升，应如何稀释？

已知：Cl = $1\times10^7$/mL，C2 = $1\times10^6$/mL，V2 = 10 mL。

求V1。根据上式得：

$$Vl = (C2 \cdot V2)/C1 = 1\times10^6\times10/(1\times10^7) = 1\ mL$$

即取细胞密度为$1\times10^7$/mL的细胞悬液1 mL，补加9 mL培养液，即成10 mL，$1\times10^6$/mL的细胞悬液。

#### 4.4.3.2 细胞生长曲线

**概述**

细胞生长曲线是观察细胞生长基本规律的重要方法。只有具备自身稳定生长特性的细胞才适合在观察细胞生长变化的实验中应用。细胞生长曲线的测定一般可利用细胞计数法进行。

**用品**

与细胞传代和细胞计数法相同

**步骤**

（1）取生长状态良好的细胞，采用一般传代方法进行消化，制成细胞悬液。经计数后，精确地将细胞分别接种于21～30个大小一致的培养瓶内（常用10mL培养瓶，亦可用24孔培养板），每瓶细胞总数要求一致，加入培养液的量也要一致。

（2）酌情每天或每隔1 d取出3瓶细胞进行计数，计算均值。一般每隔24 h取1瓶，连续观察1～2周或到细胞总数开始减少为止（一般需10 d左右）。培养3～5 d后需要给未计数的细胞换液。

（3）以培养时间为横轴，细胞数为纵轴（对数），描绘在半对数坐标纸上。连接成曲线后即成该细胞的生长曲线（图4－3）。

细胞生长曲线虽然最为常用，但有时其反映数值不够精确，可有20%～30%的误差，需结合其他指标进行分析。

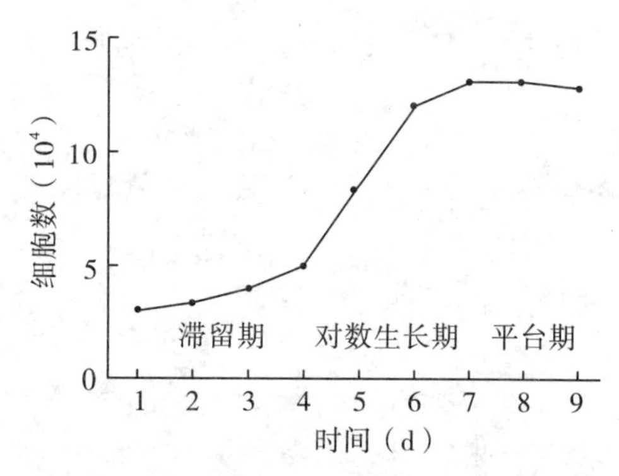


**图4－3 细胞生长曲线**

现在很多实验室利用96孔培养板采用MTT法来进行生长曲线测定，较为简便。下面简要叙述MTT法的操作过程：一般取第二代或是第三代的细胞用来检测，当细胞在培养皿底融合约90%左右时，吸弃原培养液，PBS漂洗2～3次后，按照上述的细胞消化分离的方法，即用0.25%胰蛋白酶消化离心后重悬制备成单细胞悬液，计数，并调整细胞密度为$1\times10^4$/mL，根据细胞生长的边缘效应在96孔板中共设9列，每列设6个复孔和2个空白对照孔，复孔中每孔加入200 μL单细胞悬液，空白对照孔（不加细胞）只加入培养基，共接种8块96孔板。然后置于37 ℃、5% $CO_2$孵箱内培养，24 h后随机取1块96孔板进行MTT呈色反应检测，实验步骤为：在实验孔和空白对照孔中各加入20 μL（5 mg/mL）的噻唑兰（MTT），置于37 ℃、5% $CO_2$孵箱内静置培养4 h后，小心吸出孔内的液体后，每孔内再加入150 μL的二甲基亚砜（DMSO），震荡10 min后，在吸光度为490 nm的酶标仪上检测各孔吸光度值，每24 h检测1块96孔板，连续测量9 d，以细胞吸光度值为纵轴，培养时间为横轴绘制细胞生长曲线（图4－4）。

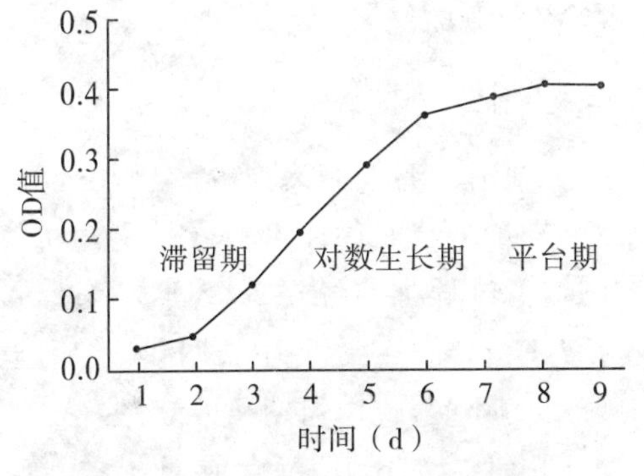


**图4－4　MTT法测绘细胞生长曲线**

**结果分析**

标准的细胞生长曲线近似“S”形，一般在传代后第1天细胞数有所减少，再经过几天的滞留期，然后进入对数生长期。达到平台期后生长稳定，最后到达衰老。

在生长曲线上细胞数量增加1倍时间称为细胞倍增时间，可以从曲线上换算出。细胞倍增的时间区间即细胞对数生长期，细胞传代、实验等多应在此区间进行。细胞群体倍增时间的计算方法有两种：A. 作图法：在细胞生长曲线的对数生长期找出细胞增加一倍所需的时间，即倍增时间。B. 公式法：按细胞倍增时间计算细胞群体倍增时间（doubling time，DT）。

$$DT = t\times[\lg2/(\lg Nt-\lg No)]$$

公式中t代表培养时间，No代表首次计数获得的细胞数，Nt代表培养t时间后的细胞计数。一般情况下，首次计数在细胞接种24 h后进行，而Nt是细胞在对数生长期终点时的细胞数。

**操作提示**

细胞生长曲线包括潜伏期、指数生长期及平台期，通常观察时间7～10 d，因此，要根据每种细胞的生长速度控制好接种细胞密度。细胞接种数不能过多也不能太少，太少细胞滞留期太长；数量太多，细胞将很快进入平台期，要求在短期内进行传代，曲线不能确切反映细胞生长情况。一般接种数量以7～10 d能长满而不发生生长抑制为度。同种细胞的生长曲线先后测定要采用同一接种密度，这样才能做纵向比较；不同的细胞也要接种细胞数相同，才能进行比较。

#### 4.4.3.3 细胞分裂指数

**概述**

细胞分裂指数是计算分裂细胞占全部

细胞中比例的方法，用以表示细胞的增殖旺盛程度。一般要计算和观察 1 000 个细胞中的分裂细胞数。

**用品**

（1）细胞传代的用品。

（2）培养细胞 HE 染色用品（参阅后面相关章节）。

**步骤**

（1）用一般传代方法，按检测细胞生长曲线的细胞接种原则将细胞悬液接种于事先放置有小盖玻片的培养瓶内。

（2）每 24 h 取出 1 个小玻片，按常规方法用 95% 乙醇固定，吉姆萨或 HE 染色、封片。

（3）选择细胞密度适中的区域观察分裂细胞，进行细胞计数。最好一个视野一个视野地进行。对每一时间组的玻片各取细胞数多、中、少 3 个区域各一区，共计数 1 000 个细胞，计算出每 1 000 个细胞中的分裂细胞均数值和所占比例。

（4）将所测得的百分数逐日按顺序绘制成图即为细胞分裂指数曲线图（图 4 - 5）。

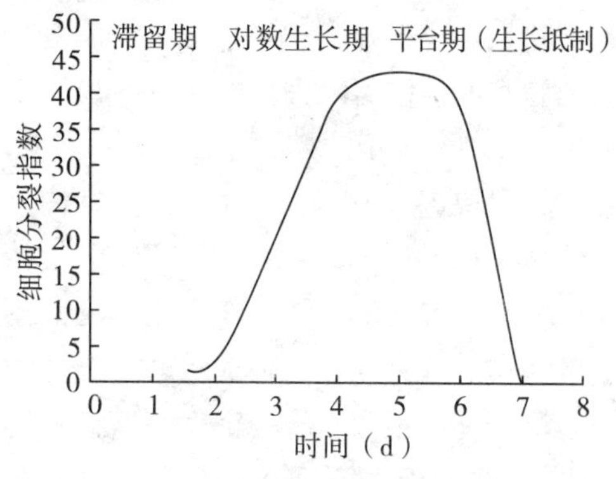


**图 4 - 5 细胞分裂指数**

**操作提示**

细胞分裂指数的观测要掌握好标准，对接近和将完成的分裂相要统一标准加以划分，减少误差；也可对同一组标本两人分别计数最后取平均值。细胞分裂指数曲线与生长曲线的趋势类似，只是在细胞总数达到平台时细胞数量很大，但细胞的分裂增值接近停止，分裂指数曲线值最低。

#### 4.4.3.4 细胞贴壁率

**概述**

细胞贴壁率适用于观察贴壁附着生长细胞，主要反映细胞的生存能力（因为只有活细胞才贴壁）和部分底物材料的生物相容性。

**用品**

与细胞传代和细胞计数法相同

**步骤**

（1）取对数生长期细胞，用消化法制成细胞悬液，计数后按检测细胞生长曲线的细胞接种原则接种培养瓶（浓度要相对较高）。一般接种 12 ~ 15 瓶。

（2）每 2 h 取出 1 瓶细胞，倒掉培养液（其中含有未贴附细胞），然后加入胰酶消化已贴壁细胞，计数已贴壁细胞，用下面的公式逐个计算每个时间组的贴壁率。一般观察 24 h，分 12 次进行。

**结果**

贴壁率 = （贴壁存活细胞数/接种细胞数）×100%。

#### 4.4.3.5 细胞周期

可利用培养细胞来研究细胞动力学、细胞的 DNA 合成代谢和有丝分裂。每一细胞增殖过程都要经过一个周期来进行，包括一个分裂间期也叫生长期和一个有丝分裂期（M 期），生长期又可分为：A. 生长前期（$G_1$），B. DNA 合成期（S），C. 生长后期（$G_2$）。这 3 期的生长过程既有阶段性，又相互依存。因此一个细胞周期包括$G_1$、S、$G_2$和M 4个时期。细胞周期与细胞群体倍增时间是不同的两个概念，群体倍增时间是指在对数生长期细胞数量增加1倍所用的时间。这一时间内一般有些细胞参与分裂，有些细胞可能不分裂，有些可能分裂两次或数次，但细胞总数量增加1倍。细胞周期仅指一个细胞的分裂生长周期，一般细胞周期都短于细胞群体倍增时间。细胞周期的时间测定有两种方法：

（1）同位素标记测定法：在细胞进入增殖期时用$^3H$－胸腺嘧啶核苷标记细胞30 min后，每隔30 min取材1次，直到48 h为止。然后应用放射自显影或液闪计数法来观察和计算细胞分裂相出现时间高峰和分裂相数，绘制成图进行计算。

（2）活细胞工作站测定法：应用活细胞工作站，连续动态观察记录标记的细胞分裂过程，精确计算细胞周期各个时期。

## 4.5 细胞冻存与复苏

培养细胞的传代及日常维持过程中，在培养器具、培养液及各种准备工作方面都需大量的耗费；而且细胞一旦离开活体开始体外培养，它的各种生物学特性都将逐渐发生变化，并随着传代次数的增加和体外环境条件的改变而不断有新的变化。因此，及时进行细胞冻存是非常关键和必要的。现在细胞低温冷冻储存已成为细胞培养室的常规工作和通用技术（图4－6）。细胞储存在液氮中，温度达－196 ℃，理论上储存时间是无限的。细胞冻存及复苏的基本原则是慢冻快融，实验证明这样可以最大限度地保存细胞活力。

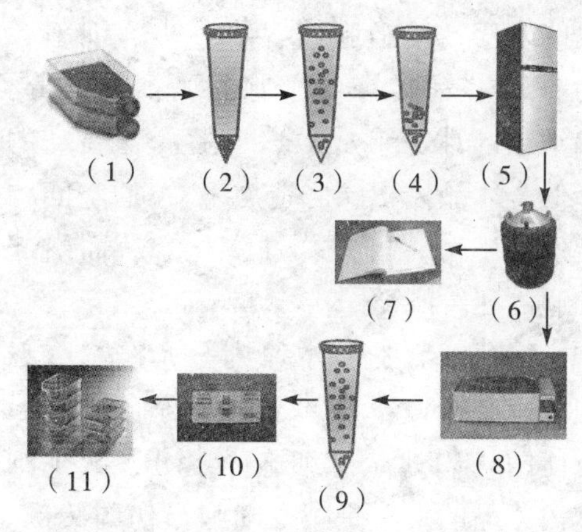


**图4－6 细胞冻存与复苏步骤**

细胞冻存步骤：（1）取生长状态良好的细胞制备成细胞悬液；（2）离心洗涤；（3）加入含10% DMSO的冻存液重悬；（4）移入冻存管；（5）4 ℃放置30 min，－20 ℃放置1 h，－70 ℃放置2～3 h；（6）移入液氮罐中；（7）详细记录冻存细胞的种类、代数、时间、组织来源等信息。

细胞复苏步骤：（8）取出冻存管后立即放入37 ℃水浴中；（9）消毒冻存管开封后将细胞移入预先加有培养液的离心管中离心；（10）计数；（11）接种培养瓶培养

### 4.5.1 细胞的冻存

**概述**

细胞在不加任何保护剂的情况下直接冷冻会导致冷冻损伤效应的发生。冷冻后，细胞内外的水分都会很快形成冰晶，冰晶的形成将引起一系列的不良反应。首先细胞脱水使局部电解质浓度增高，pH值改变，部分蛋白质由于上述因素而变性，引起细胞内部空间结构紊乱。细胞内冰晶的形成和细胞膜系统上蛋白质、酶的变性，引起溶酶体膜的损伤使溶解酶释放，造成细胞内结构成分的破坏、线粒体肿胀、功能丧失并造成细胞能量代谢的障碍。胞膜上的类脂蛋白复合体在冷冻中易发生破坏引起胞膜通透性的改变，使细胞内容物丧失。细胞核内DNA也是冷冻时细胞易受损伤部分。如细胞内冰晶形成较多，随冷冻温度的降低，冰晶体积膨胀造成DNA的空间构型发生不可逆的损伤性变化，从而引起细胞的死亡。

冻存细胞的基本原则是，控制降温速率，要缓慢冷冻。在细胞冻存时要尽可能的均匀地减少细胞内水分，减少细胞内冰晶的形成是减少细胞损伤的关键。目前，多采用甘油或二甲基亚砜作保护剂。这两种物质分子量小、溶解度大，易穿透细胞，在深低温冷冻后对细胞无明显毒性，可以使冰点下降，提高胞膜对水的通透性；加上缓慢冷冻方法可使细胞内的水分渗出细胞外，在胞外形成冰晶，减少细胞内冰晶的形成，从而减少由于冰晶形成所造成的细胞损伤。

**用品**

（1）0.25%胰蛋白酶。

（2）含10%～20%血清的培养液。

（3）二甲基亚砜（DMSO分析纯）。

（4）吸管、离心管、2 mL专用细胞冻存管。

（5）细胞冻存专用的液氮生物容器。

**步骤**

（1）从增殖期到形成致密的单层培养细胞都可以用于冻存，但最好选择对数生长期细胞，已经长满的细胞冻存复苏后生存率低。在冻存前一天最好换1次培养液，可以获得更多的分裂期细胞。

（2）用0.25%胰蛋白酶把单层生长的细胞消化下来，悬浮生长的细胞则不需处理。依据传代方法把消化好的细胞收集于离心管并计数，1 000 r/min离心5 min，去除胰蛋白酶及旧的培养液。

（3）用配制好的冻存培养液（含10%DMSO的完全培养液）重新悬浮细胞，冻存液中细胞的最终密度为（5～10）×$10^6$/mL。用吸管轻轻吹打使细胞均匀，然后分装入无菌冻存管中，每只冻存管加液1.5 mL。

（4）冻存管必须旋紧确保密封。冻存管上应写明细胞的名称、冻存时间等信息。装入冻存盒同时做好记录。

（5）封好的冻存管即可进行冻存。通常有两种方法。一种是程序化细胞冻存仪，将冻存管放入仪器中直接按照降温程序冷冻至－100 ℃，然后，取出放入液氮生物容器中长期保存。标准的冻存程序为降温速率－1～－2 ℃/min；当温度达到－25 ℃以下时，可增至－5～－10 ℃/min；到－100 ℃时，则可迅速浸入液氮中。要适当掌握降温速度，过快会影响细胞内水分透出，太慢则促进冰晶形成。各种细胞对冷冻的耐受性不同，一般来说上皮细胞和成纤维细胞耐受性大；骨髓细胞差一些，以不超过－2～－3 ℃/min合适；而胚胎细胞耐受性最小。总之，在开始时温度下降速度不能超过－10 ℃/min。

另一种方法是分段降温冻存法。目前实验室常用的还有一种简易的细胞冻存盒（如美国Nalgene™公司出品的细胞冻存盒），内部充满异丙醇，将冻存管放置其中。把冻存盒放入－85 ℃冰箱中，可以实现－1 ℃/min的降温速率冻存细胞。如无此设备一般可以采用以下几种冻存方法来控制冷冻速率。

① 先将冻存管直立放置于冻存盒中，周围固定，以免倾倒。将安置好的小盒放入小型泡沫包装盒内，然后再放入－85 ℃冰箱中，尽可能减缓降温速率，经过3 h以后，取出冻存管移入液氮容器内。在放入液氮罐时，要戴手套操作以免冻伤。

② 可以将标记好并装入冻存管支架，从液氮容器口缓缓放入，按 1 ℃/min 的降温速度，在 30 ~ 40 min 时间内使其到达液氮表面。再停 30 min 后，直接投入液氮中。

液氮数量要定期检查，如发现液氮挥发一半时要及时补充。补加液氮时要做好眼、手、脚等身体暴露部位的防护，以免冻伤。为妥善起见，特别是很多未被冻存过的细胞在首次冻存后要在短期内复苏 1 次，观察细胞对冻存的适应性。已建系的细胞最好也每年复苏 1 次后，再继续冻存。

### 4.5.2 细胞的复苏

**概述**

复苏细胞与冻存的要求相反，应采用快速融化的手段。这样可以保证细胞外结晶在很短的时间内即融化。避免由于缓慢融化使水分渗入细胞内形成胞内再结晶对细胞造成损害。

**用品**

培养液，吸管，离心管，培养瓶，带盖不锈钢罐。

**步骤**

(1) 将冻存管从液氮罐中取出，直接投入 37 ℃ 温水中，并轻轻摇动令其内容物尽快融化。如果冻存管封闭不严，在保存过程中液氮进入其中，从液氮罐中取出时由于温度升高导致液氮急速气化而爆炸，冻存管爆裂的碎片可伤害面部等身体部位。因此，存取冻存管时都要佩戴防护眼镜和手套，冻存管投入存放温水的器皿中后应立即把盖子扣上，以防发生意外。

(2) 从 37 ℃ 水浴中取出冻存管，用酒精消毒后开启，用吸管吸出细胞悬液，注入离心管并滴加 10 倍以上完全培养液，混合后低速离心，除去上清液，再重复用完全培养液漂离心洗 1 次。

(3) 用培养液适当稀释后，接种培养瓶，放入 $CO_2$ 培养箱静置培养，次日更换 1 次培养液，继续培养。如果复苏时细胞密度较高要及时传代。细胞复苏时细胞数可以做适当稀释，接种细胞密度以 $5 \times 10^5$/mL为宜。

### 4.5.3 培养细胞的运输

培养细胞的交流、交换、购买已成为生命科学研究中的一个重要环节。从其他研究室索取细胞时，应注意了解细胞的性状、培养液及培养时的注意事项等详细资料。

装运细胞的方法有两种，一种为冷冻储存运输，即利用特殊容器内盛液氮或干冰冻存，保存效果较好，但较麻烦，且不宜长时间运输，多需空运。另一较简单的方法为充液法，步骤如下。

(1) 选择生长状态良好的细胞，可根据路程时间来选择接种细胞数量，一般以长满 1/3 ~ 1/2 瓶底壁为宜，去掉旧培养液，补充新的培养液到达瓶颈部，保留微量空气，拧紧瓶盖，瓶口用胶带密封。

(2) 妥善包装运送，并用棉花等做防震防压处理。4 ~ 5 d 可以到达目的地者一般放在贴身口袋即可，到达目的地后倒出多余的培养液，仅保留维持细胞生长所需液量。37 ℃培养，次日传代。

如果距离很近。如在同一城市内或数小时路程，也可将细胞附着面朝上，或把培养液全部倒掉放在胸部口袋进行运送。仅靠附着于细胞表面的培养液，可使细胞短时间不致受损。

## 4.6 细胞培养污染的检测和排除

培养细胞的污染概念不仅仅指微生物，而是包括所有混入培养环境中对细胞生存有害的成分和造成细胞不纯的异物，因此，一般包括微生物（真菌、细菌、病毒和支原体）、化学物质（影响细胞生存、非细胞所需的化学成分）及细胞（非同一种的其他细胞）等。其中以微生物污染最多见。另外随着细胞种类增多，不同种细胞交叉污染也时有发生，从而造成细胞不纯。化学物质污染则较少。本节主要介绍有关微生物污染的问题。

### 4.6.1 微生物污染的途径

微生物的污染可通过多种途径发生，但多经以下几种方式。

（1）空气：空气是微生物传播的最主要途径。如果培养操作场地与外界隔离不严或消毒不充分，外界不洁空气很容易侵入造成污染。现各实验室普遍使用净化工作台，可有效防止外界不洁空气的进入。然而，如净化工作台使用过久，滤器不及时更换，很难保证净化工作台内空气洁净程度。工作时不戴口罩或面对操作野大声讲话、咳嗽等使外界气流过强，污染空气也可侵入操作野，造成污染。因此，工作时减少空气流动是防止污染的重要环节。培养设施不能设在通风场所，一般细胞培养室环境中每立方米含菌数不应超过1～5个。

（2）器材：各种培养器皿及器械清洗消毒不彻底，污物残留及培养用液等灭菌不彻底都可以引入有害物质。另外需要注意的是 $CO_2$ 孵箱。由于温箱内湿度大，温度适宜，取存细胞时不慎将培养液漏出，易使细菌、霉菌滋生，而 $CO_2$ 孵箱内是半开放式培养，如不定期消毒，也可形成污染。

（3）操作：实验操作无菌观念不强、动作不准确，使用污染的器具，或封瓶不严时等都可发生污染。培养两种以上细胞时，操作不规范、交叉使用吸管或培养液瓶等有可能导致细胞交叉污染。

（4）血清：有些血清在生产时就已被支原体或病毒等污染，即可成为污染的来源；或是血清在分装过程和添加过程中操作不慎，也可造成污染。

（5）组织样本：原代培养的污染多数来源于组织样本；另一方面手术时使用碘酒消毒，这些混入组织中的碘也可以影响细胞生长。

### 4.6.2 微生物污染对细胞的影响

体外培养的细胞自身没有抵抗污染的能力，而且培养基中加入的抗生素的抗污染作用有限，培养细胞一旦发生污染，多数将无法挽救。一般在细胞受到有害物污染早期或污染程度较轻时，如果能及时发现处理并去除污染物，部分细胞有可能恢复。但是，如果污染物持续存在培养环境中，轻者细胞生长缓慢，分裂相减少，细胞变得粗糙、轮廓增强，胞质出现较多的颗粒状物质；较重的细胞增殖停止，分裂相消失，胞质中出现大量的堆积物，细胞变圆或崩解，从瓶壁脱落。

支原体污染对培养细胞的影响有一定特殊性。污染细胞后，培养液可不发生混浊，多数情况下细胞病理变化轻微或不显著，细微变化也可由于传代、换液而缓解，因此，容易被忽视。个别严重者，可致细胞增殖缓慢，甚至从培养器皿脱落。

支原体多附着于细胞的表面，它们能产生丰富的腺苷酸环化酶，能将无毒的6-甲基嘌呤脱氧核苷转变为对哺乳动物细胞具有毒性的物质。需精氨酸型支原体能急速消耗精氨酸，导致细胞变形。此外支原体尚能影响DNA合成，引起一系列严重后果，如改变细胞染色体核型、增加染色体畸变、抑制PHA促淋巴细胞转化等。有DNA活性的支原体能降低DNA的合成；有的支原体还能与细胞竞争尿嘧啶，影响RNA的合成。建立杂交瘤细胞系时，支原体不仅可能抑制细胞生长，还可能降低细胞融合率。所以，在建立细胞系和进行各种实验研究时，应首先证明所用细胞有无支原体污染。

各类细胞本身对支原体的敏感性和反应亦有差异。一般说来，原代培养和二倍体细胞对支原体耐受性强，染色体多的多倍体和无限细胞系较敏感；支原体对转化细胞和肿瘤细胞似有亲和力。

不同的污染物对细胞的影响也有差别，微生物中支原体和病毒对细胞的形态和机能的影响是长期的、缓慢的和潜在的；而霉菌和细菌繁殖迅速，能在很短时间内压制细胞生长或产生有毒物质杀灭细胞。化学物质污染如重金属或其他化学试剂混入培养液中后，有的毒性较小，如能及时排出，细胞仍可存活，但有些烃化物如多环芳烃等有致突变性，能导致细胞发生转化。

### 4.6.3 微生物污染的检测

#### 4.6.3.1 真菌的污染

真菌的种类很多，污染培养细胞的多为酵母菌、烟曲霉、黑曲霉、毛霉菌、孢子霉、白念珠菌等。酵母菌是最常见的污染真菌，酵母菌形态呈卵形或圆形，菌体透亮，生长速度较慢，散在细胞周边和细胞之间生长，容易被忽略。霉菌污染后多数在培养液中形成白色或浅黄色漂浮物。一般肉眼可见，较易被发现，短期内培养液多不混浊，倒置显微镜下可见在细胞之间有纵横交错穿行的丝状、管状及树枝状菌丝，并悬浮漂荡在培养液中。很多菌丝在高倍镜下可见到有链状排列的菌珠。有时通过显微镜观察可能发现瓶底外面生长的菌丝，不要错当培养瓶内的污染。瓶外的污染物，需及时用酒精棉球擦洗清涂，以防其通过瓶口传入瓶内。

#### 4.6.3.2 细菌污染

细菌的污染较为多见的是大肠杆菌、白色葡萄球菌、假单孢菌等。加入抗生素的培养液一般可预防和排除个别少量细菌的污染。一旦发生细菌污染很易发现，多数情况下培养液短期内颜色变黄，表明有大量酸性物质产生，出现明显混浊现象；有时静置的培养瓶液体看不到有混浊，但稍加振荡，就有很多混浊物漂起。倒置显微镜下观察，可见培养液中有大量圆球状颗粒漂浮，有时在细胞表面和周围有大量细菌存在，细胞生长停止并有中毒表现。必要时可取少量培养液涂片染色检查以证实细菌种类；有的培养液改变不明显而又疑似有污染，亦可取出少量培养液向肉汤细菌培养基内滴加，37 ℃培养可以检测是否污染。

细菌和真菌污染多在传代、换液、加样等开放性操作之后发生，而且由于增生迅速，多在发生污染48 h以内就已明显。因而要在实验的最初2 d密切观察实验样本是否有污染发生，这样可以及时采取措施予以补救或排除。

#### 4.6.3.3 支原体污染

支原体的污染是一个常见而又棘手的

问题。近几年随着实验设备的改善和技术方法的改进，支原体污染的防治有了一定进展。

支原体是一种大小介于细菌和病毒之间（最小直径0.2 μm）、并独立生活的微生物。约有1%可通过滤菌器。支原体无细胞壁，形态呈高度多形性，可为圆形、丝状或梨形。支原体形态多变，在光镜下不易看清内部结构。电镜下观察支原体膜为三层结构，其中央有电子密度大的密集颗粒群或丝状的中心束。支原体多吸附或散在分布于细胞表面和细胞之间。横断面与细胞微绒毛相似，但微绒毛电子密度比支原体小，且中央无颗粒群或中央束。

支原体代谢需固醇类物质，部分种类需要精氨酸、$O_2$ 或葡萄糖，每一种支原体都有自身特点。多数支原体适合于偏碱条件下生存（pH 7.6～8.0）。对酸耐受性差，对热比较敏感，对一般抗生素不敏感。

为确定有无支原体污染可进行如下检测。

（1）相差显微镜检测：

① 直接观察法：将细胞接种于事先放置于培养瓶内的盖玻片上，24 h后取出，用相差油镜观察，支原体呈暗色微小颗粒位于细胞表面和细胞之间，有类似布朗运动的表现。注意：支原体与细胞破碎后溢出的细胞内容物如线粒体等颇为相似，应仔细加以区别。

② 低渗溶胀处理地衣红染色观察法。

**概述**

本法为固定染色法，通过对细胞低渗处理，使细胞体积扩张，细胞膜表面的皱折和结构减少，使附在细胞表面的支原体容易被识别。该方法简便易行，标本可长期保存，不仅适于检测支原体，亦可用于检测真菌和细菌。

**步骤**

① 取材：用盖玻片培养法或培养液均可；用培养液时，先吸取培养液1 mL，500～800 r/min，离心5 min后，去上清，余0.2 mL备用。

②低渗溶胀处理：用新鲜配制的0.5%的枸橼酸溶液，处理盖玻片上的细胞或加入到上述步骤中制备的0.2 mL中（悬液）放置10 min。

③固定：用新配制的Carnoy液固定两次，共10 min，取出盖玻片晾干，如为培养液，则应先离心弃上清固定液，余沉淀物0.2 mL，制成涂片2～3张。

④染色：用2%醋酸地衣红染5 min，染液配法如下：

| | |
|---|---|
| 地衣红 | 2 g |
| 冰醋酸 | 60 mL |
| 加蒸馏水至 | 100 mL |

支原体和细胞被染成紫红色，如染色过深可用75%乙醇脱色。

⑤封片：纯乙醇过3次，每次1 min，封入Euparal或树胶中。镜下观察支原体呈暗紫色小体，附于细胞外或散在于细胞之间。

（2）荧光染色法：荧光染色用能与DNA特异性结合的荧光染料Hoechst 33258，可使支原体内DNA着色，染色后用荧光显微镜观察。具体方法如下：首先将细胞接种盖玻片上，在细胞未长满前取出玻片，用不含酚红的Hanks液漂洗一下，用1∶3醋酸甲醇固定10 min，然后，用生理盐水漂洗，置于用生理盐水配制浓度为50 μg/mL的Hoechst 33258中染色10 min，染色后用蒸馏水洗1～2 min，向细胞面滴加pH 5.5的磷酸缓冲液数滴，然后，置荧光显微镜下观察。镜下支原体为散在于细胞周围或附于细胞膜表面的亮绿色小点。

（3）电镜检查：用扫描电镜方法简便快速，也可以利用透射电镜，具体方法与培养细胞电镜标本制备和观察方法相同，可参考相关章节。

（4）DNA分子杂交检查：按试剂盒说明书进行，检出率高，但方法较复杂。

### 4.6.4 微生物污染的防治

培养细胞的污染一旦明确，多数将无法清除，如果污染的细胞不具有重要价值，一旦发现污染后应尽快弃之，以防污染扩大影响其他细胞。因此，应尽力预防污染的发生。防治的关键在于严格无菌操作，把好每一关口，尽可能禁止其他污染的物品进入培养操作环节。为防止污染和抢救有价值的细胞，目前一般可采用以下措施。

（1）抗生素：平时抗生素主要用来杀灭微生物，而细胞培养工作中采用抗生素多为预防污染，一般多种抗生素联合应用。细胞培养中常用的抗生素及用量见附录Ⅳ。但是，已发生微生物污染后再使用抗生素常常难以根除，有的抗生素对细菌仅有抑制作用，而无杀菌效应，反复应用还会使微生物产生抗药性，而且对细胞生长也有一定影响。因此，有人主张培养液中不加抗生素。但当有价值的细胞遭受污染时，还需用抗生素来抢救，一般为常用量的5～10倍作冲击处理。用药24～48 h后，再换常规培养液，有时在污染早期此法可能奏效。如为霉菌污染可以考虑采用制霉菌素25 μg/mL或酮康唑10 μg/mL对细胞进行处理。

（2）加温处理：根据支原体对热敏感的特点，将受支原体污染的细胞放置在41 ℃作用5～10 h，最长不超过18 h，以杀灭支原体。但是，如此高温度对细胞的生长也有很大影响，因而在实验前应先用少量细胞做试验，以找出最合适的时间和温度，尽可能保证既杀灭支原体又使细胞不致受到太大损伤。

（3）动物体内接种：将已被支原体污染的细胞接种在同种动物的皮下或腹腔，借动物体内的免疫系统消灭支原体。待一定时间后取出细胞，做原代培养再进行繁殖。

还有巨噬细胞吞噬法等对付支原体的方法，但是，方法都较为烦琐，效果不尽如人意。目前，已有能滤除支原体的新型滤膜系统，可以去除受污染培养用液中的支原体，但不能去除附在细胞上的支原体。

### 4.6.5 细胞交叉污染

细胞培养工作中要注意的另一个问题是防止不同细胞间交叉污染。细胞污染和细菌污染不同，细胞污染是由于在培养操作过程中各种细胞同时进行，而所用器具或液体混杂使用所致。这种污染使培养细胞不同种类之间发生混乱，细胞生长特性、形态发生变化，有些变化较轻微、不易察觉，有些则可能由于污染的细胞具有生长优势导致原有细胞的增殖抑制、最终死亡。污染过的细胞由于种类不纯、无法用来进行实验研究。

要有效防止细胞交叉污染的发生应做到以下几点。

（1）在进行多个种类细胞培养操作时，所用器具要严格区分，最好做上标记便于辨别，避免一起使用时发生混乱。对每一种细胞按顺序进行操作。

（2）在进行细胞换液或传代操作时，

注射器和滴管不要触及培养液瓶瓶口，以免把细胞带到培养液瓶中，以防止进行其他细胞培养操作时导致细胞污染。

（3）所有从别处转来的细胞或自己所建的细胞系都要在早期留有充足的冻存储备，一旦怀疑发生细胞交叉污染，可做细胞遗传学方面的鉴定，如发现原有标志性遗传物质发生改变，可以复苏早期冻存细胞使用。

## 4.7 细胞系特征及细胞系间交叉污染的测定

同工酶谱系、表面标记抗原以及核型技术是用来测定一个已知细胞种及细胞种间交叉污染的重要方法。

### 4.7.1 同工酶

用测定 G－6－PD、LDH、NP 同工酶的移动度可证实一个细胞系的种属来源。用同样的方法，也可检测细胞系种内是否有交叉污染。来源于同一种属不同个体的细胞系，对某一特定的酶的表达常是由不同的共显性等位基因控制，其产物具有多型性，用电泳技术可将其分辨出。大多数情况下，这种等位同工酶的表型是稳定的。因此，这种同种异体同工酶的表型可作为该细胞系同种异体同工酶的遗传特征。

在人的细胞系中，有多种同种异体同工酶被用于为细胞鉴定提供可靠的证据，如腺苷酸脱氨酶（ADA）、6－磷酸葡萄糖脱氢酶（G6PD）、脂酶 D（ESD）、葡萄糖磷酸变位酶 1 和 3（PGM－1、PGM－3）等。利用同样方法测定其他同种异体同工酶可提高细胞系鉴定的质量，这些酶包括酸性磷酸酶（ACP－1）、乙二醛酶－1（GLO－1）、苹果酸脱氢酶（ME－2）、α－岩藻糖酶（FUCA）、腺苷酸激酶（AK－1）。有关具体的方法学请参阅相关文献。

多型性同工酶也可用于鼠细胞系和杂合细胞系的鉴定。用于这些细胞系测定细胞种内交叉污染的酶包括：酯酶（Es－1 和 Es－2）、二肽酶 1（DPEP－1）、谷氨酸－草酰乙酸－转氨酸 2（GOT－2）、异柠檬酸脱氢酶 1（依赖 NADP）、NADP－苹果酸酶（NADP－ME）、葡萄糖磷酸异构酶 1（GPI－1）和磷酸葡萄糖变位酶 1 和 2（PGM－1 和 PGM－2）。

### 4.7.2 血型及主要组织相容性抗原的测定

人类细胞的细胞膜表面存在的血型及人白细胞抗原（HLA）是鉴定培养细胞的另一类有关的特征，但在某些情况下，可以造成这类抗原的不表达或部分表达。血型抗原存在于原代培养的正常人上皮细胞，以及连续培养的一些上皮细胞系的细胞表面，检测这类抗原采用测定 HLA 的标准方法。

研究表明，一些血型抗原也可能存在于恶性肿瘤细胞系的细胞表面。但常常由于酶解过程使细胞表面的抗原脱失而出现假阴性，这一问题在测定培养上皮细胞表面血型抗原要注意。但这一简单的方法与其他测定细胞系（种）间污染的方法结合进行，在初步筛选中仍是有用的。

人类主要组织相容性系统包括 HLA 抗原存在于大多数有核细胞表面。这一组织抗原成分是由第 6 号染色体上 5 个紧密相连的共显性等位基因（77 个等位基因）编码形成的，HLA 是迄今所知的最为多态性的人类遗传系统之一。抗原的检测通常用两步法试验，即补体依赖的细胞毒试验及用染色法估计细胞活性的方法。该方法可以很好地应用于测定一些细胞系的类型。但在个别情况下，需要做部分修改，主要的变化是由于兔补体或 HLA 抗血清中存在着非特异性抗体。由于兔血清中存在着天然的人细胞抗体，因此，兔血清是这一反应中所需补体的最好来源。这些抗体与细胞表面的其他抗原相结合能增强抗 HLA 抗体与抗原结合过程中依赖补体的细胞毒作用。这些抗体的特异性与滴度甚至在不同批混合兔血清之间都不相同。这一问题可用以下几种方法来解决：改变培养时间，通过用不同来源和滴度的补体，用人血清稀释兔血清，或用培养细胞吸收兔血清。由于最后的测定结果与抗体及每种细胞表面存在的抗原的相互作用有密切关系，因此，每个细胞系必须单独进行测定。

如果一特殊细胞表面存在 HLA - 同种异体抗原，其测定可用吸附抑制实验证实。在此情况下，细胞吸收血清中特异的 HLA - 同种异体抗原的情况可通过测定吸收后细胞毒效应缺少的程度来判定，为此在吸收前后可用已知 HLA 结构的一组淋巴细胞系来作对照。

### 4.7.3 G 显带技术

染色体分带技术是一种较为确切的鉴定细胞系特征的方法。其中包括经胰蛋白酶、吉姆萨染色处理后进行细胞核型分析的 G 显带技术（或称 Giemsa 显带技术）。Giemsa 染液显色后，每对染色体可显现出带状类型，根据这一技术可识别出染色体的微小变化，如染色体的丢失、易位等。许多细胞系保留多个染色体标志易用此法加以识别，从而可以特异地和确切地鉴别待测细胞。

### 4.7.4 DNA 指纹分析

重组 DNA 技术及克隆化 DNA 探针应用于鉴定和定量分析等位基因多态性，为鉴定细胞系提供了一个合理、简易的确定方法。Jeffreys 利用人基因组串联重复微小卫星区域合成 DNA 探针。这种探针可与经电泳分离、Southern 印迹转移的重复的高变基因的 DNA 片段杂交，经放射自显影显色确定杂交的位置。这种指纹结构具有个体特异性，它已成功地运用于法医对当事人的认定及细胞系鉴定。

DNA 指纹分析的技术步骤包括：细胞 DNA 的抽提、限制性内切酶的消化、琼脂糖凝胶电泳、Southern 印迹转移 DNA 片段至尼龙膜上、放射活性标记的单链 DNA 探针的杂交、放射自显影显示膜上杂交位置。

## 4.8 细胞系组织来源的鉴定

用于鉴定细胞系组织来源的方法有许多种，常用的有超微结构分析，细胞骨架及组织特异性蛋白质的免疫学分析，以及采用任何一种较广泛的组织细胞特异性功能的生化测定。

### 4.8.1 具有特征性标志的超微结构分析

用电镜方法观察到的桥粒、角蛋白纤维一般被认为是上皮组织的特征，而 Weibel - Palade 小体则是内皮细胞的特点。朗格罕小岛细胞可通过其分泌的特殊颗粒而从形态学上进行鉴定。具体方法请参照培养细胞电镜观察方法。

### 4.8.2 免疫学试验测定细胞骨架蛋白

细胞质内的中间丝蛋白质（IF）是组成细胞骨架的必要成分，它也是鉴定细胞特性的指标之一。至少5个亚组的丝状蛋白质的形态学、多肽组成的免疫学特征已被详细研究。这类蛋白质的分布具有组织类型的特异性。大多数组织的上皮细胞含有细胞角蛋白，间质细胞含有波形丝蛋白（vimentin，一种中间纤维成分），结蛋白（desmin）主要分布于肌细胞内，神经丝蛋白存在于神经元中，神经胶质纤丝酸性蛋白质存在于神经胶质细胞。

测定中间丝骨架蛋白质的方法有电镜、直接及间接免疫荧光染色法、免疫组化。具体方法详见培养细胞免疫组化染色技术相关章节。

### 4.8.3 组织特异性抗原的鉴定

目前已有许多关于组织或肿瘤特异性抗原分离和性质鉴定方面的报道。由于各实验室及所用细胞系及组织的不同，测定方面有一定的差异，在此仅介绍少数例子。

Ceriani及其同事报道，正常人体乳腺细胞及癌变乳腺细胞存在乳腺特异性抗原。他们用去脂人奶的样本免疫家兔，用人红细胞吸收抗血清中的种属特异性抗体后，间接免疫荧光试验证明，抗血清中的抗体可特异性地结合于正常人乳腺细胞和乳腺癌细胞系的细胞上，放射免疫试验可定量测出细胞上所结合的抗体数量，7种乳腺肿瘤细胞系及原代培养的乳腺上皮细胞结合抗体的能力至少是胸部纤维细胞及其他来源的上皮细胞能力的10～40倍。MCF－7或MDA－MB－157经胰蛋白酶消化后其结合抗体的能力减小80%～85%，说明乳腺特异性抗原是存在于细胞的表面。

Chu等人研究出从人体精液及前列腺组织中分离、纯化及定量分析前列腺抗原（PA）的方法，包括经硫酸铵粗提沉淀物，经溶解、透析，然后经层析柱（如DEAE和sephadex）进一步纯化，分子量在26 000～37 000的PA，经超滤作用，浓缩最后的制剂免疫家兔。制备的血清与前列腺组织粗提物在免疫扩散试验中呈单一反应，与其他组织来源的样本无交叉反应。用酶联免疫分析PA所进行的定量研究表明，来源于人前列腺癌的细胞LNCaP和PC－3表达前列腺抗原。相反，其他组织来源的细胞系则不表达PA。

一些实验室已经分离和鉴定出经杂交瘤细胞所产生的单克隆抗体，具有较高的组织特异性。用杂交瘤细胞产生的单克隆抗体来区分人类B细胞、T细胞及T细胞亚群的方法也已有报到，有关试剂盒及试剂已成为商品。由于单克隆试剂盒的使用范围很广泛，未来鉴定来源于不同组织的细胞特性的试剂盒将可供实验室使用，而且有可能代替目前普遍采用的异种抗血清。

### 4.8.4 细胞特殊功能的生化检查方法

许多细胞系和细胞株由于存在特异的合成功能或代谢途径，因而可用此来确证其来源的组织。如GH2细胞株，取自于脑垂体肿瘤，能释放生长激素到培养基中，并在重新接种到正常或垂体切除动物后能促进宿主的生长。来源于莱迪希细胞（间质细胞）瘤H10119，其在BALB/c小鼠体内维持生长，培养条件下这种细胞主要分泌黄体酮及其衍生物20－α－羟基－

4-孕烯-3-酮等甾族化合物。它们对促黄体生成激素无反应。但对cAMP的刺激则有反应。培养的鼠M-33和Y-1细胞株分别分离于一种clondman S91黑色素瘤以及肾上腺肿瘤。M-33细胞株如重新接种至适宜的宿主体内（如CXDBA动物）可导致黑色素瘤，而Y-1肾上腺细胞株则释放类固醇激素，而且对ACTH有反应。

### 4.8.5 细胞来源及特征数据的计算机化

目前，许多细胞系均保存在世界各地的细胞库及私人实验室中。多数情况下有关这些细胞系能否获得，及其特性等信息都未曾进行广泛的交流，对于杂交瘤细胞尤其如此，其原因在于这一新技术开发的重要性，以及每次融合所产生的杂交瘤细胞具有许多潜在的特征。

对于一个研究机构要进行库存、特性鉴定、分类及分发已有细胞系及杂交瘤细胞提供给其他机构，这一任务是很艰难的，也是不可能完成的。因此，许多科学家及组织建议发展含有全部细胞系信息的计算机信息库。这种细胞来源信息库（CSIB）的作用相当于各种特化的细胞系和杂交瘤细胞的信息情报交换所，不提供细胞也不签发证明文件。大多数情况下可直接自参加CSIB的科学家或实验室处去获得这些细胞及文件。

细胞系数据库（cell line database）也是近来才兴起的，它们的数量以及发展规模依据各机构投入资金的多少和需求的不同而有不同的计划。美国标准细胞库（ATCC）1977年大力支持此项计划，到目前已贮有17 000种动物细胞系或株的来源信息，而且大多数已进行分类。有关这些数据信息可通过DIAICOM进行国际的查询。

其他国立细胞库包括设立于美国新泽西，Camden，Coriell医学研究中心的Human Genetic Mutant Cell Repository；由Public Health Laboratory Service，Porton Down，Salisbury，UK资助的European Collection of Animal Cell Cultures。日本东京用于癌症研究的，设立于National Institute of Hygiene Services的细胞库，也提供他们收集的细胞信息及特殊细胞培养的信息。

## 4.9 微囊化细胞培养

### 4.9.1 概　述

微胶囊是利用天然或合成的高分子材料对固体、液体或气体进行包封的、粒径5~1 000 μm的中空微囊，制备微胶囊的过程称为微囊化。微囊化技术的主要特点是改变活性物质的理化性质（相态、溶解度等），保护物质免受环境条件的影响，屏蔽味道、颜色和气味，降低物质毒性，控制释放活性物质等等。微胶囊一般由一层薄膜和囊芯物质组成。组成薄膜的材料称为囊材，组成囊芯物的材料称为芯材。

包封细胞、蛋白质、核酸等生物活性物质的微胶囊称为生物微胶囊，其典型特征是通过一层半透性微囊膜屏蔽囊内包封物质与外界环境直接接触，但外环境营养物、囊内细胞代谢物及治疗性药物可以通过膜扩散，达到培养、催化、免疫隔离、基因运载、药物释放等目的。作为一种极有前途的载体，微胶囊已被用于动物细胞培养、细胞和酶的固定化、生化药物控制释放、抗癌药物筛选、人工器官及基因运

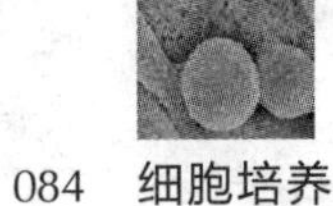



载工具等生物医学领域。

T. M. Chang 首先提出了采用微囊化技术创建生物人工器官的设想。利用微胶囊包裹具有特定功能的组织或细胞，通过微胶囊的选择渗透性膜对组织或细胞进行免疫保护，可以在无须免疫抑制剂的条件下进行同种异体或异种移植，补充患者体内缺乏的生理活性物质，从而达到治疗疾病的目的。借助微囊化技术有可能实现异种组织、器官移植。目前，细胞微囊化技术在生物医学领域的研究主要集中在：①微囊化胰岛治疗糖尿病；②在急性肝衰竭情况下，微囊化肝细胞提供足够的暂时性代谢支持，以使肝脏自发性再生；③在不可逆肝损伤情况下，微囊化肝细胞可作为肝脏移植前的过渡治疗；④微囊化多巴胺分泌细胞系治疗帕金森氏病；⑤微囊化基因工程细胞治疗肿瘤等。

微胶囊的免疫隔离原理是（图 4－7）：微胶囊的囊膜具有选择透过特性，它允许低分子量溶质（营养物、代谢物、生长因子等）自由通过囊膜，保证囊内细胞存活及正常生理功能；允许囊内移植组织或细胞的小分子治疗因子（如胰岛素、多巴胺）释出囊外，对病变机体进行治疗和调节；阻止宿主免疫细胞（淋巴细胞、巨噬细胞等）和免疫分子（免疫球蛋白、抗体、补体等）通过囊膜，避免宿主对移植组织或细胞的免疫排斥作用。例如，Lim 和 Sun 发明的海藻酸钠（alginate）——多聚赖氨酸（polylysine）——海藻酸钠微胶囊（APA）的囊膜可截留分子量大于 $11 \times 10^4$ u的物质，故分子量为 $16 \times 10^4$ u 左右的抗体及免疫活性细胞不能进入微胶囊，实现了微胶囊对细胞的免疫保护作用。微囊化异种胰岛可以在宿主体内存活并保持26 个月的降血糖功能。

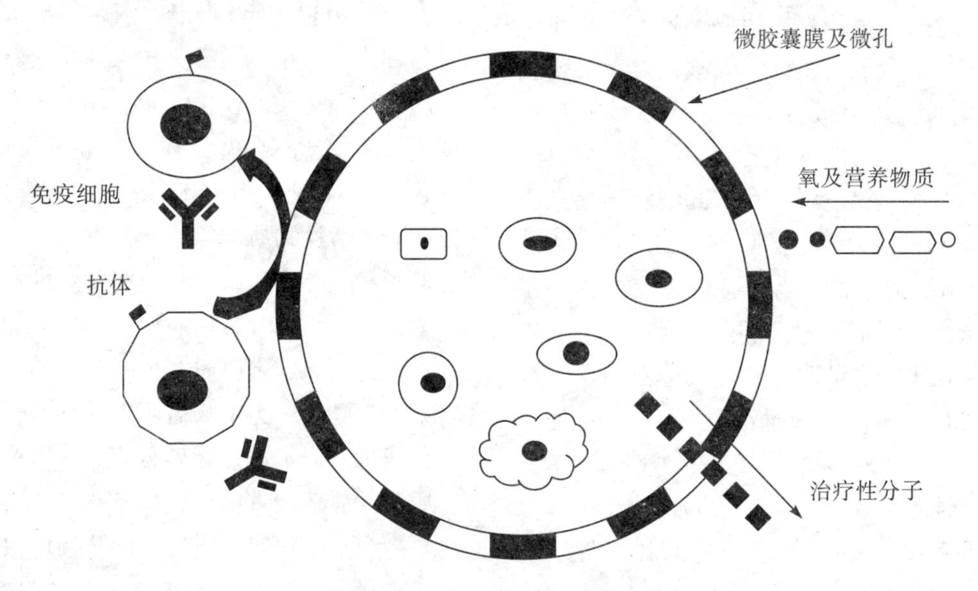


**图 4－7　微胶囊免疫隔离原理示意图**

作为细胞移植的有效免疫隔离工具，微胶囊的主要优点是：①微胶囊制备过程简便；②微胶囊无效腔体积小，有利于氧和营养物的供应，有利于囊内细胞对宿主体内葡萄糖等调节因素快速反应；③减少移植物的体积；④虽然微囊膜很薄，但其机械强度很高，不易破裂，不会造成移植组织或细胞的泄漏；⑤微胶囊材料无毒，生物相容性好，免疫原性小，不易引起宿主免疫反应；⑥微囊膜的相对分子质量截留性能好，具有免疫隔离和免疫保护作用。

微囊化细胞培养有一些明显突出的优点。首先，细胞能生长和维持在小体积的培养液中，这使培养液中的分泌产物变浓，简化了生物工程的下游加工。其次，培养液易于迅速改变，且无分离细胞与培养液的困难。最后，微囊固定化细胞较少暴露于物理损伤环境。培养液中的水和营养物质可透过半透膜进入微囊内供应给细胞，细胞的代谢物也可透过半透膜被排出，而细胞分泌的大分子物质则被阻留而积累于囊内。当培养一段时间后，在细胞密度达到 $11 \times 10^7$/mL 时即可分离收集微囊，最后，破开微囊就能获得高度纯化的大分子产物。据报道，用该技术生产单克隆抗体，微囊中单抗浓度很高，可达2.5 g/L，且无其他杂蛋白。目前，微囊工艺已用于生产以克为单位计算的单克隆抗体。高表达有工业价值蛋白质的重组细胞近年来亦更多地用微囊化培养。

### 4.9.2 细胞微胶囊的制备材料

目前，常用的微胶囊材料主要有天然、半合成和合成高分子三大类、数十种。

天然材料一般无毒、免疫原性低、生物相容性好、生物降解性能好且产物无毒副作用，是最常用的组织/细胞移植微胶囊制备材料。代表性材料为海藻酸钠、壳聚糖、明胶、琼脂、阿拉伯胶等。

半合成材料以纤维素衍生物为主，具有毒性小、黏度大、成膜性能良好的特点，但易于水解，稳定性稍差。常用材料为邻苯二甲酸醋酸纤维素（CAP）、羧甲基纤维素钠（CMC - Na）、乙基纤维素（EC）、羟丙基甲基纤维素（HPMC）等。

合成材料化学稳定性高、成膜性能优良。最具代表性的是多聚赖氨酸、聚丙烯酸及其衍生物、聚乙二醇、聚酯等。将天然材料与合成高分子混合作为微胶囊材料，既可弥补天然材料强度上的不足，又可弥补合成材料生物相容性较差的缺点。

### 4.9.3 细胞微胶囊的制备方法

自 T. M. Chang 于 1957 年首次报道了乳化、喷雾干燥和静电法三种微胶囊制备方法以来，微胶囊制备的新方法、新技术的发明与改进一直是众多研究者的努力方向之一。目前已形成化学法、物理化学法和物理法三大类多种制备方法。但对于活细胞的微囊化多采用物理化学反应比较温和的方法，这样才能在微囊化过程中最大限度保持包裹细胞的活性。下面分别对各种细胞微囊化方法进行介绍。

#### 4.9.3.1 聚电解质络合制备法

带相反电荷聚合物的反应是在活细胞周围形成物理性膜屏障的最简单的方法。由于采用水溶性荷电聚合物，因此更利于制备和发展含水包囊系统，这种系统对微囊化细胞具有良好的生物相容性。

##### 4.9.3.1.1 海藻酸钠、多聚赖氨酸和壳聚糖微胶囊制备法

**概述**

聚阴离子海藻酸钠（alginate，Alg）与聚阳离子多聚赖氨酸（po1ylysine，PLL）复合物已被广泛用于各种细胞表型的微囊化，对海藻酸钠 - 阳离子多聚赖氨酸 - 海

藻酸钠（alginate - polylysine - alginate，APA）微囊化系统的大量研究证明了哺乳动物细胞微囊化的可行性。近年来，鉴于壳聚糖具有优良的生物相容性和生物可降解性，再加上其非常独特的价格优势，海藻酸钠 - 壳聚糖 - 海藻酸钠（alginate - chitosan - alginate，ACA）微胶囊包埋细胞的研究日益增多。最具代表性 APA 或 ACA 微胶囊的制备工艺如下。

**用品**

（1）海藻酸钠溶液、多聚赖氨酸或壳聚糖、$CaCl_2$，细胞培养试剂和用品。

（2）注射器泵、液滴发生器。

**步骤**

（1）将海藻酸钠制成 1% ~3% NaCl 溶液，过 0.22 μm 微孔滤膜除菌，备用。

（2）消化收集需要微囊化的细胞，细胞悬液离心（1 000 r/min）获得细胞，生理盐水清洗 3 次。

（3）将细胞悬浮于海藻酸钠溶液中，细胞数量需达到 $1\times10^5$ ~ $1\times10^6$/mL，在漩涡振荡器上振荡 60 s，使细胞与海藻酸钠溶液充分混合后，将混合液吸入注射器中，排空气泡，安装在注射器泵上，在高压静电场的作用下，形成粒径在 300 ~ 500 μm 的海藻酸钠液滴，滴入 100 mmol/L $CaCl_2$溶液中发生凝胶化反应，固化 5 ~ 30 min（根据胶珠大小决定时间）后形成海藻酸钙凝胶珠（图 4 - 8）。

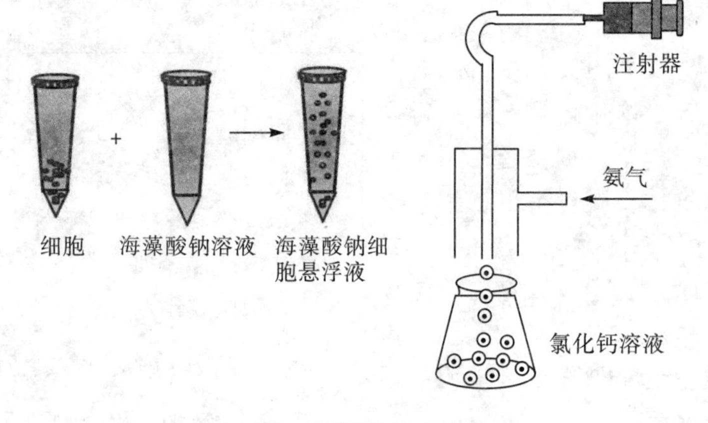


图 4 - 8　微胶囊制备示意图

（4）海藻酸钙凝胶珠与 0.5 g/L 多聚赖氨酸溶液（体积比 =1∶5 ~ 1∶8）或与 1.5% chitosan（壳聚糖）成膜反应 10 min，在胶珠表面形成 Alg - PLL 或 Alg - chitosan 复合膜，制成多聚赖氨酸微胶囊膜或壳聚糖微胶囊膜。生理盐水清洗 3 次。

（5）多聚赖氨酸微胶囊膜再与 1.5 g/L 海藻酸钠溶液（体积比 =1∶5 ~ 1∶8）中和反应 10 min，制成 APA 微胶囊，或壳聚糖微胶囊膜再与 1.5 g/L 海藻酸钠溶液中和反应 10 min，制成 ACA 微胶囊。囊膜形成后，其表面存在净正电荷，移植过程中易引起宿主免疫细胞附着，引发炎症反应和纤维化反应。通常将胶囊悬浮在 0.16% 海藻酸钠或其他带负电荷的溶液中，除去胶囊表面过剩的正电荷，改善胶囊的寿命和生物相容性。生理盐水清洗 3 次。

（6）将制备好的 APA 或 ACA 微胶囊

用55 mmol/L 柠檬酸钠溶液液化（体积比 =1∶5 ~1∶8），反应6 min，对囊核海藻酸钙中的 $Ca^{2+}$ 进行置换，形成囊心为液体状态的 APA 或 ACA 微胶囊。生理盐水清洗3次。

(7) 最后将制备好的微囊化细胞移入盛有培养液的培养瓶中培养。

4.9.3.1.2 琼脂囊心微胶囊制备法

琼脂具有温敏溶解特性，可用来包封哺乳动物细胞。通过挤压或简单的水包油分散工艺，可将琼脂/细胞悬浮液转变成液态微胶珠，再通过降低温度使之硬化。实验表明，这种没有选择渗透屏障的均相琼脂层足以包封细胞。这种工艺的缺点是微胶囊易形成细胞突起物，但可以通过再次涂层而消除。通过生成较致密的胶珠（例如，将琼脂浓度从5%提高到7.5% ~10%）或在胶珠周围引入一层选择渗透性屏障，可以改进微囊化移植物在体内的存活性。这种选择渗透性屏障由带相反电荷的聚电解质组成，即由聚苯乙烯磺酸（PSSA）、聚凝胺（polybrene）或羧甲基纤维素（CMC）组成。PSSA 的功能是阻止异源抗体暴露在宿主免疫系统中，改进微胶囊强度并可能阻止代偿性活化。聚凝胺目的在于防止 PSSA 从胶珠中泄漏。CMC 可以改进微胶囊的体内生物相容性（即防止纤维增生）。与粒径小于0.5 mm的经典琼脂微胶囊不同，Jain 等将琼脂/细胞混悬液液滴加到无菌矿物油中制备了直径6 ~8 mm 的琼脂胶珠。在胰岛的异种移植物模型中，它们不仅能够维持微囊化细胞的体内活性，还可有效恢复正常血糖。这种较大的胶囊在大规模制备和回收方面具有明显优势。

4.9.3.1.3 合成聚电解质微胶囊制备法

为了改进微胶囊强度并更好地控制微胶囊特性，除 APA 微囊化系统外，还开发了其他一些天然和合成的聚电解质系统。所用的合成聚合物包括阴离子丙烯酸/甲基丙烯酸、阳离子二甲基氨基乙基甲基丙烯酸酯/二乙基氨基乙基丙烯酸酯、甲基丙烯酸酯等。用这类材料制备微胶囊的基本工艺路线是：将荷电聚合物溶液的细胞悬浮液挤压成液滴，并滴入带相反电荷聚合物的水溶液中完成微囊化过程。

在将合成聚电解质系统用于细胞微囊化的研究中，发现合成聚电解质一般毒性较强，但其毒性依赖于分子量，并且当凝聚复合后毒性还能降低，表明略有毒性的合成聚电解质也可能用于细胞微囊化。采用排列组合方法筛选了1 235 种聚电解质复合物，发现其中47 种能生成相当稳定的微胶囊。对6种聚阴离子和6种聚阳离子复合物的组合只生成了一种组合物（高黏度羧甲基纤维素/硫酸软骨素 A - 壳聚糖），它具有与 APA 等价的通透性和机械强度。

目前，合成聚合物制备微胶囊存在如下问题：①所采用的某些聚电解质有严重的细胞毒性；②聚合物性质与微胶囊制备之间存在复杂关系；③最突出的是，这类材料制备的胶囊不是球形。在体外研究中，尽管某些合成聚电解质复合物比 APA 微胶囊性能优越，但体内移植研究还有许多问题尚待解决。

**4.9.3.2 界面相转化微胶囊制备法**

Sefton 等发展了一种界面沉淀工艺，可用于在非水溶性的、热塑性聚合物中包封哺乳动物细胞。微囊化可以通过以下步骤完成：首先将细胞悬液挤压形成液核，

再用聚合物包围液滴以形成液壳，抽提聚合物溶剂使液壳固化。这种液态的核－壳液滴可通过同轴挤压装置生成，这种装置依赖于流体剪切以从液相生成单个的液滴。最初是采用空气流剪切液滴。为了改善液滴的均一性以及减少气流剪切对细胞的破坏，在液－空气界面采用了一种震荡挤压装置用于液滴的生成。用这种方法可生成直径 900 μm 的均一胶囊。

由于采用了非水溶性聚合物，在微胶囊制备中存在有机溶剂对细胞的毒性问题。针对这一问题，可以设计减小细胞活性损失的工艺过程。在液滴挤压过程中，当一种黏度/密度增强剂加入 CHO 的细胞悬浮液中时，细胞活性的理论值可从 25% 增加到 50%。另一个需要解决的问题是微胶囊中溶剂的长期滞留。当微囊表面溶剂被抽提后，相转化导致固化胶囊膜的形成，这使胶囊内部的少量溶剂难以向外扩散，造成胶囊内部较高的局部溶剂浓度。在聚合物溶剂中，早期采用的是相对无毒的 PEG－200。最近，Morikawa 等建议采用 Iopamidol 作为细胞相容性聚合物溶剂，37% lopamidol 的水溶液能够溶解聚丙烯酸酯，从而使非水溶性聚合物在含水系统中包封哺乳动物细胞成为可能。

在界面沉淀工艺中，羟乙基甲基丙烯酸酯/甲基丙烯酸酯（75:25）是具有最优亲水（即通透性）－疏水（即机械强度）平衡的候选聚合物。这种聚合物已成功地用于各种细胞的微囊化，最近的研究显示，这种微囊化系统可支持 PC－12 细胞大脑移植用于多巴胺的投递。

#### 4.9.3.3 共形包衣微胶囊制备法

共形包衣是细胞微囊化的一个特例，这是在小的细胞群或小组织块上直接形成屏障的方法。这种方法通过囊膜包围细胞群而消除了微胶囊的无效腔，因而有效改善了胶囊表面和细胞群之间的物量传递，并提高了细胞的包封效率。物量传递的改善不仅对细胞存活很重要，而且对细胞产生的治疗性药物的快速投递也很重要。

共形包衣技术不适于单细胞，因为这将造成大的膜材料：细胞群比，但是对于具有较大体积的细胞簇来说却是理想的。

A1g－PLL 共形包衣技术包括采用非连续梯度的海藻酸钠及交联剂（$Ca^{2+}$ 或 $Ba^{2+}$）对胰岛进行离心。若有必要，可再增加 PLL。包衣步骤与经典的 A1g－PLL 微囊化技术形成的膜厚度相似，用海藻酸钡包衣形成的膜厚度约为 10 μm。共形包衣胰岛的胰岛素分泌动力学与游离胰岛相似。在共形包衣技术的改进研究中，May 和 Sefton 使胰腺胰岛在离心过程中通过聚丙烯酸酯的 PEG－200 溶液，随后再通过水相，使聚合物在胰岛周围沉淀。Sawhney 报道了一种在胰腺胰岛周围共形聚合形成聚乙烯醇膜的界面聚合工艺。这种工艺在水相中进行，通过吸附在细胞表面的光引发剂在胰岛表面引发聚合，并有 PEG－丙烯酸酯单体在共形膜中的自由基聚合反应的参与。所形成的共形膜是均相膜，厚度为 10～100 μm。对光引发剂的选择极其重要，它不仅应具有一定与细胞膜相关的疏水性，还不会过度吸附以干扰细胞膜的自身结构。目前，还没有对膜通透性详细研究的报道，但是包衣胰岛的刺激指数（即与对照条件相比，胰岛在刺激条件下胰岛素的分泌比率）等价于游离胰岛的刺激指数，表明较小的分子可以通过 PEG 共形包衣膜自由传递。

上述多种微囊化细胞制备方法，目前以APA、ACA两种微胶囊最为常用。细胞微囊化以后即可以采用普通细胞培养方法进行体外培养研究，也可以植入动物体内进行体内移植生长观察，在生长一定时间后还可以从动物体内移植部位回收微胶囊进行研究。

## 4.10 三维细胞培养技术

### 4.10.1 三维培养技术的概述

三维细胞培养技术（three - dimensional cell culture，TDCC）是指将具有三维结构不同材料的载体与各种不同种类的细胞在体外共同培养，使细胞能够在载体的三维立体空间结构中迁移、生长，构成三维的细胞 - 载体复合物。所创建的细胞生长环境，最大限度地模拟了体内环境。

虽然二维培养模式已经在世界各地的成千上万个实验室里作为细胞培养的常规方法应用了数十年之久。但近年来，随着组织工程和再生医学的发展以及传统的二维培养并不能很好地满足大规模的细胞应用需要和进行组织器官的发育生理学方面的研究，细胞培养技术也已经逐步地从二维培养发展到三维培养。

三维细胞培养技术模拟正常细胞生长环境、复制复杂的组织结构和体内形态分化等细胞活动和细胞间反应、预测病程、高通量药物筛选实验、肿瘤球体检测、器官再生研究、胚胎干细胞（ES）和诱导式多能性干细胞（iPS）的扩张和分化等。三维细胞培养法可改变细胞的形态及蛋白产物。Benya等研究发现2D培养出的扁平状兔关节软骨细胞转入3D培养后，有80%的细胞恢复了原本的球状，在2D培养下出现的I型胶原和蛋白多糖异常分泌也恢复了正常。此外，3D培养法可改变2D培养下的基因表达。细胞的三维培养技术完全符合细胞科学的发展方向，强调并重视多技术的应用和多学科的协作。目前，为了更好地控制细胞培养过程中氧气和营养物质的供给以及代谢产物的及时排除，生物反应器以及生物活性支架材料是三维培养细胞的关键。鉴于三维培养系统日趋成熟以及其与人和动物的生理学研究方面的密切关系，使得设计和实现细胞间的共培养变得可能，并可以整合利用干细胞，从而更好地促进医学的发展。三维培养系统应用广泛，从组织工程到包括药物研究的临床试验都可应用。

### 4.10.2 三维细胞培养技术的发展历史

自从40多年前真核细胞体外培养技术发明以来，由聚苯乙烯或是玻璃制作而来的支撑细胞生长的培养器皿已经为数以万计的实验提供了很好的二维培养细胞的平台。但是，动物体内复杂的生理学过程如何通过二维培养的单细胞层来准确再现并加以研究呢？显然，将细胞培养在由聚苯乙烯或是玻璃制成的二维培养器皿上并不能够精确地反映活体组织中细胞外基质的作用。因此，二维培养时许多复杂的生物学过程，如受体的表达、转录过程、细胞迁移以及细胞凋亡等都表现出与其来源的器官和组织完全不同。一个正常的细胞从分裂、增殖、迁移到凋亡的整个过程是受一系列复杂的内在因子精密控制的。二维培养模式太过于简单，忽略了许多对细胞生理过程非常重要的因素。这些因素包括机械压力刺激、细胞间以及细胞和细胞外基质间的相互作用。甚至二维培养对许多细胞内的作用也不能很清楚的阐释。为了解决上述二维细胞培养过程中存在的问题，更好地再现器官发育过程中的周围立体环境对细胞的作用，最大限度地模仿正常组织的发育和生长过程，三维培养模式由此而生。然而，伴随而来的则是要处理好支架材料、细胞来源以及相关细胞培养方法的选择与协调。

三维培养模式包括传统的组织块培养法、微载体培养法和组织工程模型等。并不是所有的三维培养模式都需要生物支架材料，支架材料的应用也是在过去的数十年间慢慢多了起来。目前利用上皮细胞来构建细胞膜片的方法研究也比较广泛。例如从人皮肤和黏膜中分离培养角化细胞，然后，将这些细胞接种培养在胶原胶、人工合成高分子材料以及去细胞的人表皮基质上。Feinburg 团队利用人皮肤和口腔黏膜细胞，培养在人表皮基质上，可以很好地形成人工组织唇；而且，人表皮基质也已经用于临床上黏膜缺损的修复治疗等。三维培养的一个很重要的优势就是他们可以维持和保存许多细胞外基质成分如胶原（如Ⅳ型胶原）和蛋白等。基质中这些蛋白的保留可以显著增强移植细胞的黏附和增殖。

## 4.10.3 三维细胞培养技术的分类

### 4.10.3.1 需要支架类

主要是在三维空间内构建供细胞附着和生长的类似脚手架的多孔结构，细胞依附于支架进行三维生长和迁移，目前主要的支架材料为凝胶材料。

2D 细胞培养的优势在于每个细胞均在同一平面生长，因此，每个细胞均享有同样的气体交换、营养供应及杂质清除。细胞易于检测、观察及收集。然而，3D 细胞由于细胞间距及深度参差不齐，不利于常规显微镜的检测和观察，此外，3D 培养下细胞也不能保证每个细胞均处于同一环境下生长。Alexander 等将 2D 培养法易于观察和检测的优势及 3D 培养法良好微环境的优势结合在一起，设计了联合丙烯酸树脂（PAA）和琼脂糖凝胶作为支架的培养方法，该方法将每个 HEK－293 细胞包裹在琼脂糖凝胶中，固定于同一层，这种方法不仅保证细胞不接触器械底部，还可保证每个细胞独立不接触，从而避免因细胞黏附作用而团集成块。该培养方法的细胞倍增时间与 2D 培养法相同，克隆的细胞可用显微操纵的玻璃毛细管独立分离出来，利于后期提取和处理。通过调节 PAA 成分中丙烯酰胺和双丙烯酰胺的浓度比例来调节细胞在凝胶中的深度，影响细胞生理学特性。由于将细胞固定在同一层，因此，易于观察和检测。当前用于 3D 培养的人工或天然基质，只要可以固定细胞，均可替代琼脂糖凝胶，也可以向该凝胶中加入某种细胞所需要的必要成分，如 ECM。细胞在固化 3 d 后，其密度、形态学均未发生改变，当投入研究时，可不必考虑细胞间黏附性所带来的影响。因此，该技术培养下的细胞可用于长期研究及细胞间动力学。

### 4.10.3.2 不需要支架类

主要是通过物理方法使贴壁细胞悬浮于培养基中以达到三维培养的目的，目前，主要的技术有微载体、磁悬浮、悬滴板和磁性三维生物印刷等技术。

4.10.3.2.1 胶原及人工合成聚合物

去细胞的胞外基质（dECM）现已成功用于组织工程支架中，胶原纳米纤维是dECM的主要组成成分。Li等将人工合成聚合物（PCL－BNF）纳米纤维成功模拟dECM中的胶原纤维的作用，并用于组织工程支架。常规的纳米纤维促进细胞分化的作用较大，然而促进增殖的作用却微乎其微。

支架的化学结构、生物功能、力学及结构都是决定细胞对支架反应的重要因素，Girish等研究发现支架的结构可决定细胞形态，每种支架纺织方法（SL，GF，GFPS，FFF）所制造出的支架结构都可诱导出不同基因表达的骨髓间充质细胞，从而诱导出不同的细胞表型。

4.10.3.2.2 悬滴板

很多科学家不喜欢用支架，而是喜欢将细胞悬浮在溶液中，迫使细胞自动变为球状，这些细胞相互黏附，但并不触及塑料底面。通常使用的方法是用移液管将液滴移到有盖培养皿的盖的下方，当盖子置于培养皿上时，细胞就处在了液滴的下方。这种方法的缺点在于换培养液时必须将液滴弹下来并收集起来，这时液体就很容易扩散、融合及蒸发。Tung等设计了一个特别的板子，该板子的顶部有很多孔，可以将液滴种在每个孔的顶部，以便收集，在研究抗肿瘤药物5－FU作用中，相比2D培养法，其具有更好的抗增殖作用。该方法多于研究肿瘤细胞趋化因子。

4.10.3.2.3 磁悬浮法

磁悬浮法是将称作纳米梭的氧化铁纳米粒子置于细胞中，然后，在培养皿中放置一块磁铁，依靠磁力将细胞悬浮，并将细胞变成球状或其他形状，这种磁力又被称为看不见的支架。Hamsa等用磁悬浮法成功模拟了异构乳腺肿瘤在体内的微环境，并在24 h内成功成瘤，不仅可以控制肿瘤的成分，还可控制其密度。磁悬浮法常用于控制细胞形态，构建宏观结构的实验。

4.10.3.2.4 微重力法

微重力法模拟一小片组织，血液流动在其中。每个流动单位固定在96孔板的3个相邻的孔中，细胞置于中间的孔，浸润在凝胶中，环绕着被称为仿造上皮屏障的硅凝胶膜。旋转细胞培养系统（rotary cell culture system，RCCS）是一种颠覆传统的三度空间微重力培养系统。其利用培养盘或培养管柱进行培养，将培养液、细胞或组织一起加入培养盘或培养管柱中，并去除所有气泡。培养盘或培养管柱安装于旋转马达的基座上，内部组织、细胞或细胞团块因旋转切线力量及重力双重影响下而保持悬浮状态。随着细胞或组织成长，旋转速度可做调整，细胞形成团块之后，必须提高转速使其不会沉降而碰触底部。旋转的目的是要让所有细胞均匀交换养分和气体，并且细胞和细胞之间可有足够的接触，有利于细胞聚集。生长其中的细胞或组织是以自由落体的状态悬浮，没有搅拌器、气泡等破坏性压力，故组织在培养液中得以自由降落、翻转并与培养液充分混合，其容器内各方向的力量达到平衡，所以细胞/组织不会受到单一方向的力量影响，可朝任意方向均匀生长，是市面上唯一可使细胞自由生长分化，增加细胞增殖速率，减少细胞死亡和有效增加细胞产物分泌的系统。相比其他的三维细胞培养系统，Synthecon的RCCS系统可以克服长期困扰三维细胞培养的内生（ingrowth）不

足的限制，从而可以真正用来培养工程组织（engineered tissue），使之用于药物、医学研究及再生医学、细胞疗法。Caterina等研究发现，相比2D培养法，RCCS法培养的细胞可增加特异性分化标记物的表达。

### 4.10.4 三维细胞培养中涉及的生物支架材料

随着三维培养模式的体积大小和复杂性的增加，对支架材料的依赖也愈加明显。细胞聚集体需要充足的氧气和营养物质的供给，以及也要适时地排除代谢废物。此外，当聚集体的厚度达到1～2 mm之后，外在的氧气和营养物质就很难通过扩散的方式进入聚集体的内部，这样就会出现内部中心区域的营养缺乏而发生液化坏死。因此，支架材料不仅要具有能够产生有利于支撑细胞黏附、生长和分化的细胞外基质微环境的能力，其理化性能也要满足细胞在支架内可以自由穿行，而且降解产物也不能有生物学毒性或引起免疫排斥反应。可以选用的支架材料来源有金属、玻璃、聚合物和陶瓷等。其中，聚合物支架材料由于可以在其加工过程中，调控其理化性能，也可以与天然材料联合应用等优点，已广泛用于组织工程中。常用的材料有聚乙醇酸（PGA）、聚乳酸（PLA）、壳聚糖和胶原等，目前，有实验证明了富血小板纤维蛋白（platelet rich－fibrin，PRF）不仅可以作为生长因子来源促进组织再生和修复，还可以作为生物支架材料为细胞提供机械支撑，从而有利于细胞的黏附和生长（图4－9）。

使用支架材料的目的是为了能够仿生性地构建细胞实现功能化作用的细胞外基质微环境。因此，当选择和合成支架材料时，应从宏观、微观和纳米级三个方面考虑。材料的宏观结构决定着其大小、形状等。例如，当支架材料是为了应用于临床时，材料的外形应当与缺损部位基本一致。微观结构则是指材料的内部空间结构，包括空隙大小、孔隙率等。空隙大小决定了细胞能否从材料外部爬行入材料内部和能否黏附在材料表面和内部；而孔隙率则对氧气和营养物质的运输以及代谢产物的排出有直接的影响。而且，孔隙率和空隙大小也与材料的机械强度有关。纳米级特征则决定着细胞与细胞以及细胞和支架的相互作用，尤其是细胞间受体配体的相互作用。

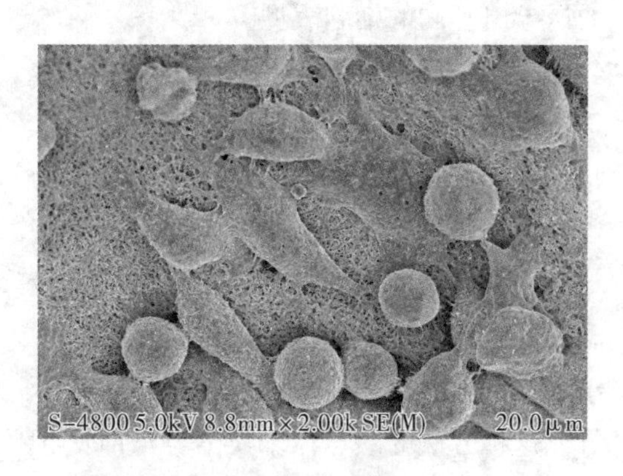


**图4－9 扫描电镜下观察骨髓来源干细胞黏附在PRF支架表面**

### 4.10.5 生物反应器在三维培养中的作用

生物反应器是大量培养动物细胞制备获得生物制品的关键设备。由于动物细胞没有细胞壁，故其在生物反应器中大规模培养时易受损伤和破坏，所以在培养过程中，要尽可能减少剪切力对细胞的损伤作用。此外，生物反应器还能实时监测和调控反应器内部的pH、湿度、温度、代谢产物的累积、氧气和营养物质的消耗等，确保培养的细胞可以一直在最适宜生长的条件下存活，获得高质量和稳定的生物制品。生物反应器可概括为天然生物反应器和体外培养细胞用生物反应器。转基因动物（植物）就是天然的生物反应器，且具有生产效率高等优点。体外培养细胞用生物反应器包括：气升式生物反应器、机械搅拌式生物反应器、中空纤维式生物反应器、流化床式生物反应器、搅拌瓶式生物反应器、摇床式生物反应器、微重力生物反应器等。微重力生物反应器又叫旋转式细胞培养系统（rotary cell culture system，RCCS）或是回转式生物反应器（rotating wall vessel bioreactor，RWVB）。其培养系统主要有内外两个圆柱状筒组成，内筒可以旋转用于培养细胞，而外筒固定不动（图4-10）。由于该培养系统可以在一定程度上降低重力，模拟微重力环境从而使细胞似处于一种自由落体状态；并且可以减轻甚至消除搅拌剪切力的影响，使得细胞可以在温和的培养环境中进行三维生长。因此，该生物反应器十分适用于当前研究火热的组织工程和再生医学。

**图4-10 微重力生物反应器**

## 4.10.6 微载体系统在三维培养中的应用

生物反应器可以用于大规模、高密度培养细胞，其中微载体系统起着关键的作用。Van Wezel在1967年首次提出并开发了微载体系统，从而使得细胞培养技术进入一个崭新的阶段。微载体是直径约为50～60 μm的微珠，常用的微载体包括固体微载体和液体微载体两种；固体微载体又包括大空微载体和实心球微载体两种。微载体较传统的培养瓶皿细胞培养具有明显的优势：①细胞存活增殖环境稳定均一；②系统化和自动化程度高；③同时具有悬浮培养和单层贴壁培养的特点；④比表面积大，更有利于细胞黏附增殖；⑤可控制性和检测性能优良；⑥重复性好，占用空间小，劳动强度低，操作简单易学等。目前，以Pharmacia公司生产的Cytodex系列应用较多，特别是Cytodex 3在微载体表面覆盖有一层胶原蛋白，使其更接近体内自然环境，具有更为优良的生物相容性。其中，实心球微载体具有细胞黏附迅速、生长增殖快、能培养较长时间等优点；但同时也具有细胞易受碰撞、剪切力等动力学因素破坏的缺点。进而，多空微载体的出现可以在很大程度上保护细胞免受碰撞、气泡等因素的影响，而且能够增加细胞的生长空间。但这种微载体中的细胞容易受到累积的代谢废物的影响。近年来，为了克服上述缺点和不足，氟碳化合物液膜微载体应运而生；虽然他克服了固体微载体的细胞移动性差等缺点，但又存在制作工艺复杂、投入成本高和微载体难以重复使用等不足。我们相信，随着材料科学的发展，新的更好的材料和制作工艺

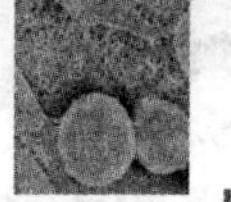



一定会被研制出来。从而使微载体和生物反应器大规模培养细胞变得越来越完善。

## 4.11 细胞打印技术

细胞打印是近些年出现的一种体外构建立体三维多细胞复合体的方法，该方法是生命科学和生物制造等技术有机结合而产生的。自从1986年Charles Hull发明3D平板印刷术（3D lithography）以来，在基础医学研究和工业领域都得到了广泛的应用；随之，许多新型高效的3D打印设备和工具也被广泛用于药物筛选、疾病模型、组织和器官再生中。2003年，Thomas Boland等学者提出了“细胞打印”的概念，该方法克服了传统组织工程技术中的许多缺点：如难以调控组织和器官中复杂多样的细胞类型和细胞外基质的有机结合，支架材料的降解速度难以与细胞增殖和组织形成的速度相适应，血管难以长入新形成的组织和器官中，造成组织和器官内部营养供给不良，发生液化坏死等。而细胞打印技术可以在打印过程中，通过计算机精确地调控细胞的分布，而且，细胞和水凝胶等支架材料可以在指定的位置沉积，能够同时构建具有生物活性的3D多细胞/支架材料复合体，为细胞的生长增殖和分化提供更佳的3D微环境。

### 4.11.1 细胞打印技术的分类

由于组织器官解剖结构的复杂性，到目前为止，尚没有哪一种单一的生物打印技术可以完全满足打印过程中的所有要求。即使是比较常用的喷墨细胞打印技术、激光辅助打印技术以及挤压打印技术，都有其各自的优势和不足。几种打印技术的比较如下图（表4-1）。

**表4-1　3种不同细胞打印技术参数对比**

| 参数 | 喷墨打印 | 激光辅助打印 | 挤压打印 |
| --- | --- | --- | --- |
| 费用 | 低 | 高 | 中等 |
| 细胞活性 | >85% | >90% | 40%~80% |
| 打印速度 | 快 | 中等 | 慢 |
| 黏度 | 3.5~12 mPa/s | 1~300 mPa/s | 30 mPa/s~$6\times10^7$ mPa/s |
| 分辨率 | 高 | 高 | 中等 |
| 垂直结构的质量 | 差 | 中等 | 好 |
| 细胞密度 | 低<br>$<1\times10^6$/mL | 中等<br>$<1\times10^8$/mL | 高<br>细胞球聚集体 |
| 生物墨水的代表材料 | 藻酸盐<br>PEGDMA<br>胶原 | 胶原<br>基质胶 | 藻酸盐<br>胶原 |
| 应用 | 组织工程（血管，骨，软骨，神经元） | 组织工程（血管，骨，皮肤，脂肪） | 组织工程（血管，骨，软骨，神经元，肌肉） |

喷墨打印技术是最早发明的打印技术，其与传统的二维喷墨打印过程相似，其原理是利用压电技术或是热技术，使喷头内的细胞和水凝胶等支架材料通过在计算机控制下的喷嘴滴出液滴，按预制的立体结构打印。

激光辅助打印技术来源于激光直写技术和激光诱导转移技术。激光辅助打印技术的核心部件是能够对激光刺激做出反应的施体层（donor layer），施体层是位于上层的由钛或金等金属构成的能量吸收层以及位于下层的生物墨水层构成。打印过程为：聚集的激光束照在施体层上以刺激一个小区域的吸收层，在生物墨水层上产生高压气泡从而使得生物墨水滴下，滴落的生物墨水由再位于其下层的接收板收集，并立即开始交联合成。相比于喷墨打印技术，激光辅助打印避免了生物墨水和分液器的直接接触，非接触的打印方式可以避免机械压力对细胞造成的伤害，所以，激光辅助打印的细胞活性要更高（通常在95%以上）。而且，激光辅助打印还可以打印高黏性的材料，同时比喷墨打印技术还能够使用更多类型的生物墨水。虽然激光辅助打印前景良好，但激光对细胞的影响还没有完全得到阐述，而且价格昂贵。

挤压打印技术是喷墨打印技术的改良。为了能够打印喷墨打印机不能使用的黏性材料，挤压打印技术可以通过使用气压或是机械螺杆活塞来沉积生物墨水。通过施加持续的压力，挤压打印技术可以打印不间断的圆柱线条，而不是单一的生物墨水液滴。几乎所有类型的水凝胶溶液和高细胞密度的聚集体都可通过挤压打印技术打印。尽管他们可以打印许多类型的材料，但他们强大的机械压力也会对细胞产生很大的影响，因此，该打印技术的细胞活性很低。

### 4.11.2 细胞打印技术的应用

现简单介绍一下细胞打印技术在几种不同组织打印和药物筛选中的应用和作用。

在生物打印的组织中构建血管结构是很难的，新型的细胞打印技术也许可以解决该难题。比如说，利用同轴喷嘴系统（coaxial nozzle system）可以打印超过一米长的血管。碳纳米管可以增加藻酸盐管的强度，在合适的基质中有利于人冠状动脉平滑肌细胞的生长。通过该技术，已经可以打印直径在亚毫米范围的血管。另外一个可能的办法就是添加磁控纳米颗粒到生物墨水中，然后来打印血管；基于此，组织中血管的位置可以通过施加磁场来控制。但是，该方法的有效性以及磁性颗粒对细胞和细胞外基质的影响需要进一步的实验探讨。

细胞打印技术也被用于骨和软骨组织工程。Wang 等打印的聚富马酸丙二醇酯（polypropylene fumarate）多孔材料，通过长达 224 d 的降解过程后，被证实可以用于骨组织工程的构建。同样，打印的基于 PCL 作为支撑的藻酸盐包裹的软骨细胞球体内实验也证实了软骨再生。Lee 等打印的含有软骨细胞的 PEG 和 PCL 复合体也被证实可以用于组织工程耳的构建。此外，细胞打印技术还可以用于打印神经组织；我们知道移植的大体积的组织需要与宿主的神经系统结合，细胞打印就可以构建一种新的神经组织或是改善工程化组织的再神经化。Owen 等使用单一细胞就打印了人工合成的神经移植物。分离培养的

鼠骨髓间充质干细胞和施旺细胞共同灌注在直径为 500 μm 的管中，然后，通过挤压打印技术即可获得由鼠骨髓间充质干细胞包绕的施旺细胞管状结构，从而用于动物实验。

除此之外，细胞打印还可以用于药物筛选体系。相比于人工方法，细胞打印技术能够使细胞更均匀地沉积在微观装置的表面；如此高均一性的排列更有利于检测细胞和药物之间的作用。比如 Chang 等利用气压挤压打印机来构建一个由藻酸盐包裹的永生化肝细胞结构的药物检测系统，通过该系统，他们可以显示药物代谢的过程。

虽然细胞打印技术仍存在一些问题，但其美好的应用前景不会被现阶段存在的一些小问题所遮盖，相信随着科学的进步，细胞打印技术也一定会越来越成熟，那时，细胞打印技术一定会成为人类治疗疾病的重要手段。

（王　为，王之发，王　静，刘　斌）

细胞培养

第5章

# 正常组织细胞的培养

不同组织细胞和器官的结构、功能、生长特性不同，在体外培养中所需要的分离方法和生长条件也不同，本章将讨论几种正常组织细胞培养的特殊条件和方法。

## 5.1 上皮细胞

上皮细胞培养一直受到人们的重视，这是因为许多器官的上皮细胞具有特定的功能，如肾和肠道上皮细胞的吸收功能，肝和胰上皮细胞的分泌功能，肺上皮细胞的气体交换功能。某些上皮细胞（如角化上皮细胞）可作为研究细胞分化和细胞动力学的模型。上皮细胞培养中最大的困难是成纤维细胞往往过度生长，而上皮细胞在体外培养中难以长期生存。为此需要从表皮分离、培养液和基质选择、增减适当的生长因子等方面抑制成纤维细胞生长，促进上皮细胞的生长。

### 5.1.1 表皮细胞

概述

在人和动物体内，表皮细胞生长在胶原基质膜上，并从基质膜获取生长分化所需要的物质。目前表皮细胞的体外培养较为成熟的技术是以 Rheinwald 和 Creen（1975）创立的方法为基础发展起来的饲养层细胞培养法，要点是以小鼠 3T3 细胞作为表皮细胞的饲养层，并使用含胎牛血清的培养液。在体外培养条件下，可用冷胰蛋白酶消化法使表皮与真皮分开，由于组织标本及培养温度的不同，有时分离面可能一部分低于而另一部分高于基底层细胞；将真皮层用酶消化、吸管吹打、过筛分离法可获得单个细胞。

原代或有限传代培养动物和人皮肤角化上皮细胞需要使用某些基质、培养液及包括饲养层在内的一些添加物。在正常 $Ca^{2+}$ 浓度（1.4 mmol/L）情况下可形成分化的复层生长细胞，在低 $Ca^{2+}$ 浓度（低

于1.0 mmol/L）下，则成为分化的单层生长的细胞；有充足饲养细胞（如3T3）时，有助于减少混杂的成纤维细胞。此外，降低pH值、添加适量霍乱毒素、去甲肾上腺素及表皮生长因子（EGF）均有利于表皮细胞生长。下面以皮肤表皮细胞为例叙述上皮细胞的培养方法。

## 用品

（1）培养液：

① 含有4倍浓缩维生素及氨基酸的Eagle's MEM（4×MEM），加有热灭活的15%胎牛血清（FBS）或20%的小牛血清。

② 与上相同的4×MEM，加无$Ca^{2+}$的Hanks平衡盐液（HBSS）以及经chelex（Hennings等，1980）处理的FBS，用$CaCl_2$调整$Ca^{2+}$浓度，用于鼠表皮细胞培养时，$Ca^{2+}$浓度为0.08 mmol/L，用于人表皮细胞时则为0.22 mmol/L。

③ FAD培养液，组成为1份F12和3份DMEM，并加入腺嘌呤$1.8\times10^{-4}$mol/L、霍乱毒素$1\times10^{-10}$mol/L、表皮生长因子（EGF）10 ng/mL、氢化可的松0.4 μg/mL和5% FBS。

④ MCDB 153无血清培养基：MCDB 153为基础，胰岛素5 mg/L、氢化可的松0.5 mg/L、人转铁蛋白1 mg/L、EGF 10 μg/L、牛垂体提取液50 mg/L、乙醇胺$1\times10^{-3}$mol/L。

⑤ 上皮细胞培养液：近年来，国外一些公司研制了多种成品上皮细胞培养液，例如使用于角化上皮细胞的KGM，适用于一般表皮细胞的EGM等，使用很方便。

⑥ 3T3细胞培养液：DMEM培养基，添加10%胎牛血清，4 mmol/L谷氨酰胺。

培养液可含有抗生素，包括青霉素100 U/mL，链霉素100 μg/mL，二性霉素0.25 mg/L。

（2）0.2%或0.25%胰蛋白酶（1∶250）。

（3）0.25%分离酶（dispase Ⅱ）：主要作用在表皮－真皮结合处，在表皮细胞分离过程中，可获得大量具有增殖能力的基底细胞，而且可以减少成纤维细胞的污染。

（4）HBSS、DBSS（HBSS＋抗生素）、PBSA（无$Ca^{2+}$、$Mg^{2+}$的PBS）。

（5）重组表皮生长因子10 μg/L、0.01%的胶原蛋白（表皮细胞贴壁剂）。

（6）丝裂霉素C：浓度为400 μg/mL，溶于双蒸水中，4 ℃避光保存。

（7）饲养层细胞：为源于小鼠胚胎瘤的成纤维细胞系3T3细胞，可促进表皮细胞的贴壁与生长，并抑制成纤维细胞的生长。

（8）手术刀、弯钳、10 cm培养皿、培养瓶等。

## 步骤

（1）无菌条件下切取皮肤标本，用DBSS冲洗3～5遍，在冲洗过程中至少更换器械1次。

（2）将标本的上皮面朝下放入干燥的培养皿中，加数滴PBS使之湿润，用弯剪尽可能除净皮下脂肪和疏松结缔组织，只留下表皮和下方的致密结缔组织，并将标本切成大约1 cm×2 cm的小块，以便酶能充分作用于上皮与间质交界区。

（3）用无$Ca^{2+}$、$Mg^{2+}$的PBS冲洗标本3～5遍，将标本放入0 ℃～4 ℃的0.2%或0.25%粗制胰蛋白酶（1∶250）溶液中（用无$Ca^{2+}$、$Mg^{2+}$的PBS配制，pH7.2），或浸入0.25% Dispase Ⅱ中。通常用10～15 mL胰蛋白酶液浸泡8个标本

块，容器为直径10 cm的塑料平皿，在无菌条件下4 ℃冰箱中放置15～48 h，如果在37 ℃孵箱中培养时间须控制在1～3 h，以免细胞被胰蛋白酶损伤。

（4）表皮层与真皮层分离时，表皮层为浅棕色，真皮层为白色，观察到标本边缘表皮与真皮分离时将其移入另一10 cm塑料平皿，真皮表面向下用5 mL含血清完全培养液冲洗，用两个弯镊轻轻地将表皮剥脱，放入含20 mL培养液的50 mL离心管中，用吸管反复吹打，过100目尼龙筛，使角化上皮细胞分离。

（5）用弯钳在剩余的真皮标本表面（上皮面）轻轻刮除附着不牢固的基层细胞，把从真皮和表皮层表面分离到的细胞混合，用培养液洗2次（离心法，100 g，10 min），过滤，台盼蓝染色法行活细胞计数，活细胞达90%以上用于培养成功率较高。

（6）饲养细胞的制备：在已形成单层的3T3细胞培养瓶或培养板中加入丝裂霉素C 1～10 μg/mL，使3T3细胞不再分裂增殖，即可作为表皮细胞的黏附饲养细胞。亦可将3T3细胞维持在低密度条件下培养，照射处理后作饲养层。具体方法为将胰蛋白酶消化的3T3细胞悬浮于含10%胎牛血清的MEM培养液中，在75 $cm^2$培养瓶中接种$1.5\times10^6$个细胞，在钴源下给予60 Gy照射剂量，培养细胞贴壁（约需4～12 h）后更换培养液待用。

（7）黏壁剂包被：用0.01%胶原蛋白铺于培养瓶或培养板的底部，过夜，弃上清，40 ℃干燥箱内烘干，制成胶原蛋白黏附膜，紫外线照射2 h消毒备用。

（8）以每平方厘米（1～5）$\times10^5$个细胞的密度接种在含适量培养液①或③中，37 ℃培养箱内静置1～3 d，细胞贴壁后，冲洗细胞层以去除未贴壁的细胞，将已贴壁的细胞继续培养在培养液①或③中，长期生长可形成复层细胞，如果换到培养液②中，在低$Ca^{2+}$浓度下呈单层生长。

（9）表皮细胞的传代培养：传代培养于①或③培养液时，先用0.05%～0.1%的EDTA孵育10～30 min，使细胞逐渐变圆，细胞间隙增大，后用0.1%的胰蛋白酶和0.05% EDTA消化，吸管吹打使细胞完全脱壁。如果传代培养于培养液②中仅用0.1%的胰蛋白酶和0.05% EDTA消化即可。

（10）直接使用上皮细胞培养液。在培养过程中可加入表皮细胞生长因子10 ng/mL、牛垂体提取物50 mg/L、乙醇胺$10^{-3}$ mol/L。也可用淋巴细胞分离液分离表皮细胞和成纤维细胞，根据比重差异离心后可获得纯度高、增殖快的表皮细胞。

**操作提示**

（1）表皮细胞培养的难点是排除间质细胞的污染，使用饲养层3T3细胞培养法有助于减少混杂的成纤维细胞。

（2）0.25% Dispase Ⅱ分离表皮层，吹打分散细胞困难时，可用胶原酶进一步消化分散，可以获得更多的表皮细胞。

（3）可使用低温冻存细胞的方法保存大量同批组织标本分离得到的细胞，取融合前的原代培养细胞进行冻存效果最好。

**结果及鉴定**

表皮细胞培养3～5 d后可于相差显微镜下观察到增殖形成集落，并向四周扩展，约10 d时增殖的表皮细胞集落开始汇合，继续培养可形成整片细胞，同时细胞增殖减慢，可传代培养。

表皮细胞对角蛋白单克隆抗体反应阳

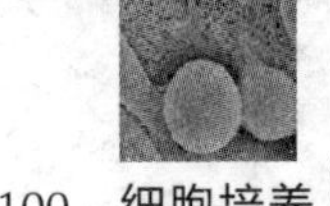



性，对波形丝单克隆抗体反应阴性。

### 5.1.2 乳腺上皮细胞

乳腺主要由腺上皮组成。早期乳汁或断奶后的乳汁含有上皮细胞团块，可用离心法收集其中的细胞，乳房成形术可提供合适的标本进行正常乳腺导管上皮细胞的培养，用长满的人胚胎小肠纤维细胞饲养层可抑制间质细胞的生长，使用优化培养液可使培养的上皮细胞传代，并形成克隆。如将细胞培养在胶原凝胶上，则可形成三维立体结构，并与起源的供体组织相似。胰岛素、氢化可的松、霍乱毒素、EGF 等可促进上皮细胞生长，在器官培养中，乳腺腺泡上皮的分化需要氢化可的松、胰岛素和催乳激素，在细胞培养中还需雌激素、黄体酮等。体外培养中的乳腺上皮细胞具有乳腺细胞的功能，可用于确定免疫标记物类型，这些细胞可被 SV40 病毒转化，是研究正常乳腺细胞与乳腺癌细胞的区别以及癌基因引起细胞转化的重要材料。下面介绍用乳汁和乳腺组织块法培养乳腺上皮细胞的方法。

#### 5.1.2.1 乳汁法

**概述**

人早期乳汁或断奶后的乳汁含有上皮细胞团块，可用离心法收集其中的细胞用于体外培养。

**用品**

（1）人血清。

（2）储存液：①胰岛素 1 mg/mL，溶于 6 mmol/L 的盐酸；②氢化可的松 0.5 mg/mL溶于生理盐水；③霍乱毒素 50 μg/mL溶于生理盐水。

（3）胰岛素、氢化可的松、霍乱毒素、胰蛋白酶以及储存液存放于 -20 ℃。

（4）消化液：含胰蛋白酶 0.14%，EDTA 0.29%。

（5）培养液：RPMI 1640、15% FBS、10% 人血清、50 ng/mL 霍乱毒素、0.5 μg/mL 氢化可的松、1 μg/mL 胰岛素。

**步骤**

（1）乳汁收集方法：于产后 2 ~ 7 d 在病房收集。用无菌水擦洗乳头，手法压迫使乳汁流入无菌容器，从每人中获取 5 ~ 20 mL，用 RPMI 1640 培养液按 1∶1 比例稀释以利于离心。

（2）离心，600 ~ 1 000 r/min，20 min，去除上清。

（3）用含 5% FBS 的 RPMI 1640 培养液清洗细胞团块 2 ~ 4 次直到上清液不混浊为止。

（4）将 50 μL 离心所得细胞混悬在 6 mL培养液中，接种于 1 个 6 cm 培养皿，37 ℃、5% $CO_2$ 孵箱中培养。

（5）3 ~ 5 d 时更换培养液，以后每周换液 2 次，大约 6 ~ 8 d 时可见克隆形成，并且逐渐扩大，起初可见有饲养作用的巨噬细胞，以后逐渐消失。

（6）乳腺细胞的传代培养：细胞长满后，用消化液消化 5 ~ 15 min（每个 6 cm 培养皿用消化液 1.5 mL），消化产生单细胞悬液，洗去消化液，3 倍稀释后重新接种培养。

#### 5.1.2.2 组织块法

**概述**

用乳腺组织培养上皮细胞时，需首先尽可能剥除脂肪组织，如果标本中含纤维组织较多，可用胶原酶消化法获取细胞。经照射或用丝裂霉素处理过的 3T3 细胞具有很好的促生长作用；cAMP 可代替霍乱毒素刺激上皮细胞的生长；如果在培养器皿底壁上铺以胶原层，既利于腺细胞生长，也利于细胞从底面上分离。

**用品**

（1）妊娠小鼠乳腺组织。

（2）培养液及添加物：F12 基础培养液、5% 热灭活胎牛血清、氢化可的松 1 μg/mL、胰岛素 1 μg/mL、青霉素 100 U/mL、链霉素 100 μg/mL、人重组表皮生长因子 10.0 ng/mL 等。

（3）弯镊、弯钳、手术剪、外科手术刀等。

（4）培养板：用生长基质包被培养板，如血清或胶原。

（5）胶原酶溶液：3.0 mg/mL 胶原酶 A、2.6 mg/mL Hepes、1.2 mg/mL $NaHCO_3$、1.5 mg/mL 胰蛋白酶、9.8 mg/mL Ham' s F10 和 5% 胎牛血清，调整 pH 至 7.4，过滤除菌备用。

（6）胰蛋白酶/EDTA 混合消化液：储备液为 5.0 mg/mL 胰蛋白酶溶于 HBSS/EDTA 液中制备成 10×胰蛋白酶/EDTA 混合消化液，工作浓度为 0.5 mg/mL。

**步骤**

（1）取乳腺组织约 5 g，用手术剪剪切乳腺组织使其成糊状。

（2）将剪切的乳腺组织放入三角烧杯中，加入胶原酶溶液（5 mL/g），37 ℃下以 200 r/min 消化 1 h，此过程可重复若干次直至完全消化。

（3）收集沉淀的细胞团块，主要为腺泡样细胞团块。用 F12 培养基离心洗涤三次，重新悬浮细胞团块。

（4）细胞计数：大约每克组织中可获得 $(5 \sim 15) \times 10^6$ 个细胞。

（5）用 2×接种培养基（F12 基础培养液中添加氢化可的松 2 μg/mL、胰岛素 10 μg/mL、青霉素 200 U/mL、链霉素 200 μg/mL、人重组表皮生长因子 10 ng/mL、庆大霉素 10 μg/mL）重新悬浮细胞团块，滴加在预先血清（血清和胎球蛋白混合液）包被的培养器皿中，接种密度为 $(2.5 \sim 5.0) \times 10^5/cm^2$，在 37 ℃、5% $CO_2$ 培养孵箱中培养 48 h。

（6）更换培养基为生长培养基（F12 基础培养液中添加氢化可的松 1 μg/mL、5% 热灭活胎牛血清、胰岛素 5 μg/mL、青霉素 100 U/mL、链霉素 100 μg/mL、人重组表皮生长因子 5 ng/mL、50 μg/mL 庆大霉素）继续培养，每 2 d 更换 1 次培养液。

**操作提示**

（1）用乳腺组织培养上皮细胞时，需首先尽可能剥除脂肪组织。

（2）最好使用胶原酶进行初步消化分离。

（3）利用 3T3 饲养层细胞培养法具有很好的促生长作用。

（4）在培养器皿底壁上铺以胶原层，有利于腺细胞生长，也利于细胞从底面上分离。

**结果及鉴定**

乳腺细胞团块和导管细胞团块可在 12h 内贴壁，接种 48h 后细胞可从细胞团块中迁移伸展出来，大约 4 d 可形成 90% ~95% 细胞汇合的单层细胞，第 5 天细胞可长满培养器皿底面。

免疫组化染色角蛋白阳性（主要为角蛋白 7、8、18），肌动蛋白阳性，细胞表面抗原 CD10 等阳性。

### 5.1.3 子宫颈上皮细胞

**概述**

子宫颈上皮细胞体外培养在细胞分化、癌前病变及癌的研究中有重要意义。

由于子宫颈直接暴露于阴道，取材时要特别注意防止污染。原代培养用组织块法，传代培养需要经照射过的3T3细胞作饲养层，培养液中需要适当的添加物。

## 用品

（1）平衡盐溶液BSS。

（2）消化液：0.1%胰蛋白酶、0.01% EDTA溶于PBSA。

（3）传递用培养液：Leibovitz L15含FBS 10%、氢化可的松0.5 μg/mL、青霉素50 U/mL、链霉素50 μg/mL。

（4）原代培养的促生长培养液：Leibovitz L15含FBS 10%、氢化可的松0.05 μg/mL、青霉素50 U/mL、链霉素50 μg/mL、霍乱毒素6 ng/mL。接种的组织块贴壁后加入EGF 5 ng/mL。

（5）EGF储存液：100 μg EGF溶于5 mL无菌蒸馏水，用时稀释至1 μg/mL。霍乱毒素储存液：分子量60 000，6 μg/mL，溶于生理盐水。氢化可的松储存液：25 mg加3 mL纯乙醇，再加入47mL蒸馏水，过滤除菌，分装，避光储存。

（6）3T3细胞、MEM + 100% FBS（在照射过的3T3细胞上生长的上皮细胞所需培养液）。

（7）蚊式血管钳、解剖刀、滴管、通用容器或圆锥形离心管、25 $cm^2$和75 $cm^2$的培养瓶、6～9 $cm^2$培养皿。

（8）$^{60}Co$放射源。

## 步骤

（1）收集活检标本，放入传递液中，可在4 ℃存放1～4 d，尽快进行培养为好。

（2）用5个9 cm培养皿，在3个皿中分别加入15 mL BSS，第4皿中加5 mL，第5皿不加。

（3）将标本移入空皿，用BSS淋洗；移入第1个含BSS的皿中，洗涤；移入第2个含BSS的皿中，用两个带有剃须刀片的解剖刀，小心分离标本上的纤维组织；移入第3个含BSS的皿中，洗涤。移入第4个含BSS的皿，开始切碎；组织块较小时移入第5个皿，在皿的干燥部分操作比较容易，尽量切整齐，避免撕拉，将组织块切至直径2 mm大小为止，用BSS湿润组织块。

（4）用滴管将组织块移入盛有BSS的通用容器或离心管（勿使组织块黏附在内壁上），待组织块自行沉降。吸除上清液，加入10～15 mL新鲜的BSS，待组织块自行沉降。用培养液重复洗1次。

（5）吸除培养液，加入1 mL新鲜培养液。准备2～4个25 $cm^2$培养瓶，每瓶加入2.5 mL培养液、然后加入0.25 mL含有大约10个组织碎块的培养液。

（6）37 ℃培养至组织块贴壁，大约需10 d。加入EGF使终浓度为5 ng/mL，如果许多细胞从组织块游出，用含EGF的培养液换液。

（7）继续培养3～4 d，使细胞长满1/2～2/3培养瓶底壁，此时可传代培养：对原代培养物进行消化，先用平衡盐液洗1遍，加2.5 mL 0.1%胰蛋白酶和0.01% EDTA混合液，1 min后除去消化液，37 ℃培养至细胞脱壁；用培养液悬浮细胞，计数；在铺有$^{60}Co$射线照射过的3T3细胞的培养瓶中接种子宫颈上皮细胞，如用25 $cm^2$培养瓶，每瓶接种约$10^4$个细胞。

（8）每3～4 d换液1次，细胞长满时传代培养于新照射过的3T3细胞上。

## 操作提示

（1）原代培养时既可选择3T3饲养层细胞培养法，也可在无饲养层条件下用无血清角化细胞培养液（KGM）进行培养。

传代时需用3T3饲养层传代。

（2）获得的上皮细胞可液氮冻存备用。

（3）用中间丝单抗进行免疫组化鉴定，角蛋白阳性，波形丝阴性。

### 5.1.4 口腔黏膜上皮细胞

**概述**

口腔黏膜缺损修复往往需要适合的移植材料以满足创伤愈合和恢复口腔功能；可用的口腔黏膜组织的缺失又限制了外科医生修复缺损。虽然有皮肤移植用于修复黏膜缺损，但有其缺点。比如说皮肤包含毛囊、汗腺等许多附属结构，而且皮肤和黏膜也有不同的角化程度。近年来有研究在适宜的支架材料和生物活性因子的刺激下培养人来源的细胞，构建组织工程化的黏膜组织等。Feinberg教授等成功培养的组织工程口腔黏膜（ex vivo produced oral mucosa equivalent，EVPOME），可用于治疗口腔黏膜缺损。下面就简要介绍下口腔黏膜细胞的分离和培养方法，以使大家能对口腔黏膜细胞的培养和口腔黏膜缺损的修复治疗有一定的了解。

**用品**

（1）#10手术刀，镊子，细胞培养皿（35 mm，60 mm，100 mm，150 mm），吸管（5 mL，10 mL，25 mL），细胞培养瓶（T－25，T－75），离心管（15 mL，50 mL），100 μm的滤网，巴氏吸管。

（2）PBS，0.25%胰蛋白酶，胰蛋白酶抑制剂（DTI，life technologies），台盼蓝，抗生素（包括抗真菌药），EpiLife角化细胞培养基，EDGS。

（3）血细胞计数仪，倒置显微镜等。

**步骤**

（1）第1天：口腔黏膜组织样本的清洗。

① 无菌条件下切取口腔黏膜，修剪除去肉眼可见的黏膜下组织，置于含10%血清的DMEM中。用PBS洗净血迹，2.5 g/L氯己定液浸泡5～8 min，切成0.3 cm×1 cm大小的组织块。

② 用PBS稀释0.25%的胰蛋白酶浓度为0.04%。

③ 将获得的口腔黏膜组织放进含有氯化钙的5 mL（15 mL）EpiLife基础培养基的15 mL（50 mL，根据黏膜组织的大小而定）离心管中，保存于4 ℃的冰箱中。

④ 将上述黏膜组织和培养基的混合液移入60 mm（100 mm）的培养皿中。

⑤ 添加含有氯化钙的3 ml（8 ml）EpiLife基础培养基到35 mm（60 mm）的培养皿中。

⑥ 用血管钳和镊子仔细去除黏膜上残存的血管组织等。然后转移到35 mm的培养皿中。

⑦ 重复上述步骤3次。

⑧ 转移去除血管后的黏膜组织到另一个35 mm的培养皿中直到准备用0.04%的胰蛋白酶完全浸泡。

⑨ 添加适量的0.04%的胰蛋白酶到另一个35 mm（60 mm）培养皿中，添加抗生素。

⑩ 转移黏膜组织到0.04%的胰蛋白酶溶液中，盖上盖子。

⑪ 置培养皿于超净工作台中16±1 h；根据开始后续步骤的计划，可以适当调整浸泡的时间。

（2）第2天：口腔角质形成细胞分离与接种。

① 添加10 mL的胰蛋白酶抑制剂到60 mm的培养皿中，添加8 mL的EpiLife

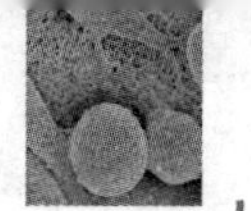



完全培养基（包括 EDGS，氯化钙，抗生素和抗真菌试剂等）到该培养皿的盖子中。

② 转移已消化的黏膜组织到培养皿中。

③ 用无菌镊子夹住黏膜组织，用#10 刀片轻轻揭去上皮细胞层，基底层细胞被揭起后放入胰蛋白酶抑制剂中。

④ 转移揭起的组织到同一个培养皿的盖子中。必要时重复上述步骤。

⑤ 置一个 100 μm 的滤网在 50 mL 离心管的开口处。

⑥ 使用 10 mL 的吸管，将消化液过滤到离心管中。

⑦使用同一个吸管，利用 4 mL EpiLife 完全培养基清洗培养皿底，同样的方法过滤。

⑧ 再用 4 mL EpiLife 完全培养基重复上述步骤。

⑨ 浸泡过夜后丢弃黏膜下层组织到生物废物垃圾桶中，或用适宜的方法获取口腔黏膜成纤维细胞。

⑩ 在 50 mL 离心管的瓶口处轻轻震荡滤网，以最大限度获得分离的细胞。

⑪ 震荡离心管后，吸取 15 μL 的细胞悬液，再添加 15 μL 的台盼蓝溶液后，吸取 10 μL 的重悬的细胞到血细胞计数仪上计数，倒置显微镜下观察并计数。

⑫ 盖紧离心管盖子，800 r/min，离心 3 min。

⑬ 用吸管轻轻去除上清液，注意不要碰触到底层的细胞沉淀。

⑭ 用 5 mL 的 EpiLife 完全培养基重悬细胞沉淀。

⑮ 接种 $5.0\times10^6$ 个细胞到 T－25 的培养瓶中，如果获取的细胞数目在 $5.0\times10^6\sim15.0\times10^6$，则将细胞接种在 T－75 的培养瓶中。

⑯ 隔天换培养液一次。此时的细胞标记为 $P_0$ 细胞。

⑰ 当细胞汇合到 70% 左右时，消化传代。

⑱ 用 PBS 稀释 0.05% 的胰蛋白酶为浓度为 0.025% 胰蛋白酶/EDTA 溶液。

⑲ 使用 10 mL 的吸管吸取组织培养瓶的培养基到另一个无菌的 50 ml 的离心管中。

⑳ 添加 2 mL 的 0.025% 胰蛋白酶/EDTA 溶液到 T－25 培养瓶；4 mL 0.025% 胰蛋白酶/EDTA 溶液到 T－75 培养瓶或 8 mL 0.025% 胰蛋白酶/EDTA 溶液到 T－150 的培养瓶。

㉑ 盖紧盖子，孵箱中孵育 8～12 min。

㉒ 8 min 后，观察细胞是否从培养瓶表面分离，轻轻震荡后在倒置显微镜下观察；如果没有分离完全，则继续消化几分钟。

㉓ 待消化完毕后，添加同量的胰蛋白酶抑制剂到培养瓶中。

㉔ 吸取消化液到另一个 50 mL 的离心管中。

㉕ 用提前吸出来的培养基清洗培养瓶中，也一并移入离心管中。

㉖ 轻轻震荡后，计数所获得细胞。

㉗ 盖紧盖子，置离心管于离心机中并配平。

㉘ 200 g 室温离心 3～5 min。

㉙ 丢弃上清液，注意不要碰触到下层的细胞沉淀。

㉚ 基于前述的细胞计数结果，接种密度为（0.7～1.3）$\times10^4/cm^2$。比如说，T－25 的培养瓶则每瓶接种 $0.25\times10^6$ 个细胞。

㉛ 细胞沉淀重悬后，接种；隔天换培养液一次。

**操作提示**

如口腔黏膜上皮来源于活检取材，在开始培养的3～4 d内使用含抗生素的培养液。口腔黏膜角质形成细胞的分选可选择荧光激活细胞分选法（fluorescence activated cell sorting，FACS）。

**结果及鉴定**

刚获取的细胞形态呈多样性，为多角形扁平细胞、体积较大的球形细胞和体积较小的球形细胞。细胞接种后32～96 h贴壁，为折光性强的圆形细胞。随后细胞逐渐伸出短小伪足，胞质展开，折光性减低。完全伸展的细胞呈扁平多边形，胞核清晰，细胞大小是伸展前的2～3倍。此时核分裂象少见。接种5 d后细胞加速增殖，核分裂象多见，细胞数量明显增多。细胞逐渐生长融合成片，呈大小均一的铺路石状。培养2周左右细胞接近融合。培养过程中细胞还表现出一定的分化现象，在低密度培养时尤其明显。

免疫组织化学检测角蛋白阳性，波形丝蛋白阴性。透射电镜下，胞核大，卵圆形；胞质内见正常细胞器，含大量的张力纤维，网状或束状排列；细胞之间有丰富的桥粒结构。扫描电镜下见细胞呈镶嵌状排列，表面可见微绒毛和胞质皱褶。偶见胞质回缩的球形细胞，表面微绒毛丰富。

### 5.1.5 胆管和胆囊上皮细胞

**概述**

胆管和胆囊上皮细胞的分离、纯化相对比较容易，一般只需胶原酶消化，再经密度梯度离心或免疫磁珠等方法分离，即可获取大量高纯度的上皮细胞。但是，胆管上皮细胞在体外生长维持时间短，易失去增殖能力。

**用品**

（1）2～3月龄的家兔胆囊。

（2）常用的培养基有：DMEM、DMEM/F12、RPMI 1640、BDCM（bile-duct conditioned medium）等。

（3）0.125% Ⅳ型胶原酶溶液。

（4）常用的添加剂：内皮细胞生长因子、三碘甲状腺素、转铁蛋白、霍乱毒素、腺嘌呤、L－脯氨酸等。肝细胞生长因子（hepatocyte growth factor，HGF）对胆管上皮细胞具有更强的促增殖作用，可使细胞增殖保持到3～5个月，细胞数可增加100万倍，且可连续培养7～9代，也可在液氮中冷冻保存。

（5）饲养层细胞及固定剂：以经射线照射后的鼠3T3成纤维细胞作为饲养层细胞，可使胆管上皮细胞存活时间由1周增至4周，且细胞数也大大增加。胶原凝胶可作为固定剂，以长期保持体外培养细胞的极性。

（6）用鼠尾胶原或胶原蛋白包被的25 mL培养瓶、24孔培养板或普通培养皿。

（7）手术刀、眼科剪、镊等。

**步骤**

（1）用戊巴比妥钠将家兔麻醉后剖腹从肝脏中分离胆囊。

（2）排净胆汁后将胆囊切开，用组织清洗液（DMEM中添加200 U/mL青霉素及200 μg/mL链霉素）清洗胆囊黏膜表面。

（3）在无菌条件下将胆囊黏膜面朝下，用0.125% Ⅳ型胶原酶溶液消化，置37 ℃下消化10～15 min，加入适量含10%胎牛血清的DMEM/F12培养液。

（4）将收集到的细胞悬液离心（1 000 r/min，5～7 min），弃上清，调整细胞密度至（4～5）$\times 10^4$/mL。

（5）将细胞接种在培养瓶或培养板内，37 ℃、5% $CO_2$ 培养 4～7d 细胞贴壁，每 3 d 更换 1 次培养液。

**操作提示**

用 Matrigel 胶包被培养皿底壁，有利于上皮细胞贴壁生长。

**结果及鉴定**

培养早期细胞呈悬浮状生长，以后逐渐贴壁，10 d 左右形成单层细胞，细胞圆形且相互连接，培养 10～14 d 后，细胞开始脱壁死亡。

常用胆管上皮细胞标志物的免疫荧光染色来证实胆管上皮细胞的起源。胆管上皮细胞的标志物有：细胞角蛋白 7、19，γ－谷酰胺转肽酶（γ－GT）、人体上皮细胞抗原（HEA）、糖蛋白 34（gp34）等。肝外胆管上皮细胞还对溶菌酶、胶原纤维连接蛋白、层粘连蛋白抗体呈阳性染色反应。

## 5.1.6 前列腺上皮细胞

**概述**

前列腺细胞培养的关键是改良培养液的成分，加入激素样生长因子可刺激前列腺细胞生长，同时抑制成纤维细胞的生长。人和动物前列腺上皮细胞都有培养成功的报道，下面以大鼠前列腺细胞培养为例介绍培养方法。

**用品**

（1）10～20 周龄大鼠。

（2）37 ℃水浴槽、离心机、血细胞计数器、6 cm 培养皿（玻璃或塑料均可）、24 孔塑料培养板。

（3）剪刀、注射器、14 号导管、50 mL 锥形离心管。适合于 50 mL 锥形离心管的 1 mm金属丝筛网和 253 μm、150 μm、100 μm、41 μm 尼龙筛网。

（4）青霉素、卡那霉素、Ⅰ型胶原。

（5）营养培养液 WAJC 404（McKeehan 等，1984，Ghaproniere 等，1986）、MSS（media salt solution）（McKeehan 等，1984）、胎牛血清或马血清。

（6）霍乱毒素、地塞米松、EGF、羊或鼠催乳激素、胰岛素、前列腺上皮细胞生长因子。

**步骤**

（1）无菌条件下切取所需前列腺叶，放入 6 cm 培养皿，修剪除净脂肪组织，称重。

（2）加入 2 mL 浓度为 675 U/mL 的胶原酶，溶剂为 MSS，加有 100 U/mL 青霉素和 100 μg/mL 卡那霉素。

（3）剪碎标本，使之可通过 14 号导管。用注射器和 14 号导管将剪碎的组织转移到 25 $cm^2$ 培养瓶，添加胶原酶，达到每 0.1 g 组织 1 mL。在 37 ℃振荡水浴箱中培养 1 h，100 g 离心 5 min，收集细胞。

（4）将细胞重新分散在 5 mL 含 5% 血清的 MSS 中，依次用 253 μm、150 μm、100 μm、41 μm 尼龙筛过滤，每次过滤后都用 5 mL 含 5% 血清的 MSS 冲洗筛网。离心收集细胞，重新悬浮于 WAJC 404 培养液中，计数，调整细胞密度至 $4 \times 10^6$/mL。

（5）在 24 孔培养板的每一孔中接种 50 μL，含细胞 $2 \times 10^5$ 个，每孔加入 WAJC 404 培养液 1 mL、霍乱毒素 10 ng/mL、地塞米松 1 μmol/L、EGF 10 ng/mL、催乳素 1 μg/mL、胰岛素 5 μg/mL、前列腺上皮细胞生长因子 10 ng/mL、青霉素

100 U/mL、卡那霉素 100 μg/mL。

（6）在 37 ℃、5% $CO_2$ +95% 空气条件下培养，第 3 天，第 5 天更换培养液，第 7 天可长满。

**操作提示**

前列腺上皮细胞培养的关键是通过改变培养基的营养成分和激素样生长因子的作用，特异性的维持上皮细胞生长，同时抑制成纤维细胞的过度生长。

**结果及鉴定**

可获得典型的单层贴壁生长的上皮细胞，可传代培养。用细胞克隆培养法可以从前列腺上皮细胞中分离出具有分泌功能的腺泡上皮细胞和无分泌功能的基底上皮细胞。腺泡上皮细胞高度分化，表达前列腺特异性抗原（PSA）、前列腺酸性磷酸酶、雄激素核受体（AR）、角蛋白 8 和角蛋白 18。基底上皮细胞不表达 PSA 和 AR，而表达 P－cadhefin、Bcl2、c－met、角蛋白 5 和角蛋白 14。

### 5.1.7 肝细胞

肝实质由大量肝细胞组成，含间质少，肝细胞具有多种功能，代谢旺盛，在体外培养所需条件高。可取材于动物或人，用组织块法和原位灌注消化法均可获得肝细胞用于原代培养。肝细胞形态比较规整，体外培养时仍具有多种功能，适用于实验研究。持续旋转培养聚集肝细胞法培养的肝细胞相互调节作用更类似于体内的三维环境，有利于维持其活性和发挥生物学功能。下面以鼠肝、猪肝细胞培养为例说明。

#### 5.1.7.1 鼠肝脏组织块法

**概述**

肝的组织块法与其他组织相同，而且易于贴壁，一般次日即有细胞从组织块长出。用改良低血清培养基可获得纯度 >95% 原代小鼠肝细胞。

**用品**

（1）2～4 周龄 BALB/c 小鼠，雌雄不限。

（2）试剂：D－Hanks 液；消化液Ⅰ：含 1 g/L 胰蛋白酶、10 g/L 聚乙烯吡咯烷酮（polyvinylpyrolidone，PVP）及 0.3 g/L EDTA；消化液Ⅱ：含 2 g/L 胶原酶Ⅳ及 10 g/L PVP；基础培养液为 DMEM，含青霉素 100 U/mL、链霉素 100 μg/mL、50 mmol/L Hepes、30 g/L 谷氨酰胺；小牛血清（BS）；培养基内其他因子：胰岛素 5 μg/mL、转铁蛋白 5 μg/mL、促甲状腺素释放因子 $1\times10^{-6}$ mol/L、促肝细胞生长因子 1×20 μg/mL、氢化可的松 $1\times10^{-6}$ mol/L。

（3）水浴箱、吸管、培养瓶、手术刀、眼科剪、眼科镊等。

**步骤**

（1）断头处死鼠，无菌分离肝组织。在冰浴下将肝组织用 4 ℃ D－Hanks 液或不含 BS 的培养液洗净血污，剥除包膜及纤维成分，将肝组织切为约 1 $mm^3$ 小块。

（2）用上述液体尽量洗去残留血污，最后 1 次清洗后 800 r/min 离心 4 min，弃上清，加入消化液Ⅰ，37 ℃孵育 12 min，再用培养液洗 3 次以清除胰酶。将消化好的肝组织块贴于 25 $cm^2$ 培养瓶中，加少许含 100 mL/L BS 培养液置 37 ℃、5% $CO_2$ 条件下 2～3 h 后再补充 6 mL 含 100 mL/L BS 的培养液，待组织块周围出现细胞"生长晕"后改为含 50 mL/L BS 的培养液。

（3）细胞生长至单层状时加入消化液Ⅱ，置 4 ℃消化过夜，去除消化液，加含 100 mL/L BS 的培养液，用滴管轻轻吹打成细胞悬液，经200目尼龙筛网过滤后用培养液洗2次，4 ℃、50 g离心4 min，收集肝细胞，台盼蓝活细胞计数>80%，按$5\times10^5$/mL细胞密度接种，于37 ℃、5% $CO_2$条件下培养，待细胞贴壁生长后改为含50 mL/L BS的培养液。

#### 5.1.7.2 鼠肝脏原位灌注法

**概述**

鼠的肝脏灌流法为分离肝细胞的经典方法。

**用品**

（1）蠕动泵（10～20 r/min）、水浴槽、无菌血管套管、一次性20号头皮静脉输液针、缝合线、计时器、无菌刻度试管、培养皿、无菌外科手术器械（直剪、弯剪及夹子）、1 mL注射器。

（2）无钙Hepes缓冲液：pH7.65、168.8 mmol/L NaCl、3.15 mmol/L KCl、0.7 mmol/L $Na_2HPO_4\cdot12H_2O$、33 mmol/L Hepes，用0.22 μm微孔滤器过滤除菌，4 ℃储存（有效期可达两个月）。

（3）胶原酶溶液：0.025%胶原酶、0.075% $CaCl_2\cdot2H_2O$、溶于pH7.65无钙Hepes缓冲液，使用前即刻配制并过滤除菌。

（4）肝素。

（5）LeibovitzL 15或RPMI 1640培养液。

**步骤**

（1）在38 ℃～39 ℃的水浴槽中预热Hepes缓冲液和胶原酶液，使其在肝内达到37 ℃。

（2）给大鼠（180～200 g）腹腔注射巴比妥钠（1 μL/g），从股静脉注射肝素（1 000 U）。打开腹腔，在门静脉的肝外5 mm处松松的放置一个结扎线环，将血管套管插入至肝脏，结扎。快速切开肝下血管以免压力过高，灌注500 mL无钙Hepes缓冲液，流速为30 mL/min（将蠕动泵流速调至30 mL/min），数秒钟内肝脏即变白。

（3）灌注300 mL胶原酶液，流速为15 mL/min，持续20 min，肝脏肿大。

（4）切下肝脏，用Hepes缓冲液清洗，切开肝纤维囊，收集消化清洗液并混入100 mL Leibovitz L 15培养液中，该悬液中含大量肝细胞。

（5）用两层纱布或60～80 μm尼龙筛过滤细胞悬液，静置，使活细胞沉降20 min（室温下）去除含组织碎屑和死细胞的上清液（约60 mL）。

（6）低速离心法清洗细胞（50 g，40 s）3次以去除胶原酶、破坏了的细胞以及非肝实质来源的细胞。

（7）将细胞收集在培养液F12中（含0.2%牛血清白蛋白、10 μg/mL牛胰岛素），$CO_2$孵箱内培养。

（8）传代培养：细胞长满时，先用BSS洗1～2次，再用1∶1的0.05%胰蛋白酶和0.025% EDTA混合液消化5～10 min，吸除消化液，轻轻洗细胞层，加适量培养液，用吸管吹打成细胞悬液，接种培养。

#### 5.1.7.3 猪肝脏原位灌注法

**概述**

这是近年来建立的一种较为完善的肝细胞培养体系，可获得较多肝细胞并长期培养。

**用品**

（1）本地杂种猪，体重5～10 kg，雌雄不限，1～2月龄。

（2）试剂：胰岛素、胰高血糖素、转

铁蛋白、氢化可的松、Ⅰ型胶原酶、台盼蓝、鼠尾胶原、肝素等。

(3)肝脏灌注液配制：灌注液Ⅰ(8.3 g NaCl、0.5 g KCl、0.22 g NaOH、2.4 g Hepes、双蒸水1 L，pH7.4)；灌注液Ⅱ(3.9 g NaCl、0.5 g KCl、2.6 g NaOH、0.53 g $CaCl_2$、24 g Hepes、0.5 g Ⅰ型胶原酶、双蒸水1 L，pH7.4~7.6)；灌注液Ⅲ(4.0 g NaCl、0.4 g KCl、2.1 g NaOH、0.136 g $CaCl_2$、0.13 g $MgCl_2$、0.1 g $Na_2SO_4$、7.2 g Hepes、6.5 g Tricine、6.9 g TES、双蒸水1 L，pH7.4)；灌注液Ⅳ(8.3 g NaCl、0.5 g KCl、0.11 g NaOH、0.136 g $CaCl_2$、2.4 g Hepes、双蒸水1 L，pH7.4)。

(4)24孔培养板、常规手术器械，150 μm、100 μm、80 μm滤网。

## 步骤

(1)猪肝细胞的分离培养：实验猪术前12 h禁食，用30 g/L的戊巴比妥钠按50 mg/kg腹腔注射麻醉，腹部备皮消毒，打开腹腔，暴露门静脉及下腔静脉，于下腔静脉内注射125 U肝素。

(2)分离门静脉、下腔静脉。门静脉分离后，分别行近心端和远心端插管固定，近心端供肝脏灌注用，远心端插管供抽取门静脉血用，每3~5 min抽吸1次，每次尽量抽取干净。分别结扎其远心端，近心端插管并固定，在肝静脉上端结扎下腔静脉。

(3)分别用经37 ℃水浴预热的灌注液Ⅰ、Ⅱ经门静脉、下腔静脉循环灌注，灌注流速为50~60 L/min，至肝脏变为苍白或黄白色，灌注时间约20 min左右。

(4)取下消化充分的肝脏，切开肝包膜，将消化分离的肝细胞悬液收集到经37 ℃水浴预热的Ⅲ液中。

(5)分别经150 μm、100 μm、80 μm滤网过滤，制备成粗制肝细胞悬液，然后以1 000 r/min离心3~5 min，共离心3次，把沉淀的肝细胞加入Ⅳ液中制备成肝细胞悬液备用。

(6)肝细胞培养：将肝细胞悬液移至无血清培养基中培养，亦可在术中收集到的门静脉血清中培养。取猪肝细胞悬液1 mL,含肝细胞的细胞密度为$3\times10^5$个，接种于已经铺好鼠尾胶原的24孔培养板中，并加2 mL含有100 μg/L胰高血糖素、100 μg/L转铁蛋白、200 μg/L氢化可的松、100 μg/L胰岛素、200 μg/L头孢他啶的无血清DMEM培养基或胎牛血清培养基中培养。

(7)置于恒温37 ℃、5% $CO_2$培养箱中培养，培养24 h后去除培养上清，用少量培养液冲洗培养细胞孔3次，加入3 mL含上述各因子的DMEM培养基继续培养，以后定期进行换液，每次换取新鲜培养基1 mL。

用上述方法还可获得啮齿动物(包括小鼠、兔、豚鼠及土拨鼠)的肝细胞，但需要根据肝脏的大小调整灌注液的量和流速。上述方法也可用于分离人肝细胞，所用Hepes液和胶原酶液的量分别为15 mL和1 000 mL，流速分别为30 mL/min和70 mL/min;若用于手术切除的肝脏，则可根据标本大小，调整灌注流速至15~30 mL/min;如果将收集到的细胞重新加胶原酶，37 ℃轻微搅动下培养10~20 min则可获得完全分离的单细胞悬液。

## 操作提示

(1)采用Percoll梯度离心法能够显著改善获取肝细胞的活性。

(2)用Matrigel胶、Ⅰ型胶原或纤维连接蛋白等基质成分包被培养皿底壁，有利于肝上皮细胞贴壁生长。

**结果及鉴定**

可根据细胞良好的屈光形态及台盼蓝（0.2%）排斥试验确认细胞活力，通常从一个大鼠肝中可获得（4～6）$\times 10^6$个活细胞。分离所得的肝实质细胞在悬液中能存活4～6 h，可用于短时间的试验。原代组织块培养一般3 d后组织块周围有生长晕出现，且逐渐向周围扩展，单层细胞3 d后已贴壁生长。光镜下可见培养的肝细胞呈三角形、圆形或类圆形，排列整齐，细胞界限清晰，胞质丰富透亮。细胞核有单核、双核，呈圆形或椭圆形，核仁清晰可见。

培养肝细胞在电镜下可见到细胞间毛细胆管，细胞质中有玫瑰花瓣样糖原颗粒、车轮状线粒体、大量粗面和滑面内质网。培养的细胞分泌白蛋白，并且随培养天数增加分泌量增加，至培养9 d时达峰值，随后又逐渐下降。

## 5.1.8 胰腺细胞

**概述**

将获取的胰腺标本修剪切碎后消化并使之浮于牛血清白蛋白溶液之上，经过3次分离离心，收集细胞，在水浴槽中用旋转法使细胞聚集（2～24 h），接种于涂布了胶原的培养皿，可获得体外培养的胰腺细胞。

**用品**

（1）摇动式培养箱；手术刀、眼科剪、镊等；锥形瓶：容积25 mL，经硅化处理；尼龙筛：孔径20 μm和40 μm；透析袋；5 mL或10 mL吸管；胶原涂布的培养皿。

（2）HBSS、无 $Ca^{2+}$、$Mg^{2+}$ HBSS（HBSS－DVC）、牛血清白蛋白（BSA）。

（3）培养液：F12组织培养液，加20%小牛血清；RPMI 1640培养基，添加10%胎牛血清；青霉素100 U/mL、链霉素100 μg/mL。

（4）Ⅰ型胶原酶：将胶原酶溶于HBSS－DVC（pH7.2～7.4），浓度1 800 U/mL，用20倍体积的HBSS－DVC 4 ℃透析过夜，过滤除菌，分装成10～20 mL储存液，保存于－70 ℃以下。

（5）胰蛋白酶（1∶250）0.25%，溶于柠檬酸盐缓冲液，每升含柠檬酸三钠3 g、葡萄糖5 g，pH 7.6。

**步骤**

（1）将等体积的胰蛋白酶液与胶原酶液混合成细胞分离液。

（2）无菌切取胰脏，放入HBSS，去除间质组织膜及其他多余组织，然后将胰脏切成1～3 $mm^3$的碎块。

（3）将5 mL预热的细胞分离液移入硅化的25 mL锥形瓶，在摇床中37 ℃、120 r/min搅动15 min，使大块组织沉降，用无菌尼龙筛（孔径40 μm）过滤上清液，该过程重复2～3次，每次都用新鲜的细胞分离液，至胰脏组织几乎全部消化分离。

（4）用孔径20 μm的尼龙筛再次过滤细胞悬液，过滤时可用轻微的负压吸引装置。

（5）收集过滤的细胞悬液于40 mL离心管，计数，250 g离心5 min，通常从0.4～1.0 g胰脏组织中可获得（5～10）$\times 10^7$个细胞。

（6）把细胞重新悬浮于10 mL HBSS－DVC中，在另外两个离心管中分别装入35 mL 4% BSA（溶于HBSS－DVC），在每一管BSA溶液上面轻轻地移入5 mL细胞悬液，100 g离心5 min，去除上清，在重复此过程两遍，注意每次离心前都将细胞重新悬浮。

(7) 收集细胞团块，移入 5 ~ 10 mL F12 培养液中，通常可得到（1 ~ 3）× $10^7$ 个活细胞（90%），其中 80% ~90% 为腺细胞。

(8) 将细胞悬液转移至硅化的 25 mL 锥形管中，每管 5 mL，5% $CO_2$，放在摇床或旋转培养箱中，37 ℃、转速 80 r/min 培养 2 ~24 h。

(9) 旋转培养后待细胞沉降聚集 3 ~5 h,去上清，用大口吸管将细胞团块重新悬浮在 F12 培养液中，计数。根据试验需要，细胞接种密度可为 $1 \times 10^2$ ~ $1 \times 10^5$/$cm^2$，24 ~48 h 细胞贴壁，以后形成集落。

**操作提示**

(1) 细胞贴壁后，用含有 10 ng/mL 的胰岛素、5 ng/mL 转铁蛋白、9 ng/mL 硒和 21 ng/mL EGF 的无血清 MEM 替代 F12，能维持胰腺细胞生长至少 2 周，且细胞形态不发生改变。

(2) 采用饲养层细胞培养技术，能显著促进细胞的生长。

**结果及鉴定**

培养的细胞多数为圆形或多边形，有时还可见到导管样结构。其中 30% ~40% 可判断为腺细胞，在光学和相差显微镜下都可以观察到酶原小滴。

用放射免疫检测（RIA）方法可测出上清液中有高浓度的胰岛素水平，免疫荧光标记羊抗人胰岛素抗体可观察到许多荧光反应阳性的胰岛细胞。

### 5.1.9 肾上皮细胞

**概述**

肾小管上皮细胞培养的要点是从基质中可以分离出肾小管细胞，因为这些细胞含有 D – 氨基酸氧化酶，能够在 D – 缬氨酸中生长，基质细胞则不可，用帘式电泳（curtain electrophoresis）和强力沉降法也可将肾小管细胞和基质细胞分开；用胶原酶消化切碎的肾脏组织 10 h 左右，再用吸管吹打则可获得肾小管及肾小球上皮细胞。可将此过程重复 2 ~3 遍以增加所获得的细胞数量，常规培养。

**用品**

(1) Wistar 大鼠，重约 50 g。

(2) RPMI 1640，新生小牛血清，0.2% 胰蛋白酶，胰岛素（5 μg/mL），氢化可的松（36 ng/mL），人转铁蛋白（5 μg/mL），表皮生长因子（10 μg/mL）等。

(3) 80 目、100 目不锈钢筛网或尼龙网，培养皿、培养瓶。

**步骤**

(1) 实验前 12 h 大鼠禁食，自由进水；处死后无菌取肾。

(2) 置于生理盐水的培养皿中（25 ℃），分离、剪碎肾皮质并置于 80 目不锈钢网筛，研磨并以生理盐水充分冲洗，网下液体倒至 100 目不锈钢筛网上，收集网上物于培养皿中，充分吹打后，离心 1 000 r/min，持续 10 min。

(3) 离心后弃上清液，加入 0.2% 胰蛋白酶 1.5 ~2.0 mL，充分吹打混匀消化液与离心物，置于 37 ℃ 振动水浴中，消化 20 min，离心 1 500 r/min，5 min，弃上清后加入 5 mL 含 10% 新生小牛血清的 RPMI 1640 培养液，充分吹打混匀后移入培养瓶中。在 37 ℃、5% $CO_2$ 细胞培养箱中培养。

(4) 原代培养第 5 至 6 天，细胞完全铺满瓶底。倒空瓶内培养液，加入少许无血清 RPMI 1640 培养液，摇动使之浸润所有细胞后倒出，滴加0.25%胰蛋白酶，液量能覆盖瓶底所有细胞即可，置孵箱中3～5 min，约85%细胞收缩、变圆、少许脱落，立即加入双倍量含10%新生小牛血清的RPMI 1640培养液，轻摇混匀，以弯头吸管顺瓶底依次轻轻吹打，离心1 500 r/min，5 min，弃上清，加入含10%新生小牛血清的RPMI 1640培养液，充分吹打混匀，细胞计数后分别装入培养瓶中传代培养。

（5）首次传代的细胞于传代后第2天贴壁，第5至6天更换培养液，第12至14天细胞铺满瓶底，可顺次传至第13至18代，其后细胞贴壁逐渐减少。

**操作提示**

培养的肾上皮细胞中可能混杂有成纤维细胞，可通过差速贴壁分离法去除成纤维细胞。

**结果及鉴定**

所获得肾小管和肾小球上皮细胞形态为多边鹅卵石样，体积较大，镜下透明度及折光性强，各细胞互相紧密衔接，可见融合成片及复层生长；较分散细胞贴壁后形态不一，体积增大，较为伸展，镜下透明度增大而折光减弱。免疫细胞化学染色角蛋白18阳性表达。

## 5.1.10 气管和肺泡上皮细胞

肺泡、支气管、气管细胞培养均有成功的报道，下面以正常动物或人气管上皮细胞和大鼠肺泡Ⅱ型上皮细胞培养为例介绍培养方法。

### 5.1.10.1 气管上皮细胞培养

**概述**

气道上皮细胞是功能活跃的细胞，不仅构成呼吸道的物理屏障，还具有对化学性毒物或药物的转化代谢作用，有自分泌或旁分泌功能，参与对毗邻细胞功能的调控。在有血清存在的培养条件下，正常人气管上皮细胞停止分裂，也不会最终分化。在无血清培养液（LHC－9）中接种气管组织碎块，可以促进气管上皮细胞的生长，同时抑制纤维细胞的生长。近年来，实验研究所用的气道上皮细胞主要以单纯机械刷洗法或单纯酶消化法获得，联合应用酶消化加刷洗法可增加获取细胞的数量。

**用品**

（1）培养液：RPMI 1640、DMEM、CMRL 1066或DMEM/Ham（1∶1）均可选用。

（2）动物或人的无瘤气管组织。

（3）塑料培养皿、无菌吸管（10 mL及25 mL）；无菌手术刀片、外科剪、半弯曲钳、手套；混合氧气（50% $O_2$、45% $N_2$、5% $CO_2$）、可控气室、摇床。

（4）人纤黏素/胶原/结晶的牛血清白蛋白（FN/V/BSA）（Lechner and Laveck，1985）溶于LHC基本培养液；0.02%胰蛋白酶和0.02% EDTA；1%聚乙烯吡咯烷酮（PVP）混合液。

**步骤**

（1）用1 mL FN/V/BSA混合液涂布6 cm培养皿底面，在湿化的36.5 ℃、$CO_2$培养箱中至少培养2 h，使涂布物固化，但勿超过48 h，真空抽吸后加入5 mL培养液。

（2）无菌条件下切除无瘤供体的肺组织，放入冰冷的L－15培养液中，运送至实验室，解剖出气管组织，此过程应在12 h内完成。

（3）培养前先在培养皿底面边缘用解剖刀刻画出1 $cm^2$正方形面积，去除该面积上的FN/V/BSA。

（4）把标本浸入L－15培养液，切开气管，切成1 $cm^2$正方形的片状。把片状组织块移入培养皿中刻画出的1 $cm^2$面积部位，上皮面向上，注意勿触及上皮面，以免损伤细胞，去除培养液，室温下静置3～5 min，使组织块贴附于培养皿底壁。

（5）每皿加入3 mL HB培养液，放入可控气室，向气室中注入混合氧气，把气室放在摇床上，以10 r/min摇动，使培养液即刻从组织块表面流过，36.5 ℃培养24 h后更换培养液及气室的气体，以后每2 d换1次，持续6～8 d，这样使组织避免了缺血引起的损伤，以利培养。

（6）用FN/V/BSA涂布皿底面真空吸引，用解剖刀在每个10 cm培养皿底面上刻画出7个1 $cm^2$面积将上述湿化的组织块上皮面向上接种于培养皿刻画出的范围内，无培养液室温下置3～5 h。每皿加入10 mL LHC－9培养液，在湿化的5% $CO_2$孵箱中培养，每3～4 d更换培养液。

（7）培养至8～10 d，上皮细胞从组织块长出范围超过0.5 cm时，将组织块移入新准备的FN/V/BSA涂布过并经刻画的培养皿，同样条件培养以长出上皮细胞，此过程可重复多达7次。

（8）传代培养时可用胰酶/EDTA/PVP消化法进行。

**操作提示**

气管上皮细胞培养目前多采用气液交界面培养的方法，该法更接近于生理气管上皮的生长环境，可培养出呈复层生长且分化更趋成熟的气管上皮细胞，因此在组织块贴附于培养皿底壁后，加入的培养基不宜过多，不宜完全浸没组织块，加入培养基的量以使培养基间歇流经上皮表面即可。

**结果及鉴定**

培养中的支气管上皮细胞排列紧密，呈多边形，培养大约3～6周纤毛开始形成。离体培养一定时间后，细胞形状发生变化，呈梭形或球形，纤毛结构退化或消失。上皮细胞特征性地表达角蛋白和上皮细胞膜抗原，电镜下可观察到上皮细胞的特征性结构如桥粒等。

### 5.1.10.2 大鼠肺泡Ⅱ型上皮细胞

**概述**

大鼠肺泡Ⅱ型上皮细胞简称AT－Ⅱ，对维持正常的肺功能发挥重要的作用。体外培养AT－Ⅱ是研究其特性的重要手段，由于培养难度较大，不易获得较高纯度细胞，培养后表型丧失快，尚无传代培养报道。

**用品**

（1）Wistar大鼠肺组织。

（2）培养基：DMEM中添加10%胎牛血清、2 mmol/L谷氨酰胺、10 mmol/L Hepes、100 U/mL青霉素、100 μg/mL链霉素。

（3）3%戊巴比妥钠10 mg/kg、肝素400 U/kg抗凝。

（4）肺泡灌洗液Ⅰ：包括140 mmol/L NaCl、5 mmol/L KCl、2.5 mmol/L $Na_2HPO_4 \cdot 12H_2O$、10 mmol/L Hepes、6 mmol/L葡萄糖、0.2 mmol/L EDTA，用无菌双蒸水配制，pH7.4。肺泡灌洗液Ⅱ：包括肺泡灌洗液Ⅰ，再加入2.0 mmol/L $CaCl_2$和1.3 mmol/L $MgSO_4$，混匀备用，肺泡灌洗液在使用时须预热到37 ℃。

（5）120目、200目滤网、培养皿或瓶、手术刀、眼科剪、镊。

（6）消化液和细胞分散液：0.25%胰蛋白酶、100 μg/mL的DNase和4%的胎牛血清。

（7）大鼠 IgG：用于包被培养器皿，目的是提高细胞纯度。临用时以 50 mmol/L 的 Tris 缓冲液（pH 9.3）稀释配制。

#### 步骤

（1）Wistar 大鼠麻醉，抗凝，气管插管，放血活杀。经肺动脉用肺泡灌洗溶液Ⅱ洗肺，气管通气 8 次，用溶液Ⅰ、Ⅱ分别经气管插管灌洗肺，用溶液Ⅱ灌洗胸腔。

（2）取出心肺、气管，经气管插管注入 0.25% 胰蛋白酶 20 mL，37 ℃水浴 20 min。在含有 4 mL DNase 的小烧杯中剪碎肺组织。然后加入 5 mL 胎牛血清、溶液Ⅱ20 mL 后倒入烧瓶，37 ℃水浴并晃动 5 min。

（3）120、200 目滤网过滤，离心后弃上清，重悬细胞。将悬液加入已用大鼠 IgG 包被的 DMEM 培养瓶中培养 3 h。

（4）收集细胞悬液，以 400 g 离心 8 ~ 10 min，弃上清，再用无血清的 DMEM 培养液漂洗 1 次，用 20% 胎牛血清 DMEM 培养瓶悬浮细胞，计数并进行细胞活力的测定。

（5）以适当的密度接种于培养瓶或培养板中，24 h 后更换培养液继续培养。

#### 操作提示

（1）肺泡灌洗液充分的灌洗应充分，使用 IgG 包被培养皿底壁，均有助于上皮细胞的纯化，清除巨噬细胞、淋巴细胞和中性粒细胞的污染。

（2）肺是一个开放性器官，容易出现细菌污染，因此取材时需注意无菌操作，在早期培养时应使用含抗生素的培养液，此外，灌洗液中加入抗生素也可降低细菌污染的风险。

#### 结果及鉴定

原代培养 18 ~ 24 h 后，Ⅱ型肺泡细胞大量贴壁，培养 36 ~ 48 h 细胞伸展呈多形性，并相互连接成单层细胞，细胞内出现大量反差明显的颗粒，72 h 后颗粒逐渐减少，5 ~ 7 d 后颗粒减少甚至消失。

电镜下可清楚观察到胞质中粗面内质网和高尔基复合体等细胞器，可见不均匀地分布在核周的大小不一的褐色的嗜锇小体（板层小体）；组织细胞化学方法检测Ⅱ型肺泡细胞碱性磷酸酶活性，可观察到胞质中有较多分布不均，大小不一的蓝色颗粒；免疫组化染色肺表面活性物质相关蛋白 A 阳性。

### 5.1.11 唾液腺上皮细胞

#### 概述

唾液腺细胞培养的主要目的是获得分泌单位的上皮细胞，包括导管上皮细胞、肌上皮细胞和腺泡上皮细胞。在一般培养条件下所获得的细胞是混合在一起的上述多种细胞，如果要得到其中的一种细胞，则需要用细胞克隆技术。常规组织块法培养可获得唾液腺细胞，但立体培养法更能模拟体内情况，现以腮腺细胞立体培养法为例说明唾液腺细胞培养的基本方法。

#### 用品

（1）常规酶消化法原代培养器械和器皿。

（2）24 孔培养板、Millicell（圆形微孔膜培养小室，小室直径 10 mm，膜的微孔直径 0.4 μm）。

（3）Matrigel（人工制备的细胞外基质）原液、0.25% 胶原酶、Hanks 液。

（4）培养液：DNEM/F12（1:1），含 10% 胎牛血清、5 μg/mL 胰岛素，5 μg/mL

转铁蛋白，10 ng/mL EGF，100 ng/mL 氢化可的松，10 ng/mL 霍乱毒素。

（5）人或动物新鲜腮腺组织。

### 步骤

（1）用不含血清的培养液将 Matrigel 原液稀释 8 倍，每个 millicell 中加入 100 μL,无菌条件下风吹干，或在无菌条件下自然干燥，然后将 millicell 置入 24 孔培养板（每孔一个）。

（2）切取腮腺实质性部分，经 Hanks 液清洗后剪切成 1 $mm^3$ 碎块，按常规酶消化法在 0.25% 胶原酶中消化，筛网过滤，离心，收集细胞，用培养液制备细胞悬液 ($2\times10^4$/mL)。

（3）在每个 millicell 中加入 0.5 mL 细胞悬液，millicell 孔外 24 孔培养板孔内加入培养液，使之与 millicell 孔内液面平齐。

（4）常规培养，24 h 后更换培养液，以后每隔 1 d 更换培养液 1 次。

### 操作提示

（1）涎腺上皮细胞培养的关键在于：无血清培养基，低 $Ca^{2+}$ 浓度，以及低胰蛋白酶浓度。

（2）Matrigel 包被培养皿底壁有利于涎腺上皮细胞的贴壁生长。

### 结果及鉴定

按上述方法培养所获得的细胞包括腺泡上皮细胞、导管上皮细胞、肌上皮细胞等。腺泡上皮细胞在培养中为多角形，细胞内含酶原颗粒，表达角蛋白、淀粉酶、对氨基水杨酸（PAS)。导管上皮细胞形态为上皮样，不含酶原颗粒，表达角蛋白、前角蛋白、导管上皮膜蛋白和分泌成分（SC)。肌上皮细胞呈星形、三角形或梭形，细胞内含肌丝，表达肌凝蛋白、肌动蛋白和 S－100 蛋白。有成功传代培养的报道。

## 5.2 内皮细胞

### 概述

内皮细胞在血管内形成单层内表面。用于内皮细胞培养的标本多为牛主动脉，牛肾上腺皮质毛细血管，鼠脑皮质毛细血管，人脐静脉以及人皮肤和脂肪的毛细血管。培养方法主要是用胶原酶消化分离血管内皮细胞，然后培养在铺有明胶基质的培养器皿内，如果标本来源是毛细血管，培养液中需加有丝分裂剂，如来源是大血管，则不需要。

### 用品

（1）无菌条件下切取血管，长 10 cm，直径约大于 5 mm。

（2）混合消化液：0.25% 胶原酶 5 份和 0.1% 胰蛋白酶 1 份混合。

（3）M199 培养液：加 20% 胎牛血清和抗生素。

（4）直径 10 cm 的培养皿或 75 $cm^2$ 培养瓶内底面铺 1.5% 明胶（溶剂为 PBSA)，培养过夜，去除多余明胶，加入培养液和血清，培养至细胞接种时。

（5）小血管钳和锐利眼科剪。

### 步骤

下面以牛胸主动脉为例介绍血管内皮细胞培养方法。

（1）无菌条件下取动脉放血处死的新生牛胸主动脉 10 cm。

（2）超净台内剔除动脉外膜上的脂肪组织，结扎肋间动脉残端和主动脉细段。用长血管钳外翻动脉内膜。PBSA 液冲洗动脉内膜上的血液。

（3）动脉浸入混合消化液，37 ℃ 水浴，消化 20～30 min。

（4）弃动脉，加含 20% 胎牛血清

M199 培养液终止消化。

（5）将收集到的消化液以 1 000 r/min 速度离心 5 min，在培养液中洗 2 次。

（6）收集细胞，重新悬浮于培养液中，接种于铺有明胶的培养皿或瓶中。

（7）细胞长满后可用常规胰蛋白酶消化法传代培养，更换培养液时每次换原培养液 1/2 ~ 2/3 为好。

**操作提示**

放入培养皿中的消化液不宜过多，消化时间不宜过长，避免将内皮细胞以外的其他各层组织细胞消化下来。

**结果及鉴定**

获得典型上皮样细胞，可传代培养。内皮细胞能分泌第 8 因子（factor Ⅷ），细胞内含有 Weibel – Palade 小体，吞噬低密度乙酰脂蛋白，表达内皮细胞特异性表面抗原。

## 5.3 神经外胚层细胞

神经组织的体外培养主要包括神经元和神经胶质细胞的培养。

### 5.3.1 神经元细胞

**概述**

神经元细胞的体外培养一般取材于胚胎动物神经组织或新生动物脑组织，取材部位为中枢神经系统的皮质组织或周围神经的神经节。神经元细胞培养需要极高的营养条件，培养皿也需要经过特殊的处理，胶原、多聚 L – 赖氨酸（poly – L – lysine）有利于神经元细胞的生长，神经生长因子（NGF）、有丝分裂抑制剂（阿糖胞苷、5 – 氟脱氧尿嘧啶）可以防止非神经元细胞的生长，促进神经元细胞的生长。

**用品**

（1）新生大鼠脑组织。

（2）培养基：一般以 DMEM 与 F12 混合培养基（1∶1）作为基础培养基。培养基中可添加谷氨酰胺 5 mmol/L、Hepes 10 mmol/L、$NaHCO_3$ 2.2 g/L、青霉素 100 U/mL、链霉素 100 μg/mL、葡萄糖 30 mmol/L、胰岛素 100 mU/L、热灭活胎牛血清 10%。

（3）消化液：Ⅱ型胰蛋白酶（0.025% 胰蛋白酶溶于 HBSS）。

（4）Hanks 平衡盐溶液，其中加入牛血清白蛋白 3g/L。

（5）聚 L – 赖氨酸（分子量大于 300 000）、硅胶（Aquasil Pierce 42799）、阿糖胞苷。

（6）12 mL、50 mL 试管、手术器械、水浴箱、3.5 cm 培养皿、Pasteur 滴管、10 mL 移液器。

**步骤**

（1）硅化 Pasteur 滴管：用去离子蒸馏水稀释硅胶液，使浓度达 0.1% ~ 1%，将滴管浸入该溶液，或用溶液冲洗内面，空气干燥 24 h 或 100 ℃ 干燥数分钟，消毒。

（2）聚 L – 赖氨酸处理培养皿：用蒸馏水溶解聚 L – 赖氨酸（10 mg/L），过滤除菌，在每个 3.5 cm 培养皿中加入 1 mL，静置 10 ~ 15 min 后除去溶液，加入适量培养液，将培养皿放入培养箱至少 2 h，接种细胞。

（3）无菌条件下取新生至 1 d 大鼠，断头处死取出大脑皮层，剪至 0.5 $mm^3$ 碎块。

（4）将脑碎块移入 12 mL 试管，用 HBSS 液洗涤 3 次，每次洗涤后使组织块沉降到底，弃除洗涤液。

（5）加入 0.025% 胰蛋白酶，于37 ℃下水浴箱中消化 10 ~ 15 min。

（6）将胰蛋白酶消化液移入 50 mL 试管，再加入 20 mL 完全培养液终止消化。

（7）将上述混悬液通过硅化的巴氏滴管，充分捣碎组织，至得到单细胞悬液为止；也可采用逐步胰蛋白酶消化法、尼龙筛过滤法获得单细胞悬液。

（8）静置 3 ~ 5 min，组织块沉降至试管底后用巴氏滴管将其除去，离心 500 r/min，5 min，弃上清。

（9）用培养液重新悬浮细胞，接种于 3.5 cm 培养皿，每皿接种（2.5 ~ 3.0）× $10^6$/mL。置 37 ℃、5% $CO_2$ 孵箱中培养 48 h，全量换液并加入 5 μmol/L 阿糖胞苷抑制非神经元的增殖，此后每 2 d 半量换液。

**操作提示**

（1）神经元细胞培养需要极高的营养条件，注意在培养液中需加入高浓度的葡萄糖，有利于神经元细胞的生长。

（2）如需维持神经元细胞较长时间的生长，可将盖玻片放在单层神经胶质细胞支持物上进行培养。

**结果及鉴定**

体外培养单纯的神经元细胞在 6 ~ 7 d 内胞体饱满且轴突较清晰，胞体较大，有较明显的细胞核，胞质较透亮，在 10 ~ 12 d后开始发生自然死亡，很难传代培养。

神经元特异性烯醇化酶（NSE）免疫组织化学染色，用 DAB 等显色时，绝大部分细胞胞体及轴突呈棕黄色阳性染色。

### 5.3.2 神经胶质细胞

**概述**

与神经元细胞相比，神经胶质细胞在体外较容易培养生长。用常规的组织块法、胰酶消化法、胶原酶消化法均可从幼年或成年的动物或人的脑组织标本中培养出神经胶质细胞，而且生长稳定，不易发生自发转化，可建立起传代的二倍体细胞系。主要取材部位为中枢神经系统的灰质组织。

**用品**

（1）新生小鼠脑组织。

（2）培养液：DMEM/F12 混合培养基（1∶1，V/V），可加入促有丝分裂剂表皮生长因子 10 ng/mL，氢化可的松 50 nmol/L，胰岛素 50 μg/mL 等。

（3）Hanks 液、0.25% 的胰蛋白酶。

（4）孔径为 73 μm 的尼龙筛、培养瓶或培养皿、吸管、试管、烧杯、手术剪、手术刀、镊等。

**步骤**

（1）无菌条件下切取小鼠脑组织，放入含 Hanks 液的培养皿中，剥除脑膜，取脑灰质部分。

（2）将脑组织移入另一培养皿，用 Hanks 液洗涤 2 ~ 3 次，移入试管加约 40 倍体积的 Hanks 液，用吸管反复吹打，获得单细胞悬液。静置 10 min 后弃上清液，重复该过程 3 次。

（3）将最后一次的沉降物加入适量培养液，通过孔径为 73 μm 的尼龙筛过滤，收集细胞悬液，调整细胞密度，以 1 × $10^4$ ~ 1 × $10^6$/$cm^2$ 的细胞密度接种于培养瓶，置37 ℃、5% $CO_2$ 孵箱中培养，细胞长满后传代培养。

**操作提示**

通过上述方法得到的原代细胞主要包含星形胶质细胞和少突胶质细胞的混合细胞，在培养过程中，星形胶质细胞的比例逐渐增大，可通过振荡纯化的方法获得纯化的星形胶质细胞。

**结果及鉴定**

神经胶质细胞贴壁缓慢，初期生长慢，而且混有其他种类细胞，经数次传代后可逐渐形成单一的单层生长的胶质细胞。体外培养的胶质细胞胞体较大、扁平，形状不规则，胞质较丰富，初级胞突较多而长。

免疫组化染色检测胶质细胞特有的胶质原纤维酸性蛋白阳性，抗 A2B5 抗体染色阳性。

### 5.3.3 黑色素细胞

**概述**

黑色素细胞来源于神经嵴的树突细胞，是表皮细胞的主要细胞成分之一。黑色素细胞培养对研究和治疗色素异常性皮肤病有重要意义。由于其数量在正常人体表皮中所占的比例仅为 3% ~7%，因此，在体外培养中获得纯度较高的黑色素细胞的关键是在分离和培养过程中去除混杂的角质细胞和成纤维细胞。

**用品**

（1）临床活检获取的正常人皮肤组织或新生儿阴茎包皮。

（2）眼科剪、眼科镊、手术刀、培养皿、吸管。

（3）D - Hanks 溶液、PBS、0.25% 胰蛋白酶。

（4）培养液：DMEM 和 Ham's F12 各一份混合，添加 10% 胎牛血清、谷氨酰胺 6 mmol/L、胰岛素 5 μg/mL、表皮生长因子 5 ng/mL、青霉素 100 U/mL、链霉素 100 μg/mL、二性霉素 0.5 μg/mL、TPA（十四烷酰法佛醋酸酯）10 ng/mL。亦可用黑色素细胞培养液，即 MCDB153 培养基：MCDB153 为基础，加入 2 mmol/L $CaCl_2$、以 4∶1 比例添加 Leibovi L - 15、2% 胎牛血清、胰岛素 5 μg/mL. 表皮生长因子 5 ng/mL、TPA 10 ng/mL、牛垂体提取液 40 μg/mL。

**步骤**

（1）无菌切取皮肤组织，用 70% 乙醇浸泡 30 min，用 D - Hanks 溶液冲洗，剪去皮下和脂肪组织。

（2）剪切成 0.5 $cm^2$ 小片，放入含 0.25% 胰蛋白酶平皿内，使表皮面向上，在 4 ℃冰箱中消化 18 ~24 h。

（3）弃去消化液，用 D - Hanks 溶液冲洗。

（4）当表皮层与真皮层分离时，表皮层为浅棕色，真皮层为白色，观察到标本边缘表皮与真皮分离时将其移入另一 10 cm塑料平皿，真皮表面向下用 5 mL 含血清完全培养液冲洗，用两个弯镊轻轻地将表皮剥脱，放入含 20 mL 培养液的 50 mL离心管中，用吸管反复吹打，丢弃真皮。

（5）室温下，用 D - Hanks 溶液离心洗涤分散细胞悬液 3 次（每次 2 000 r/min，5 min），洗涤时弃去可能含有角质层的上清液。

（6）细胞沉淀后，用黑色素细胞生长培养基重新悬浮细胞，并进行细胞计数，以 $2\times10^5/cm^2$ 细胞密度接种，于 37 ℃、5% $CO_2$ 条件下培养 48 ~72 h。每 3 d 更换 1 次培养液，若成纤维细胞生长过多，可用含 200 μg/mL 的 G418（geneticin）的培养基处理 2 ~ 3 d，抑制成纤维细胞的生长。

**操作提示**

黑色素细胞培养的难点在于去除混杂的角形成质细胞和成纤维细胞，使培养液

中的 $Ca^{2+}$ 浓度降低至0.03 mmol/L可防止成纤维细胞的过度生长，且对黑色素细胞的生长无不良影响。

**结果及鉴定**

接种后24～48 h即可贴壁，一般在培养第2天即可见到黑色素细胞，起初细胞呈梭形，两端各有一个相对称的树枝状突起，随着细胞的增殖，突起将更见明显。培养初期可见混杂生长的角化细胞和成纤维细胞，3周后可获得大量纯化的黑色素细胞。

黑色素细胞具有产生黑色素的功能，多巴胺反应阳性。

## 5.4 中胚层细胞

本节讨论胚胎中胚层来源的细胞培养，但造血系统细胞培养将在另外一节中讨论。

### 5.4.1 结缔组织细胞

在细胞培养中，结缔组织细胞最容易生长，不需要特殊条件，常规培养即可。这些细胞往往统称为成纤维细胞，目前尚无确切的分类。成纤维细胞系，例如鼠来源的3T3系，可分泌Ⅰ和Ⅲ型胶原，大量分泌Ⅲ型胶原则是结缔组织细胞的特点。结缔组织细胞，特别是小鼠胚胎纤维细胞，可能向几个方向分化，3T3细胞还可被诱导分化为脂肪细胞。人、仓鼠和鸡的成纤维细胞在培养器皿中长满时呈梭形，而小鼠成纤维细胞则可为铺路石状（pavement - like）。NIH3T3细胞在高密度生长情况下呈现为梭形。

### 5.4.2 脂肪组织细胞

**概述**

脂肪细胞是终末分化细胞，从脂肪组织中分离培养的细胞多被称为“前脂肪细胞”，与脂肪细胞不易鉴别。目前报道的培养成功的前脂肪细胞来源于人、鼠、羊等。

**用品**

（1）常规组织块法所需器具及培养器皿。

（2）F12或DMEM培养基，含20%小牛（或胎牛）血清。

（3）PBS（pH7.2）。

（4）胰岛素、地塞米松。

**步骤**

（1）切取纯净脂肪组织，用PBS洗涤，剪成0.5～1 $mm^3$ 大小均匀的颗粒，加入适量PBS或培养液，离心1 000 r/min、10 min。

（2）取上层纯脂肪颗粒，轻轻地铺在干燥的培养瓶底壁上，静置3～5 min，脂肪颗粒黏附牢固后缓慢加入培养液，常规 $CO_2$ 孵箱内培养，5～7 d可见较多短梭形样细胞，更换培养液，继续常规培养。

（3）单层细胞长满瓶底1/2以上时可传代培养，培养液中加入胰岛素10 μg/mL、地塞米松1 μmol/L。

酶消化法也可用于前脂肪细胞原代培养，要点是将切成碎块的脂肪组织用胶原酶消化，3～5层纱布过滤，用密度为1.048～1.075的梯度离心液离心2 500 r/min，10 min，可获得纯化的前脂肪细胞，常规 $CO_2$ 孵箱内培养。

**操作提示**

（1）取材时应仔细剥离尽可能去除血

管和脂肪周围的其他结缔组织。

(2) 用明胶或胶原蛋白包被培养皿底壁，有利于脂肪细胞贴壁生长。

#### 结果及鉴定

获得前脂肪细胞，可能混有脂肪细胞。能分裂增殖的是前脂肪细胞，可以传代培养。

前脂肪细胞和脂肪细胞有以下共同特点。

(1) 在相差显微镜或光学显微镜下观察，细胞为短梭形、椭圆形或圆形，胞质内含丰富的脂滴。

(2) 油红 O 染色阳性，并可测得较高脂肪含量。

(3) 细胞内含甘油磷酸脱氢酶(GPDH)。

### 5.4.3 肌肉组织细胞

#### 概述

3 种肌细胞都可用组织块法或酶消化进行原代培养，在培养过程中还观察到分化的不同阶段。心肌细胞在培养的最初几天还具有自动节律性收缩功能，传代培养时可能逐渐丧失这种功能。平滑肌细胞可通过胰蛋白酶或胶原酶消化法从血管壁、气管壁及肠壁等获得。肌细胞含有数种抗原标记物，如肌浆球蛋白、原肌凝蛋白等。肌动蛋白可在大多数细胞中发现，但并非肌细胞的特有标记物；肌细胞分化时肌酸磷酸激酶活性升高。骨骼肌和心肌的最明显特征是自动收缩，在倒置显微镜下即可观察到。下面以骨骼肌细胞为例介绍培养方法。

#### 用品

(1) 剪刀、钳、解剖刀、通用容器或离心管、塑料盒、离心机、吸管。

(2) 6 cm 培养皿、25 $cm^2$ 培养瓶。

(3) 含抗生素的 PBSA、无血清培养液（F10 与 DMEM，1∶1）加 10% 胎牛血清、胶原酶（2 000 U/mL）。

(4) 3～4 d 龄大鼠。

#### 步骤

(1) 断颈法处死大鼠，70% 乙醇清洗，无菌纸拭干。无菌条件下剥皮，分别从肩关节和髋关节处解剖四肢，切除爪，将四肢置入 PBSA 抗生素液中，容器应保持冰冷。把容器移入超净工作台中，去除 PBSA 液，将四肢移入另一无菌容器，用含抗生素 PBSA 洗 4 遍，每次用 20 mL。

(2) 把四肢放入无菌平皿中，加入 5 mL无血清培养液，再向另一个皿中加入 5 mL 无血清培养液，在第一个皿中修剪掉脂肪和骨骼后，把所得肌组织移入第二个皿，切成 1 $mm^3$ 左右碎块，移入无菌容器。

(3) 静置 5 min 使组织块沉降，去除培养液，重新加入无血清培养液 10 mL，用吸管移至 25 $cm^2$ 培养瓶。加入胶原酶(2 000 U/mL)，37 ℃培养 24 h。

(4) 强力吹打使组织分散，将悬液移入离心管 500 g 离心 5 min。

(5) 去除上清，用含 10% 胎牛血清和抗生素（不用链霉素）的培养液重新悬浮细胞，高密度条件下接种在培养皿中，从 1 只鼠获得的细胞足够接种 7～8 个 6 cm平皿。

(6) 将平皿放入塑料盒中，然后置于 37 ℃的培养箱中，每日更换培养液。

#### 操作提示

由于骨骼肌细胞培养的可重复性较差，并且细胞对外部因素的反应比较敏感，因此应尽量争取在同一批次培养物中进行研究。

**结果及鉴定**

培养4～5 d后在相差显微镜下可观察到肌细胞呈梭形，有细胞融合现象和自动收缩。原代细胞长满后可传代培养。

通过检测肌凝蛋白重链可对细胞作定性分析。

用同样的方法可以培养平滑肌和心肌细胞。

### 5.4.4 软骨细胞

**概述**

软骨分为生长部和休止部，从这两部分都可以分离出软骨细胞并在体外培养条件下生长。体外培养的休止部软骨细胞形状与纤维细胞相似，无形成软骨基质的能力，对刺激软骨和骨生长的激素、维生素及其他物质不敏感，显示了终末分化细胞的特性。生长部软骨细胞在体外培养条件下代谢较活跃，具有形成软骨基质的功能和成骨细胞的某些特性。软骨细胞埋藏于致密的糖蛋白软骨基质中，必须经过一系列酶消化，才能获得少量细胞，在呈弱碱性并增加 $Mg^{2+}$ 浓度的培养液中易于生长。操作要点是：切碎软骨组织，用透明质酸酶、胰蛋白酶和胶原酶消化两遍以除去基质，再用胶原酶长时间消化，收集细胞，按常规贴壁单层细胞培养法培养于弱碱性的F12培养液中，并增加其中的 $Mg^{2+}$ 浓度。

**用品**

除常规培养器具外，尚需以下特殊用液：

（1）Gey平衡盐溶液（GBSS pH 7.0），为防止污染可加入抗生素，如100 U/mL青霉素、100 μg/mL链霉素或50 μg/mL庆大霉素、100 μg/mL制霉菌素。

（2）F12培养液加12%胎牛血清、2.3 mmol/L $MgCl_2$、100 U/mL青霉素、100 μg/mL链霉素，pH7.6。

（3）0.5%睾丸透明质酸酶，溶于GBSS，加入青霉素100 U/mL，链霉素100 μg/mL。

（4）0.2%胶原酶，溶于GBSS。

（5）0.2%胰蛋白酶，溶于GBSS。0.25%胰蛋白酶，溶于无 $Ca^{2+}$、$Mg^{2+}$ 的生理盐水。

**步骤**

（1）把适量软骨标本放入10 cm无菌玻璃平皿中，倒入GBSS淹盖标本为止。用解剖刀将软骨切成1～2 $mm^3$ 的小块，移入第二个玻璃平皿，并用GBSS淹盖。

（2）收集全部切碎的软骨，除去GBSS,加入4 mL透明质酸酶，室温下作用5 min。除去透明质酸酶，另外加入8 mL新鲜透明质酸酶室温下作用10 min。除去透明质酸酶，用5 mL GBSS洗组织碎块2次，然后移入25 mL螺口试管中。

（3）去除GBSS，用胰蛋白酶洗组织碎块2遍，每次用2 mL。去除用过的胰蛋白酶，再加新鲜胰蛋白酶4 mL，37 ℃，搅拌状态下培养30 min。去除胰蛋白酶，用GBSS清洗2遍，每次用5 mL。

（4）用0.2%胶原酶2 mL清洗5 min，去除清洗液。加入4 mL胶原酶，37 ℃培养30 min，去除上清液。加入4 mL胶原酶，37 ℃，培养90 min。

（5）将上清液收集，600 g离心8 min,获得细胞团。

（6）把细胞悬浮于8 mL F12培养液中（含20% FBS），180 g，离心1 min以去除未消化的软骨基质。

（7）将上清移入另一管，600 g离心10 min，收集细胞。

(8) 把细胞悬浮于 8 mL F12 培养液中(含 12% FBS)在 75 $cm^2$ 培养瓶中培养,添加培养液到 12 mL。

如果组织量多,可重复4~8操作。

**操作提示**

(1) 软骨细胞可长期培养,但前3代的细胞仍保持软骨细胞的生物学特征,但如果长期培养,细胞会变成梭形,生长能力降低。因此最好利用前3代的软骨细胞。

(2) 培养获得的软骨细胞可放于液氮中冷冻保存,冷冻可降低软骨细胞的抗原性。

**结果及鉴定**

体外培养的软骨细胞为多角形,很像上皮样细胞,可形成具有折光性的细胞外基质。原代细胞长满后可传代培养。

软骨细胞可以特异性地合成葡萄糖胺聚糖(GAG)、Ⅱ型和X型胶原,并具有碱性磷酸酶活性,免疫组织化学染色呈阳性反应,也可测定出其量。细胞外基质经甲苯胺蓝染色呈异染性。

## 5.4.5 骨细胞

骨细胞是一种终末分化的细胞,埋藏于骨基质之中。目前尚未见到从皮质骨中分离培养出纯骨细胞的报道,只是在进行胎鼠或鸡胚颅盖骨成骨细胞培养时见到少量星状细胞,可形成花边样网状结构。在某些激素(如甲状旁腺素)的作用下,或去除培养液中血清的条件下,这些细胞可变为圆形,二羟基维生素 D,可以刺激某些成骨样细胞变为星状。Nijweide PJ (1986) 制备出抗骨细胞的特异性单克隆抗体 OB7.3,进一步证明了这些星状细胞确实是骨细胞。骨细胞可以和成骨细胞一起从胎鼠或鸡胚颅盖骨上分离出来,也可能在体外培养过程中由成骨细胞分化而来。这些 OB7.3 阳性细胞刚分离出来时为圆形,贴壁生长后变为星形,具有胞质突起,数日后胞突连成网状,使星形细胞相互连接,或与其他类型的细胞连接,不依赖于细胞外基质。未观察到这种细胞的有丝分裂相。

## 5.4.6 成骨细胞

成骨细胞包绕在硬组织中,致使处理困难,用骨组织块法、酶消化法、骨膜组织块法、骨髓培养法以及薄层骨片经EDTA处理并经胶原酶消化,均可分离培养成骨细胞。

### 5.4.6.1 骨组织块培养法

**概述**

把切碎的骨组织块放入培养瓶,按常规组织块法进行培养。如在培养液中加入抗胶原血清,可抑制成纤维细胞成长,但对成骨细胞生长无影响;常用骨小梁或新生鼠、兔、人胚胎颅盖骨标本。

**用品**

同常规组织块法。

**步骤**

(1) 取手术获得的骨标本,室温下用无菌生理盐水冲洗数次,如不能立即使用,可浸泡于含 12% 胎牛血清及青霉素、链霉素的 Ham's F12 培养液中,放在 4 ℃ 冰箱过夜。

(2) 用平衡盐液(含 100 U/mL 青霉素和 100 μg/mL 链霉素)冲洗标本。

(3) 在培养皿中切下标本上的骨小梁,将骨小梁放入第2个皿。

(4) 加入 10 mL Hanks 液浸没骨小梁组织,洗数次除去血污及脂肪。

（5）在25 $cm^2$的培养瓶中加入2 mL完全培养液，在$CO_2$孵箱中预培养20 min使培养液匀化，必要时可用$CO_2$、4.5% $NaHCO_3$或HCl调pH值。

（6）把骨小梁组织切成1～3 $mm^3$的碎块。

（7）从预培养的瓶中除去培养液，重新加入2.5 mL新鲜Ham's F12培养液，移入25～40个骨小梁组织块将培养瓶竖放或瓶底向上，用组织接种环将骨小梁碎块均匀地铺散在培养瓶底壁上，37 ℃，培养2 h后轻轻将瓶底翻转向下，继续培养5～7 d，观察细胞生长情况，酌情换液，为避免组织块从瓶底脱落，移动培养瓶时要轻缓。

（8）细胞长满时可除去组织块，用胰蛋白酶消化离心法收集细胞，传代培养。

#### 5.4.6.2 骨膜组织块培养法

将手术切取的骨膜标本清洗后切成碎块，按一般组织块法进行培养。

#### 5.4.6.3 酶消化培养法

**概述**

将小梁骨切成2～5 $mm^3$的小块，置于胶原酶和胰蛋白酶中消化，获得细胞悬液，接种培养。

**用品**

（1）常规培养器具、解剖刀、钳等。

（2）Ham's F12培养液，加12%胎牛血清、2.3 mmol/L $Mg^{2+}$、100 U/mL青霉素、100 μg/mL链霉素。

（3）胰蛋白酶液：125 mg胰蛋白酶溶于50 mL无$Ca^{2+}$，$Mg^{2+}$的Hanks液中，调pH至7.0，过滤除菌，用Pyrex管（硬质玻璃管）分装成5 mL及10 mL，储存于－20 ℃备用。

（4）骨细胞消化液：

a液：NaCl 8.0 g，KCl 0.2 g，$NaH_2PO_4 \cdot H_2O$ 0.05 g，溶于100 mL蒸馏水。

b液（胶原酶－胰蛋白酶液）：Ⅰ型胶原酶137 mg，胰蛋白酶50 mg溶于10 mL a液中，调整pH至7.2，加蒸馏水至100 mL，过滤除菌，制得骨细胞消化液，分装为10 mL，储存于－20 ℃。

（5）9 cm培养皿，25 $cm^2$或75 $cm^2$培养瓶。

**步骤**

（1）无菌条件下用a液反复洗涤小梁骨标本以去除脂肪组织，再用a液冲洗去除残余血和脂肪细胞。

（2）切碎骨标本制成2～5 $mm^3$碎块，用含胎牛血清的培养液再洗涤。把洗涤过的骨碎块放入骨细胞消化液b中，消化液的量至少要全部浸没骨碎块，在带磁力搅拌的容器中室温下消化45 min。

（3）弃除首次消化所得的悬液，因为其中主要含有成纤维细胞。再加入适量骨细胞消化液b，室温下磁力搅拌消化30 min。静置数分钟，收集消化液，去除碎骨块，室温下离心580 g，2 min。

（4）去除上清液，细胞计数，将细胞悬浮于含20%胎牛血清的Ham's F12培养液中，离心580 g，10 min，弃上清，用4 mL完全培养液重新悬浮细胞用于培养。

（5）用75 $cm^2$的培养瓶，含有完全培养液8 mL，置入$CO_2$孵箱预培养20 min。

（6）弃去预培养液，加2 mL完全培养液，然后加入4 mL消化所得细胞悬液，再加入6 mL完全培养液，使每瓶液体量达12 mL。

**操作提示**

如果切取的标本量多，可适当增加消化液的量、消化次数及消化时间（可延长至1～3 h)，每次消化后所得悬液可分别计数并分别培养。

#### 5.4.6.4 骨髓培养法

**概述**

骨髓单个核细胞主要为单核细胞和巨噬细胞，在体外培养条件下可分化为成骨细胞，随着培养时间的延长，95%以上的贴壁生长细胞表现出成骨细胞的特征。在原代培养时培养液中加入高浓度马血清可限制骨髓中造血干细胞的生长，有利于单个核细胞的生长和分化。

**用品**

(1) 常规组织块法器皿，20 mL 注射器。

(2) 100 U/mL 肝素，含30%马血清的 RPMI 1640 培养液，含10%胎牛血清的 MEM 培养液。

**步骤**

(1) 用于人骨髓培养时，以健康人志愿者为对象，局麻下用含有5 mL生理盐水和肝素（100 U/mL）的20 mL注射器从髂后棘抽取5～10 mL骨髓。用于动物时，可取管状骨骨髓。

(2) 将骨髓标本移入 Ficoll 梯度液中，离心，用吸管吸取单个核细胞部分，分散在含30%马血清的 RPMI 1640 培养液中，接种密度为 $3\times10^5/cm^2$，在37 ℃含5% $CO_2$ 的湿化空气中培养。

(3) 培养5 d时振荡培养瓶，吸除培养液，再加入培养液，振荡，吸除培养液，以便清除未贴壁生长的细胞。

(4) 对于贴壁生长的细胞，改用含10%胎牛血清的 MEM 培养液。

(5) 每周更换培养液1次，细胞长满时可用胰蛋白酶消化法收集细胞用于试验或进行传代培养。

**操作提示**

(1) 从新生动物或胚胎中切取的骨标本更容易获得成骨细胞。

(2) 骨组织块培养法多采用扁骨。

(3) 培养的成骨细胞中可能混杂有成纤维细胞，可通过差速贴壁分离法去除成纤维细胞。

**结果及鉴定**

获得可传代培养的成骨细胞。鉴定指标如下。

(1) 形态观察：酶消化法和骨组织块法培养生长的成骨细胞多为立方状，体积小，核圆。骨髓培养法初期细胞为圆形，含单个核，两周后主要为梭形，细胞长满时近似方形。骨膜培养法获得的成骨细胞为长梭形，与纤维细胞非常相似。

(2) 碱性磷酸酶（AKP）活性检测：碱性磷酸酶活性是成骨细胞分化成熟的重要标志之一，可采用细胞化学染色定量测定，并以同源的其他细胞（多用纤维细胞）为对照。成骨细胞碱性磷酸酶染色阳性，或可测得一定数值，同源的其他细胞染色阴性。

(3) 骨玻璃样蛋白（bone glass protein，BGP）检测：BGP是骨细胞的标志物之一，用 $^{125}I$ 标记的兔抗牛 BGP 抗体，通过放射免疫法可测定细胞中 BGP 含量。如果在测定前两天给细胞培养液中加入二羟基维生素 D3［1，25（OH）D3］$10^{-9}$ mol/L，可明显增加成骨细胞中 BGP 的含量。如果用免疫组织化学染色法，BGP 与抗体结合，被乙基咔唑染成棕色，多出现在细胞核周围。

(4) Ⅰ型和Ⅲ型原胶原测定：成熟的成骨细胞能合成Ⅰ型胶原，不能合成Ⅲ型胶原，Ⅰ型原胶原也是成骨细胞的标志物之一。免疫组织化学法染色Ⅰ型原胶原阳性反应主要出现成骨细胞核周围，也可用放射免疫法进行定量检测。在成骨细胞培养中，有时可见个别Ⅰ型原胶原阴性或Ⅲ型原胶原阳性的细胞，可能是因为培养中混杂少量未分化的间充质细胞。成骨细胞Ⅲ型原胶原检测为阴性。

（5）矿化检测：成骨细胞在体外培养时能形成矿化的细胞外基质，一般培养至6～8周时即可出现。矿化区经Von Kossa染色呈阳性反应。电子探针微分析仪检测矿化区，矿化的主要成分为钙和磷，Ca/P值约为2，与羟基磷灰石结晶中Ca/P值相符。

## 5.4.7 破骨细胞

破骨细胞的前体来源目前尚无定论，但许多研究表明脾脏和骨髓中的单个核细胞可以互相融合形成多核的破骨细胞随血流到达破骨细胞活动活跃的部位，在新生动物的长骨内面反复冲洗或用胶原酶消化新生动物的颅盖骨，都可获得破骨细胞，用骨髓培养法也可使单个核细胞分化为破骨细胞。

### 5.4.7.1 四肢长骨机械分离法

概述

破骨细胞附着在四肢长骨骨干内表面，用机械冲洗法获得的悬液中含有破骨细胞，可用于培养。

用品

同常规组织块法。

步骤

（1）骨标本主要来源是出生2 h以内的新生兔或鼠，断头处死后取其四肢长骨，将骨干在含Hepes缓冲液的M199培养液（加有15%胎牛血清和适量抗生素）的培养皿中纵形剖开，用吸管吸取培养液反复冲洗骨髓和骨干的内表面，使附着在骨内面的细胞游离出来，静置使骨碎片沉降，悬液内即含有破骨细胞。

（2）将悬液分装于培养瓶中，37 ℃、5% $CO_2$ 条件下培养1～3 h，破骨细胞即贴于瓶壁。

（3）冲洗去除未贴壁的细胞（主要为红细胞），加适量培养液，继续培养。

### 5.4.7.2 下蛋母鸡长骨分离法

概述

下蛋母鸡在缺钙情况下骨内膜中破骨细胞数量增加，可从其长骨骨内膜获得破骨细胞进行培养。

用品

同常规组织块法。

步骤

（1）取材前一周给母鸡喂缺钙食物，用 $CO_2$ 吸入法使鸡致死，取骨，对分离得到的骨标本应彻底去除表面附着的软组织和软骨。

（2）将骨干放入含0.1%白蛋白，不含钙镁的pH7.2磷酸盐缓冲液（PBS）中，温度0 ℃～4 ℃（后面用PBS步骤中也用这个温度），纵向切开骨干，暴露骨髓，用PBS冲洗3次，在50 mL PBS中刮下骨内膜，振荡，制得细胞悬液。

（3）将细胞悬液通过散装的玻璃棉过滤，去除大骨片，离心（650 g，10 min），用5 mL PBS混匀，在50 mL装有7层（每层5 mL）梯度液（1.01～1.07 g/mL）的离心管中将细胞悬液离心（650 g，20 min），用吸取法收集1.05 g/mL的部分，该部分含破骨细胞多。

（4）用PBS洗2次，然后用含10%胎牛血清的MEM培养液稀释，37 ℃，

5% $CO_2$ 条件下培养，调整初始培养的细胞密度为每平方厘米培养器皿底面积约 5 000个破骨细胞，24 h 后冲洗掉未贴壁生长的细胞。

### 5.4.7.3 颅盖骨消化法

**概述**

用胶原酶消化新生或胚胎动物的颅盖骨可获得破骨细胞用于体外培养。

**用品**

（1）酶消化原代培养法常规器皿。

（2）Hanks 液、Hepes 液、灭活胎牛血清、青霉素、链霉素、二性霉素 B、1 μg/mL胶原酶（溶于 M199 培养液）、MEM 培养液。

**步骤**

（1）取新生鼠、兔或引产所得人胚胎颅盖骨，用含青、链霉素（100 U/mL）的 Hanks 液冲洗 3 次。

（2）用眼科手术剪将骨剪碎，放入 1 μg/mL胶原酶的 M199 培养液中，37 ℃振荡孵育 90 min，离心（250 g，3 min），弃上清，用含 Hepes 缓冲液（加有 15% 灭活胎牛血清，100 U/mL 青霉素、100 μg/mL 链霉素、300 μg/mL 二性霉素 B）中混匀，洗涤，离心，调整细胞密度大致同上所述，培养在含 10% 胎牛血清的 MEM 培养液中。

### 5.4.7.4 骨髓培养法

**概述**

骨髓中的单个核细胞在二羟基维生素 $D_3$ 的作用下可分化为破骨细胞。

**用品**

（1）同 5.4.6.4 节。

（2）二羟基维生素 $D_3$。

**步骤**

（1）若用于人，在局部麻醉下用含有 5 mL 培养液和肝素（100 U/mL）的 20 mL注射器从髂后棘抽取骨髓；若用于动物，取管状骨骨髓。将取得的骨髓立即加入含适量肝素的培养液中，振荡，避免血凝块形成。

（2）然后放入梯度液中，离心，用吸管吸取单个核细胞部分，分散在含 30% 热灭活马血清的 RPMI 1640 培养液中。

（3）培养开始的细胞数以较大密度为宜，培养条件为 37 ℃，饱和温度，含 5% $CO_2$，培养液中加入 $10^{-6}$ mol/L 二羟基维生素 $D_3$，每周换液 1/2。培养起初只有圆形单个核细胞生长；1 周后可观察到体积大，含多个核的细胞，2 ~ 3 周后这种细胞的数量明显增加。

**操作提示**

从四肢长骨和颅盖骨获得的培养中，往往有纤维细胞和成骨细胞与破骨细胞共同生长，且破骨细胞数量较少；用骨髓单个核细胞培养法可获得较多的破骨细胞，但也有其他骨髓细胞混杂生长。目前尚未见到纯粹破骨细胞培养及破骨细胞传代培养的报道。

**结果及鉴定**

（1）形态观察：破骨细胞形态特点是体积大，含多个核。细胞直径可达 20 ~ 100 μm，一个细胞含核数可为 2 ~ 100 个，甚至更多。在倒置显微镜下直接观察或经细胞染色光镜下观察均可。

（2）细胞组织化学染色法：破骨细胞与抗酒石酸磷酸酶（TRACP）反应呈棕色，与降钙素反应呈蓝紫色，与破骨细胞单克隆抗体免疫荧光染色呈阳性。这三种阳性反应是已被公认的鉴别破骨细胞的重要标志。

（3）细胞功能观察：破骨细胞与失活的皮质骨骨片或牙骨质片（厚度约100 μm）共同培养，连续观察可发现破骨细胞使骨片或牙骨质片上形成不断增大的吸收陷凹。

### 5.4.8 巨噬细胞

**概述**

以往认为，巨噬细胞是一种参与非特异性免疫和特异性免疫的吞噬细胞和抗原提呈细胞，主要功能是以固定细胞或游离细胞的形式对细胞残片及病原体进行噬菌作用（吞噬及消化），并激活淋巴细胞或其他免疫细胞，令其对病原体做出反应。巨噬细胞主要由骨髓干细胞发育而来，在多集落刺激因子（multi－CSF）、粒细胞巨噬细胞集落刺激因子（GM－CSF）等刺激下，骨髓干细胞发育成单核母细胞，后者进一步分化为前单核细胞并进入血液循环，在此分化为成熟的单核细胞。单核细胞穿过血管内皮，迁移到不同的组织，分化为组织特异性的巨噬细胞。在骨组织内被称为破骨细胞，在肺内被称为Kupffer氏细胞，在脂肪组织内被称为脂肪常驻巨噬细胞。近年的研究发现，巨噬细胞作为一种具有可塑性和多能性的细胞群，在组织器官发育，内稳态的维持，组织的修复与再生中，均发挥重要作用。常用的巨噬细胞来源部位包括：腹腔，骨髓、肺泡等。下面以骨髓巨噬细胞为例介绍培养方法。

**用品**

（1）常规原代细胞实验取材所需器具及培养器皿。

（2）RPMI 1640培养基，胎牛血清，青霉素，链霉素，L－929细胞系，75%乙醇。

（3）清洗液：DPBS。

**步骤**

（1）准备L－929细胞条件培养基：培养L－929细胞，当大约50%汇合时，用无血清RPMI 1640培养基培养5 d，收集培养基上清，用0.22 μm滤器过滤，分装，－20 ℃保存。

（2）准备骨髓巨噬细胞生长培养基：RPMI 1640培养基＋10% FBS＋10% L－929条件培养基＋100 U/mL青霉素、链霉素。

（3）脱颈处死小鼠，将小鼠浸泡在75%乙醇中。腹部中线切口。向外侧牵开，暴露后肢。用剪刀清除骨上的所有肌肉组织。将股骨和胫骨在膝关节处分离，在两端取下股骨，使其游离，确保去除所有的骨周围组织。

（4）在75%的乙醇中浸泡骨头5 min，然后在DPBS中浸泡5 min，然后放到加双抗的RPMI 1640培养基中，切断股骨的两端。用1 mL 27－G针头或5 mL 25－G针头，用骨髓生长培养基冲洗骨髓腔，将骨髓直接推入到15 mL的培养皿中。

（5）每3 d更换一次培养基，在培养过程中有些细胞会贴壁，很多细胞仍然悬浮生长，将这些悬浮的细胞离心后在新的培养瓶中培养。

（6）在10 d后，几乎所有的细胞都会变成骨髓来源巨噬细胞，这些骨髓巨噬细胞可用于后续的培养和实验。

**操作提示**

（1）使用L－929细胞条件培养基的目的是利用L－929细胞分泌的M－CSF，诱导骨髓造血细胞向巨噬细胞分化，因此也可在常规含FBS的培养基中加入20 ng/mL M－CSF来替代L－929条件培养基。

（2）在清除完全游离股骨以及清除周围结缔组织时注意不要造成股骨骨折，因为与此相关的细胞会污染骨髓，很有可能在培养中生长超过巨噬细胞。

（3）巨噬细胞贴壁很紧，酶消化法和机械刮取法均会损伤细胞。

**结果及鉴定**

（1）Giemsa 染色：巨噬细胞的胞体较大，形态多样，胞核较小，呈卵圆形或肾性。胞质丰富，含有空泡和着色颗粒。

（2）乙酰低密度脂蛋白荧光染色：由于巨噬细胞吞噬荧光标记的低密度脂蛋白，胞质内有红色荧光颗粒。成纤维细胞呈阴性。

（3）非特异性脂酶染色：巨噬细胞内含有许多褐色颗粒。

（4）免疫荧光染色：人和大鼠单核－巨噬细胞 CD68 染色阳性，小鼠 F4/80 染色阳性，其他细胞为阴性。

### 5.4.9 牙周膜细胞

**概述**

牙周膜细胞中有多种细胞成分，体外培养时能够生长并传代的细胞形态类似成纤维细胞，但具有成骨细胞的某些功能，其中可能包括牙周膜细胞中的成纤维细胞和未分化的间充质细胞，被称为“牙周膜成纤维细胞”“牙周膜成纤维样细胞”，近年来多被称为“牙周膜细胞”。

**用品**

（1）组织块原代培养法常规器械、培养瓶或培养皿、培养液。

（2）无菌条件下新鲜拔除的人或动物无疾病牙齿。

**步骤**

（1）用锐利的刀片或剪刀在牙根中部1/3 处轻轻刮取牙周膜组织，如果超出此范围有可能混杂牙龈或根尖周组织。

（2）将刮取的组织直接移入培养瓶或培养皿，按组织块原代培养法常规培养。

（3）细胞长满瓶（皿）底 80% 左右时用胰蛋白酶消化法传代培养。

**操作提示**

（1）组织块酶消化法可获得的细胞游出率和存活率较高。

（2）因标本的获取来自口腔，因此需要预防细菌污染。

**结果及鉴定**

体外培养的牙周膜细胞为成纤维样细胞，一般可传代培养 20 代左右。形态特点是细胞中含有丰富的糖原颗粒和发达的、具有半圆致密结节的微丝。阳性表达的蛋白有波形丝蛋白、Ⅰ型胶原、Ⅲ型胶原、碱性磷酸酶、BMP、骨桥蛋白、骨涎蛋白、金属蛋白酶、金属蛋白酶抑制剂等。在体外培养中可形成矿化的细胞外基质。

### 5.4.10 牙髓细胞

**概述**

牙髓是一种疏松结缔组织，有多种细胞成分，体外培养时能够生长并传代的细胞形态类似成纤维细胞，但生物学特性与成纤维细胞不同，其中可能包括牙髓中的成纤维细胞和未分化的间充质细胞，被称为“牙髓成纤维细胞”“牙髓成纤维样细胞”，近年来多被称为“牙髓细胞”。

**用品**

（1）同 5.4.9 节所需器械、器皿、培养液及牙齿标本。

（2）牙科用裂钻、大号钢丝剪。

**步骤**

（1）用裂钻沿牙齿长轴在对称的两面钻出深约 1 mm 左右的沟，用大号钢丝剪将牙齿剪成两半。

（2）用眼科镊取出牙髓，剪成小于 1 $mm^3$的碎块，按组织块原代培养法常规培养。

（3）细胞长满瓶（皿）底 80% 左右时用胰蛋白酶消化法传代培养。

**操作提示**

（1）组织块酶消化法可获得的细胞游出率和存活率较高。

（2）因标本的获取来自口腔，因此需要预防细菌污染。

**结果及鉴定**

体外培养的牙髓细胞为成纤维样细胞，可传代培养，但传代次数少于牙周膜细胞。阳性表达的蛋白有波行丝蛋白、Ⅰ型胶原、Ⅲ型胶原、碱性磷酸酶、BMP、骨桥蛋白、骨涎蛋白、牙本质特异性非胶原磷蛋白等。在体外培养中可形成矿化的细胞外基质。

## 5.5 血细胞

以前认为红细胞、粒细胞、淋巴细胞、巨噬细胞等血细胞都属分化终末细胞，很难在体外培养生长或仅能短期培养而不能传代。近年来由于技术的发展，已有血细胞培养成功并纯化传代的报道。正常血细胞在体外培养生长时间很短，只有白细胞白血病、血友病的细胞可培养生长并建立细胞系，用二甲基亚砜（DMSO）处理还可诱导这些细胞分化，表现出正常细胞的某些功能。血细胞可从外周血中用梯度液通过离心获得，也可从脾脏中用机械法切碎过筛分离获得（特别是淋巴细胞），从腹腔冲洗液中可获得较多数量的巨噬细胞，从骨髓中可以获得前体血细胞并可长期培养。加入生长因子或某些物质有利于细胞纯化并促进分化。例如在淋巴细胞培养中加入 T 或 B 细胞生长因子，可获得具有功能表达的 T 或 B 淋巴细胞系，在骨髓单个核细胞培养中，加入二羟基维生素 $D_3$，可使单个细胞分化为破骨细胞。现以骨髓培养为例，介绍前体血细胞的培养方法。

### 5.5.1 前体血细胞骨髓培养法

**概述**

骨髓中的前体血细胞在培养液中混悬生长，成熟的血细胞短期内即死亡，而前体血细胞可长期培养生长并能传代。

**用品**

（1）Fischer 培养液，添加 50 U/mL 青霉素、50 μg/mL 链霉素、6 mmol/L $NaHCO_3$（1.32 g/L）。

（2）促生长培养液：每 100 mL 上述培养液中加入 $10^{-6}$ mol/L 丁二酸氢化可的松钠，20% 马血清。

（3）小鼠 5 只。

（4）1 mL 注射器、21 号针头、纱布、棉签、剪刀、血管钳、25 $cm^2$培养瓶。

**步骤**

（1）脱颈法处死小鼠，70% 乙醇浸湿消毒，切取股骨，移入冰浴冷却的含 Fischer 培养液的培养皿中，每块股骨的骨髓中约含（1.5 ~ 2.0）$\times 10^7$ 个有核细胞。

（2）去除骨周围的肌组织，用血管钳固定股骨，切除胫骨端，将 21 号针头插入，切除股骨的另一端，将断端置入含 100 mL 培养液的瓶中，用注射器反复抽吸吹打，使骨髓全部进入培养液中。

（3）用10 mL移液器反复吹打使骨髓混悬在培养液中，给每个25 $cm^2$培养瓶中移入10 mL骨髓混悬液，轻轻摇动，使混悬液分布均匀，33 ℃，5% $CO_2$ 条件下培养。

（4）每周更换培养液1次，每次换液时轻轻摇动培养瓶，用移液器移出5 mL培养液及其中未贴壁的细胞，然后再加入5 mL新鲜培养液，继续培养。人骨髓细胞培养时可抽取髂骨骨髓，采用类似的方法培养，所得到的细胞可用于形态学等方面的研究；也可用各种不同的生长因子处理，用软琼脂培养法获得各种不同的克隆细胞株。

**操作提示**

从骨髓获取的细胞是含有多种细胞种类的混合细胞群，可在不同的培养条件下获得各种不同的克隆细胞株。

## 5.5.2 脐血细胞培养

**概述**

脐血中有丰富的造血干/祖细胞，在外源特异性生长因子刺激下，可以增殖分化。

**用品**

（1）脐血来自新生儿脐静脉穿刺所得。

（2）培养基：IMDM培养基，含有L-谷氨酰胺4.00 mmol/L、Hepes缓冲液25 mmol/L、20% FBS；Metho Cult™ H4330培养基，主要成分包括0.9%甲基纤维素、30%胎牛血清（FBS）、1%牛血清白蛋白（BSA）、$10^{-4}$ mol/L β-巯基乙醇、2 mmol/L L-谷氨酰胺、3 kU/L的促红细胞生成素（EPO）；Methocult™ GF + H4535培养基，主要成分有0.9%甲基纤维素、30% FBS、1% BSA、$10^{-4}$ mol/L β-巯基乙醇、2 mmol/L L-谷氨酰胺、50 μg/L重组人干细胞因子（rhSCF）、20 μg/L重组人粒细胞单核细胞因子（rh-GM-CSF）、20 μg/L重组人白细胞介素3（rhIL-3）、20 μg/L重组人白细胞介素6（rhIL-6）、20 μg/L重组人粒细胞因子（rhG-CSF）。

（3）6%羟乙基淀粉氯化钠注射液。

（4）离心机、吸管、培养瓶或板。

**步骤**

（1）无菌条件下从新生儿脐带中获得脐血。

（2）有核细胞分离：将脐血混匀后转移到250 mL滴瓶内，加入1/4量的6%羟乙基淀粉氯化钠注射液，充分混匀后悬挂于超净台内，放置45 min。

（3）吸取上层富含有核细胞悬液3 mL，于4 ℃、1 000 r/min离心8 min，去上清液后重新用5 mL IMDM培养基悬浮细胞，1 000 r/min离心洗涤2次，并用含20% FBS的IMDM培养液调整细胞密度为$1 \times 10^9$/L供细胞集落培养用。

（4）半固体集落培养：红细胞系集落形成单位（CFU-E），的培养用Metho Cult™ H4330培养基，0.9 mL培养基加入0.1 mL的细胞悬液，充分混匀后转移至35 mm的6孔培养板，于37 ℃、5% $CO_2$培养箱培养，每个标本重复3孔，适时观察。于第7天计数CFU-E。粒细胞单细胞系集落形成单位（CFU-GM）的培养，培养基为Methocuh ™ GF + H4535，1 mL培养基加入0.1 mL细胞悬液，充分混匀后转移至35 mm的6孔培养板，于37 ℃、5% $CO_2$培养箱培养，每个标本重复3孔。适时观察，14 d计数CFU-GM集落数。

**操作提示**

半固体的培养基，甲基纤维素要优于琼脂，细胞都能沉淀下去接触培养皿的底壁，有利于集落形成，以及后续的观察。

**结果及鉴定**

红系集落培养第2天就可以观察到细胞分裂，第3天时可形成较小的细胞簇，第4~6天有50个以上细胞组成的致密型集落，显微镜下可以看到呈淡红色已经血红蛋白化的红系集落，以后集落体积增大。第8天时肉眼可见红色的红系集落，第9~11天达高峰，以后只是集落的体积增大，集落数并没有增多。脐血第7天的CFU－E（>8个细胞）平均为（104±48）/$10^5$有核细胞，CFU－GM集落培养在第5天开始有集落形成，以后逐渐增多，第8~11天达高峰，此后集落不断增大，总的集落数并不增加。CFU－GM平均为（119±65）/$10^5$有核细胞。经联苯胺染色的红系细胞胞质呈橘红色，胞核呈紫红色；只培养2 d的粒系细胞还未形成集落，胞质不呈橘红色，核形式多样。

## 5.5.3 淋巴细胞培养

**概述**

淋巴细胞是血液中白细胞的主要组成成分，是人和动物机体完成细胞免疫和体液免疫的重要基础。淋巴细胞具有寿命长，激活后可分裂增殖的特性，因此很适合于离体培养。淋巴细胞来源广泛，既可从外周血或淋巴液中获取，也可从外周淋巴器官中获取，下面以胸导管淋巴液和外周淋巴结为例叙述淋巴细胞的分离和培养方法。

### 5.5.3.1 淋巴液中淋巴细胞的培养

**用品**

（1）成年犬或羊胸导管穿刺所得淋巴液。

（2）培养基：RPMI 1640，也可用MEM或DMEM，添加10% FBS，3.5 g/L葡萄糖、584 mg/L谷氨酰胺、15 mmol/L HEPES、100 000 U/L青霉素和100 mg/L链霉素。

（3）手术器械手术刀、解剖剪、解剖镊、止血钳、22号留置针和塑料导管。

（4）离心机、吸管、培养瓶或板。

**步骤**

（1）前肢静脉内注射戊巴比妥钠（25 mg/kg），麻醉动物。固定动物四肢，剃去颈部皮毛。气管插管后连接呼吸机，呼吸频率控制在15~18/min。

（2）在气管稍左侧切开皮肤，经气管与左颈内静脉之间入路。以静脉角为标志，寻找胸导管。

（3）将留置针插入胸导管，拔出针芯，接塑料管，引流淋巴液。

（4）用盛有少量培养液的离心管收集淋巴液，然后离心（1 000 r/min，10 min）2次。

（5）用培养液混悬沉淀细胞后，调整细胞密度，进行培养。

**结果及鉴定**

淋巴液中可获得大量的淋巴细胞。经培养获得的细胞中99%以上是淋巴细胞。淋巴细胞的鉴定可用Giemsa染色法和非特异性脂酶染色法鉴定。犬淋巴细胞中的小淋巴细胞为90%~95%，直径6~8 μm。羊的中等大小淋巴细胞为70%~80%，直径9~12 μm。细胞呈球形，核圆，胞质很少。

**操作提示**

（1）为了防止淋巴液中的蛋白质凝结，在淋巴液中加入少量肝素。

（2）在收集淋巴液过程中，将离心管放入冰中，以保存细胞活性。

#### 5.5.3.2 淋巴结中淋巴细胞的培养

**用品**

（1）成年犬或兔的淋巴结，也可用手术切除的淋巴结。

（2）培养基：常用RPMI1640，也可用MEM或DMEM，添加10% FBS、3.5 g/L葡萄糖、584 mg/L谷氨酰胺、15 mmol/L HEPES、100 000 U/L青霉素和100 mg/L链霉素。

（3）手术器械手术刀、解剖剪、解剖镊、止血钳、眼科剪和眼科镊。

（4）清洗液HBSS和不含$Ca^{2+}$和$Mg^{2+}$的HBSS。

（5）离心机、吸管、培养瓶或板。

**步骤**

在犬经前肢静脉内注射戊巴比妥钠（25 mg/kg），在兔腹膜腔内注射苯巴比妥钠（40 mg/kg），进行麻醉动物。取咽淋巴结或肠系膜淋巴结，放入预冷的HBSS中。

在肉眼或立体显微镜下，剥除淋巴结周围的疏松结缔组织，并剪去淋巴结被膜。

将淋巴结移入盛有不含$Ca^{2+}$和$Mg^{2+}$的HBSS的培养皿内，先将淋巴结剪成薄片状，再剪成约1 $mm^3$小块。在室温下，用恒温水浴振荡器轻轻摇晃20 min。

用吸管反复吹打组织块，然后用100目不锈钢筛网滤出组织块。收集滤液，离心（1 000 r/min，10 min）2次。

用培养液混悬沉淀细胞，培养30 min。

吸出含有未贴壁的淋巴细胞的培养液，离心（1 000 r/min，10 min）。

用培养液混悬沉淀细胞，调整细胞密度，接种培养。

**结果鉴定**

从淋巴结中取得的细胞中95%以上是淋巴细胞。淋巴细胞的鉴定可用Giemsa染色法和非特异性脂酶染色法鉴定。淋巴细胞大小较均匀，主要是小淋巴细胞。细胞呈球形，核圆，胞质很少。

**操作提示**

（1）由于兔的淋巴结较小，可用多个淋巴结取淋巴细胞。

（2）一般不采用酶消化法，以免取得的细胞中含有较多的成纤维细胞。

## 5.6 干细胞

干细胞是一种具有自我更新、高度增殖以及多种分化潜能的未分化细胞。各种功能细胞的生成及其调控依赖于各种微环境、细胞生长因子、基质细胞、细胞外基质等多种因素的相互作用与平衡，并涉及有关细胞增殖、分化、迁移、定居、衰老、凋亡、癌变等许多生命科学中的基本机制。

干细胞的研究虽已有几十年的历史，但人们对于干细胞仍然知之甚少。近年来随着分离纯化技术和科学研究的深入，干细胞已展现出广泛的应用前景。

干细胞有多种来源，根据其来源的种属可以分为人干细胞、小鼠干细胞、牛干细胞、猪干细胞、大鼠干细胞等；根据其来源的部位可以分为胚胎干细胞、造血干细胞、骨髓间充质干细胞、神经干细胞、肝干细胞、生殖干细胞、胰腺干细胞等。各种属干细胞的分离培养方法大同小异，本章重点介绍干细胞的分离、培养、纯化及鉴定方法。

### 5.6.1 胚胎干细胞

干细胞（stem cell）指具有无限制分裂能力，同时可分化成特定表型的细胞，在细胞生物发育阶段属于较原始时期阶段的细胞。根据干细胞可分化的能力，可分为全能性干细胞（totipotent stem cells，又称胚胎干细胞）和多能性干细胞（pluripotent stem cells，又称成体干细胞）。胚胎干细胞（embryonic stem cells，ES）出现在胚胎发育的胚囊内层，高水平表达端粒酶。

全能性干细胞是指具有完全能力的细胞，每个细胞均可发育成1个完整的生物个体。在生物发育学里，当精子和卵子结合成为受精卵后，1个受精卵分裂成为2个完全相同的细胞，2个细胞分裂成为4个细胞、8个细胞，在此时期，8个细胞中任何一个细胞单独放入成熟女性子宫中均可发育成为单独且完整的个体，这种细胞即称为全能性干细胞。事实上，所谓同卵双胞胎、三胞胎、四胞胎，是受精卵分裂成2个或4个全能性干细胞后，每个细胞单独分别发育所形成的。全能性干细胞时期大约仅维持4 d，即进入下一发育阶段，形成特殊分化细胞，称为原始胚期（blastocyte）。胚胎干细胞继续进行分化，形成具有特定功能的干细胞，这些专门化的干细胞统称多能干细胞。多能性不能像全能性一样，可发育成为完整的生物个体，因为有部分发育能力受到限制。在胎儿、儿童和成人组织中存在的多能干细胞统称“成体干细胞（adult stem cells）”。如血液干细胞可分化成白细胞、红细胞和血小板，皮肤干细胞可形成各种不同类型的皮肤细胞。最近几年的研究表明，这些干细胞的分化能力远超过传统观点局限的范围。例如骨髓成体干细胞在合适的体内外环境中可长期生长，也可分化为成骨细胞、软骨细胞、脂肪细胞、平滑肌细胞、成纤维细胞、骨髓基质细胞及多种血管内皮细胞，还可形成一种肝脏前体细胞－肝卵圆细胞、神经细胞和心肌细胞。骨骼肌细胞能分化出造血细胞，中枢神经系统干细胞可形成血液细胞、肌肉和许多其他体细胞。成体干细胞这种跨系统分化特性称为“可塑性（plasticity）”。

目前在人ES细胞体外培养过程中，常常采用小鼠胚胎成纤维细胞作为饲养层，后者可以为ES细胞提供营养物质和生长因子来支持ES细胞保持旺盛增殖能力和不分化状态。国际上也有科学家采用小鼠胚胎成纤维细胞条件化的培养基来培养人ES细胞。但是在培养过程中，人ES细胞直接或间接与小鼠细胞接触，有感染小鼠细胞中存在的病原体的可能，这将是人类ES细胞的临床应用中的一大障碍。目前已有采用从流产胎儿和成人包皮中分离的人类成纤维细胞作为饲养层，来保持人类ES细胞不分化状态，从而建立在人饲养细胞层上培养人类胚胎干细胞的培养体系。

干细胞是近年来研究十分活跃的领域，因而干细胞的培养方法也是细胞培养技术中发展最快的，与之相关的试剂和设备也在不断地改进。本节仅对胚胎干细胞培养的一些基本问题和技术要求进行简要介绍，供实验时参考，更详细的内容还需借鉴相关文献。

### 5.6.1.1 早期胚胎来源的ES细胞分离克隆程序

#### 5.6.1.1.1 获取早期胚胎

不同动物获取早期胚胎的时间不同，主要考虑以下方面因素。

（1）取胚胎在条件允许的情况下，细胞尽可能地多。

（2）在体外易于培养增殖并能保持多能性，小鼠一般取2.5～3.5 d桑葚胚或囊胚；猪取9～10 d囊胚；绵羊取7～8 d囊胚或孵化胚；牛取6～7 d桑葚胚；水貂取6～7 d桑葚胚或囊胚；人取7～8 d囊胚。除从动物体内直接获取新鲜胚胎外，体外受精所得胚胎与核移植所得的重构胚亦可作为ES细胞分离克隆的原材料。

#### 5.6.1.1.2 早期胚胎培养及早期胚胎内细胞团的获取

目前早期胚胎培养多采用DMEM培养基，此培养基是MEM（minimum essential medium）培养基的改良品，适用于生长较快、附着性较差的细胞培养。在早期胚胎包括以后ES细胞的培养液中都常添加2－巯基乙醇（2－mercapto ethanol，2－ME），可促进细胞生长，能使血清中含硫化合物还原成谷胱甘肽，对诱导细胞增殖，延缓细胞衰老发挥非特异性的激活作用，避免了过氧化物对细胞的损害。此外，2－ME还能促进分裂原的反应和DNA的合成，对在体外难以培养的细胞来说尤其重要。早期胚胎按分离ES细胞的传统方法是将胚胎从子宫中取出后在饲养层上培养至附植阶段，此时将透明带脱去胚胎贴于饲养层细胞之上，待早期胚胎内细胞团（inner cell mass，ICM）增殖到一定程度，在立体显微镜下用玻璃针剥离挑取ICM，然后，用消化液把ICM离散成小细胞团，中和后，接种于新鲜饲养层上，以后根据情况进行克隆传代或冷冻保存或其他细胞操作。所用饲养层一般为STO（一种成系的小鼠胎儿成纤维细胞）、原代小鼠胚胎成纤维细胞（primary mouse embryonic fibroblasts，PMEF），后者因其材料易得、价格低廉，且效果良好而被更广泛采用。除以上传统处理胚胎方式外，许多学者还尝试其他处理方式也取得一定的成绩，常见的有免疫外科法、热休克法等。前者方法是将完整囊胚用酸性台氏液处理，除去透明带用Hanks液冲洗后，将胚胎移入ICR小鼠脾细胞抗血清中作用一段时间后，移到含新鲜豚鼠血清的Hanks液中，从而破坏了胚泡的饲养层，把剩下的ICM进行离散操作即可获得ES细胞。后者是将体内发育至双细胞或桑葚胚阶段的胚胎从输卵管或子宫中冲洗出来后，在高温下处理一定时间，有实验显示以此能增加ES细胞的克隆率，原因是在胚胎分裂活跃期用热应激处理能阻滞胚胎分化，从而扩大了ES细胞分离的时间范围。同时研究还表明热休克蛋白25（HSP25）与胚胎分化有关，HSP25可作为胚胎分化的标记。

### 5.6.1.2 胚胎干细胞培养及要求

离散后的ICM在饲养层上有足够满足其生长增殖需要的培养基存在情况下，小鼠一般23 d就会形成一个ES细胞集落，这就要求定时传代，否则ES细胞就会分化和变异。传代时应挑取充分增殖而又未分化的集落，用消化液同时辅以玻璃针剥离，使其又一次离散接种于新鲜饲养层上。ES细胞具有无限增殖传代的特性，但由于培养条件的不完善或其他可能原因，目前，除小鼠外其他动物的ES细胞都较难无限传代下去。目前发现ES细胞各代之间，随代数的增加克隆数存在一定的递减规律，这也是限制ES细胞真正走向生产实践的障碍。一方面为了促进ES细胞的分裂增殖，另一方面又要抑制ES细胞的分化，为了解决这一矛盾人们除应用经过灭活的饲养层细胞外，还常在基础培养液中添加一些细胞因子（cytokines）。细胞因子是主要由免疫细胞受抗原或丝裂原刺激后分泌产生的激素样蛋白质，具有调节细胞功能的作用。在ES细胞培养传代过程中常用的细胞因子有：白细胞抑制因子（leucocyte inhibitory factor，LIF）、碱性成纤维细胞生长因子（basic - fibroblast growth factor，b - FGF）、表皮生长因子（epidermal growth factor，EGF）；干细胞因子（stem cell factor，SCF，又称肥大细胞生长因子）、胰岛素样生长因子 - 1（insulin - like growth factor - 1，IGF - 1）、一种双萜类物质（forskolin）等等。LIF是目前研究最多应用最广泛的一种ES细胞分化抑制因子，活化的T细胞、单核细胞、神经胶质细胞等均能表达LIF，LIF分为D型（分泌型）和M型（基质型）两种，除LIF外，上述的各因子均是促进ES细胞生长增殖的。

ES细胞像其他细胞一样可以在体外冻存，ES细胞冷冻保存方法与普通培养细胞冻存方法基本相同，但需要注意的是在ES细胞的冷冻过程中一般都要求与饲养层成纤维细胞一并冷冻，以便提高解冻后的存活率和再形成克隆集落的能力。常用冷冻液为80% DMEM + 10% NBS + 10% DMSO，常用解冻液为BSA 0.2 g + 蔗糖1.71 g，用50 mL无钙镁PBS定容。

**5.6.1.3 影响胚胎干细胞分离克隆的因素**

目前，胚胎干细胞的研究已经取得很大的进展，但是迄今为止仅从小鼠获得真正意义的胚胎干细胞，即具有参与生殖系传递能力的胚胎干细胞。这说明在其他动物及人类胚胎干细胞研究方面还存在未知的影响因素，笼统说来包括饲养层、培养基、添加物、胚胎日龄、遗传背景以及获取原始生殖细胞的时间等因素。

5.6.1.3.1 饲养层

所谓饲养层（滋养层）就是指一些特定细胞（如颗粒细胞、成纤维细胞、输卵管上皮细胞等易在体外培养的细胞），经有丝分裂阻断剂（常用丝裂霉素）处理后所得到的细胞单层。它在ES细胞的常规分离培养中是最常用的生长增殖促进剂和分化抑制剂，目前，常用的饲养层细胞有STO、PMEF、HEF（同源胎儿成纤维细胞）、UE（子宫上皮细胞）、BRL（大鼠肝细胞）等。饲养层对胚胎干细胞分离克隆的影响，主要体现在饲养层种类、丝裂霉素处理饲养层的时间、饲养层细胞的代数和饲养层细胞的密度等。动物种类不同对饲养层种类的要求也不同，一般来说小鼠胚胎成纤维细胞所做的饲养层如STO、PMEF等对各种动物都较适宜，但最可靠的方法还是根据动物种类筛选最佳饲养层为宜。饲养层的选择直接关系到胚胎干细胞分离克隆的效果。Suemofi H等比较了STO和PMEF做饲养层对小鼠ES细胞分离克隆的影响，发现PMEF比STO饲养层

更适合用于小鼠 ES 细胞的培养，从 STO 饲养层培养的 ICM 细胞中分离的 ES 细胞存活率、嵌合力均不如 PMEF 饲养层，而且核型异常率比后者高。

动物种类不同所需最适饲养层也不同，需经过筛选来确定最适宜该种动物 ES 分离克隆的饲养层。除饲养层细胞种类外，有丝分裂阻断剂（常用丝裂霉素）的处理时间，饲养层细胞的所处代数，以及饲养层细胞的密度等都直接影响着 ES 细胞分离克隆的效果。目前丝裂霉素处理时间在小鼠成纤维细胞上一般要求为：在 37 ℃，5% $CO_2$ 饱和湿度的条件下处理 24 h,时间过短达不到预定目的，成纤维细胞不能被成功的抑制住；处理时间过长，则使细胞老化、活性下降、分泌因子的能力降低，从而直接影响到 ES 细胞增殖和分化的抑制。同时处理完毕后细胞的清洗工作也相当重要，一般要求用无钙镁 PBS 冲洗 4 ~ 5 遍，以确保丝裂霉素的彻底清除。此外，选为作饲养层的细胞代数和接种密度的选择也很重要，以小鼠成纤维细胞为例，选 3 ~ 5 代，密度为 $1 \times 10^6 \sim 1 \times 10^7$/mL 为宜，代数过低所含杂细胞太多，代数过高则细胞的活力降低。

5.6.1.3.2 培养基

目前 ES 细胞的培养多采用 DMEM，适合于生长速度快、贴壁性差的细胞培养。一般来说早期胚胎的培养以高糖 DMEM 更适宜；而 ES 细胞的培养传代过程中对葡萄糖含量的要求则相对较低，可用低糖 DMEM。除 DMEM 培养基外，在 ES 细胞的分离培养中也有人采用 TCM - 199 和 F12 等。TCM - 199 是根据哺乳动物细胞的特点改良的 199 液，适合于多种哺乳动物细胞的培养；F12 培养基比较适合单细胞和克隆化细胞的培养，在 ES 细胞的分离培养中经常与 DMEM 联合使用。上述是指在有饲养层存在的条件下所采用的基本培养液。除此之外人们为了消除饲养层细胞的干扰，使 ES 细胞免受致癌剂丝裂霉素 C 的毒害作用，而采用条件培养基（conditioned medium，CM）来进行 ES 细胞的培养，这就要求所用的 CM 具有促进 ES 细胞增殖和抑制 ES 细胞分化的双重功能。Smith 和 Hopper（1983 年）首次使用肝细胞条件培养基（BRL - CM）建立了小鼠 ES 细胞系，并发现该条件培养基中含有一种分化抑制剂即 LIFBRL - CM。它的制备方法如下：将 BRL 细胞从大鼠肝脏中分离出来后在培养板上培养，待细胞贴壁后加入 30 mL 培养基，该培养基的组成为 Eagle's Medium + 非必需氨基酸如谷氨酸（1 - Glu）、天冬酰胺（L - Asn）、天冬氨酸（L - Asp）、甘氨酸（Gly）、丙氨酸（L - Ala） +0. 1 mmol/L 2 - 巯基乙醇 + 0. 1 mmol/L 丙酮酸钠 + 10% 胎牛血清。37 ℃，5% $CO_2$ 及饱和温度的条件下培养，每 3 d 收集 1 次培养液，每个大鼠肝细胞饲养层可用 21 d 即可收集 7 次培养液。使用该培养液之前为去除杂细胞和所含杂质应用滤器过滤。另据研究，BRL - CM中还含有胰岛素和转移生长因子。尽管目前采用条件培养基在 ES 细胞的培养上取得了一定成绩，但由于其不适合 ES 细胞长期传代中的使用，而且因为动物种类的不同所需的条件培养基也需要进行仔细筛选。筛选工作琐碎复杂因而限制了 CM 在 ES 细胞培养中的使用。由于使用条件培养基培养 ES 细胞所获得的类 ES 细胞在生长状态上与常规所见不同，且 ES 细胞增殖速度太快，因此对该类 ES 细胞目前还难下定论。现在生产条件培养基的常见细胞有 BRLHBC（human bladder carcinoma cell line 5637，人膀胱癌细胞株 5637），PSA－1（一种小鼠胚胎细胞），PCIO－6R（LIF 转染的 COS 细胞），T2 细胞（一种小鼠胚胎细胞），P19PMF 和 PLH 等（Martin，1981；Williams，1988；Smith，1988；Piedrahita，1990；Graves，1993；Strelchenko，1993；Meinecke－Tillmann，1996）。

5.6.1.3.3 添加物

在 ES 细胞的培养过程中，培养基如 DMEM 只能满足细胞最基本的营养需要，要使 ES 细胞既能无限增殖又不呈现分化趋势，则必须在基础培养基中添加一些成分。常见的有血清、2－巯基乙醇、丙酮酸钠以及氨基酸和细胞因子等，在这些添加成分中对 ES 细胞生长及抑制分化影响较大的为血清和细胞因子。

5.6.1.3.3.1 血清

血清质量的好坏最直接影响到 ES 细胞的培养，使用优质血清 ES 细胞的克隆率能达 20% 以上。值得注意的是在 ES 细胞分离克隆过程中并非血清浓度越高效果越好，实验中发现培养液中添加 15% NBS 时胚胎干细胞最容易分离，也最容易克隆传代。血清中可能含有某些未知的对细胞有害的成分，当血清浓度过高时血清对细胞的有害作用较强，或者血清浓度过高对所培养的细胞而言营养过剩从而引起的负反馈效果，这些问题值得更进一步研究。

5.6.1.3.3.2 细胞因子

在 ES 细胞的分离克隆过程中，人们常在基础培养液中添加许多细胞因子，一方面抑制 ES 细胞的分化（分化抑制因子）；另一方面刺激细胞的分裂增殖（生长因子），以得到更多纯化的 ES 细胞。分化抑制因子包括 LIF、腺病毒 E1A 样激动剂 A 等。生长因子包括 bFGF、EGF、SCF、IGF－1、Forskolin 等。

**分化抑制因子**

（1）白血病抑制因子（leukemia inhibitory factor，LIF）：LIF 是目前研究最多应用最广泛的一种 ES 细胞分化抑制因子，该因子是 1969 年被发现的一类能诱导 MI 白血病细胞系分化为正常细胞的因子。根据分泌 LIF 的细胞不同，开始时人们分别把其称为分化因子（DF）、肝细胞生长因子 3（HGF3）、分化抑制因子（DIF）等，比较了其蛋白质相应氨基酸序列和 DNA 中相应的碱基序列后，才知它们是同一种物质。在 ES 细胞分离与克隆研究开始时，人们常用与小鼠成纤维细胞饲养层或成系的小鼠成纤维细胞饲养层（STO）共培养，抑制 ES 细胞的分化而使其分裂增殖，后来研究得知该饲养层的这种作用主要是因为它分泌细胞分化抑制因子，这种细胞因子类似 LIF。

现研究表明，活化的 T 细胞、单核细胞、神经胶质细胞、肝成纤维细胞、ES 细胞等均能表达 LIF。根据 LIF 前体蛋白 N 端信号肽起始若干个信号残基的不同，可将其分为分泌型（D 型）和基质型（M 型）两种，D 型可分泌到细胞外液中，是可溶的，M 型则锚定在细胞外基质上。饲养层细胞的细胞外基质可抑制 ES 细胞分化就是由于其胞外基质存在大量锚定的 LIF。ES 细胞中微量表达的 LIF 也主要为 M 型，M 型 LIF 的表达在 ES 细胞分化前后都较恒定，而 D 型 LIF 则在 ES 细胞体外分化时表达量才显著提高。

LIF 最显著的生物学功能是体外抑制 ES 细胞分化，维持 ES 细胞的增殖和多能性。有实验表明，LIF 在 0.1 ng/mL 浓度时，即可完全抑制 ES 细胞分化。

（2）腺病毒 E1A 样激动剂 A：Hirolumi Suemori 等发现腺病毒 E1A 样激动剂 A 存在于 EC 细胞附植前胚胎细胞和 ES 细胞中，而不存在于附植后胚胎细胞中，这提示该物质也可能作为 ES 细胞体外分化的抑制剂。

## 生长因子

（1）碱性成纤维细胞生长因子(basic fibroblast growth factor，bFGF)：bFGF 是一种阳离子多肽，最初是从牛脑垂体和脑组织中分离得到的，因其有刺激 3T3 成纤维细胞分裂增殖的作用而得名。bFGF 广泛分布于卵巢、睾丸、脑垂体、丘脑下部、黄体和胎盘等处。体外实验表明，0.11 ng/mL 浓度的 bFGF 可明显刺激成纤维细胞、卵巢颗粒细胞等的增殖。糖皮质激素和肝素都可增强 bFGF 的致丝裂作用。

（2）表皮生长因子（epidermal growth factor，EGF），又名尿抑胃素（urogastrone）：是一个小分子多肽，主要存在于动物尿液、乳汁、汗腺中，EGF 具有很强促分裂作用。

（3）干细胞因子（stem cell factor，SCF），又称肥大细胞生长因子（mast cell growth factor，MCF）：最早从大鼠肝细胞系中分离出 SCF，SCF 以可溶性和膜结合两种形式存在，主要由肝细胞产生。人和小鼠的 SCF 约有 80% 同源性，多种干细胞集落形成细胞和肥大细胞等都有 SCF 受体。关于 SCF 对 ES 细胞的作用，目前认为可能有：SCF 对干细胞有显著致分裂作用，能诱导干细胞进入细胞周期，提高转基因效率；SCF 是干细胞生长的唯一调控因子；SCF 能控制胚胎发生过程中发育不同阶段的蛋白。SCF 被认为能通过抑制细胞凋亡而促进原始生殖细胞的生长。

（4）胰岛素样生长因子 -1（insulin - like growth factor - 1，IGF - 1）：最早从大鼠体内发现有一种促进软骨硫酸化的因子存在，因其在离体条件下具有胰岛素样作用故称为胰岛素样生长因子。此外，还发现其有介导生长激素促生长的作用，所以，又称之为生长调节素（生长介素 somatomedin，SM）。IGF - 1 和胰岛素在结构和功能上很相近，在 ES 细胞培养中二者可互换。IGF - 1 可促进胚胎细胞 DNA 和蛋白质的合成，增加胚胎细胞数，调节囊胚腔的出现和胚胎从透明带孵出。IGF - 1 或胰岛素加入培养液中可促进受精卵卵裂，增加卵裂胚的紧实度和囊胚形成率，促进饲养层与内细胞团细胞的蛋白质合成，从而促进饲养层和内细胞团细胞的分裂增殖。外源性促生长因子的添加与否对附植前胚胎的生长并不是至关重要的，只是生长因子可能对胚胎保持最佳发育速度有一定作用。在培养液中添加 10 ~ 20 ng/mL IGF - 1 在 ES 细胞分离克隆时可取得良好的效果。

（5）Forskolin：它是一种双萜类物质，它可以快速而可逆地激活腺苷酸环化酶的催化亚单位。Forskolin 在抑制卵母细胞成熟的同时还可以通过 cAMP 途径诱导小鼠卵丘细胞释放促使卵母细胞成熟的物质。

## 其他细胞因子

除以上研究较多的生长调节因子外，还有肿瘤坏死因子（TNF）、催乳素（prolactin）、白介素 - 3（IL - 3）、粒细胞巨噬细胞集落刺激因子（GM - CSF）等。研究证实 TNF 能刺激 ES 细胞的分化；在培养液中添加 1 μg/mL 或 5 μg/mL 的催乳素，对部分 ES 细胞系的建立具有促进作用；IL - 3 也能促进多能干细胞的增殖和分化；GM - CSF 具促进多能干细胞增殖的作用。随着对各种细胞因子认识的日益增多，必将会为哺乳动物ES细胞分离克隆创造一个更好的条件。目前除常用的几种细胞因子，如LIF、bFGF、EGF、IGF-1等外，还可以尝试应用腺病毒E1A样激动剂A、IL-3、GM-CSF、催乳素等。

**5.6.1.4 胚胎干细胞的鉴定**

5.6.1.4.1 形态学及生长行为鉴定

胚胎干细胞具有与早期胚胎细胞相似的形态结构，细胞体积小，核大有一个或几个核仁。细胞中多为常染色质，胞质结构简单，散布着大量核糖体和少量线粒体，核型为正常整倍体。小鼠ES细胞直径一般为12~14 μm，牛为11~19 μm，猪为12~15 μm，兔为9~12 μm。各种动物的原始生殖细胞大小与ES细胞相差不大。据Leichthammer等（1990）测定小鼠PGCs（原始生殖细胞）直径为（13±1.3）μm（$n$=23），牛为（18±1.6）μm（$n$=28），猪为（13±1.4）μm（$n$=25），兔为（10.5±1.2）μm（$n$=18）。ES细胞在体外分化抑制培养的过程中呈克隆状生长，有明显的聚集倾向，集落形似鸟巢细胞，界限不清，集落周围有时可见单个ES细胞和分化的扁平状上皮细胞。

5.6.1.4.2 碱性磷酸酶染色

碱性磷酸酶（alkaline phosphatase，AKP）的存在是细胞保持未分化状态的一个重要指标，ES细胞中含有丰富的AKP，而已分化的ES细胞AKP呈弱阳性或阴性。常用的AKP染色方法：快绿B盐5 mg，HCl（36%，双蒸水稀释）0.08 mL，4% $NaNO_2$ 0.02 mL，萘酚0.1 mL，AS-TR磷酸钠10 mg，DMSO 0.5 mL，PBS（pH8.6）5 mL，10% $MgCl_2$ 0.05 mL。以1 mol/L的NaOH调整pH至8.4，此时溶液清亮，用此工作液在37 ℃，5% $CO_2$ 及饱和湿度条件下作用待鉴定细胞20~30 min后，用PBS冲洗3次，再以甘油PBS封片，在倒置显微镜下观察，AKP阳性细胞呈红棕色，其他细胞为淡黄色或不着色。为了进一步确保实验的可靠性，在AKP染色过程中常设立对照组，即以已建系ES细胞（或小鼠的桑葚胚或囊胚）作为阳性对照，作用液中不含萘酚为阴性对照。

AKP染色的另一种方法为：将待测细胞用含7.5%蔗糖的1%多聚甲醛固定，底物缓冲液（100 mmol/L Tris-HCl pH 9.5，50 mmol/L NaCl，50 mmol/L $MgCl_2$，0.1% Tween-20）平衡，室温避光染色。染色液为：75 mg/mL nitroblue tetrazolium salt（NBT）溶于70% dimethylformamide（DMF），50 mg/mL，5-bromo-4-chloro-3-indolyl phosphate toluidiniumsalt（BCIP），溶于100% DMF。染色前分别取45 μL NBT液和35 μL BCIP液溶于10mL底物缓冲液中，新鲜配制。阳性反应细胞被染为深蓝紫色，饲养层细胞、分化细胞不着色。

5.6.1.4.3 胚胎特异性表面抗原的检测

在胚胎的原始外胚层细胞、ES细胞、EC细胞和原始生殖细胞的表面均有胚胎特异性表面抗原（SSEA-1）的表达。SSEA-1检测是一种间接免疫荧光法，所用试剂为：①第一抗体SSEA-1（鼠抗F9细胞单克隆抗体），1∶100稀释；②第二抗体羊抗鼠-Rhoda mine（罗丹明荧光染料），1∶10稀释；③封闭液羊抗兔IgG。检测方法可概括为：杜氏PBS洗3次，2% Triton作用20 min，再以杜氏PBS清洗3次，封闭液中作用20 min后，杜氏PBS洗3次，加第一抗体于4 ℃条件下过夜，杜氏PBS洗3次，加第二抗体30 ℃作用

30 min，杜氏 PBS 洗 3 次后，用甘油 PBS 封片，在荧光显微镜下观察，细胞出现荧光则说明有 SSEA－1 的存在。

5.6.1.4.4 Oct－4 转录因子表达产物的检测

转录因子 Oct－4 在多能胚胎干细胞和原始生殖细胞中表达，当全能细胞分化形成体细胞或胚外组织时，Oct－4 基因则不再表达，原始生殖细胞是原肠胚形成之后唯一表达 Oct－4 基因的细胞。在体内剔除 Oct－4 基因的胚胎就会出现早期死亡现象，这是原本应该生成 ICM 的饲养外胚层细胞分化的结果。这一结果表明，Oct－4 基因在维持 ES 细胞和原肠胚阶段原始生殖细胞的全能性表型时起着非常重要的作用。这提示 Oct－4 基因的存在与否也可以作为 ES 细胞鉴定的指标之一。Oct－4 的检测方法（以小鼠原始生殖细胞染色为例）：将小鼠原始生殖细胞接种于盖玻片上，用多聚甲醛固定 15 min，甲醇后固定 5 min，PBS 洗涤 3 次，加兔抗小鼠 OCT－4 抗血清作为一抗，保温 45 min，PBS 洗涤后，加羊抗兔 FITC－IgG 作为二抗，室温避光 45 min，PBS 洗涤后以 PBS 甘油封片，荧光显微镜下观察。EG 细胞连续传代多次仍持续表达发育多能性的标志性基因 Oct－4，分化细胞和饲养层细胞则为阴性。

5.6.1.4.5 核型分析

ES 细胞与 EC 细胞不同的是其具有稳定正常的二倍体核型，这是 ES 细胞能够进行体外一系列操作的一个很重要的特征。因此，具有稳定的二倍体核型是 ES 细胞的特征之一。核型分析采用标准的染色体核型分析方法。

5.6.1.4.6 体内体外分化实验

体内分化实验，就是把 ES 细胞集落离散后按一定浓度（一般为 $1\times10^6 \sim 1\times10^{10}$/mL）注射到裸鼠（即免疫缺陷鼠）的皮下，观察有无组织瘤的出现。待瘤长到肉眼可见时（从注射 ES 细胞到组织瘤的取出大约需要 3～6 周），处死小鼠，取出组织瘤做切片，如果是 ES 细胞，则组织瘤所做切片应包含代表三个胚层的细胞。

ES 细胞的体外分化实验，包括自然诱导和人工诱导体外分化两个方面。自然诱导分化就是把获得的 ES 细胞集落离散后，接种到无饲养层也无分化抑制物的培养皿中，添加基础培养液，如果是 ES 细胞，就会部分聚集形成类胚体状物，进而有可能形成囊状胚体，而另一部分则有可能自然分化为神经细胞、心肌细胞等。在有饲养层老化的条件下，ES 细胞集落也有向心肌细胞转化的趋势，这可能与饲养层细胞老化，分泌的分化抑制因子量大幅度降低有关。ES 细胞的人工诱导分化，就是在基础培养液中添加相应的分化诱导因子，使 ES 细胞向特定的方向分化。如维 A 酸（retinoicacid，RA）可诱导 ES 细胞分化为体壁内胚层；神经生长因子可诱导 ES 细胞分化为神经细胞；ES 细胞与甲状腺基质细胞共培养，并以 IL－3、IL－6、IL－7 混合诱导，可分化为 BT 淋巴细胞和造血细胞；利用二步重组法，可以诱导 ES 细胞定向分化，并建立连续生产血液干细胞的 ES 细胞系统等。此外，常见的分化诱导剂还有 DMSO、六亚甲基乙酰胺（hexamethylenebis acetamide，HMBA）等。

5.6.1.4.7 嵌合体的制备

能否参与胚胎发育，并最终形成包括生殖系在内的嵌合体，是衡量 ES 细胞全能性的另一个指标。将 ES 细胞通过聚合法或注射法与受体胚胎相结合，在体外发育至一定阶段后移植到假孕母体内，如果该细胞具有全能性，则就会得到嵌合体动物。嵌合体动物可以通过皮毛颜色、蛋白质 DNA 指纹、同工酶等进行检测。目前，多种动物都已获得 ES 细胞参与形成的嵌合体，但真正能参与生殖系传递，即能产生功能性配子的嵌合体仅在小鼠实验中得到。

### 5.6.1.5 小鼠胚胎干细胞的体外培养

**概述**

小鼠胚胎生殖细胞是生殖嵴的原生殖细胞，被认为具有胚胎干细胞的自我更新能力和多能分化潜力，因此，被视为胚胎性干细胞。该细胞数目较多，取材过程也相对容易，是研究哺乳动物干细胞和早期细胞分化的重要工具。

**用品**

（1）培养基试剂和用品：胎牛血清、新生牛血清、非必需氨基酸、2－巯基乙醇、丙酮酸钠、bFGF、Percoll 细胞分离液、丝裂霉素 C、NBT/BCIP 试剂盒、胰蛋白酶、细胞培养用品和设备、玻璃吸管，显微外科手术器械、倒置显微镜、立体显微镜、普通离心机等。

（2）实验动物：昆明小白鼠，8～10 周龄，体重 30～35 g。

**步骤**

（1）获取胎鼠成纤维细胞（mouse embryonic fibroblasts，MEFs）：将雌鼠与雄鼠合笼，次日见阴栓者记为 0.5 d，取 10～14 d 的胎鼠，去除胚胎头和内脏，无菌 PBS 漂洗 2 遍，用眼科剪充分剪碎，转移到 50mL 的离心管中，加入 20～30 mL 细胞消化液（PBS 液，含 0.25% 胰蛋白酶，0.04% EDTA）37 ℃轻轻震荡消化约 30 min，过 200 目细胞筛，PBS 离心漂洗 2 次，重悬细胞并接种，按普通方法传代，冻存，备用。换液时收集细胞上清液，4 000 r/min 离心 15 min，过滤后使用。

（2）MEF 饲养层的制备：取 80% 汇合的 MEFs，加入 10 μg/mL 丝裂霉素 C，在 $CO_2$ 孵箱中孵育 2 h，加入细胞消化液，再用饲养层细胞培养液中和并吹打成单细胞悬液，调整细胞密度到 $4\times10^5$/mL，在六孔板中每孔加入 3 mL，置 $CO_2$ 孵箱中待用。

（3）获取胚胎生殖细胞：取 10 d 的胎鼠，在立体显微镜下借助显微外科器械，于其腰骶部寻找并分离生殖嵴，再转移到细胞消化液中，用细口径吸管吹打，把生殖嵴消化成单细胞悬液，以 0.5 个胚胎/孔转移到饲养层细胞上，加入胚胎干细胞培养液（α－MEM，10% 胎牛血清，5% 小牛血清，1 mmol/L 丙酮酸钠，2 mmol/L非必需氨基酸，2 mmol/L 左旋谷氨酰胺，100 U/mL，bFGF）置于 $CO_2$ 孵箱中。

（4）胚胎生殖细胞的常规培养：每日更换培养液，接种 10 d 左右，选择鸟巢状并分化明显的细胞集落，按照常规手工挑克隆的方法选择并传代，或者使用 Percoll液配制成细胞分离液，常规消化后进行梯度离心，选择含原生殖细胞最多的部分再进行分离，最后接种在新的饲养层细胞上。

**操作提示**

（1）饲养层的制备最重要的是饲养细胞的密度，一般 MEF 细胞密度在（7.5～10）$\times10^4$/cm$^2$。

（2）MEF 细胞在使用前必须经过支原体的检测。

（3）培养 ES 细胞过程中，ES 细胞对血清的质量要求很严格，尤其是在胚泡和胚胎培养的初期。所有血清在使用前都应检测血清质量和效率。

### 胚胎生殖细胞的鉴定

（1）形态观察：胚胎生殖细胞的胞体较大，呈圆形，直径约15～18 μm，胞核大，胞核内的物质折光性强，胞体可见伪足伸出；集落表现出胚胎干细胞集落的特有形态，呈鸟巢状突起在饲养层细胞上，集落内细胞边界不清，但集落和饲养层细胞的界限却清晰可辨。选择典型的集落进行追踪观察。

（2）AKP染色：4%甲醛溶液固定后，把新配制的染色液（NBT：BCIP稀释液）按照说明书的方法加入，常温下染色5 min后镜下检查，阳性细胞为蓝紫色细胞。

（3）诱导分化：采用无血清培养液按照常规方法培养，或延长细胞换液间隔，由每日换液改成每2 d换液，诱导干细胞的分化，可观察到多种细胞形态。

## 5.6.2 诱导性多能干细胞

### 概述

诱导性多能干细胞（inducible pluripotent stem cells，iPS）是指通过载体将经过筛选的特定的转录因子或小分子化合物转入体细胞，对体细胞进行重编程使体细胞转变为具有胚胎干细胞特性和功能的多能干细胞。由于iPS细胞的潜能类似于胚胎干细胞，所以可以作为再生医学的组织来源，将来有望用于治疗糖尿病、脊髓损伤、心血管疾病、神经退行性病变等疾病。潜在的益处是可以避免机体发生免疫排斥反应，不受伦理道德和组织材料来源的限制。iPS细胞的研究是一项具有开创性治疗性克隆的基础研究，为干细胞医学应用开辟了一条新的途径，被认为是干细胞领域乃至整个生物学领域的重大发现。

2006年，Takahashi和Yamanaka首次通过反转录病毒转基因的方法将4个经过筛选的基因（Oct4、Sox2、c－Myc、Klf4）导入已分化的小鼠皮肤成纤维细胞，使其逆转为多能干细胞。随后，有多名学者成功诱导出iPS细胞，并通过外源基因的选择和转染条件的优化以及筛选方法的改进提高了iPS细胞的质量和产出。

本节参照Yamanaka于2007年发表在Cell的方法，利用人的体细胞诱导产生iPS细胞，介绍其操作程序。

### 用品

（1）培养液：D－PBSA，添加青霉素（100 U/mL）和链霉素（100 μg/mL），真皮成纤维细胞培养基，Dulbecco's改良Eagle's培养基（含2 mmol/L谷氨酰胺，添加10% FBS），人胚胎干细胞生长培养基。

（2）HEK293T细胞。

Percoll液：按说明书配制成1.10 g/mL、1.080 g/mL、1.055 g/mL 3种密度。1.080 g/mL密度分离液中加入0.12 μg/mL麦芽凝集素WGA/FITC。

（3）胰蛋白酶，胶原酶。

（4）明胶（A型），聚凝胺，Fugene 6试剂，无内毒素大提试剂盒。

（5）离心管，多孔板，培养皿，滤器（0.22 μm）。

（6）超速离心机，荧光显微镜。

（7）皮肤打孔器，手术刀，弯钳，眼科剪。

### 步骤

人真皮成纤维细胞系的制备如下。

（1）70%酒精消毒，4 mm皮肤打孔器采集活检皮肤，将标本装入10 mL装有培养基的 15 mL 离心管。

（2）将皮肤标本从离心管中取出，装入 2 ml 胶原酶的 15 mL 离心管内，孵育 2 h。

（3）消化皮肤样本，剥离真皮层，将真皮层转移到新的培养皿中，将真皮尽量切碎，将得到的浆状物转移到用明胶包被的 24 孔板，放入 $CO_2$ 孵箱培养 30 min，使其贴壁。

（4）取出 24 孔板，加入 2 mL DFM。放入 $CO_2$ 孵箱，继续培养 11 ~15 d，当细胞接近汇合时传代，选用第 2 ~4 代细胞。

高滴度编码 iPS 因子的转染病毒制备如下。

（1）HEK293T 接种：HEK293T 细胞在不含抗生素的 DMEM（含 10% 胎牛血清）培养基中生长几天，胰蛋白酶消化细胞，细胞计数，按 $1\times10^6$/10 cm 培养皿的密度均匀接种，37 ℃、5% $CO_2$ 孵箱培养，用 Qiagen 无内毒素试剂盒提取质粒，每个编码重编程因子的质粒各提取几毫克。

（2）重编程和病毒包装载体转染 HEK293Tp 细胞：细胞大约 50% 汇合时，每个皿加入 10 mL 新鲜 DMEM 培养基（10% 胎牛血清）、重编程载体和病毒包装载体转染细胞，按照厂家说明书使用 Fugene6 试剂。将转染混合物逐渐滴加到每个皿中，每个培养板转染一个重编程载体（FU - tet - o - hKlf4，FU - tet - o - hOct4，FU - tet - o - hSox2，FU - tet - o - hc - Myc）和两个病毒包装载体 delta 8.9 及 vsv - g，总比例为 4∶3∶2。

（3）更换培养基：按照 Fugene6 说明书，每个皿用 D - PBSA 清洗，加入 5 mL 新鲜培养基。

（4）从上清液中收集和浓缩病毒颗粒：使用无气溶胶的超速离心管，通过超速离心浓缩病毒颗粒，重悬。将用 DFM 重悬的 $1\times10^5$ 个皮肤成纤维细胞接种到包被过的 3.5 cm 培养皿中。

（5）转染：前一天接种的成纤维细胞，加入 2 mL DFM，补充 6 μg/mL 聚凝胺，10 μL 的 rtTA 和 5 μL 的重编程因子（Oct4、Sox2、Klf4、c - Myc）病毒。

（6）饲养层的准备：在 10cm 组织培养皿中准备高质量的饲养层。

（7）传代：胰蛋白酶消化转染的真皮成纤维细胞，10 mL DFM 重悬，传代接种到饲养层上，接种密度 90 000/10 cm 皿。

（8）添加多西环素：细胞换液，加入 2 mL 人胚胎干细胞培养基，并添加 0.5 μg/mL多西环素，诱导重编程因子的表达，每 3 d 换液一次（含 0.5 μg/mL 多西环素的培养基），9 d 后换液时将多西环素浓度减半，继续培养，直至克隆出现（大约在转染后 3 周）。一旦出现克隆，立即停用多西环素。

### 操作提示

（1）HEK293T 细胞，需要进行支原体检测。

（2）对于转染前细胞培养中，细胞汇合度不宜超过 50%，当超过 50% 时细胞活力会降低，使病毒转染成功率降低。

（3）转染过程中，4 个重编程因子的理想配比是 1∶1∶1∶1。由于有些重编程因子的产出会影响其他因子的产出，因此，最好每个重编程因子分别包装病毒，然后全部结束后过滤，并将 4 个皿的培养基混合。

（4）转染后培养基上清一定要过滤，以防止产生病毒的 HEK293T 细胞混入要进行重编程的成纤维细胞培养基。

**结果及鉴定**

（1）细胞形态：显微镜下观察，iPS克隆与人胚胎干细胞类似：扁平有活力的集落，边界清晰，细胞核显著且核浆比高。

（2）用碱性磷酸酶试剂盒进行组织非特异性的碱性磷酸酶染色。

（3）对培养细胞的克隆进行 hNanog 免疫染色，以确定多能性相关的其他基因已经重编程。

（4）功能评价：在缺少 bFGF 的培养基中，培养的细胞能形成类胚体，并且单层细胞能向 3 个胚层分化。

### 5.6.3 造血干细胞

**概述**

血液中含有红细胞、中性粒细胞、淋巴细胞、单核细胞、嗜酸性粒细胞和嗜碱性粒细胞等多种细胞，这些细胞在机体中不断死亡和更新。更新的细胞均来源于多能造血干细胞（hematopietic stem cells，HSC）。造血干细胞在适当的条件下可以自我更新，并增殖、分化成为各种具有一定功能的成熟血细胞。利用其高度的增殖能力和多向分化潜能，通过细胞工程技术，对分离纯化的造血干细胞进行体外扩增、定向诱导分化、功能激活与调控、目的基因转染等，从而能够在较短的时间内得到大量的目的血细胞。造血干细胞可能在干细胞移植、生物免疫治疗、输血、细胞治疗和基因治疗等领域中广泛应用。

**用品**

（1）培养液：RPMI 1640，含 20% FBS。

（2）Percoll 液：按说明书配制成 1.10 g/mL、1.080 g/mL、1.055 g/mL3 种密度。1.080 g/mL 密度分离液中加入 0.12 μg/mL 麦芽凝集素 WGA/FITC。

（3）乳糜木瓜蛋白酶（chmopapain）母液：浓度为 2000 U/mL，用前稀释。

（4）RPMI/HAS：含 1% 人血清白蛋白（HSA）的 RPMI 1640。

（5）RPMI/HAS/IG：含 0.5% 人丙种球蛋白（1C）的 RPMI/HAS。

（6）手术刀、弯钳、眼科剪、1 mL 注射器、手术弯盘、青霉素小瓶、细胞计数板。

**步骤**

为了获得高纯度的造血干细胞，以下方法可以组合进行。

（1）密度梯度离心法

① 脱颈处死小鼠，取股骨，去除附着组织，剪掉股骨大转子。

② 用无菌针头在膝关节上刺一个孔，用带 7 号针头的 1 mL 注射器吸培养液将骨髓冲出，重复操作，直至股骨变白。或在临床上抽取志愿者髂后上嵴骨髓液。

③ 用带 4 号半针头的注射器过滤，将骨髓制成单细胞悬液，移入另一无菌小瓶中。

④ 将 Percoll 液按密度从大到小依次移入离心管，将细胞悬液轻轻注入离心管底部，以 1500 ~ 2000 r/min 离心 15 min，收集上层和中层分离液之间的细胞。

⑤ 培养液洗 2 遍，细胞计数。

⑥ 常规细胞制备后立即使用，也可以在含 20% 血清的培养液中 4 ℃或室温保存 5 ~ 6 h。

（2）流式细胞仪分选法（FACS sorting）

① 取骨髓细胞步骤同密度梯度离心法步骤① ~ ②，在 Percoll 液分离过程中，一部分细胞被标记上 WGA/FIAC，用培养液洗 2 遍。

② 上流式细胞仪进行细胞分选。

③ 将收集到的细胞用 N – 乙酰基葡萄糖胺将细胞表面的 WGA/FITC 洗脱，用培养液洗 2 遍，细胞计数。

（3）平衡黏附法（panning）

① 取骨髓细胞步骤同密度梯度离心法步骤① ~ ④。

② 用 CD33 单抗包被一次性塑料平皿（直径 60 mm，Nunc 公司），4 ℃过夜。

③ 弃上清，培养液洗 2 遍，加入 5 mL 0.2% BSA – 培养液，室温静置 30 min。

④ 弃上清，培养液洗 2 遍，加入细胞（2 ~ 3）$\times 10^7$/皿，4 ℃孵育 1h，期间轻晃平皿 3 ~ 4 次。

⑤ 收集未贴壁的细胞（主要是造血干细胞），培养液洗 2 遍，收集细胞。

（4）免疫磁珠分离法（immunomagnetic beads）

① 取骨髓细胞步骤同密度梯度离心法步骤① ~ ②。

② 预备磁珠：将羊抗小鼠 IgG – beads 根据收集的细胞量，按使用说明书取适量，RPMI/HAS 洗 2 遍，重悬于 RPMI/HAS 中（根据磁架大小，选择加入 RPMI/HAS 液的体积）。

③ 细胞致敏：按说明书以一定量的 CD34 单克隆抗体与细胞在 4 ℃于旋转混合器上低速转动孵育 20 ~ 40 min。

④ RPMI/HAS 液洗 3 遍，除去未结合抗体的细胞，致敏细胞以 $2 \times 10^7$/mL 细胞密度重悬于 RPMI/HAS/IG 液中。

⑤ 按磁珠与细胞 1:2 比例混合磁珠和致敏细胞，4 ℃于旋转混合器上低速转动孵育 30 ~ 40 min。

⑥ 上磁架收集 CD34 + 细胞，重悬于新配制的 chmopapain 工作液中（1 mL RPMI/HAS 中加入 0.125 mL chmopapain），在室温于旋转混合器上低速转动孵育 15 min，再加入 20 mL 预冷的 RPMI/HAS，上磁架，洗脱磁珠，收集稀释液。

⑦ 4 ℃ 400 r/min 离心 5 min，收集细胞，RPMI/HAS 重悬细胞备用。

### 操作提示

造血干细胞是包含多种类型细胞的混合细胞群，在培养过程中由于没有明显的形态特征，因此，只能通过细胞表面标志和功能进行鉴定。常用荧光标记的单抗通过流式细胞仪进行鉴定。

### 结果及鉴定

（1）细胞形态：由于造血干细胞是一种未分化细胞，在造血组织中存在率极低，很难从形态上判断某一细胞是否是造血干细胞。目前，人们认为，造血干细胞为单核细胞，直径约 7 ~ 10 μm，形似淋巴细胞，核浆比例大，核呈圆形，染色质较小，分布分散，胞质内有少量线粒体和较多游离核糖体，无高尔基体、溶酶体和内质网。

（2）脾结节形成单位（CFU – S）测定法：给受致死量照射、丧失骨髓和脾脏造血功能的小鼠移植同种造血干细胞，在第 8 天和第 14 天数脾脏表面形成的结节。此法只适用于啮齿类动物，是检测小鼠造血干细胞的经典方法。

（3）造血干细胞自我更新实验和骨髓

再移植测试：给受致死量照射、丧失骨髓和脾脏造血功能的小鼠或SCID小鼠输入造血干细胞，观察植入的造血干细胞是否具有长期多系造血细胞更新能力或重建髓系造血能力的情况。但SCID小鼠寿命较短，难以长期观察，加之胸腺缺乏，无法观察淋巴系造血重建。

（4）子宫内移植模型：绵羊子宫内移植是人造血干细胞检测中最可靠的模型。在胎羊免疫系统发育前将人造血干细胞植入胚胎，绵羊出生后，长期观察其体内的人造血干细胞是否具有多系造血细胞更新能力。

（5）竞争性再移植实验：将两种带有不同遗传学标志的造血干细胞同时移植入受致死量照射、丧失骨髓和脾脏造血功能的小鼠，长期观察各种造血干细胞在体内是否具有多系造血细胞更新能力。

（6）体外克隆实验：将造血干细胞以 $5\times10^5$/mL 细胞密度接种于受致死剂量射线照射的骨髓基质细胞（预先以 $5\times10^5$/mL细胞密度接种于6孔板内）层上，培养14～28 d，观察卵石样造血区域（cobblestone area）形成情况。或在造血干细胞加入后2 h，洗去未与骨髓基质细胞结合的细胞，再加入1 mL 0.3%琼脂，培养28 d，观察造血干细胞在半固体培养条件下形成克隆的情况，具体实验方法见软琼脂克隆实验。

（7）表面特征标志的检测：通常认为造血干细胞的表面标志特征为CD34+、CD38−、LIN−、HLA−DR−、Thy−1+、c−Kit+、LFA−1−、CD45RA−、CD71−，其中最重要的标志为CD34+，目前常用来进行造血干细胞的特异筛选。

## 5.6.4 神经干细胞

### 概述

神经干细胞（neural stem cells，NSC）的研究已有10多年历史，人们已成功从多种哺乳动物胚胎和成体中枢神经系统中分离出神经干细胞。神经干细胞的研究打破了中枢神经系统不能修复的传统观念，为中枢神经系统疾病的治疗展现了广阔的应用前景。

### 用品

（1）条件培养液：DMEM/F12＝1∶1、20 ng/mL bFGF、100 μg/mL 胰岛素。

（2）0.25%胰蛋白酶。

（3）D−Hanks液：NaCl 8 g、KCl 0.4 g、$Na_2HPO_4\cdot H_2O$ 0.06 g、$KH_2PO_4$ 0.35 g、酚磺酞0.02 g，加水1 000 mL溶解，调pH值为7.2～7.4，高压灭菌，4 ℃储存。

（4）手术刀、弯钳、眼科剪、1 mL注射器、手术弯盘、青霉素小瓶、细胞计数板。

### 步骤

（1）取2周龄Wistar孕鼠1只，断颈处死，70%乙醇消毒5 min，剪开腹部皮肤及打开腹腔，切取子宫，转入无菌90 mm培养皿中。

（2）眼科剪从子宫角处取出胎鼠，D−Hanks液冲洗，置冰台上，用眼科剪剪开头骨，小心将脑组织移入另一无菌90 mm培养皿中，D−Hanks液冲洗。

（3）去除脑膜及血管，用手术刀反复切割脑组织，过200目筛，制成单细胞悬液。

（4）细胞计数，以 $1\times10^6$/mL 细胞密度接种于90 mm塑料培养皿中，加入条件培养基，37 ℃、5% $CO_2$、饱和湿度恒温箱中培养。

**操作提示**

（1）该方法是成体神经干细胞的获取方法，其在体外增殖需要在促有丝分裂因子（如FGF-2和EGF）存在。去除有丝分裂因子或加入其他促进分化的细胞因子，能够诱导神经干细胞分化。

（2）传代培养：神经干细胞的生长特点是悬浮生长，增殖力强，6~7 d传一代。一般一瓶细胞传成3瓶培养。传代的操作细节及注意事项与悬浮细胞的传代相同。

（3）神经干细胞的冻存和复苏与正常细胞的操作流程相同。

**结果及鉴定**

培养24 h后，可见细胞数较少的细胞克隆形成，7 d时，每个细胞集落可含上百个细胞，呈桑葚状，悬浮生长。鉴定方法如下。

（1）巢素（nestin）免疫组化检测：细胞集落接种到预先用1%赖氨酸处理过的小玻片上，培养48h后用4%多聚甲醛固定30 min，PBS洗2遍后移到37 ℃烤箱烤干。0.3% Triton-X 100和0.3% $H_2O_2$常规处理30 min，PBS洗3遍，1% BSA处理30 min，滴加Nestin抗体4 ℃孵育过夜，SABC试剂盒检测。

（2）5%胎牛血清诱导细胞集落分化：细胞集落接种到6孔板中预先用1%赖氨酸处理过的玻片上，倒置显微镜下观察细胞形态，发现细胞体积变大，有多个突起，有的突起很长，呈轴突样。培养7~10 d后收集玻片，4%多聚甲醛固定30 min，备用。

（3）NF-200、GFAP、Gc免疫组化检测分化细胞：将（2）中收集的细胞爬片用0.3% Triton-X 100和0.3% $H_2O_2$常规处理30 min，PBS洗3遍，1% BSA处理30 min，分别滴加NF-200、GFAP、Gc抗体，4 ℃孵育过夜，SABC试剂盒检测。NF-200阳性细胞为神经元，体积小，突起较长。GFAP阳性细胞为星形胶质细胞，细胞体积较大，突起较多。Gc阳性细胞为少突胶质细胞，细胞在集落中最小，树突很少。

### 5.6.5 骨髓间充质干细胞

**概述**

早在20世纪70年代中期，人们已经证实在哺乳动物的骨髓基质中，存在具有形成骨、软骨、脂肪、神经和成肌细胞能力的多种分化潜能的细胞亚群，称之为骨髓间充质干细胞（bone marrow mesenchymal stem cells，BMMSCs）。在骨髓中除了骨髓间充质干细胞外，还存在着大量的血细胞，少量的单核粒细胞、造血干细胞及前体血细胞。骨髓间充质干细胞较易获得，可以分化为多种组织细胞，分离培养较容易，使其在组织器官缺损性疾病、组织器官退行性疾病、某些遗传性疾病及恶性肿瘤（特别是造血系统恶性肿瘤）的治疗以及基因治疗和组织工程领域具有重要的应用前景。

**用品**

（1）培养基：DMEM或IMEM或α-MEM（低糖，Gibco）、10%~20%胎牛血清（FBS）、0.2 mmol/L谷氨酰胺、青霉素100 U/mL、链霉素100 μg/mL。

（2）细胞消化液：0.25%胰蛋白酶、0.02% EDTA。

（3）5×磷酸盐缓冲液（PBS）：NaCl

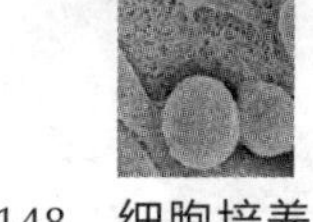



40.0 g、$Na_2HPO_4 \cdot 12H_2O$ 7.16 g、KCl 1.0 g、$KH_2PO_4$ 1.0 g，加水定容至1 000 mL，高压灭菌。

（4）100×谷氨酰胺（20 mmol/L）：1.46 g谷氨酰胺溶入50 mL双蒸水中，过滤除菌，－20 ℃储存。

（5）10×氯化钠溶液：氯化钠9g溶于100 mL双蒸水中，高压灭菌20 min。

（6）Percoll储存液：10×NaCl溶液1 mL、Percoll 9mL，混匀，4 ℃储存。

（7）条件培养基：DMEM或IMEM或α－MEM（低糖，Gibco）、2% FBS、0.2 mmol/L谷氨酰胺、青霉素100 U/mL、链霉素100 μg/mL、LIF 1 000U/mL、$Na_2SeO_3$ 0.1 μmol/L、β－巯基乙醇0.1 mmol/L、IGF 10 ng/mL、必需氨基酸1%。

（8）常规原代细胞培养器具。

## MSCs的分离培养

（1）全血贴壁培养法

① 4周龄雄性BABL/c小鼠2只，断颈处死，70%乙醇消毒20～30 min，取股骨和胫骨，去除骨上附着的软组织和骨骺端。

② 将分离出的股骨和胫骨移入另一无菌平皿，用针管抽5 mL PBS将骨髓冲出，用200目滤纱过滤，1 500 r/min离心4 min。

③ 将沉淀的细胞重悬于10 mL培养液中，$2\times10^6$个接种于塑料90 mm培养皿中。

④ 接种后24～48 h换液，也有报道延长首次换液时间有利于干细胞的贴壁和增殖（不贴壁细胞分泌的细胞因子可能对于贴壁细胞的生长有促进作用），最长可以7 d首次换液。

⑤ 首次换液后，每3～4 d换液1次，7～14 d首次传代。

⑥ 将已70%～80%长满的细胞用消化液消化，分散成单细胞，以$1\times10^6$/mL细胞密度接种于90 mm塑料培养皿中。每3～4 d换液1次，7～10 d传代。

（2）细胞密度梯度分离（Percoll液法）

① 取4周龄雄性BABL/c小鼠2只的股骨和胫骨，去除骨上附着的软组织和骨骺端，将骨髓冲出，制成单细胞悬液。

② 在一无菌离心管中，加入0.3 mL Percoll液和0.7 mL PBS，混匀配制成密度为1.073 g/cm$^3$（或1.077 g/cm$^3$ Ficoll）的细胞密度梯度分离液。将收集的细胞悬液缓慢加在分离液上部，3 000 r/min离心30 min，去除上清。

③ PBS洗2次。细胞密度梯度分离法接种的细胞经台盼蓝染色，活细胞率大于99%。按$2\times10^5$/cm$^2$细胞密度接种细胞于塑料培养瓶或90 mm塑料培养皿中。

④ 接种后72 h换液，以后每3～4 d换液，7～10 d首次传代。

⑤ 用0.25%胰酶和0.02% EDTA将细胞消化下来，以$1\times10^6$/mL细胞密度接种于90 mm塑料培养皿中，每3～4 d换液1次，7～10 d传代。

## MSCs的纯化

（1）亚克隆纯化细胞

① 取1～2代细胞，用消化液将细胞分散成单细胞，接种96孔培养板中，每孔1个。37 ℃、5% $CO_2$、饱和湿度恒温箱中培养。

② 14 d以后观察有细胞克隆的孔，并进行标记。待细胞长到70%～80%铺满时，进行扩传，培养液用条件培养基，以保持骨髓间充质干细胞的未分化状态。

（2）磁珠纯化细胞

① 取 1～2 代细胞，用消化液将细胞分散成单细胞。

② 在细胞上进行 Terll9 磁珠标记，并上磁架，收集上清中的细胞，重悬为单细胞悬液。

③ 在细胞上进行 CD45 磁珠标记，并上磁架，收集上清中的细胞，流式细胞仪（FCM）测定细胞纯度。

④ 细胞计数，以 $1\times10^6$/mL 细胞密度接种于 90 mm 塑料培养皿中，3～4 d 换液 1 次。

（3）FCM 分选（sorting）细胞

① 取 1～2 代细胞，用消化液将细胞分散成单细胞。

② 在细胞上进行第一个特异性抗体标记，在流式细胞仪上收集分选出细胞，重悬为单细胞悬液。

③ 在细胞上进行其他特异性抗体标记，用流式细胞仪收集分选出细胞。

④ 细胞计数，以 $1\times10^6$/mL 细胞密度接种于 90 mm 塑料培养皿中，3～4 d 换液 1 次。

**操作提示**

MSCs 应以低密度培养以保持其多能性，MSCs 融合后很快变成缓慢增殖细胞，丧失克隆形成能力和分化的潜能。

**结果及鉴定**

骨髓间充质干细胞分离纯化困难，在其表面尚未发现特异性标志物。

（1）形态学观察：骨髓间充质干细胞通常被认为是一类体积大、核浆比例不大、呈纺锤形或梭形的细胞，贴壁牢，不易消化。

（2）细胞周期：在体外培养体系中，细胞倍增时间约为 30 h。

（3）FCM 检测：骨髓间充质干细胞表面一般不表达造血干细胞的特异性标志。

（4）碱性磷酸酶染色（AKP）：应为阳性。

（5）诱导分化实验：在特定的诱导条件下，骨髓间充质干细胞可以分化成为成骨细胞、神经细胞、上皮细胞、脂肪细胞、软骨细胞、心肌细胞、骨骼肌细胞等多种细胞。

（6）von Kossa 染色：细胞经成骨细胞诱导液培养 14～24 d 后，用甲醇在 −20 ℃固定 2 min，PBS 洗 2 遍，2% 硝酸银在 60W 灯泡照射下处理 1 h 时。水洗，再用 2.5% 硫代硫酸钠固定 5 min，水洗，1% 核固红复染。光镜下可见黑色钙盐沉积。

### 5.6.6 脂肪源性干细胞

**概述**

脂肪源性干细胞（adipose derived stem cells，ADSCs）是从脂肪组织中分离出来的具有多向分化潜能的成体干细胞。Zuk 等首先发现 ADSCs 具有多向分化的能力，与 BMMSCs 有相似的生物学形状和免疫学表型，能分化为脂肪、骨、软骨、肌肉、血管内皮、肝、胰、神经等细胞类型，然而，与 BMMSCs 相比，ADSCs 具有容易获得、易扩增、不宜衰老并且无伦理学问题等特点，在细胞或基因治疗中发挥重要作用，目前已成为干细胞研究的热点之一。

**用品**

（1）DMEM/F12 培养基（含 10% 胎牛血清，100 U/ml 青、链霉素），低糖

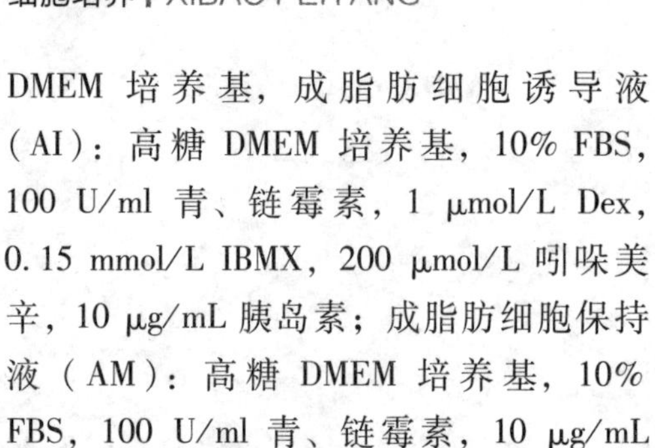

DMEM 培养基，成脂肪细胞诱导液（AI）：高糖 DMEM 培养基，10% FBS，100 U/ml 青、链霉素，1 μmol/L Dex，0.15 mmol/L IBMX，200 μmol/L 吲哚美辛，10 μg/mL 胰岛素；成脂肪细胞保持液（AM）：高糖 DMEM 培养基，10% FBS，100 U/ml 青、链霉素，10 μg/mL 胰岛素；0.2 mmol/L 谷氨酰胺，D - Hanks 液。

（2）PBS 缓冲液，胶原酶，胰蛋白酶。

（3）常规原代细胞培养器具。

#### 步骤

（1）4 周龄雄性 SD 大鼠，处死，70% 乙醇消毒 5 ~ 10 min。无菌条件下切开腹股沟皮肤，暴露腹股沟脂肪垫，切取约 4g 脂肪组织，去除肉眼可见的筋膜组织及小血管，将脂肪垫剪碎，将浆状脂肪组织放入三角烧瓶中。

（2）加入等体积的 0.1% Ⅰ型胶原酶溶液，37 ℃水浴振荡器孵育约 1 h，直至细胞混合物成乳状浓稠液体。

（3）1 200 r/min 离心 5 min，弃上层漂浮物及上清，用含 10% 胎牛血清和 1% 双抗的 DMEM/F12 培养基重悬，200 目筛网过滤，1 000 r/min 离心 5 min，弃上清，PBS 离心洗涤 1 次。

（4）用含 10% FBS 的 DMEM/F12 培养基重悬，接种于 25 $cm^2$ 培养瓶，在 37 ℃、5% $CO_2$ 饱和湿度孵箱培养，3 d 后首次换液，取出未贴壁细胞、脂滴及残渣。3 d 换液，细胞汇合达 80% ~90% 时，0.25% 胰蛋白酶消化，按 1:2 或 1:3 比例首次传代。

#### 操作提示

（1）取材时应仔细剥离去除血管和筋膜组织。

（2）用明胶或胶原蛋白处理培养皿底壁，有利于细胞的贴壁生长。

#### 结果及鉴定

（1）形态学观察：在培养初期，脂肪源性干细胞的形态类似成纤维细胞，贴壁牢，不易消化。

（2）迄今为止，仍未发现 ADSCs 的特征性标志分子。现有研究表明 ADSCs 一般表达 CD29、CD44、CD105 和 BMMSCs 表面分子 STRO - 1，不表达 CD34、CD45、HLA - DR。

（3）诱导分化实验：在特定的诱导条件下，脂肪源性干细胞可以分化成为成骨细胞、软骨细胞、神经细胞、上皮细胞、脂肪细胞、心肌细胞、骨骼肌细胞等多种细胞。

### 5.6.7 牙髓干细胞

#### 概述

牙髓干细胞（dental pulp stem cells，DPSCs）属于成体干细胞，具有自我更新能力、分化潜能以及克隆形成能力。牙髓中含有未分化的间充质细胞，有人认为这种细胞可能就是牙髓干细胞，但尚未得到证实。目前，有关牙髓干细胞的研究仍不多。

#### 用品

（1）条件培养液：DMEM，含 10% ~ 20% FBS。

（2）0.25% 胰蛋白酶、3 mg/mL Ⅰ型胶原酶、4 mg/mL dispase。

（3）Hanks 液。

（4）手术刀、弯钳、眼科剪、1 mL 注射器、手术弯盘、青霉素小瓶、细胞计数板。

## 步骤

（1）取正常19~29岁成人第三磨牙，Hanks液冲洗牙齿表面，并将附着组织去除，在釉牙骨质结合处用牙科裂钻将牙齿切断暴露牙髓腔，小心将牙髓取出。

（2）用3 mg/mL Ⅰ型胶原酶－Hanks液和4 mg/mL dispase－Hanks液消化牙髓组织37 ℃、1 h，过70μm滤网得到单细胞悬液。

（3）DMEM洗细胞2遍，细胞计数。

（4）以$1\times10^3$/mL细胞密度接种于φ35 mm塑料培养皿中。37 ℃、5% $CO_2$、饱和湿度恒温箱中培养。

（5）7 d后挑取形成的克隆，扩大培养。

## 操作提示

与MSCs类似，牙髓干细胞应以低密度培养以保持其多能性。

## 结果及鉴定

获得的细胞可传代培养。目前尚无有效的、特异性鉴别标志，其特性与骨髓间充质干细胞有许多相似之处。牙髓干细胞特殊的选择培养模式尚未见报道。

（1）形态学：牙髓干细胞形态上与牙髓成纤维细胞相似。

（2）牙本质唾磷蛋白不在牙髓干细胞中表达。

（3）牙髓干细胞中碱性磷酸酶活性较低。

（4）牙髓干细胞克隆形成率约为$(2.2\sim7.0)\times10^2/10^3$细胞，其中只有约20%的克隆可以扩增传代超过20代。

（5）牙髓干细胞中Nestin，GFAP表达阳性。

**表5－1 人HSC、DPSCs和BMSCs的免疫学表型分析**

| Marker | HSC | DPSC | BMSC |
|---|---|---|---|
| CD14 | | | |
| CD34 | ＋＋ | － | － |
| CD44 | ＋＋ | ＋＋ | ＋＋ |
| CD45 | － | － | － |
| Integrin β1 | ＋＋/＋ | ＋＋/＋ | ＋＋ |
| VCAM－1 | ＋ | ＋ | ＋＋ |
| MyoD | － | － | － ＋ |
| α－SM actin | ＋＋/ | ＋＋/ | ＋/＋/ |
| Neurofilament | － | － | － ＋ |
| MUC－18（CDl46） | ＋＋/ | ＋＋/＋/ | ＋/＋/ |
| Collagenam | ＋ | ＋＋ | ＋＋/＋ |
| Collagen－Ⅱ | － | － | － |
| Collagen－Ⅲ | ＋＋/＋ | ＋＋/＋ | ＋＋/＋ |
| Osteocalcin | ＋＋/＋ | ＋＋/＋ | ＋/ |
| Osteoneetin | ＋＋/＋ | ＋＋ | ＋＋/＋ |
| BSP | － | － | ＋/－ |
| Osteopontin | ＋/－ | ＋/－ | ＋/－ |
| Alk Phos | ＋ ＋/ ＋/－ | ＋ ＋/ ＋/－ | ＋ ＋/ ＋/－ |
| PPARg | － | － | － |
| FCF－2 | ＋＋/＋ | ＋＋ | ＋＋/＋ |
| Borm matrix protein | － | － | ＋ |
| Borne sialoprotein | － | － | ＋ |

＋＋：强阳性；＋：弱阳性；－：阴性；VCAM－1：血管细胞黏附分子1；MyoD：肌细胞起源；α－SM actin：α－平滑肌肌动蛋白；MUC－18：一种细胞黏附分子；BSP：骨唾液酸蛋白；Alk Phos：碱性磷酸酶；PPARg：过氧化物酶体增殖物激活受体γ；FGF－2：成纤维细胞生长因子

（李志进，吴军正，王　为，刘　峰，朱晓英）

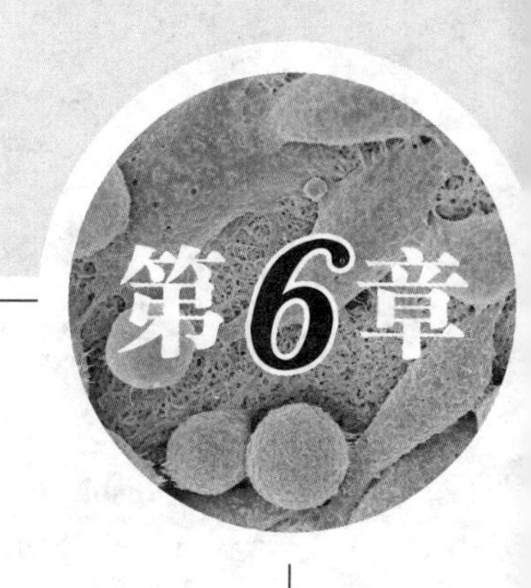


# 肿瘤细胞培养及实验方法

肿瘤细胞培养是研究癌变机理和肿瘤细胞生物学特性的极好手段。应用体外培养技术进行肿瘤研究具有许多优点：①可免受机体内部因素的影响，从而便于探索物理、化学和生物等各种因素对肿瘤细胞生命活动的影响；②便于研究肿瘤细胞的结构与功能；③可长期保存以便观察瘤细胞遗传行为的改变；④可用于快速筛选抗癌药物；⑤研究周期短，实验成本比较低。然而，体外实验也有缺点，长期体外培养可使细胞生物学特性发生一定的变化，因此，体外培养试验所得结果应与体内试验结合研究方为合理。

本章将简要介绍肿瘤细胞培养的一般技术和常见的实验模型。

## 6.1 肿瘤细胞的取材及培养

### 6.1.1 肿瘤细胞的取材方法

人癌细胞培养所用的材料一般取自患者。对于实体瘤患者，通常取原发癌组织或转移灶。有癌性胸、腹腔炎的患者可取胸水或腹水。白血病患者可取血液或骨髓液进行培养。

（1）实体瘤手术标本的取材方法：手术或活检切取的标本应立即浸入无血清培养液中并及时进行培养。一般认为活组织样本越新鲜，培养成功的机会越多。此外，应注意取未经任何治疗和没有坏死的样本进行培养为宜。如有溃疡或坏死则应尽可能避开，从癌组织深部取材。对有可能被霉菌或细菌污染的癌组织，如口腔、消化道、呼吸道及生殖道等与外界交通的部位，则应在培养前将样本放入含二性霉素 B 2 μg/mL、青霉素 200 ~ 1000 U/mL、链霉素 500 μg/mL 的培养液中浸泡 10 ~ 20 min。然后，再用无血清培养液反复冲洗干净后，再进行培养。

（2）体腔液的取材方法：当胸水、腹水中存在较多癌细胞时，可通过离心收集癌细胞进行培养。在无菌条件下抽取体腔液，不需要加抗凝剂，可直接以 1 200 r/min 离心 5 min 收集细胞。不要久置，也不要在冰中冷却，而应及早接种和培养。

（3）血液的取材方法：在急性白血病及恶性淋巴瘤病例中，主要以外周血中的肿瘤细胞为培养对象。用加肝素的注射器抽取 5～10 mL 外周血，置于灭菌的塑料尖底离心管中。立即将离心管以 50°～60° 静置于 37 ℃孵箱，放置 10～30 min 后，将不含红细胞的血浆部分移入另一支管中，以 1 200 r/min 离心 5 min，弃上清液，将细胞重新悬浮于含 10% 胎牛血清的 RPMI 1640 培养液中，以 $1 \times 10^6$/mL 细胞密度接种培养瓶中，进行悬浮培养。

**操作提示**

（1）严格注意无菌操作，尤其是从手术台上收集标本，标本的切取、收集、转运等过程都需要严格无菌，否则很容易被细菌或霉菌污染。

（2）获取的标本应该尽快进行培养，一般不超过 2 h。

（3）一般取材选择未经过任何治疗或坏死的样本。

（4）取材时应选择癌细胞集中、细胞活力较好的部分，避开溃疡或者坏死区域。

（5）血液取材需要加肝素，体腔液取材则不需要加抗凝剂。

### 6.1.2 肿瘤细胞的培养方法

肿瘤细胞的培养方法很多，主要有组织块培养法、酶消化法、钽网法、改良器官培养法等。对实体瘤而言，目前最常用的方法是组织块培养法和酶消化法。具体培养方法参见有关章节。

肿瘤细胞培养的操作提示如下。

（1）培养期间必须竭力防止细菌和霉菌的污染。

（2）在原代培养中，常见有正常成纤维细胞混杂生长。由于成纤维细胞增殖迅速，经常阻碍癌细胞生长，故应及时清除。

（3）原发癌组织和转移淋巴结一样，有时发生淋巴母细胞样增殖。遇到这种情况应及时用等密度离心法清除这些细胞，否则癌细胞会被杀死。

（4）如果实验室同时保存或使用多种其他细胞株，应避免细胞株之间的污染。

（5）当癌细胞还没有生长到足以覆盖培养瓶底壁的大部分表面以前，应该耐心等待，不要急于传代。

（6）从原代开始到第 10 代左右期间，培养细胞的增殖不稳定。因此，在传代操作中必须很慎重，早期传代培养过程中，应适当提高接种细胞密度，并且确定适合该细胞的培养方法。

（7）癌细胞经常重叠生长，如果混有成纤维细胞，可用吸管吹打或低浓度胰蛋白酶消化，分离出癌细胞并传代培养。

（8）对于增殖能力极低的细胞，可用经 50Gy 照射的成纤维细胞单层培养物作为饲养层，或者向培养液中加一种或几种促细胞生长因子，根据细胞种类不同选用不同的促生长物质，常用的有胰岛素、氢化可的松、雌激素以及表皮生长因子、转铁蛋白等生物活性因子。

（9）在成纤维细胞同癌细胞长期共存情况下，一般都希望对癌细胞进行选择性传代培养。而成纤维细胞常常生长较快，并超过癌细胞的生长，导致癌细胞生长受阻以至逐渐消失。因此，消除成纤维细胞成为癌细胞培养中的重要条件。具体方法见第 4 章。

## 6.2 培养肿瘤细胞的生物学鉴定

一旦培养的肿瘤细胞生长成为形态单一的细胞群体后，不论是用于短期实验研究，还是用于建立细胞系，都需要进行一系列的细胞生物学鉴定，其目的在于：①证明培养细胞是否来自原来的肿瘤细胞；②说明肿瘤组织类型；③描述肿瘤细胞的生物学特性。

### 6.2.1 培养肿瘤细胞常用的生物学检查项目

（1）组织起源：对培养材料应说明起源于哪个胚层，什么器官的何种组织；来源于什么样的供体，患有何种疾病。此外，还可利用中间丝单克隆抗体等进行免疫细胞化学染色，辅助鉴别细胞的来源。

（2）形态学观察：主要观察细胞一般形态，如细胞形状、核浆比例、染色质和核仁大小及多少，以及细胞骨架的排列等。培养癌细胞多呈多角形，大小异型性明显，核浆比例倒置，有丰富的三极或多极有丝分裂，核仁清晰、多个，微丝、微管排列紊乱等。

（3）细胞生长特征：检测细胞生长曲线、细胞核分裂指数、倍增时间以及细胞周期等。癌细胞失去正常的接触抑制，细胞呈多层生长，细胞倍增时间较短，细胞生长密度增加，细胞核分裂指数较高，并具有无限增殖能力，细胞侵袭能力较强等特性。

（4）软琼脂培养：癌细胞在低密度下具有很高的存活能力，并在软琼脂中形成细胞克隆。

（5）细胞核型分析：检测核型特点、染色体数量、有无标记染色体、染色体带型等。癌细胞染色体数目和结构异常，大多为异倍体，并可出现异常的标记染色体。

（6）动物致瘤试验：用（1～20）× $10^6$/mL 细胞密度癌细胞悬液接种裸鼠背部皮下，能够生长成为实体瘤，其组织学形态与原发肿瘤相似。

（7）组织化学检查：脱氧核糖核酸、酸性磷酸酶和磷脂增多，碱性磷酸酶活性下降，乳酸脱氢酶和琥珀酸脱氢酶活性也有改变。

（8）凝集试验：癌细胞的凝集力增强。

### 6.2.2 人的恶性肿瘤连续性细胞系（株）的建系（株）标准

从国内恶性肿瘤细胞系建立的报道中分析归纳，建系标准一般应包括以下内容。

（1）肿瘤细胞系的共同特征：肿瘤细胞在体外培养半年以上，生长稳定，保持细胞特征，并能连续传代的，可称为连续性系或株，肿瘤细胞系的共同性鉴定，要注意以下事项。

① 培养细胞的组织来源。

A. 在采取组织标本时，要记录患者的姓名、年龄、性别、病历号、临床诊断（分期）和病理诊断。

B. 记录培养日期和培养方法。

C. 在手术或活检标本的组织旁切下一小块组织，作病理切片和病理诊断，要按组织学类型诊断。

② 形态观察。

A. 光学显微镜下观察活细胞与染色细胞的肿瘤特征，如细胞大小不等，细胞铺满瓶底后有重叠现象，胞质和核的比例与正常细胞不同，肿瘤细胞的核大、胞质少，核内不均匀性，染色质增加，核仁增大或增多等。如为上皮癌，在相差显微镜下可见到细胞间桥，如为腺癌，则可见到分泌颗粒。

B. 透射电镜观察肿瘤细胞的超微结构：如细胞外形不规则，有较多的胞质突或微绒毛，细胞核形状不规则，核膜凹陷明显，核内染色质分布不均，有的凝为团块，核仁大，胞质内核糖体聚为聚核糖体。如为腺癌，应注意胞质中电子密度高的分泌颗粒。如为上皮癌，要注意胞质中的张力原纤维和细胞间的连接（如桥粒和半桥粒）等。

③ 生长情况。

A. 分裂指数。

B. 生长曲线。

C. 细胞群体倍增时间。

D. 集落形成率或贴瓶率。

E. 半固体培养中的集落形成率。

④ 细胞表面改变：刀豆球蛋白或其他植物凝集素试验。

⑤ 染色体分析。

A. 染色体众数与主干系形成。

B. 染色体分组。

C. 染色体分带。

D. 特殊标记染色。

在建系过程中（包括原代培养）和建系后，最好间隔一定时间检查染色体的稳定性。

⑥ 异种移植：接种于大鼠、小鼠、仓鼠等的皮下、脑、眼前房和颊囊等部位，为降低被接种动物的免疫力，新生动物经X线全身照射或给予可的松，或剔除胸腺，或给予抗淋巴细胞血清。尽量用裸小鼠移植。裸小鼠先天缺失胸腺，因而缺乏细胞免疫应答，对移植的异种组织无免疫排斥反应。肿瘤细胞在裸小鼠体内长成肉眼觉察到的肿瘤，潜伏期为10 d至几个月不等。在裸小鼠体内移植肿瘤的组织图像可显示原肿瘤的特异细胞形态。

（2）人癌细胞系的个别特性。

① 一些内分泌腺的肿瘤能产生激素，体外培养成系的细胞仍保留这种特性，如胎盘的绒毛性瘤产生胎盘性促性腺激素（hCG），绒毛膜癌分泌人绒毛膜促性腺激素、黄体酮和雌激素，用特殊的放射免疫法测定，乳腺癌细胞有雌二醇及黄体酮受体，垂体瘤分泌生长激素，人卵巢颗粒层瘤细胞系（HTOG）产生雌酮 $E_1$ 和17β－雌二醇 $E_2$。

② 有的非内分泌脏器的肿瘤，也产生激素，称为产生异位激素的肿瘤，经体外培养成系后仍保留异位产生激素的特征，如未分化肺癌燕麦细胞癌，有的能产生5－羟色胺和促肾上腺皮质激素（ACTH），人肺巨细胞癌细胞系PLA－801产生促性腺激素，甲状腺癌产生ACTH，肝癌产生绒毛膜促性腺激素如黄体生成素（LH），这些都是功能性肿瘤的代表。

③ 癌胚共同抗原。

A. 癌胚性蛋白质，如甲胎蛋白（AFP），用免疫荧光间接法或平板双向扩散法显示肝癌细胞的AFP。

B. 癌胚抗原（CEA），如结肠癌、胰腺癌、食管癌。

C. 癌胎儿同工酶，如绒毛膜癌细胞系T3M－3用酶抗体法和酶组织化学法显示早期胎盘型碱性磷酸酶。

④ 一般腺癌（胃癌、肺腺癌）细胞系的鉴定：用过碘酸希夫染色（PAS）和黏液卡红染色或PAS和阿新蓝染色，胞质中有细滴状颗粒。电镜下有电子密度高的分泌颗粒。

⑤ 一般鳞状上皮癌细胞系的鉴定：如舌癌、鼻咽癌和皮肤癌等，尚没有特异性标志物的报道，除了从超微结构中的细胞连接、桥粒和胞质内的张力原纤维来证明有上皮细胞特征外，还可用抗人α-Keratin来鉴定细胞系来自上皮而非来自基质。也有用组织化学反应和一些植物凝集素的结合来区分培养细胞来自上皮或来自基质。

⑥ 用中间纤维鉴定人肿瘤细胞系的细胞来源。中间纤维（interfilaments，IFs）为蛋白质的多基因系统群（multi-gene family），可有6个类型，从IFs类型可区分以下几类主要肿瘤。

A. 癌（carcinoma）有角蛋白（cytokeratin）。

B. 交感神经瘤如神经节神经母细胞瘤（ganglioneuroblastoma 和 pheochromocytoma）有神经丝（neurofilament）。

C. 横纹肌肉瘤有结蛋白（desmin）。

D. 神经胶质瘤有酸性神经胶质纤维蛋白（glial fibrillary acid potein，GFAP）。

E. 非肌肉肉瘤有波形丝蛋白（vimentin）。

此外少数细胞类型无IFs。

还可用单克隆抗体区分不同的细胞角蛋白多肽。

⑦ 其他如下。

A. 特殊色素：如黑色素瘤，多巴反应阳性，细胞内保持有黑色素颗粒，在培养过程中有减少倾向。

B. 标志染色体：用G带等方法寻找恒定的特殊标志染色体。

C. 特殊蛋白质：如人脑恶性胶质瘤细胞系SHG-44细胞中存在S-100蛋白，GFA蛋白的免疫酶标组织化学呈阳性。

D. 标志酶：如OUR-10人肾癌细胞系的谷氨酰转肽酶（γ-glutamyl-transpeptidase）。

E. 细胞表面特异性抗原或特异受体。

（3）细胞系污染的鉴定（见4.5节）。

## 6.3 抗癌药物敏感性试验

抗癌药物敏感性试验方法繁多，大体上可分为体外与体内二类方法。每种方法各有其优点和局限性，单用某一种方法难以肯定药物抗癌作用，应根据实际情况选择适当的方法。

### 6.3.1 试验药物储备液的配制

一般按试验最高浓度的100倍配制储备液。根据不同的药物，可用生理盐水、75%乙醇或二甲基亚砜（DMSO）溶解。溶剂在培养中的浓度不宜过大，一般为0.5%~1%。储备液在-70 ℃下可保存2~3周。

体外药物敏感性试验所用药物浓度，一般根据已知临床血浆高峰浓度的0.1倍、1.0倍及10倍的剂量进行，亦可参考下述公式推算。

试验药物浓度（μg/mL）=［（mg×平均体表面积）/（平均体重）］×（100/60）

实验时，一般设3~5个对数级浓度，但因方法不同，所用药物浓度亦有差异。药物作用时间可因实验方法而异，如短期法只需1~3 h；中期法如采用MTT法需4~6 d；长期法如采用集落试验则需2~3周等。

## 6.3.2 受试细胞的准备

根据试验目的可选用体外培养的肿瘤细胞系如国际通用的人宫颈癌细胞系 Hela 和人口腔癌细胞系 KB 等，也可用肿瘤患者的新鲜手术标本。后者需要采用机械分散法或酶消化分离出肿瘤细胞，制备成细胞悬液供试验用。

## 6.3.3 药物疗效的评价

（1）体外抑瘤试验：合成化合物或植物提取物纯品的半数抑制浓度 $IC_{50}$ < 10 μg/mL或植物粗提物的 $IC_{50}$ < 20 μg/mL，并且有细胞毒性的剂量依赖关系，其最高抑制效应达80%以上；发酵液 $IC_{50}$ 应大于1∶100时可判定样品在体外对细胞有杀伤作用。

（2）体内抑瘤试验：实体瘤的疗效以瘤重抑制百分率表示，即瘤重抑制率 =（1 - 试验组瘤重/对照组瘤重）×100%。中草药抑制率大于30%，合成药大于40%，且有统计学意义，重复3次，疗效稳定，则评定有一定抗肿瘤作用。

腹水型肿瘤的疗效可以生命延长率表示，即生命延长率 =（试验组存活天数/对照组存活天数 - 1）×100%。非腹腔给药时生命延长率大于50%，腹腔给药生命延长率大于75%，并有统计学意义，连续3次，疗效稳定，则评定有一定抗肿瘤作用。

## 6.3.4 药物敏感性试验

### 6.3.4.1 体外药物敏感试验

#### 6.3.4.1.1 亚甲蓝法

其原理是利用活细胞的脱氢酶提供氢离子，使亚甲蓝还原为甲烯白（无色）。细胞死亡后，脱氢酶失活，无法使亚甲蓝还原，因此被染成蓝色。检测用药后的死细胞数能反映药物的抑瘤作用。但此方法的假阳性率较高。

#### 6.3.4.1.2 染料排斥试验法

根据活细胞在低浓度染液中不着色的特点，用0.4%台盼蓝或0.1%伊红染料进行。当药物导致细胞死亡时，细胞膜通透性增加，致使染液容易通过细胞膜。加药后计算着色细胞数以示药效。由于某些濒临死亡的细胞不易着色，故假阴性较高，本法不适用于仅抑制细胞分裂或使细胞增殖死亡的药物。比较适用于可使细胞死亡的药物或方法，如血卟啉衍生物加光照射引起的光动力学杀伤作用、高温对癌细胞的破坏作用等。

#### 6.3.4.1.3 生长曲线测定法

瘤细胞在最适条件下呈指数生长，以细胞数的对数与培养时间作图可得一条生长曲线，其线性部分，称对数生长期。加药后药物对细胞生长的影响可通过生长曲线反映出来。本试验可获得3方面的数据：

（1）药物对细胞的杀伤率：将对照及加药组生长曲线的线性部分延伸至Y轴，可分别得到截距No及No'。它们代表接种后具有增殖力的细胞数。药物对增殖细胞的杀伤率 =［（No - No'）/No］×100%。

（2）药物对倍增时间（DT）的影响：DT计算公式见4.9.3.2节。如果倍增时间延长表明药物使细胞增殖能力减弱。

（3）药物对细胞生长饱和密度（Ns）的影响：取处在生长稳定期的培养细胞，计数单位面积或体积的细胞均数，即细胞生长饱和密度。此数值减小也表示细胞增殖活性减弱。

#### 6.3.4.1.4 集落形成试验法

肿瘤系由不同比例的、增殖及分化能力不同的瘤细胞群构成。其中仅小部分具有自我更新能力，即所谓的干细胞，约为整个细胞群的1%。干细胞为放射治疗及抗癌药物治疗的靶细胞，与肿瘤的治愈、复发或转移关系密切。一般认为只有干细胞才具有分化、形成集落的能力。故集落法可作为体外检测抗癌药物敏感性方法之一。具体试验方法见7.1.2节。

根据公式计算集落抑制率，即：

集落抑制率＝［1－（试验组集落形成率/对照组集落形成率）］×100%在半对数纸上以集落抑制百分率与剂量对数作图，可以得到一条S形曲线并求出药物的$IC_{50}$值（图6－1）。

或者，求出集落存活分数（S），即：

集落存活分数＝试验组集落形成率/对照组集落形成率。

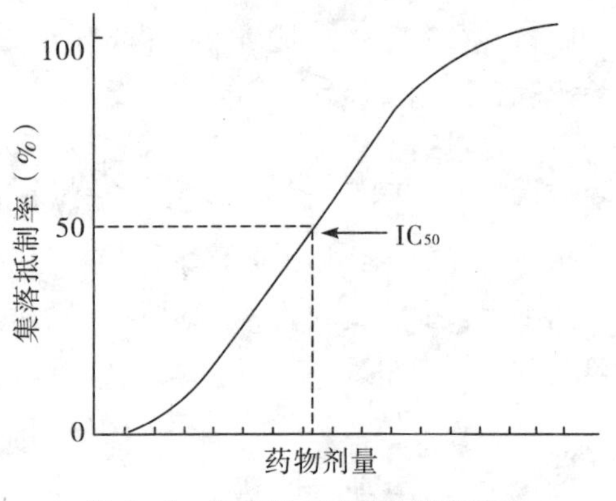


**图6－1 集落形成试验法测定药物生物活性示意图**

以集落存活分数的对数与剂量作图，可以得到细胞存活曲线（图6－2）。由于药物对细胞的杀伤作用一般遵循一级动力学，即一定量的药物杀死一定百分比的细胞，故存活曲线呈带肩区的斜率向下的直线。其方程为$S=1-(1-e^{-D/Do})^n$。S为存活分数，D为剂量，Do是存活分数在细胞存活曲线中直线部分下降63%所需的剂量，n是曲线指数部分外延至Y轴的截距，称外推值。Do越小，敏感性越高。n反映细胞对药物引起的损伤的修复能力，n越大，表示杀死细胞所需的阈剂量越大。

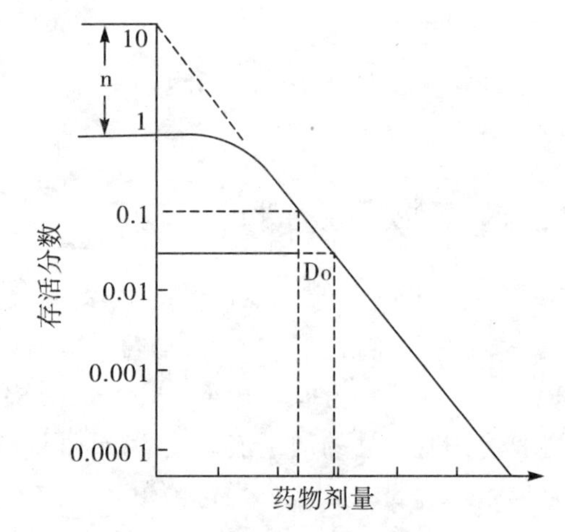


**图6－2 细胞存活曲线法测定药物生物活性示意图**

集落法与临床之阳性符合率约60%～70%，阴性符合率为90%～95%。本法尚存在许多问题：①难获真正单细胞悬液；②有些肿瘤细胞集落形成率低；③确定集落有一定难度；④耗时长，且重复性差。

6.3.4.1.5 MTT比色试验法

Mosmann（1983）首先报道用此方法检测细胞活性。以后，其他学者又用此法检测抗癌药物对肿瘤增殖活性的效应。此方法简便、快速，所需细胞数较少，便于大规模进行药物敏感试验，加之人为误差较小而且较精确，没有放射性污染，目前已广泛用于临床前抗癌药物筛选研究，并已开始用于新鲜肿瘤细胞的药物敏感性检测。

具体试验方法见7.1.3节。实验结果以细胞存活率表示，即：

细胞存活率（%）＝［试验组光吸收值（A）/对照组光吸收值（A）］×100%。

一般用细胞存活率对剂量对数作图并

按作图法求出$IC_{50}$值（图6－3）。

实验表明，本法与临床有相当好的相关性。

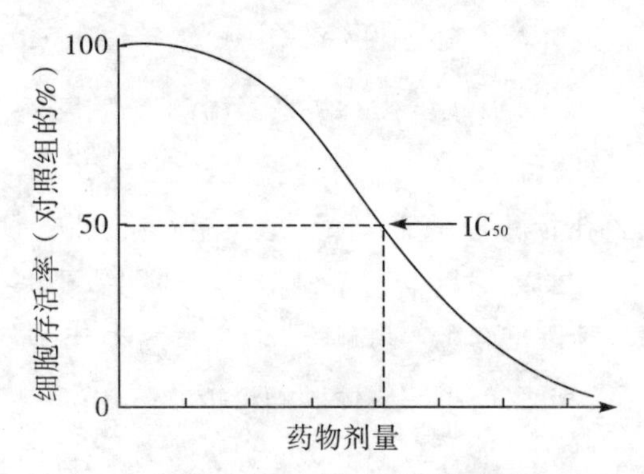


**图6－3 MTT比色法测定药物生物活性示意图**

6.3.4.1.6 三磷酸腺苷生物发光法

该法是一种敏感、可靠的、能测定各种细胞活力的方法（见7.1.4节）。与集落形成法，放射性同位素掺入法及染料排斥法均有良好的相关性。Perra（1987）首先将此方法用于新鲜瘤组织的药敏检测，是体现药物对全体瘤细胞群杀伤的体外药敏方法，该试验周期较短，与临床相关性较好。进行药物敏感试验时，需预先在培养板的孔底铺一层0.5%琼脂培养基以防正常细胞生长，然后接种肿瘤细胞，加药物培养一定时间，测定细胞内ATP活性。试验流程见图6－4。一组实体瘤的实验表明，其临床精确预测率为88.8%。

加药组发光强度下降超过对照组70%为强敏感；下降超过对照的50%，但未达70%者为部分敏感；而下降低于对照的50%时，视为耐药反应。

6.3.4.1.7 放射性同位素掺入核苷酸前体物试验法

常用$^3$H－TdR或$^3$H－UdR掺入处于DNA或RNA合成期的细胞，用液体闪烁计数仪，可测知$^3$H－TdR或$^3$H－UdR标记的DNA或RNA含量，从而可了解药物对肿瘤细胞DNA或RNA合成之抑制效应。自1976年Mattern等采用此方法作体外药敏试验以来，经过许多年的广泛研究，目前已证实对各种动物肿瘤及人类肿瘤，均有较好的预测价值和重复性，且方法简便、快速。有关方法见7.2.3节。通过测定DNA含量，首先判断该肿瘤的增殖情况。离体肿瘤细胞在3 h内可继续合成DNA，故此方法结果可真实地反映肿瘤细胞的增殖水平，也可测知作用于细胞增殖期的药物的效果。

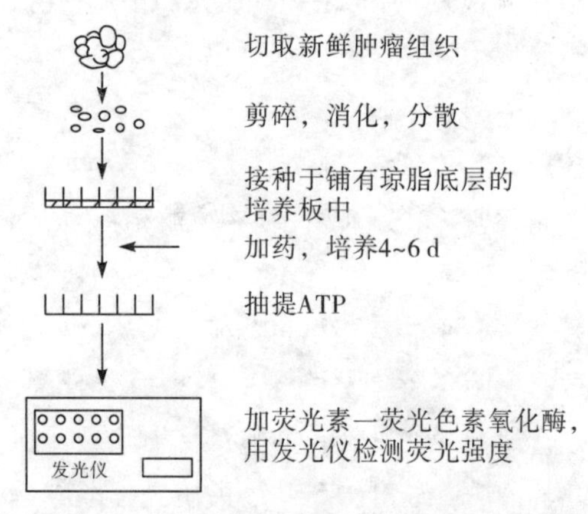


**图6－4 ATP法检测肿瘤化疗敏感性流程图**

6.3.4.1.8 $^3$H－亮氨酸掺入细胞蛋白质试验法

亮氨酸是机体必需氨基酸，利用其掺入量变化，可检测抗癌药物对细胞蛋白质合成的影响程度。有关方法见7.1.6节。

6.3.4.1.9 抗癌药的效能比测定法

肿瘤化疗中常见的副作用是药物对正常组织的毒性，对增殖较快的造血等组织的毒性尤为常见。造血细胞增殖活性高，往往是抗癌药毒性的主要靶细胞。因此，抗癌药的效能比测定一般选用造血细胞作为正常细胞的代表。在体外同时测定某药对癌细胞及正常细胞的细胞毒作用，可计算出该药在细胞水平上的效能比。

现介绍一种小鼠骨髓基质集落形成细

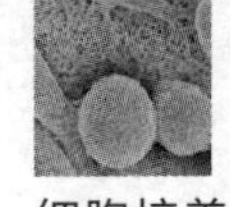



胞（CFU－F）测定法。

**概述**

骨髓基质主要由成纤维样细胞、内皮细胞及巨噬细胞组成，基质损伤可导致造血干细胞增殖及分化的障碍。因此，测定骨髓基质细胞在体外培养条件下的集落形成能力可反映药物对正常组织细胞的毒性作用。

**用品**

McCoy's 5A 培养液（可用 RPMI 1640 培养液代用、但效果不佳）、胎牛血清、抗癌药、甲醇、Giemsa 染色液。

解剖刀、眼科弯剪、弯镊子、吸管、注射器、计数板、移液器、直径 35 mm 塑料培养皿、立体显微镜、$CO_2$孵箱。

**步骤**

（1）取 3 只小白鼠，用脱颈法处死小鼠，无菌条件下分离出股骨，剪断骨干，用注射器冲洗出骨髓细胞，将细胞悬浮在培养液中，通过 4.5 号针头使之分散成单个细胞悬液，计数。

（2）用含 15% 胎牛血清的培养液将细胞密度调整为 $3.6\times10^6$个/mL，取 1.4 mL 细胞悬液加入塑料培养皿中，并加测试药物 4 μL。

（3）将培养皿放入孵箱，在 37 ℃、5% $CO_2$、5% $O_2$ 及 90% $N_2$条件下培养 7 d。

（4）弃去培养液，甲醇固定 10 min，Giemsa 染液染色 15 min，水洗，晾干。

（5）解剖镜下计数集落数。

（6）以相同方法测定药物对肿瘤细胞集落形成的影响。

**结果分析**

药物的效能比 = 造血细胞的 Do/肿瘤细胞的 Do，也可用 $IC_{50}$代替。效能比 = 1，表示该药物对肿瘤细胞的杀伤无选择性。效能比越大，表示药物对肿瘤细胞抑制的选择性越强。Do 为致死剂量。

### 6.3.4.2 体内抗癌药物敏感试验

尽管上述一些体外药敏检测方法快速、简便、临床相关性好、可重复性好。但均存在着一些不足，特别是不能确切反映药物在体内对肿瘤的杀伤情况，往往需要进行体内试验进一步测试药物的抗癌作用。

#### 6.3.4.2.1 裸鼠人体肿瘤移植试验

无胸腺小鼠具有以下特点：①先天性胸腺缺损；②胸腺依赖性免疫功能缺乏，T 细胞功能接近于零，但 B 细胞功能大致正常；③异种移植时无排斥反应，可进行人体肿瘤移植。在裸鼠体内移植的人体肿瘤仍保留其原有组织学形态、免疫学特点以及特有的染色体组型和对抗肿瘤药物的原有敏感性。它是一种较为理想的体内试验模型。制备模型的方法见 6.4 节。

给裸鼠接种人体肿瘤组织或肿瘤细胞后，待肿瘤生长至可触及时即可进行药物实验治疗。给药方案依药物特性和研究目的等因素而定，有的给药 1 次，有的连续给药 3 ~ 10 次，也有的间隔给药（如每周 2 次，连续 2 ~ 3 次）。疗效评定以治疗结束时给药组瘤体积小于对照组 50% 或存活天数超过对照组 50%，才认为有效。

#### 6.3.4.2.2 小鼠肾包膜下肿瘤移植试验

**概述**

1978 年 Bogden 首先报道了将人肿瘤组织移植于裸鼠肾包膜下的药物敏感性试验方法。随后又建立了正常免疫力小鼠肾包膜下移植的 6 d 药敏试验。动物受抗原刺激所致的原发性体液免疫反应，一般发生于第 7 至 10 天；对异种移植产生的细胞免疫，则在第9～12天。故6 d的肾包膜下移植异种组织在理论上避免了上述反应对移植肿瘤的排斥。此外，肾包膜血管丰富，可立即供给移植肿瘤充分的氧及营养，故瘤组织不需要经延迟期，直接增殖。而且肾包膜菲薄，可采用带测微尺的立体显微镜测量移植肿瘤大小。

**用品**

（1）RPMI 1640培养液、抗癌药。

（2）解剖刀、眼科弯剪、弯镊、培养皿、穿刺针、测微尺、立体显微镜。

（3）BALB/c纯系小鼠。

**步骤**

（1）取新鲜人体肿瘤手术标本（也可用肿瘤细胞系），用培养液浸洗，去除结缔组织及坏死组织，切割成1 $mm^3$大小，将一块肿瘤组织吸入穿刺针中备用。

（2）选用BALB/c小鼠，2～3月龄，体重20～25 g，同性别。如移植乳腺癌则用雌鼠。用戊巴比妥钠经腹腔麻醉(70 mg/kg)或乙醚吸入麻醉小鼠，无菌条件下剖腹暴露肾脏，用穿刺针将瘤块注入肾包膜下（图6-5）。用带测微尺的立体显微镜，测瘤块长径（L）和横径（W）。按公式 $V = LW^2/2$ 计算瘤块体积（V），并记录之。

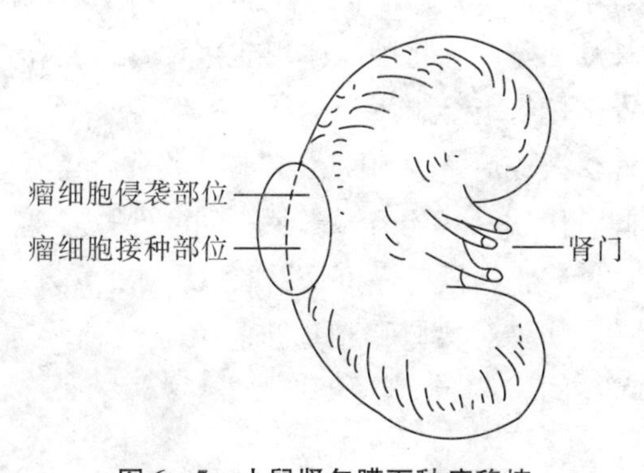


图6-5 小鼠肾包膜下种瘤移植

（3）移植次日为试验第1天，每天给药1次，连续给药5次。根据不同性质的药物，选择皮下、口服或尾静脉给药。一般试验组设5～6只小鼠，对照组设8～10只。

（4）试验第6天处死动物，称体重，测量瘤块大小并计算其体积。

**结果分析**

毒性反应按末体重/初体重判断：≥0.8为无毒性反应；＜0.8为毒性反应。药物反应按移植瘤体积缩小≥15%为药敏阳性。

## 6.4 裸鼠移植瘤模型

### 6.4.1 概 述

裸小鼠是1966年发现和培育的一种小鼠突变系，此种小鼠先天无毛、无胸腺、T淋巴细胞功能完全缺乏、对异种移植不产生排斥反应。因此，特别适用于异种动物组织的移植和人类肿瘤异种移植。1969年Rygarrd和Povlsen首次将人结肠癌成功地移植于裸小鼠体内，建成了裸鼠移植瘤动物模型。此后，人们相继将人类结肠癌、乳癌、肺癌、卵巢癌、黑色素瘤、胃癌、宫颈癌、肾癌、口腔癌、涎腺癌、软组织肉瘤、骨肉瘤、淋巴瘤和白血病等肿瘤移植于裸鼠，并且能够良好生长和传代，肿瘤移植成活率为35.7%。如果用已建成的人类肿瘤细胞系作移植材料，接种后的成活率更高（41%～100%）。

移植后的人体肿瘤在裸小鼠体内仍保持其原有的组织形态、免疫学特点及特有的染色体组型以及对抗癌药和电离辐射的原有反应特性。移植后的人体功能性肿瘤

也能保持其原有的功能，如移植后的绒毛膜上皮癌仍产生人绒毛膜促性腺激素，结肠癌仍产生癌胚抗原、肝癌产生甲胎球蛋白、恶性黑素瘤产生黑色素。大量研究结果表明，人体肿瘤/裸小鼠系统是研究人体肿瘤的一种较为理想的模型系统。近年来，裸鼠移植瘤动物模型已广泛用于：①人体外培养瘤细胞株的鉴定；②在裸鼠体内连续接种传代人体肿瘤组织，提高体外培养的成功率；③研究肿瘤在体内的生物学行为，探讨肿瘤与宿主免疫间的相互关系；④人癌浸润及转移生物学特性及调控机理的研究；⑤人癌放射生物学的研究，等等。

## 6.4.2 制备裸鼠移植瘤动物模型的基本方法

**用品**

（1）眼科剪、眼科弯镊、手术刀、套管针头。

（2）直径60 mm培养皿、10 mL带盖尖底离心管、1 mL注射器并带6号针头、标本瓶。

（3）消化液（0.25%胰蛋白酶或0.1%胶原酶）、无血清RPMI 1640培养液、磷酸盐缓冲液（0.01 mol/L，PBS pH 7.4）。

**步骤**

（1）取材

① 手术或活检标本：在无菌条件下，切取适当大小的肿瘤组织，及时放入含无血清培养液的青霉素瓶。然后，在超净工作台内，修剪肿瘤组织，去除脂肪、结缔组织及坏死瘤组织，并用无血清培养液洗涤2次，将其剪成1 $mm^3$大小的瘤组织块，加适量PBS，备用。

② 癌性胸、腹水标本：用穿刺针抽取10～30 mL的胸、腹水直接以1 200 r/min离心5 min，然后用无血清培养液离心洗涤2次，重新悬浮于适量PBS中，用0.4%台盼蓝色染色，计数活细胞数。

③ 体外培养的瘤细胞系：贴壁生长的癌细胞可用消化液使细胞脱壁、分散，接着用无血清培养液离心洗涤两次，计数活细胞数，调整细胞密度，将细胞悬浮于PBS中，备用。悬浮生长的瘤细胞可按胸、腹水的处理方法制备瘤细胞悬液。

（2）接种

① 瘤组织块法：接种前，同碘酊和乙醇消毒接种部位的皮肤。用无菌套管针抽吸一小瘤块，接种于裸鼠的腋下或背部肩胛区皮下。进行放射免疫显像实验时，接种部位应远离小鼠甲状腺区。

② 瘤细胞悬液法：用带6号针头的注射器抽取适量瘤细胞悬液接种于裸鼠的腋下或背部皮下，每个接种部位注射0.2 mL，含$1\times10^6\sim1\times10^7$个活细胞。

（3）观察与测量：接种瘤细胞后，将裸小鼠送回无特殊病原体饲养室饲养，定期观察小鼠精神、饮食及排便等状况，称量小鼠体重，用游标卡尺测量肿瘤结节的长度和宽度。将肿瘤体积变化对时间在算术坐标纸上绘出生长曲线。一般说来，初代移植成活率为30%～40%。移植后经不同潜伏期（10 d至3个月），可见肿瘤生长。终止实验时，可杀鼠取瘤块称重。

如果对裸鼠移植瘤进行实验性治疗，可参阅表6－1填写实验报告。

表 6 - 1 资料报告表

| 实验分组 | 动物数 ($n$) | | 动物体重 (g) | | 瘤体积 ($mm^3$) | | 荷瘤生存天数 | 抑瘤率 (%) * | 生命延长率 (%) ** | $P$ 值 |
|---|---|---|---|---|---|---|---|---|---|---|
| | 开始 | 结束 | 开始 | 结束 | 开始 | 结束 | | | | |
| 治疗 | | | | | | | | | | |
| 对照 | | | | | | | | | | |

* 抑制率 = {1 - [ (治疗组开始平均瘤体积 - 治疗组结束平均瘤体积) / (对照组开始平均瘤体积 - 对照组结束平均瘤体积)] ×100%；** 生命延长率 = [ (治疗组平均存活天数 - 对照组平均存活天数) /对照组平均存活天数] ×100%

**操作提示**

采用组织块移植时，应切取肿瘤实质部位，不要取坏死、液化部位，同时防止污染。

以细胞系（株）作为移植材料时，应取处于对数增殖期的细胞，这样可提高成活率，不同的细胞接种浓度不同，需要预实验摸索最佳接种浓度。

采用细胞系（株）作为移植材料时，用带 6 号针头的注射器抽取适量瘤细胞悬液接种于裸鼠的腋下或背部皮下，每个接种部位注射 0.2 mL 为宜；细胞数量根据预实验摸索，一般 $1\times10^6 \sim 1\times10^7$ 个活细胞；注射时将针头扎入皮下后，在皮下潜行至移植部位后开始注射，注射结束后用酒精棉球压住注射部位快速拔针，防止细胞悬液顺针道流出。

实验用裸小鼠应来源于无特殊病原体饲养条件下繁殖的动物房，最好在实验前经一周检疫观察，此期间动物死亡率超过 10% 不宜应用。裸小鼠一般选用体重 18 ~ 22 g，4 ~ 6 周龄，常用的品系有 BALB/c nu/nu 品系。

对裸鼠实验室及饲养环境应严格消毒，对鼠笼、垫料及饲料和饮水也应灭菌处理，防止裸鼠在实验期间感染有害病菌。

在夏季，应注意给裸鼠通风、降温；在冬季，应注意保温。一般饲养室内温度控制在 (25 ±1)℃，用高效过滤器每小时换气 10 ~ 15 次。相对湿度应保持在 40% ~60%，每日应当保持 10 h 光照、14 h无光的明暗周期。

## 6.5 肿瘤放射生物学实验

自伦琴 1895 年发现 X 线以来，放射线迅速在医学领域中广泛应用。放射线作用于细胞、组织、器官所产生的生物效应及其作用机理的研究形成了放射生物学。肿瘤放射生物学是放射生物学中的一个分支学科，其核心内容是研究电离辐射对肿瘤细胞（组织）的放射生物学效应及其作用机理，为肿瘤的放射治疗提供理论依据。肿瘤放射生物学的研究方法包括两大类，一类是离体培养肿瘤细胞实验模型，另一类是动物移植瘤实验模型。本节简要介绍目前常用的实验模型。

### 6.5.1 肿瘤放射生物学培养细胞实验

#### 6.5.1.1 单层培养细胞实验技术

##### 6.5.1.1.1 细胞克隆 （集落） 计数法

1956 年 Puck 和 Marcus 首次应用细胞克隆计数法探讨了辐射剂量与人宫颈癌细胞株 Hela - S3 存活的关系，为离体细胞辐射敏感性和辐射修饰剂的研究提供了最基本的定量研究手段。至今该方法仍为离体细胞放射生物学广泛应用。克隆计数法具体方法详见 7.1.2 节。这里仅介绍克隆计数法在离体细胞辐射敏感性试验中应用的基本过程。

首先取对数生长期细胞，用 0.25% 胰蛋白酶消化制成单个细胞悬液。对于难分散的细胞可用 0.25% 胰蛋白酶 + 0.02% EDTA（1∶1）混合消化，制成单细胞悬液，用 0.4% 台盼蓝染色，计数活细胞数，并按梯度稀释法将细胞悬液稀释至所需密度，将细胞接种在适当的培养器皿中如直径 35 ~ 60 mm 的培养皿，然后在 37 ℃、5% $CO_2$ +95% 空气及 100% 饱和湿度条件下培养。待细胞完全贴壁后，进行各种实验处理（乏氧处理、加药、放射线照射等），然后继续在 $CO_2$ 孵箱内静置培养 8 ~ 14 d（培养时间依对照组出现肉眼可见克隆的时间而定），取出培养皿，弃去培养上清液，用甲醇固定，Giemsa 染色，最后计数含 50 个细胞以上的克隆，并进行计算。

接种率（plating efficiency，PE）=（对照组克隆数/细胞接种数）×100%

存活分数（surviving fraction，SF）= 实验组克隆数/（细胞接种数 × PE）

6.5.1.1.2 四唑盐比色法（MIT 法）

MIT 法是一种定量检测活细胞的方法，最早用于检测淋巴细胞的增殖活性，以后广泛用于肿瘤细胞的化学敏感性检测，近年应用于肿瘤细胞辐射敏感性试验。试验基本过程包括：①制备单细胞悬液；②接种 96 孔培养板；③进行实验处理如加药、照射等；④MIT 检测（具体方法见 7.1.3 MIT 比色试验）；⑤统计处理数据，将测得的吸光值转换为细胞数，求存活分数。

存活分数（SF）= 实验组对数生长期细胞数/对照组对数生长期细胞数

MIT 法与克隆法比较具有以下几个优点：①适用性广。悬浮生长细胞、贴壁生长细胞、克隆形成细胞及多细胞球体均可应用；②实验周期短。一般 1 周左右即可出结果；③重复性好；④实验成本低。然而，要获得可靠的实验结果，必须充分了解受试细胞 MIT 还原产物吸光值的大小与细胞数量之间的线性关系范围，选择适当的接种细胞密度及细胞培养时间。否则，实验误差仍会偏大。

#### 6.5.1.2 离体培养细胞的乏氧照射技术

在放射增敏剂的研究中，常用氧增比（oxygen enhancement ratio，OER）和增敏比（sensitizing enhancement ratio，SER）两个指标评价增敏剂的放射增敏作用。因此，需要分别在有氧照射和乏氧照条件下，测定离体培养细胞的存活曲线。用存活曲线中直线部分率的倒数，即 Do 值，可求出 OER 和 SER。

OER = 乏氧状态下照射所得存活曲线的 $D_0$/有氧状态下照射所得存活曲线的 $D_0$

SER = 单纯乏氧状态下照射的对照组的 $D_0$/（增敏剂 + 乏氧状态下照射的实验组的 $D_0$）

乏氧照射装置常见的有 2 种：贴壁细胞乏氧装置和细胞悬液乏氧装置。

（1）贴壁细胞乏氧装置：常用不锈钢 - 铝合金或厚有机玻璃板制成乏氧照射盒，它分底室和上盖两部分。在底室的两侧分别有控制气体进出的气道。使用时，将培养皿或培养板放入底室的支架上，关闭上盖并拧紧固定螺丝使之完全密闭，然后由进气管道通入 99.999% 的高纯氮气，同时打开出气管道的阀门，通气速度保持在 0.5 L/h。通气 1 h 后，同时关闭进出气道的阀门，即可进行乏氧状态下的照射。如果没有乏氧照射盒，可用普通培养瓶配以两根带微型活塞针头的胶塞。使用时，用三通管连接，进气针头接氮气，通气 20 ~30 min，即可达到乏氧状态。

（2）细胞悬液乏氧装置：这种装置用中性玻璃制成直径 5 cm、体积 30 ~40 mL 的圆柱形乏氧瓶，瓶子上端两侧有带活塞的进气管和出气管。实验时，由出气管放入小磁棒并加入细胞悬液 20 ~30 mL，然后用磁力搅拌机以 200 r/min 搅拌，同时由进气管通入高纯氮气，使进出的气体在细胞表面充分交换以达到乏氧状态。

#### 6.5.1.3 离体多细胞球体实验技术

**概述**

多细胞球体是某些细胞系在特定培养条件下形成的具有三维结构的多细胞聚集体，它在形态结构和生物学特性上都与动物和人体实验肿瘤类似。显微镜下观察，多细胞球体组织结构可分为 3 层，外层约 4 ~6 层细胞，由分裂旺盛的细胞紧密相依。内层细胞松散，胞体小。球体中央部分由于乏氧和营养不足形成坏死区域及乏氧细胞层。基于上述特征，多细胞球体为放射和药物研究提供了一种介于单细胞与实体瘤之间的肿瘤实验模型。

**用品**

（1）RPMI 1640 培养基、胎牛血清、优质琼脂。

（2）普通培养瓶、旋转培养瓶、培养皿、培养板等。

（3）$CO_2$ 培养箱、旋转培养箱、辐射源等。

**步骤**

（1）制备琼脂底层：用 PBS（0.01 mol/L，pH7.4）配制 5% 的琼脂溶液，经 356.176 kPa 高压灭菌处理，待冷却至50 ℃，与等体积并预温 40 ℃的 2 × 无血清 RPMI1640 培养液迅速混匀，制成 2.5% 琼脂培养基，趁热浇入培养瓶底部，水平放置，使其自然凝固。琼脂层厚度 2 ~3 mm 为宜。

（2）制备细胞悬液：取对数生长期的单层培养肿瘤细胞，用胰蛋白酶消化分散成单个细胞。

（3）多细胞球体预培养：取 $5\times10^4$ 个细胞，加入含 20% 胎牛血清的 RPMI 1640 培养液 8 mL，接种于含 2.5% 琼脂铺底的 40 mL 培养瓶中，放入 $CO_2$ 孵箱中，在 37 ℃、5% $CO_2$ 及饱和湿度条件下培养 1 ~2 周。培养期间，视细胞球体生长状况，换新鲜培养液。

（4）多细胞球体旋转培养：当多细胞球体预培养至 160 ~200 μm 直径大小，移入 250 mL 旋转培养瓶中，加 75 mL 新鲜培养液，移入旋转培养箱内，在 37 ℃及转速 180 r/min 条件下继续培养，待球体长至 300 ~400 μm 大小，可用于各种实验处理。

（5）电离辐射：根据实验目的，选择一定大小的球体，给予加药处理，在有氢或乏氧条件下 X 线或 γ 射线照射。

（6）检测：细胞球体经辐射处理后，用胰蛋白酶消化分散或机械吹打分散成单细胞悬液，然后进行克隆形成试验或四唑盐比色试验。

（7）绘制细胞存活曲线：根据实验所得各组细胞的存活分数，以剂量为横坐标（算术标尺），存活分数为纵坐标（对数标尺）绘制细胞存活曲线。

#### 6.5.1.4 放射生物学中细胞存活曲线的数学模型

为了更好地理解细胞存活曲线的放射

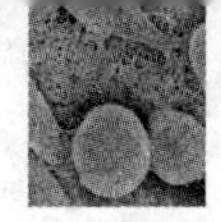



生物学意义，通常选择合适的生物物理数学模型拟合分析实验数据，并求出表示其特性的放射生物学参数如 Do、N、Dq、α 和 β 值。常用的哺乳动物细胞存活曲线有 3 种类型，即简单的多靶单击模型、带初斜率的多靶单击模型和线性平方模型。

6.5.1.4.1 简单的多靶单击模型

简单的多靶单击模型可用下式表示：

$$S = 1 - (1 - e^{-D/Do})^N$$

式中 S 为受到剂量 D 照射的存活分数；e 为自然对数的底；Do 即平均致死剂量，它是曲线指数区存活分数下降63%所需的照射剂量，反映不同细胞对射线的敏感性和同一种细胞放射敏感性的变化；N 为外推数或靶数，它反映细胞存活曲线肩区大小，N 值越大，则细胞在低剂量区时对亚致死损伤的耐受性越大。此外，从细胞存活曲线可测得准阈剂量 Dq，它反映肩区大小，表明细胞亚致死损伤修复能力。使用辐射增敏剂后，Dq 变小，说明细胞修复亚致死损伤的能力变弱（图6-6）。

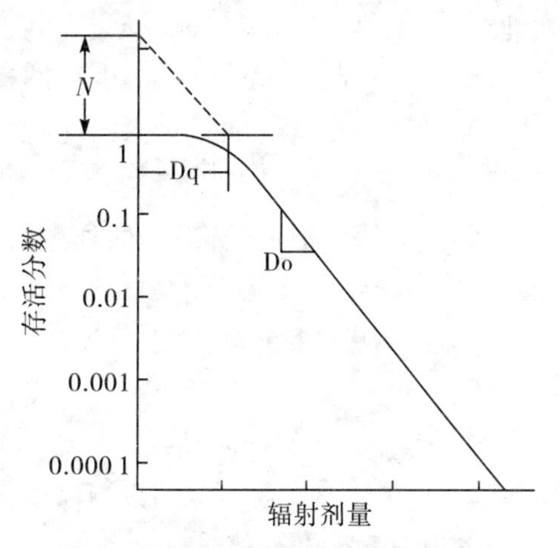


**图6-6 简单的多靶单击模型示意图**

这个模型假设在细胞死亡前有 2 个或多个靶受到一次击中。这种曲线的初斜率为 0，即认为在低剂量时没有细胞死亡发生。曲线的直线部分为指数性直线，意为细胞存活分数随辐射剂量增加而呈指数性下降。这种模型对受高传能线密度（linear energy transfer，LET）辐射的哺乳动物细胞比较合适。

6.5.1.4.2 带初斜率的多靶单击模型

这个模型系在简单的多靶单击模型的方程式上乘上一个带有指数失活特点的校正系数 $e^{-D/Do}$，得到下列方程：

$$S = e^{-D/D1}\left[1 - (1 - e^{-D/D2})^N\right]$$

这条曲线的初始斜率不等于 0，也就是说，即使在很低剂量时仍有一些过程能够导致细胞死亡。这个模型实质上是将上述简单多靶单击模型和单击事件综合在一起，是后者造成了非零的初始斜率。这个模型对大多数哺乳动物细胞和较宽能量范围的射线都适用（图6-7）。

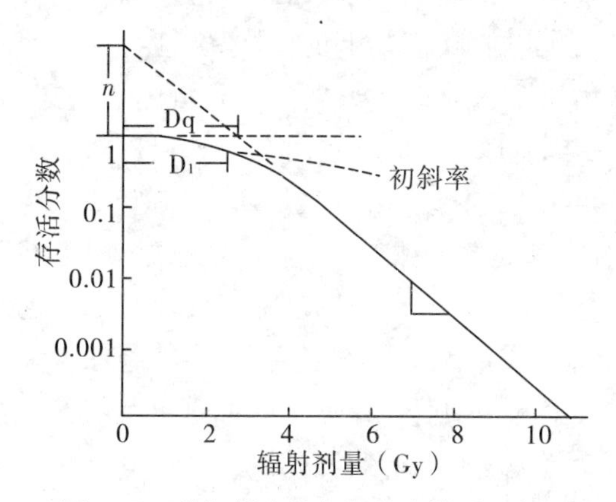


**图6-7 带初斜率的多靶单击模型示意图**

6.5.1.4.3 线性平方模型

线性平方模型又称连续弯曲曲线模型，其方程式为：

$$S = e^{-(\alpha D + \beta D^2)}$$

这个模型是以 DNA 双链断裂时造成细胞死亡的假设建立的。式中 n、p 分别代表一次冲击和两次冲击所造成 DNA 双链断裂的参数（图6-8）。

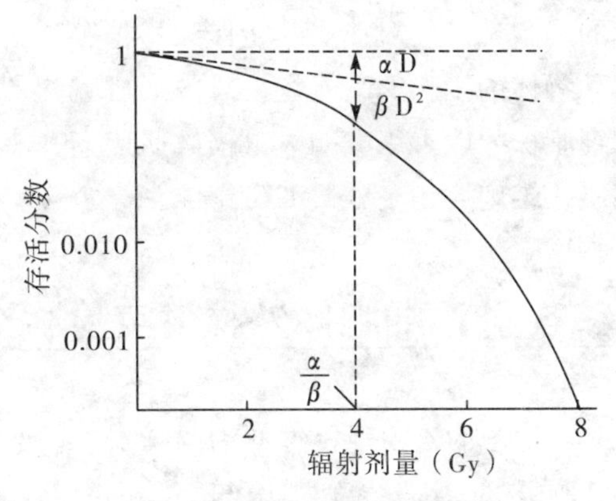


图6-8 线性平方模型示意图

## 6.5.2 肿瘤放射生物学的实体瘤整体水平实验

体外培养细胞实验模型是进行肿瘤放射生物学研究的基本和重要手段，它具有快速、稳定、定量和经济等优点。但是离体实验结果与整体动物实验仍存在一定差异，更不能将实验结果直接应用于临床。因此，为了提供更接近临床的实验资料，必须在离体实验的基础上进行动物实体瘤的整体试验。

目前，已经建立了许多不同组织类型的动物实体瘤模型及人癌裸鼠移植瘤模型，为肿瘤放射生物学的研究提供了良好的实验模型。移植瘤模型的建立方法可见6.4节。建立动物模型时，应特别注意根据实体瘤生长特性和实验目的，选择最适宜的移植接种部位。因为，肿瘤移植接种部位对其生长状态、远处转移、实验时的处理以及各种效应的评价等均有影响。一般说来，移植接种根据压迫肿瘤影响血液供应的程度大致分3种类型：一是不受压迫的皮下部位，如胸部，背部和两肋的皮下；二是受压的皮下部位，如头、尾和足的皮下；三是体内较深的部位，如肺、肌肉和肾包膜等。确定移植接种部位后，选择细胞悬液接种法或组织块接种法移植肿瘤，待瘤块长至一定大小，将肿瘤大小较一致的荷瘤动物按实验设计进行分组使用。下面简要介绍几种常用的整体实验方法及评价指标。

### 6.5.2.1 肿瘤生长测定

这种试验方法简单易行，主要适用于无明显浸润和转移的实体瘤模型。试验时，首先制备动物移植瘤模型，选取较多的瘤块长至一定大小（大鼠8~10 mm直径，小鼠2~4 mm直径）的荷瘤动物并按实验设计分组，以梯度剂量给予辐射或药物加辐射处理，然后定期用游标卡尺测定瘤块三维垂直直径并计算瘤块体积。终止试验后，以瘤块体积（纵坐标）对辐射后时间（横坐标）绘制移植瘤生长曲线，并用再生长延缓或生长延缓指标评价疗效。

再生长延缓（regrowth delay）是指肿瘤受辐射发生明显缩小后再生长至首次辐射时肿瘤的大小所需的时间。再生长延缓时间越长疗效越明显。该指标仅适用于评价那些辐射后能产生明显缩小的肿瘤。

生长延缓（growth delay）是指试验组肿瘤受辐射后从首次辐射时的体积生长至某一特定体积所需的时间，与对照组肿瘤生长至相同特定体积所需的时间进行比较，试验组的时间大于对照组的时间，表明肿瘤生长延缓。

最后，以延缓时间（纵坐标）对辐射剂量（横坐标）绘制剂量—效应曲线。

### 6.5.2.2 50%肿瘤控制剂量（$TCD_{50}$）测试

$TCD_{50}$是指荷瘤动物受辐射后50%荷瘤动物的肿瘤得到控制或治愈所需的剂量。这种方法重复性较好，但所需试验动物数量较多，实验周期也长。该实验需选

大量荷瘤动物分成许多组，以不同方式给予大剂量照射肿瘤，连续观察肿瘤复发或局部控制情况，然后以肿瘤局部控制率（纵坐标）对辐射剂量（横坐标）绘制剂量—效应曲线，推出 $TCD_{50}$。

#### 6.5.2.3 体内稀释分析技术

这种技术是从荷瘤小鼠体内取出肿瘤细胞，制成单个细胞悬液，根据实验分组将细胞稀释成不同梯度密度的细胞悬液，然后分别接种于各组小鼠皮下，观察一定时间并计算致50%受试动物产生肿瘤所需的细胞数，即 $TD_{50}$。用对照组的 $TD_{50}$ 与各实验组的 $TD_{50}$ 比较求出各组的存活率，再用存活率对辐射剂量作图即可获体内剂量效应曲线。

#### 6.5.2.4 肺克隆测试

首先制备荷瘤动物模型并分组，按实验设计在荷瘤小鼠肿瘤原位给予不同剂量的电离辐射，然后取出瘤细胞并制备单个细胞悬液，将一定量的瘤细胞通过小鼠尾静脉注入未荷瘤受试动物体内，经 2 ~ 3 周后处死小鼠并解剖小鼠，计数肺内形成的肿瘤克隆数，求出细胞存活率，以细胞存活率对辐射剂量作图可得到体内细胞存活曲线。

#### 6.5.2.5 体内试验体外分析技术

用体内体外分析系统进行实验时，先行荷瘤小鼠原位辐射试验或给药试验，然后取出肿瘤组织，用胰酶消化或机械研磨制成单个细胞悬液，把一定数量的瘤细胞接种于含新鲜完全培养液的培养皿中，培养 2 周左右终止培养，固定后染色，计数克隆形成数，绘制细胞存活曲线。此法综合了整体与离体两种技术优点，具有快速、准确、定量和经济的优势。但有一定的局限性，只对那些既能作为移植肿瘤在动物体内生长，又能在平皿内形成克隆的细胞株才能采用，如大鼠横纹肌肉瘤、小鼠纤维肉瘤和小鼠 EMT6 乳腺肿瘤等。

## 6.6 肿瘤细胞体外黏附实验

细胞的黏附性在维持细胞外形、调节细胞分裂、运动等功能中起十分重要的作用。肿瘤细胞通过膜表面受体（整合素 integrins、钙黏蛋白 cadherins 和层黏蛋白 la minin 受体等）黏附于基底膜及细胞外基质成分上（如纤维连接蛋白、层黏蛋白和Ⅳ型胶原蛋白）。黏附是癌细胞侵袭的始动步骤。高侵袭的肿瘤细胞与基底膜成分的异质性黏附能力通常增高，而肿瘤细胞间的同质性黏附能力则会下降。上述特性有利于肿瘤细胞与肿瘤母体分离，并侵犯基底膜等正常组织。肿瘤细胞与脉管内皮细胞的黏附与其在脉管壁的着床有关。本节介绍两种测定细胞黏附的实验方法。

### 6.6.1 肿瘤细胞在细胞外基质上黏附的测定

**概述**

采用 MTT 比色试验（见 7.1.3 节）测定肿瘤细胞在细胞外基质上（Matrigel 和 Fn）的黏附。

**用品**

（1）肿瘤细胞及其所需培养液。

（2）主要试剂：人工重构基底膜材料 Matrigel（主要成分为层黏蛋白和Ⅳ型胶原，美国 Collaborative Rsearch 公司）、纤维连接蛋白（Fn）、小牛血清白蛋白 BSA、噻唑蓝（MTT，美国）。

（3）96 孔培养板、ELISA 读数仪。

步骤

（1）包被基底膜：用灭菌双蒸水分别配制以下3种溶液：10 g/L BSA；50 mg/L Matrigel，1∶8 稀释液；10 mg/L Fn，以50 μL/孔分别加入96孔培养板，4 ℃过夜，BSA为对照基底。

（2）水化基底膜：吸出培养板中残余液体，每孔加入50 μL含10 g/L BSA的无血清培养液，37 ℃，30 min。

（3）接种细胞：用0.25%胰蛋白酶消化体外培养的肿瘤细胞，调整细胞密度为$1\times10^5$/mL，分别将100 μL细胞悬液接种于包被BSA、Matrigel或Fn的96孔培养板中，每组平行4个样本。

（4）培养细胞：用含10 g/L BSA和体积分数为1%胎牛血清的RPMI 1640培养液分别在37 ℃常规培养1 h，观察并照相。

（5）MTT比色法检测：培养1 h后，按MTT比色法测定各孔细胞的光吸收值（A值），以对照基底膜BSA组贴壁细胞A值为参照，分别按公式计算Matrigel和Fn组细胞黏附率。

黏附率 = ［（实验组细胞A值/BSA组细胞A值）－1］×100%。

操作提示

（1）包被基底膜需要在无菌条件下进行；

（2）水化基底膜过程中，采用移液器滴头吸出培养板残余液体时注意移液器滴头不要破坏板底包被的基底膜；

（3）接种细胞时可用无血清的RPMI 1640培养液稀释调整细胞浓度，按每孔100 μL进行接种，然后在加入100 μL含20g/L BSA和体积分数为2%胎牛血清的RPMI 1640培养液，达到终浓度进行常规培养。

## 6.6.2 肿瘤细胞与内皮细胞黏附的测定

概述

本方法采用肿瘤细胞对活性染料Rose Bengal的摄取量来检测肿瘤细胞与内皮细胞的黏附反应。体外培养的肿瘤细胞摄取Rose Bengal后，整个胞质染成红色。随着肿瘤细胞数量的增加，摄取Rose Bengal染料的量也增加，肿瘤细胞的数量与A值呈线性关系。而内皮细胞作为背景对染料Rose Bengal的摄取很少且相当稳定，即使细胞数量增加，其吸光度的变化也不明显。因此，除去内皮细胞的背景染色后，A值可代表黏附后的肿瘤细胞。

用品

（1）肿瘤细胞及其所需培养液。

（2）Rose Bengal（Sigma公司）染色液：以pH 7.3的PBS配制成0.25%的溶液，常温保存。

（3）0.25%胰蛋白酶、0.25% Ⅰ型胶原酶。

（4）96孔培养板、移液器、ELISA读数仪等。

步骤

（1）胎儿脐静脉内皮细胞原代培养：用0.25% Ⅰ型胶原酶消化胎儿脐静脉内皮细胞（具体方法见5.2节），以含20%胎牛血清的DMEM培养基培养并传代，第1代或第2代生长良好的内皮细胞用于实验。

（2）制备单层内皮细胞：用0.25%胰蛋白酶消化体外培养的内皮细胞，以$5\times10^4$/孔细胞密度接种于96孔板中，每孔含100 μL培养液，培养2～3 d，内皮细胞长成单层。

（3）接种肿瘤细胞：以0.25%胰蛋

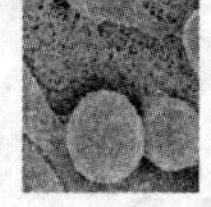



白酶消化肿瘤细胞，制成 $2.5\times10^5$/mL 细胞密度悬液备用。去除培养内皮细胞的96孔培养板中的培养上清液，用含10%小牛血清的DMEM培养液清洗1遍；每孔加肿瘤细胞悬液200 μL（含 $5\times10^4$ 个细胞），37 ℃孵育15～30 min。

（4）肿瘤细胞染色：孵育后，去除未黏附的肿瘤细胞，以含10%小牛血清的DMEM培养液清洗2遍；每孔加100 μL 0.25% Rose Bengal染色液，室温放置5 min后，吸弃染料Rose Bengal，以含10%小牛血清的DMEM培养液清洗2遍；每孔加95%乙醇：PBS（1∶1）200 μL，室温放置30 min。

（5）读数：用ELISA仪测定570 nm波长下的吸光度A值。肿瘤细胞A值=内皮细胞和肿瘤细胞A值—内皮细胞A值。

## 6.7 肿瘤细胞迁移实验

迁移是肿瘤细胞转移过程中必不可少的环节之一。肿瘤细胞与母体瘤分离，穿越血管壁，侵袭周边正常组织时，需要一定的运动能力。高转移的肿瘤细胞通常具有较强的运动性。多种物质可刺激肿瘤细胞的迁移，如肿瘤细胞分泌因子、生长因子、细胞外基质成分（Fn、Ln）以及一些癌转移靶器官的代谢产物或分泌产物等生长因子对肿瘤细胞有趋化作用，可使其发生定向运动。本节介绍两种测定细胞迁移的实验方法。

### 6.7.1 细胞划痕法

**概述**

本方法借鉴体外细胞致伤愈合实验模型，测定肿瘤细胞在细胞外基质上的运动特性。

**用品**

（1）细胞系及其培养：肿瘤细胞及其所需培养液。

（2）主要试剂：人工重构基底膜材料Matrigel、纤维连接蛋白（Fn）、小牛血清白蛋白（BSA）。

（3）96孔培养板、移液器、测微尺、显微镜。

**步骤**

（1）包被基底膜：用灭菌双蒸水分别配制以下3种溶液：10 g/L BSA；50 mg/L Matrigel，1∶8稀释液；10 mg/L Fn，以50 μL/孔分别加入96孔培养板，4 ℃过夜，BSA为对照基底。

（2）水化基底膜：吸出培养板中残余液体，每孔加入50 μL含10 g/L BSA的无血清培养液，37 ℃，30 min。

（3）制备培养单层细胞：将细胞密度为 $5\times10^5$/mL 的肿瘤细胞接种于包被Matrigel或Fn的96孔培养板中，每组平行4个样本，用体积分数为10%胎牛血清的RPMI 1640培养液常规培养，直至形成细胞单层。

（4）人工划痕：在单层培养细胞上，用移液器滴头沿培养板底部呈“一”字形划痕，镜下记录划痕区相对距离，然后，用无血清培养液洗涤，更换含10 g/L BSA和体积分数为1%胎牛血清的RPMI 1640培养液，培养24 h更换体积分数为10%胎牛血清的RPMI 1640培养液，继续培养24 h，观察并照相。

（5）测量迁移距离：倒置显微镜下测量细胞向致伤区迁移的相对距离，根据原始细胞致伤区距离计算出细胞实际迁移距离。

**操作提示**

（1）包被基底膜需要在无菌条件下进行；

（2）水化基底膜过程中，采用移液器滴头吸出培养板残余液体时注意移液器滴头不要破坏板底包被的基底膜；

（3）接种细胞时可用无血清的 RPMI 1640 培养液稀释调整细胞浓度，按每孔 100 μL 进行接种，然后在加入 100 μL 含 20 g/L BSA 和体积分数为 2% 胎牛血清的 RPMI 1640 培养液，达到终浓度进行常规培养。

### 6.7.2 Millicell 小室测定法

**概述**

多孔生物膜 Millicell－PCF 培养系统是近年来发展的一项实验技术，体外培养的肿瘤细胞在趋化物质的作用下可以穿过多孔生物膜，穿膜细胞经染料着色，以便于在显微镜下进行计数。该实验具有操作简便、实验周期短、定量分析容易等优点，不仅可用于研究细胞分化和细胞与基质相互作用，还可以用来筛选抗侵袭和抗移动药物。下面以黏液表皮样癌 MEC－1 细胞为例介绍实验方法。

**用品**

（1）肿瘤细胞及其所需培养液。

（2）Millicell－PCF 培养小室（Millipore 公司，装有聚碳酸酯微孔膜，孔径 12 g），24 孔培养板，棉签。

（3）0.01 mol/L、PBS（pH 7.4）、3% 戊二醛固定液、Giemsa 染色液。

（4）倒置生物显微镜。

**步骤**

（1）制备条件培养液：小鼠成纤维细胞系 NIH3T3，用含 10% 胎牛血清的 RPMI 1640 培养液在 37 ℃ 及 5% $CO_2$ 条件下培养。在细胞长势良好情况下换无血清培养液继续培养 24 h，然后收集培养上清液，过滤除菌，冰冻保存备用。

（2）接种肿瘤细胞：将 Millicell 放入 24 孔板中，在 Millicell 内加入 100 μL $10^5$ 个 MEC－1 细胞，在 Millicell 外室加 500 μL条件培养液，常规培养 8 h。

（3）穿膜细胞染色：取出 Millicell，PBS 洗涤，3% 戊二醛固定，Giemsa 染色，用棉签小心擦去微孔膜上层细胞。

（4）细胞计数：在倒置显微镜下放大 150 倍计数取景框中移至微孔膜下层的细胞。每个样本计数 10 个视野。

## 6.8 肿瘤侵袭实验

肿瘤的恶性行为表现为瘤细胞侵袭性破坏宿主组织和向远处转移，而肿瘤转移之前，一般在原发部位先发生侵袭生长，侵袭可直接或间接引起转移导致宿主死亡，故侵袭性是肿瘤恶性行为主要特征之一。肿瘤细胞侵袭性实验研究方法分体内和体外两大类。

### 6.8.1 体内癌细胞侵袭实验

这类方法的特点是能显示癌细胞侵袭过程与宿主之间的相互关系。但也存在一定缺点，由于机体影响因素复杂，难于分析某一种因素与侵袭之间直接关系。因此常需与体外实验综合分析，常用的体内模型有以下几种：

#### 6.8.1.1 皮下移植侵袭实验

在动物皮下移植肿瘤并不是所有肿瘤都发生侵袭。一般人肿瘤移植到裸鼠皮下于第 5 天就开始侵袭，9 d 后出现广泛侵袭。该模型可用组织学分级法半定量研究。其优点是易于接种和肉眼观察。

**6.8.1.2 肌肉内移植侵袭实验**

肌肉组织血管丰富，加之肌肉组织不断运动，使移植的瘤细胞易于生长和侵袭。动物肿瘤及人类肿瘤移植于裸鼠后肢肌肉内均可出现侵袭行为，但动物肿瘤发生侵袭的时间早，而人肿瘤出现侵袭的时间迟。该模型可用于同种癌细胞不同部位对比研究，也可用于提高转移率的研究，其优点是易于接种及观察，但不易定量。

**6.8.1.3 腹腔内移植侵袭实验**

该法多用于腹水瘤移植及实体瘤腹腔移植在特殊需要时使用。这是一个广泛侵袭模型，多用于对比研究，其缺点是不易定位观察。

**6.8.1.4 小鼠肾包膜下移植侵袭实验**

在小鼠肾包膜下移植 1 $mm^3$ 大小的同种或异种肿瘤组织细胞，短期即可见到侵袭行为。研究表明，在同种肿瘤移植中，移植后 1 d 即出现侵袭行为，7 d 后侵袭肾的面积可占全肾的 2/3；在异种移植后 15 d 时开始侵袭，30 d 时广泛侵袭。该模型有诸多优点：①移植瘤位置相对固定；②肾皮质血管丰富，促使癌细胞迅速增殖；③肾组织结构层次清楚，易于定量研究肿瘤细胞侵袭过程。

**6.8.1.5 鼠睾丸包膜下移植侵袭实验**

将同种瘤细胞移植到小鼠或裸小鼠睾丸包膜下，第 3 天即开始侵袭，第 7 天侵袭区域占睾丸的 50%，9～11 d 后瘤细胞几乎可占据全睾丸组织；异种瘤细胞移植 4 周后方可见侵袭，10～12 周时瘤细胞侵袭区域可达 50% 以上或占据全睾丸。由于睾丸具有独特的组织学结构，并且成对，故该模型便于进行对照研究；有利于瘤细胞侵袭行为的定量形态学研究，有利于观察瘤细胞侵袭与转移的关系，也易于观察瘤细胞对血管和淋巴管的侵袭。

**6.8.1.6 小鼠耳廓皮下移植侵袭实验**

该模型使用较少，它是将体外培养的瘤细胞球体（0.3 $mm^3$ 大小约含 3500 个细胞），用穿刺针接种于同基因小鼠耳廓背侧皮下，成瘤率 100%。移植 3 d 后即开始侵袭，第 14 天可侵及耳廓组织全厚，并可有 40% 颌下淋巴结转移。它是一个研究恶性细胞侵袭软骨能力的良好模型。其特点是易定位，便于观察。

**6.8.1.7 鼠爪垫皮下移植侵袭实验**

在鼠类爪垫皮下移植约 $10^6$ 个同基因瘤细胞，然后于不同时间切除爪垫，用组织学方法观察局部侵袭情况。爪垫是研究淋巴结转移的常用部位。其特点是移植瘤细胞方便，易观察，移植瘤成活率高，又便于手术局部切除。但缺点是不易定量。

**6.8.1.8 视网内界膜侵袭实验**

视网膜的内界膜与基底膜的成分基本相同，可作为基底膜的替代物，模拟肿瘤穿过基底膜屏障的过程。方法如下：先用 2% 戊巴比妥钠麻醉动物（如大鼠 0.25 mL/100 g体重），然用 4 号半针头从角膜与巩膜交界处刺入玻璃体内，拔出针头，挤压眼球，使玻璃体流出少许，向眼球内注射 50 μL 瘤细胞悬液（约 $2 \times 10^5$ 个细胞），于不同时间取出眼球，矢状剖开，按常规组织学方法制备切片，观察癌细胞侵袭行为。该模型适用于筛选抗侵袭基底膜的药物，以及研究基底膜与瘤细胞侵袭的关系。

## 6.8.2 体外癌细胞侵袭实验

### 6.8.2.1 体外静止器官培养法

#### 6.8.2.1.1 半固体培养基单细胞器官培养法

用2倍浓缩 RPMI 1640 培养液 35 份，1.4% 琼脂糖 35 份，小牛血清 20 份，9 d 鸡胚提取液 10 份，分别预温至 50 ℃，一起混匀，立即在直径 60 mm 培养皿内浇人 5 ~6 mL，冷凝后即为半固体培养基。培养时，用无菌擦镜纸平铺在培养基上备用。分别制备肿瘤细胞悬液和靶器官（鸡胚心脏、幼鼠心、肾等组织），用离心方法使瘤细胞黏附于靶器官表面后，即制成瘤细胞靶器官复合体。然后将复合体放置在半固体培养基上的擦镜纸表面（图 6 - 9），放入 $CO_2$ 孵箱，在 37 ℃、5% $CO_2$ + 95% 空气环境中培养，不同时间取材进行光镜和电镜观察。本法适用于短时间培养。缺点是换液过程较复杂。

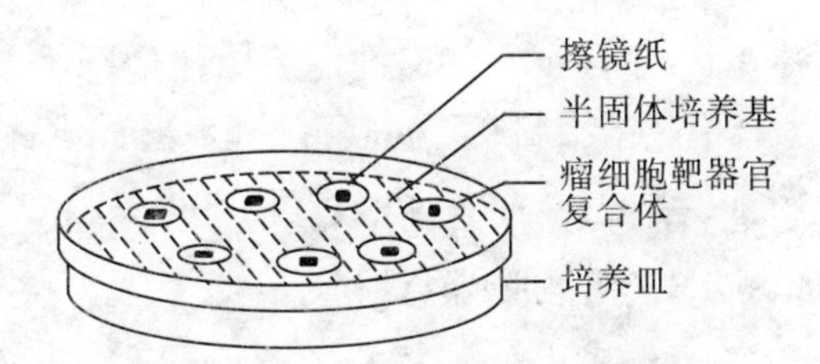


**图 6 - 9 半固体培养基单细胞靶器官培养法**

#### 6.8.2.1.2 液体培养基单细胞器官培养法

该法是半固体培养基法的改良方法。方法如下：为了避免黏附于靶器官表面的瘤细胞漏入液体中，可使用新鲜小鼠肾包膜，作为生物渗透膜包裹在瘤细胞与靶器官复合体外面，然后将复合体置于不锈钢支架上，加含 20% 小牛血清和 10% 9 d 鸡胚提取液的 RPMI 1640 培养液，使复合体一半在液相，另一半在气相，小心放入培养盒中，避免晃动，在 37 ℃、5% $CO_2$ + 95% 空气环境下培养（图 6 - 10）定期取材作形态学观察。本法更换培养液比半固体法方便，适于较长时间培养。

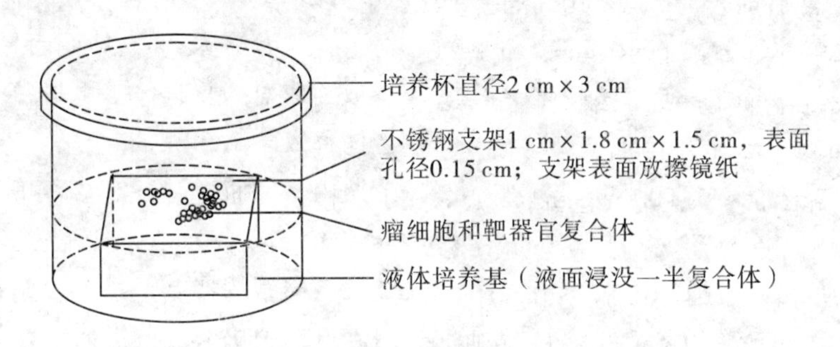


**图 6 - 10 液体培养基单细胞器官培养法**

### 6.8.2.2 半体外半体内器官培养法

该法又称小鼠腹腔扩散盒法。它利用器官培养原理和技术以小鼠腹腔渗出液为营养成分进行实验研究。该模型可用于研究瘤细胞侵袭能力，也可用于观察需经体内活化后才有效的药物抗癌作用。方法如下：以出生后 5 ~ 10 d 幼鼠体积为 0.3 $mm^3$ 的心或肾为靶组织，以人瘤细胞系为攻击细胞，将制备好的癌细胞与靶器官接触后的复合体放于扩散盒底部，再加入 0.2 ~ 0.4 mL 培养液，将盒用滤膜封面，放入培养液中备用。麻醉下将小鼠剖腹，把扩散盒放入腹腔内进行培养。定期取出扩散盒，从盒内取出复合体制备组织切片，用光镜和电镜观察。扩散盒是用有机玻璃制成，盒底直径 12 mm，高 4 mm；盖直径 15 mm，高 4 mm；盖中心圆孔直径 9 mm，盖所用的微孔滤膜由硝酸纤维素与醋酸纤维制成，滤膜直径 25 mm，厚（0.12 ±0.02）mm，孔径 0.8 μm。

### 6.8.2.3 单层细胞器官培养法

本模型适用于不能形成球体的瘤细胞。方法如下：在无菌条件下，取出 9 d 胚龄的鸡胚胎心脏，用 RPMI 1640 培养液洗涤，然后在立体显微镜下切除心房和血管部分，保留心室肌组织，并将心室肌切成 0.4 $mm^3$大小的碎块，洗涤后将心室肌悬浮在 2 mL 含 20% 小牛血清和 10% 9 d 鸡胚提取液的 RPMI 1640 培养液，移入 50 mL锥形瓶内，放在旋转摇动培养仪上，在 37 ℃、5% $CO_2$ +95% 空气环境下，以 120 r/min 预培养 24 h，接着补加 8 mL 培养液，继续培养 3 d，在镜下选出0.4 mm 直径的圆形心肌块备用。此时的心肌块称为预培养心肌块（PHF）。取1 支10 mL 离心管，在离心管底部铺一层 1% 琼脂以避免细胞贴壁，然后加入 1 mL 含 $10^6$个细胞的悬液，以 100 r/min 离心 10 min，使瘤细胞在管底琼脂表面附一层瘤细胞，弃上清，加入 PHE 约 40 个，再加入 1 mL 含 $10^6$ 个瘤细胞悬液，1 000 r/min 离心 10 min。将上述离心管置入 $CO_2$ 孵箱培养 4 h后，用吸管取出瘤细胞细胞系和 PHF 的复合体，置于直径 10 cm 的玻璃平皿内，镜下观察，PHF 表面包裹一层瘤细胞。用培养液洗涤，逐个分离选出带瘤细胞的 PHF，将复合体逐个放入预制琼脂层的 24 孔培养板，每孔加 1 mL 培养液，放入 $CO_2$ 孵箱内培养，每天换液 1 次。定期活体观察及取材进行组织学检查。

### 6.8.2.4 瘤细胞球体器官培养法

#### 6.8.2.4.1 静止球体器官培养法

将长满瓶壁的单层生长的癌细胞，用低浓度胰蛋白酶消化，显微镜下观察，当癌细胞边缘稍有曲卷时，弃去消化液，加 5 ~6 mL 含血清培养液，用弯头吸管吹打使细胞呈小片状脱壁，将细胞小片连同培养液一起移到球体培养瓶（瓶内底部预先铺好琼脂）内，在 37 ℃下，以 20 r/min 在摇动培养仪上培养 3 ~5 d，便可形成大小不等的球体，选出 0.3 ~0.4 $mm^3$ 的球体与靶器官块紧密接触，置于软琼脂培养基表面，在 37 ℃、5% $CO_2$ +95% 空气环境下培养。定期取出复合体进行检查。本法适于未具备旋转摇动培养条件的实验室。

#### 6.8.2.4.2 旋转摇动球体器官培养法

取 5 ×$10^5$ 个/mL 的瘤细胞悬液 6 mL，移入 50 mL 锥形瓶中，置于旋转摇动培养仪上，在 37 ℃、5% $CO_2$ +95% 空气环境下，以 70 r/min 培养 3 d，即可形成规则、完整的癌细胞球体，从中选出 0.2 mm 直径球体与 PHF 一同置于软琼脂培养基上，$CO_2$ 孵箱内培养 4 h，使两者紧密接触后，即成为成对的复合体。再将每个成对的复合体移入含 1.5 mL 完全培养液的 5 mL 锥形瓶内，每瓶含有一对，置于旋转摇动培养仪上，以 120 r/min 培养，定期取材检查。该模型的特点是：①人靶器官在体外培养过程中仍能保持类似宿主体内的组织结构；②细胞球体能模拟实体瘤的组织结构；③实验周期短，一般 7 ~14 d 可获结果；④可用于侵袭机制研究和抗侵袭药物的筛选。

### 6.8.2.5 单层细胞侵袭实验

这种实验中采用了一种特制的微孔滤膜培养小室，它有利于细胞的物质代谢和气体交换，因此体外单层或多层培养细胞的生长密度类似于体内组织细胞的密度。

目前，市售的滤膜小室有不同规格，用于侵袭实验的规格有 12 mm、30 mm 等，它们可分别放入 24 孔培养板和 6 孔培养板。微孔滤膜的孔径为 8 μm，活细胞可以穿过滤膜。实验方法如下。①制备单层靶细胞：将滤膜小室放入培养板孔内，在小室内外加适量含 10% 胎牛血清的 RPMI 1640 培养液，然后将 $10^5$ ~ $10^6$ 个正常成纤维细胞接种于滤膜小室内的微孔滤膜上，在 37 ℃、5% $CO_2$ 环境下培养 4 ~ 6 d。在倒置显微镜下观察，确保形成致密的单层。每隔 3 ~ 4 d 换新鲜培养液，或移入新的培养孔内。②制备攻击细胞：消化单层生长的肿瘤细胞，制成单个细胞悬液，取 $1 \times 10^5$ ~ $1 \times 10^6$ 个肿瘤细胞接种于含单层靶细胞的滤膜小室内，放入 $CO_2$ 孵箱，继续培养一定时间。③肿瘤细胞侵袭观察与分析。形态学观察：定期取出滤膜小室，固定滤膜，Giemsa 染色，显微镜观察细胞穿膜情况，或制成常规组织学切片和电镜切片；定量分析：用胰酶分别消化小室膜上及膜下细胞，计算穿膜细胞百分率，或用 5 μg/mL 的异硫氰酸荧光素标记消化细胞 30 min，然后用 0. 1% + 二烷基硫酸钠 - 0. 3 mol/L NaOH 溶液裂解 30 min，用荧光光度计测量荧光强度。

#### 6. 8. 2. 6 Transwell 侵袭小室测定法

**概述**

肿瘤细胞通过膜表面特定受体与基质或基底膜的层粘连蛋白（laminin，Ln）、纤维连接蛋白（fibronectin，Fn）和Ⅳ型胶原等相粘连，然后肿瘤细胞可释放蛋白水解酶或激活基质中已存在的酶原，使基质成分降解，最后肿瘤细胞运动而充填到被水解了的基质的空隙处，如此 3 个过程不断重复肿瘤细胞不断向深层侵袭。本实验采用的 Matrigel 是从小鼠 EHS 肉瘤中提取的基质成分，含有 Ln、Ⅳ型胶原等。将 Matrigel 铺在 Transwell 侵袭小室的多孔滤膜上，能形成与天然基底膜极为相似的基底膜结构。具有侵袭能力的细胞在趋化剂诱导下可穿过多孔滤膜，侵袭细胞经染色后，在显微镜下观察和计数。

**用品**

（1）细胞系及其培养：肿瘤细胞系用体积分数为 10% 胎牛血清的 RPMI 1640 培养液，在 37 ℃、体积分数为 5% $CO_2$ 及饱和湿度条件下培养。

（2）主要试剂：Matrigel（美国 Collaborative Rseareh 公司），纤维连接蛋白（Fn），小牛血清白蛋白，噻唑蓝（MTT）。

（3）96 孔培养板，细胞侵袭小室 Transwell（装有聚碳酸酯微孔膜，孔径 8 μm，美国 Costar 公司）。

**步骤**

（1）制备条件培养液：小鼠成纤维细胞系 NIH3T3，用含 10% 胎牛血清的 RPMI 1640 培养液在 37 ℃及 5% $CO_2$ 条件下培养。在细胞长势良好情况下换无血清培养液继续培养 24 h，然后收集培养上清液，过滤除菌，冰冻保存备用。

（2）包被基底膜：用 50 mg/L Matrigel 1∶8 稀释液包被 Transwell 小室底部，4 ℃风干。

（3）水化基底膜：吸出培养板中残余液体，每孔加入 50 μL 含 10 g/L BSA 的无血清培养液，37 ℃，30 min。

（4）接种细胞：将 Transwell 小室放入 24 孔培养板中，在小室外加入 400 μL 按 1∶1 混合的条件培养液和完全培养液；在小室内加入 100 μL 肿瘤细胞悬液，细胞数为 $10^5$ 个，培养液为含 10 g/L BSA 和体积分数为 1% 胎牛血清的 RPMI 1640 培养液。每组重复4个样本。

（5）培养细胞：常规培养24～48 h（依癌细胞侵袭能力而定时间）。

（6）固定及染色：取出Transwell小室，PBS淋洗，用棉签擦去微孔膜上层的细胞，950 mL/L乙醇固定，4 g/L台盼蓝溶液染色。

（7）镜检：在倒置显微镜下计数移至微孔膜下层的细胞。每个样本计数10个视野。

## 6.9 肿瘤转移实验

转移是指肿瘤由原发部位播散在到远隔器官的过程，它是肿瘤恶性的本质表现。由于转移过程涉及原发器官和远隔器官，因此必须应用实验动物模型研究肿瘤的转移特性。建立稳定的肿瘤转移模型的前提是选择具有高转移性的瘤细胞系。通常把实验动物的体内实验与肿瘤细胞的体外培养实验结合起来，研究肿瘤细胞的转移生物学特点，形成转移性肿瘤细胞亚群的筛选研究系统。其基本手段和研究目的可概括为以下3方面。

（1）在实验动物体内反复接种肿瘤细胞并选出具有不同转移能力的肿瘤细胞亚群。研究方法主要有3种类型：①在动物皮下接种新鲜肿瘤组织块或肿瘤细胞系（$1\times10^6$～$1\times10^7$个细胞），待出现较大瘤块后，无菌切除肿瘤，并剪碎成1 $mm^3$大小，再移植于其他动物皮下。如此，可将肿瘤在动物体内反复传代，并可能诱发自发转移灶；②取新鲜肿瘤标本或肿瘤细胞系，制备成单个细胞悬液，从小鼠尾静脉、眼球后静脉丛或门静脉注入适量（$5\times10^6$个左右）的细胞悬液，诱发实验性转移灶；③根据肿瘤的组织类型，将适量的瘤细胞接种于动物相应的器官组织，如颅内原位移植脑瘤和肝原位移植肝癌等。不论用哪种方法建立肿瘤转移模型，一旦获得具有高转移性的肿瘤细胞系（株）后，应在体外实验中进一步明确其生物学特性。

（2）在体外培养条件下，选出可能与转移密切相关的、具有某种生物学特性的肿瘤细胞亚群，例如具有侵袭能力强、易黏附、高产溶解酶以及具有各种抗宿主免疫防御特点的或者相反缺乏这些功能的细胞亚群。以后在实验动物体内进一步明确这些肿瘤细胞生物学特性和转移过程发生与发展的关系。

（3）利用克隆技术，建立肿瘤细胞株，选择克隆形成率高的肿瘤细胞株，移植于动物体内诱发转移灶，取转移灶肿瘤组织，在体外分离出具有高转移特性的肿瘤细胞株并研究其转移生物学特征。

肿瘤细胞转移模型见表6－2。

**表6－2　部分肿瘤细胞转移模型**

| 名称 | 移植部位 | 转移率 | | |
|---|---|---|---|---|
| | | 淋巴转移 | 肺转移 | 肝转移 |
| 1. 自发转移模型 | | | | |
| （1）小鼠宫颈痛 U27 | 皮下 | 90.5% | 66.6% | |
| （2）小鼠肝癌 H22 | 肌肉 | 100% | 95.8% | |
| （3）裸鼠体内建立的人肺细胞癌株 PG | 爪垫皮下 | 100% | | |
| （4）裸鼠体内建立的人肺腺癌株 Anip | 皮下 | 96% | 86% | |

续表

| 名称 | 移植部位 | 转移率 | | |
|---|---|---|---|---|
| | | 淋巴转移 | 肺转移 | 肝转移 |
| 2. 实验性转移模型建立 | | | | |
| （1）尾静脉内移植瘤细胞 | 腹腔 | 100% | 100% | |
| （2）眼球后静脉丛移植瘤细胞 | 尾静脉 | 74% | 88% | |
| （3）脾内移植瘤细胞 | 眼球后静脉 | 65% | 60% | |
| （4）其他有的直接淋巴管内移植或门静脉内移植等 | 脾内 | 27% | 185 | 73% |

引自韩锐．肿瘤化学预防及药物治疗．北京：北京医科大学出版社，1991：368

## 6.10 肿瘤细胞分化诱导模型

不少报道指出，恶性肿瘤可被看作是细胞分化异常的疾病，至少某些恶性肿瘤是其细胞分化受阻的结果。急性非淋巴细胞性白血病为其典型代表。其他许多肿瘤细胞如畸胎瘤、神经母细胞瘤、黑色素瘤、黏液表皮样癌、鳞状细胞癌，乳腺癌、结肠癌、肝癌等在体外也可被分化诱导剂诱导分化。近年，人们应用肿瘤细胞分化诱导模型已发现了许多有效的分化诱导物质，常见的有维生素 A 类化合物（如维 A 酸）、环核苷酸衍生物（如双丁酰环核苷酸）、极性化合物（如二甲基亚砜 DMSO、六亚甲基二乙酰胺 HMBA）、促癌物（如佛波酯 TPA）、维生素丁类化合物（如维生素 D3）、抗癌药（如阿糖胞苷）、生物因子（如干扰素）、中草药（如葛根有效成分 S86019）等。恶性肿瘤在分化诱导剂的作用下，可出现恶性逆转表型，主要表现为生长抑制，具有特异的形态特征，产生特异的糖蛋白、酶及分泌物，出现一些正常细胞的生理功能等。不同的肿瘤细胞在不同种类的分化诱导剂作用下，其分化表型也各异。

### 6.10.1 体外分化诱导实验

#### 6.10.1.1 白血病细胞分化诱导模型

已建立许多人和动物白血病细胞株，部分可作为分化诱导模型。人白血病细胞模型最常用的是人早幼粒白血病细胞株 HL－60。HL－60 细胞在体外培养中，经一定剂量的分化诱导剂作用一定时间，可出现分化表型如形态上由早幼粒白血病细胞分化为中幼粒、晚幼粒、带状核细胞或分叶核细胞；生化方面出现硝基蓝四氮唑还原反应；功能方面出现吞噬活性及趋化性；生物学方面丧失了在软琼脂培养基上形成集落及在裸鼠体内移植成活的能力等。

在分化指标检查方面以硝基蓝四氮唑还原能力测定最常用。现介绍基本试验方法。

硝基蓝四氮唑（NBT）还原能力测定法

概述

HL－60 白血病细胞在分化诱导剂的作用下能成熟分化，分化细胞中的过氧化物酶能使外源性的 NBT 还原成难溶性的紫色结晶物，并沉着于细胞内有酶活性的

部位，显微镜下可见阳性细胞有着色斑。未分化细胞则呈 NBT 反应阴性。

**用品**

含 10% 胎牛血清的 RPMI 1640 培养液、分化诱导剂、佛波酯（TPA）丙酮溶液（200 μg/mL）、0.1% NBT 溶液（用生理盐水配制）、瑞氏 - 姬姆萨染液。

培养瓶、弯头吸管、离心管、计数板、载玻片、移液器、离心机、培养箱、显微镜。

**步骤**

（1）取对数生长期的 HL - 60 细胞，以 $2\times10^5$/mL 细胞密度接种于 25 mL 培养瓶中，分组，加分化诱导剂。

（2）在 37 ℃、5% $CO_2$ 及饱和湿度环境下培养 4d。

（3）将细胞悬液移入离心管，以 1 000 r/min离心 10 min。

（4）弃上清液，细胞重悬浮于无血清培养液中，再以 1 000 r/min 离心 5 min。

（5）弃上清液，每管加入 0.5 ml 的 1% NBT 溶液和 0.1 ml TPA 溶液，摇匀。

（6）37 ℃反应 30 ~ 40 min。

（7）吸取少量细胞悬液，涂片，空气干燥，按常规瑞氏 - 吉姆萨染色。

**结果**

在光镜下观察，细胞内有蓝紫色斑为阳性细胞，计数 200 个细胞并计 算阳性百分率。对照组阳性率应小于 10%，试验组阳性率大于 50% 说明 分化诱导剂具有诱导分化作用。

**操作提示**

（1）HL - 60 细胞体外长期培养后对分化诱导剂的反应性降低，这种状态的细胞应弃去。重新复苏冻存的 HL - 60 细胞。

（2）培养液中的血清浓度不宜过高，否则会使细胞的反应性降低。

（3）体外分化诱导实验结果不可直接外推于临床，应结合多项指标和体内试验综合评价。

### 6.10.1.2 实体瘤分化诱导模型

实体瘤分化诱导比白血病的分化诱导研究少。实体瘤细胞种类多，每种肿瘤具有不同的组织特征及标记物。因此诱导分化的判断标准各不相 同，分化指标一般包括形态和功能的变化，增殖能力和致瘤性的丧失。分化诱导实验因肿瘤类型不同，实验方法差异明显，现介绍几种肿瘤分化诱导试验的基本内容。

#### 6.10.1.2.1 人黏液表皮样癌 MEC - 1 细胞分化诱导实验

MEC - 1 细胞系是 1987 年司徒镇强等从 1 例低分化黏液表皮样癌患者取材，经体外培养建立的细胞系。MEC - 1 细胞为上皮样细胞，具有体外增殖迅速、形态异型性明显、裸鼠体内致瘤性强等特点。在体外培养过程中，经 0.8% 或 1.6% 的 DMSO 诱导 3 d 后出现一些分化表型，主要表现为：生长抑制；核异型性减低，表面微绒毛减少，粗面内质网明显增加，胞质中出现特征性的成熟酶原颗粒；DNA 含量减少，倍体分布趋向二倍体；细胞膜表面抗原含量增加等。此外，用 1 mmol/L 的六亚甲基二乙酰胺（HMBA）体外诱导 MEC - 1 细胞，MEC - 1 细胞也表现出类似的分化表型。

#### 6.10.1.2.2 人肝癌细胞 Bel - 7402 分化诱导实验

Bel - 7402 是 1974 年陈瑞铭等利用人肝癌患者手术标本，用旋转管培养法建立的，该癌细胞甲胎蛋白（AFP）阳性，酪氨酸转氨酶（TAT）活力低，6 - 磷酸葡萄糖脱氢酶活力升高，在裸鼠体内能形成肿瘤。分化诱导剂对其诱导分化可通过AFP分泌能力消失，γ-谷氨酰转肽酶（γ-GT）活力降低，TAT活力升高等指标判断。

6.10.1.2.3 人结肠癌HT-29细胞的分化诱导实验

HT-29细胞是1964年Fogh和Trempe用人结肠癌实体瘤细胞建立的细胞株，为腺癌，具有上皮样细胞的特征。在体外培养中，加入某些分化诱导剂，可使癌细胞分化为成熟的腺细胞，主要表现为黏液分泌增加，碱性磷酸酶活力升高，以及形态上形成圆顶样结构（dome formation）。

6.10.1.2.4 人神经母细胞瘤LA-N-1细胞分化诱导实验

LA-N-1细胞是由IV期神经母细胞瘤患者骨髓细胞建立的体外培养细胞株。体外生长的大部分细胞呈泪珠状，少数具有短树突样结构，细胞成簇生长。在软琼脂中能形成克隆，在裸鼠体内能成瘤。在分化诱导剂作用下，细胞形态上形成树突样结构，功能上可产生神经递质合成酶。

6.10.1.2.5 人黑色素瘤细胞分化诱导实验

人黑色素瘤细胞株比较容易建立，作为分化诱导模型有其特点。例如小鼠黑色素瘤细胞$B_{16}$在许多分化诱导剂作用下发生成熟分化，细胞出现树突样结构，酪氨酸酶活力增加，黑色素生成增加。黑色素的生成量可用分光光度计定量测定，因此它是判定分化的理想标记物。

### 6.10.2 体内分化诱导实验

对癌细胞体外有效的分化诱导物质，应该用体内实验对分化诱导剂的效果进行验证。虽然体外诱导分化模型已基本建立，但是，体内分化诱导实验还没有理想的模型。目前，人白血病细胞可采用小鼠腹腔扩散盒移植法及裸鼠皮下移植法进行分化诱导试验。人实体瘤主要采用小鼠肾包膜下移植和裸鼠移植方法进行体内分化诱导实验。分化效果的判断主要根据肿瘤生长抑制和荷瘤鼠生命延长来确定。此外，还可应用组织化学方法观察切片中细胞标记酶和抗原的变化，以及形态的变化。

例如，我们实验室应用人涎腺黏液表皮样癌裸鼠移植瘤模型观察了HMBA的体内分化诱导效应。结果表明，以800 mg/(kg·d)的剂量，经腹腔给药，连续治疗荷瘤鼠10 d后，黏液表皮样癌体积与对照组比较明显减小，抑瘤率60%，裸鼠生命延长率29.6%。形态学结果也显示黏液表皮样癌出现分化表型，主要表现是核分裂相减少，异型性降低，出现较成熟的上皮样细胞和不典型的黏液细胞，并且部分细胞排列成不规则的腺管和腺泡。

## 6.11 肿瘤干细胞

肿瘤干细胞假说是近年来提出的一种新理论，该假说认为只有很小一部分细胞具有引起肿瘤发生、维持肿瘤生长、保持肿瘤异质性的能力，这部分细胞被称为肿瘤起始细胞（tumor-initiating cells）或肿瘤干细胞（cancer stem cells，CSCs）。在对肿瘤干细胞的研究过程中，产生了有序构成理论。作为一种新的肿瘤发生理论，有序构成理论认为人体的肿瘤细胞是由一系列表型功能各异、处于不同成熟阶段的细胞有序的构成，而肿瘤干细胞则处于这一构成的最上游。本节将介绍肿瘤干细胞

的特性和细胞的分离培养方法等。

## 6.11.1 肿瘤干细胞的特性

肿瘤中只有一少部分细胞具有成瘤性，它们的自我更新和成瘤性是肿瘤形成的关键环节。这一类细胞就必须具备以下性质：①自我更新（self - renewal）潜能；②分化潜能（pluripotency）；③高致瘤性（tumorigenic）。

### 6.11.1.1 无限的自我更新能力

肿瘤干细胞与正常干细胞类似，也应具有自我更新的特性，并通过自我更新维持着肿瘤的持续生长。现在认为肿瘤不断生长的一个重要原因是干细胞自我更新调节机制中的某些基因发生紊乱，使得肿瘤组织中具有自我更新能力的肿瘤细胞的数量不断增加，肿瘤组织能够不断增大。肿瘤干细胞具有对称分裂和不对称分裂两种分裂方式。肿瘤干细胞的生长增殖方式是不对称分裂，并且在分裂过程中，会有遗传学的改变，尽管其分裂方式不会有改变，而且干细胞的特性也不会改变。在体内，正常干细胞的增殖具有自稳性，即在增殖过程中其数目是保持恒定的，而肿瘤干细胞则不具有这种自稳性，且增殖过程中基因复制的错误无法进行修复。

### 6.11.1.2 分化潜能

分化潜能是干细胞的重要特征之一。肿瘤干细胞也像正常的干细胞一样，具有分化潜能，他们发源于正常干细胞的成熟受阻或基因突变事件，能够产生不同分化的子代癌细胞，并且具有异质性，在体内形成新的肿瘤。所以在形成不同的子代癌细胞的过程中，癌细胞的特性也会发生改变，换而言之，子代癌细胞具有遗传异质性。在同一肿瘤组织中，不同的肿瘤细胞分化程度也是不同的，分化成熟的肿瘤细胞恶性程度较低，而分化差的肿瘤细胞恶性程度高。

### 6.11.1.3 高致瘤性

大量试验证明，CSC/TSC 比非 CSC/TSC 具有更高的成瘤潜能。Beier 等的研提示在裸鼠体内接种 22 株恶性胶质瘤细胞，11 株含 CD133 + CSC/TSC 的细胞群显著生长并成瘤，4 株含 CD133 - 的细胞群也成瘤但生长缓慢，而 7 株恶性胶质瘤细胞衍生细胞未见生长。在乳腺癌中同样也是 CD44 +/CD24 - 此类细胞群体的致瘤能力最为强大，100 个乳腺癌干细胞即能在裸鼠中形成肿瘤，而其他的细胞需要 10 000 以上。当然有学者也证明 ALDH1 标志的乳腺癌细胞群也具有像 CD44 +/CD24 - 细胞群一样具有高致瘤能力，500 个 ALDH1 + 细胞就有很强的成瘤能力，但是其他的细胞则 50 000 个都没有，所以也因此提出 ALDH1 标志的乳腺癌细胞群也是乳腺癌干细。Singh 等报道，每只小鼠接种 100 个 CD133 + 的 CSC/TSC，结果在接种后 6 个月内形成肿瘤；而每只接种 10 万个 CD133 - 非 CSC/TSC 的小鼠在相同时间内未形成肿瘤。以上试验结果支持 CSC/TSC 比非 CSC/TSC 具有更高的成瘤潜能。

## 6.11.2 肿瘤干细胞的分离培养

目前被用来分离肿瘤干细胞的方法主要有以下 3 种：①基于流式细胞术和 Hoechst 33342 和 Rhodamine123 染料的旁群细胞分选法（side populations）；②细胞表

面标志物（Cell surface markers）；③细胞微球培养 Sphere culture。

**6.11.2.1 旁群细胞分选法**（side populations）

由于肿瘤干细胞细胞膜高度表达 ATP 结合盒（ATP binding cassette ABC）膜转运蛋白（包括 P－糖蛋白 P－gp、乳腺癌耐药蛋白、ABCG2、ABCGl 等），对进入细胞内的化疗药物和染料有外排泵作用。因此，可以利用旁群细胞不被 Hoechst 33342 和 Rhodamine 123 染色的特性，即利用干细胞通用分子标记 Bcrpl/ABCG2 来分离纯化肿瘤干细胞，这一方法有利于分离纯化未知表面标志物的肿瘤干细胞。下面以 Hoechst 旁群细胞分选法分离前列腺癌干细胞为例介绍实验方法。

**用品**

（1）前列腺癌 PC3 肿瘤细胞。

（2）RPMI 1640 培养液，胎牛血清，D－PBS，Trypsin－EDTA。

（3）Hoechst 33342，盐酸维拉帕米。

（4）流式细胞仪（Becton Dickinson Biosciences，San Jose，CA）。

**步骤**

（1）细胞的准备：PC3 细胞培养在含 10%胎牛血清的 RPMI 1640 培养液中，取对数生长的细胞进行实验。

（2）Hoechst 33342 染料孵育：将细胞制备成 $1 \times 10^6$/mL 细胞悬液，用含 2.0 mg/mL。

Hoechst 33342 荧光染料和 2%胎牛血清的培养液，在 37 ℃水浴锅中进行孵育 2 h，每15 min轻轻摇晃细胞。对照组可以加入终浓度为 50 μmol/L 的 ABC 家族多药耐药蛋白抑制剂维拉帕米。

（3）流式细胞仪分析：Hoechst 33342 染料孵育完成后用 15 ml D－PBS 洗涤，室温下 200～300 rpm 离心10 min，1 mL D－PBS 重新悬浮细胞后上机检测。激发光 355 nm，采用 670/40（Hoechst Red）和 450/50（Hoechst Blue）滤光镜，发射光 505 nm。

（4）SP 细胞收获：根据流式细胞仪分选结果，将细胞分为 SP 和非 SP 细胞，将细胞收集到含有终浓度未 10 ng/mL 外源性 EGF 和 8 ng/mL FGF 的无血清培养基中备用。

**操作提示**

（1）细胞中 SP 细胞含量与细胞培养条件、所加入细胞生长因子等密切相关，因此每次实验需要制定标准化细胞培养条件。

（2）针对多药耐药蛋白抑制剂维拉帕米实验组，细胞需要先加入维拉帕米预培养15 min，然后再加入 Hoechst 染料，与维拉帕米一起共同孵育 2 h。

（3）有时候为了进一步比较 SP 细胞和非 SP 细胞之间的区别，我们可以在加入 Hoechst 染料之前，采用荧光标记的抗体对细胞表面标志物进行标记。

**6.11.2.2 细胞表面标志物**（cell surface markers）**筛选法**

肿瘤干细胞和正常干细胞拥有很多几乎相同的调控因子，它们调控着二者的自我更新、分化以及增殖进程。此外，它们还拥有很多共同的细胞表面标记，如肿瘤干细胞同造血干细胞、早期骨髓间充质祖细胞、前列腺上皮干细胞、神经干细胞、皮肤上皮干细胞等都拥有一些相同的细胞表面抗原标记。因此，细胞表面标志物被广泛地用于肿瘤干细胞的分选与鉴定工作。

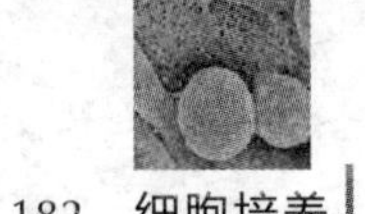



由于肿瘤干细胞特异的细胞表面标记很少，在不同的肿瘤组织中肿瘤干细胞表面抗原标记也各不相同，目前对肿瘤干细胞的分离和鉴定还很困难。常规方法是首先筛选出可能的肿瘤干细胞表面抗原标记，这些标记往往与干细胞、祖细胞或者恶性肿瘤细胞表面抗原标记同源，通过荧光激活细胞分选（fluorescence activated cell sorting，FACS）和磁激活细胞分选（magnetic activated cell sorting，MACS）等方法分选出具有该标记的细胞，再进一步进行干细胞活性检测以及细胞移植、克隆形成、细胞增殖以及细胞分化等检验所筛选出细胞是否具有肿瘤干细胞的潜能。目前被广泛认可并应用的细胞表面标志物主要有CD133和CD44等。

#### 6.11.2.3 悬浮细胞微球培养筛选法

肿瘤干细胞还有一个特性，就是能够在培养液中形成非附着性细胞球。干细胞微球形成特性最早由Reynolds及其研究团队于1992年报道，他们从成年大鼠大脑纹状体提取的干细胞能够在培养液中形成细胞团微球，并能够分化为星形胶质细胞合神经元。随后证实人体CD133+细胞也能在培养体系中形成细胞微球。

#### 6.11.2.4 “NBE”干细胞条件培养液筛选法

干细胞在含有胎牛血清的普通培养体系中培养很容易丧失其干细胞特性。肿瘤干细胞也不例外。为了保证肿瘤干细胞的“干性”，我们必须建立特殊的培养体系，在该体系中一般不含胎牛血清，但是加入bFGF（basic fibroblast growth factor）和EGF（epidermal growth factor）。The “NBE”条件培养液是典型的恶性胶质瘤干细胞条件培养液。其配方如下。

（1）N2 supplement（0.5×）。

（2）B27 supplement without vitamin A（0.5×）。

（3）L-Glutamine。

（4）Penicillin/Streptomycin。

（5）Basic fibroblast growth factor（bFGF，50 ng/ml）。

（6）Epidermal growth factor（EGF，50 ng/ml）。

**操作提示**

（1）“NBE”条件培养液需要新鲜配制，一般不超过2周。

（2）N2 supplement和B27 supplement without vitamin A分装后存储到-20°C环境下。

（3）bFGF和EGF一般配制成20 000×浓缩液，分装后存储到-70°C环境下。

## 6.12 纳秒脉冲电场治疗肿瘤实验

**概述**

电穿孔疗法是一种有效增强细胞对化疗药物摄取量的物理电刺激疗法，其主要的生物学效应是引起靶细胞细胞膜产生可逆性的微孔道，已经被公认为是一种重要的增加化疗药物敏感性的治疗手段。然而，电穿孔疗法只是利用细胞膜上短暂的可逆性透化作用来增加大分子药物通过细胞膜的能力从而达到药物增敏的目的，电穿孔本身并不能有效杀伤肿瘤细胞也不能避免或减小化疗药物的毒副作用。纳秒脉冲电场与传统电穿孔疗法不同，它具有脉宽窄（纳秒级别）、电压高（10 kV/cm以上）、功率大及非热生物学效应的特点。

纳秒脉冲电场不会引起细胞外膜的穿孔效应，而是引起线粒体、内质网、细胞核膜等内部细胞器膜系统通透性发生变化进而引起一系列的生物学效应。目前，纳秒脉冲电场已经发展成为诱导肿瘤细胞凋亡的一种崭新的物理治疗手段。近十年的研究成果表明纳秒脉冲电场可以引起一连串的细胞生物学效应，包括内质网中的钙库释放、DNA 损伤、细胞凋亡蛋白酶激化等。

## 用品

高压探头、电极杯、高压电源、纳秒脉冲发生器

发生装置

高场强纳秒脉冲电场发生装置可以采用多种储能方式，如电场储能、磁场储能、化学能储能等。电场储能技术具有脉宽长、效率高、重复性好、输出波形好、结构简单、便于阻抗匹配、技术成熟等优点，因此，电场储能方式成为纳秒脉冲电场发生装置应用最为广泛的储能方式之一。本装置是在 Old Dominion 大学使用的纳秒脉冲电场发生装置原理的基础上，构建的可用于细胞生物学实验的传输线型纳秒脉冲发生装置。纳秒脉冲电场装置电路示意图见图 6－11。纳秒脉冲电场试验设备见图 6－12。

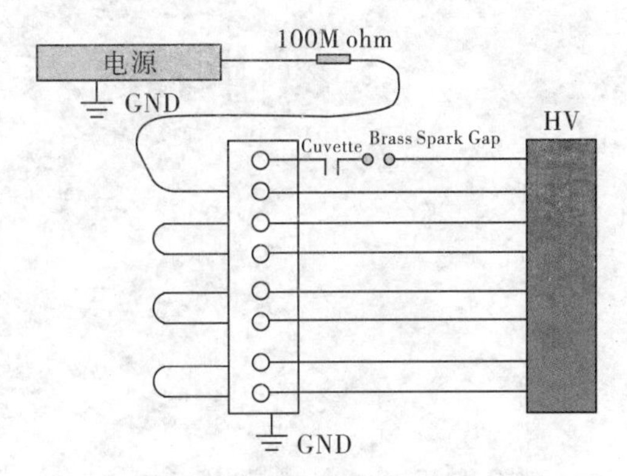


图 6－11 传输线型纳秒脉冲电场细胞实验发生装置电路示意图

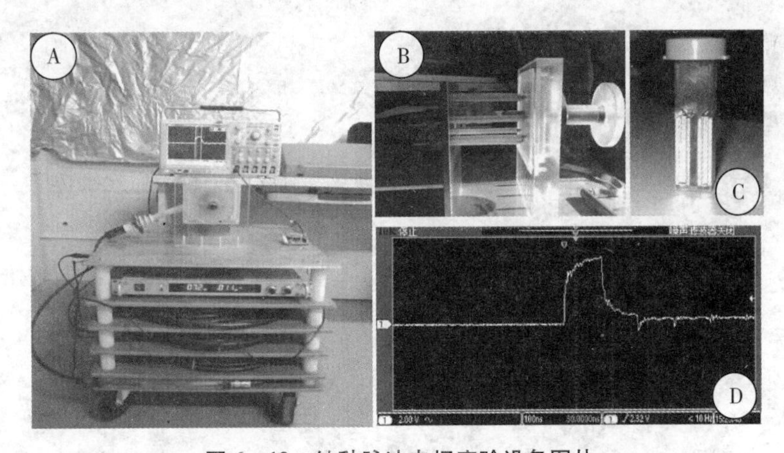


图 6－12 纳秒脉冲电场实验设备图片

A. 100 纳秒脉冲电场发生装置；B. 纳秒脉冲电场激发区域；C. 细胞电极杯；D. 100 纳秒脉冲波形图

## 步骤

收集对数生长期的肿瘤细胞，调整细胞密度为 $1\times10^6$/mL，取 500 μL 的细胞悬液加入 2 mm 的电极杯中，在不同场强作用下，通过相同或不同的脉冲处理后，收集电极杯中的细胞，分别计数进行后续实验。如 MTT 实验、克隆形成实验、侵袭实验、转移实验、凋亡实验等。

（刘 斌，徐小方，王 静）

细胞培养

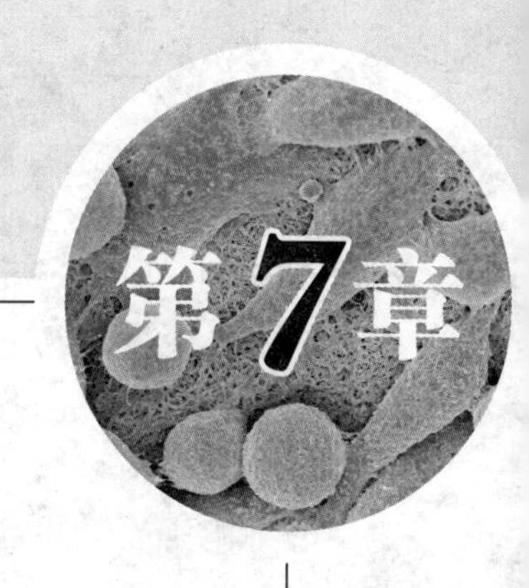


# 细胞培养中的研究方法

## 7.1 细胞活力的检测方法

### 7.1.1 染料排除法

细胞损伤或死亡时，某些染料可穿透变性的细胞膜，与解体的DNA结合，使其着色。而活细胞能阻止这类染料进入细胞内。借此可以鉴别死细胞与活细胞。常用的染料有台盼蓝、伊红Y和苯胺黑等。以下分别介绍染色方法。

#### 7.1.1.1 台盼蓝排斥试验

**试验概述**

台盼蓝排斥试验方法简单，是最常用的细胞活力检测方法。

**材料用品**

（1）4%台盼蓝母液：称取4 g台盼蓝，加少量蒸馏水研磨，加双蒸水至100 mL,用滤纸过滤，4 ℃保存。使用时，用PBS稀释至0.4%。

（2）滴管，载玻片、盖玻片、血细胞计数板，显微镜。

**操作步骤**

（1）制备单个细胞悬液，并作适当稀释（$1\times10^6$/mL）。

（2）染色：取9滴细胞悬液移入小试管中，加1滴0.4%台盼蓝溶液，混匀。

（3）计数：在3 min内，用血球计数板分别计数活细胞和死细胞。

**结果**

镜下观察，死细胞被染成淡蓝色，而活细胞拒染。

根据下式求活细胞率

活细胞率 =［活细胞总数/（活细胞总数 + 死细胞总数）］×100%

**操作提示**

（1）用台盼蓝染细胞时，时间不宜过长。否则，部分活细胞也会着色，从而干扰计数，使监测结果偏低；

（2）另可结合细胞计数方法，同时进行细胞计数和活力检测。

（3）用台盼蓝拒染试验检测贴壁培养

细胞的活细胞率，应考虑被测细胞从培养表面上消化下来的难易程度和细胞脱落到培养上悬液中的数目多少，选择合适的操作方法。对贴壁牢固的细胞，原位台盼蓝拒染试验具有实用性，主要优点是操作简便、染色时间能精确控制、不受消化处理的影响和不受细胞数的限制。网格原位计数法适用于培养器皿中贴壁细胞总数和活细胞率同时检测。对容易从培养器皿壁上消化下来的细胞，则采用台盼蓝拒染试验的计数板法检测活细胞率。在培养上悬液中细胞数较多的情况下，不论采用原位染色法或计数板法做贴壁培养细胞的台盼蓝拒染试验，均应计数上悬液中细胞的活细胞和死细胞，然后与贴壁细胞的相应细胞计数合并，而计算总活细胞率。

#### 7.1.1.2 伊红Y排斥试验

**概述**

本法与台盼排斥试验类似，但用伊红Y染色后，活细胞与死细胞的对比度不如台盼蓝排斥试验。

**用品**

（1）试剂：0.2%伊红Y溶液（用生理盐水配）。

（2）器材同上。

**步骤**

（1）制备（1～5）$\times 10^6$/mL的细胞悬液。

（2）取0.1 mL细胞悬液加0.1 mL伊红Y染液混合。

（3）用计数板光镜下计数活、死细胞数。

**结果**

光镜下观察，着红色者为死细胞。按公式计算活细胞率。

#### 7.1.1.3 苯胺黑排斥试验

**概述**

本法在文献中报道的较少。

**用品**

（1）试剂：1%苯胺黑水溶液（用含2.5%小牛血清的生理盐水配制，过滤后使用）。

（2）器材同上。

**步骤**

（1）制备（1～5）$\times 10^6$/mL细胞悬液。

（2）将1份1%苯胺黑溶液与含血清生理盐水作1：9混合稀释，使其成0.1%苯胺黑染液。

（3）取0.1 mL细胞悬液加0.1 mL苯胺黑染色混合，室温放置10 min。

（4）用计数板光镜下计数。

**结果**

黑色细胞为死细胞，按公式计算活细胞率。

**操作提示**

同台盼蓝排斥试验。

### 7.1.2 克隆（集落）形成试验

克隆形成试验是测定单个细胞增殖能力的有效方法之一，其基本原理是单个细胞在体外持续分裂增殖6次以上，其后代所组成的细胞群体，称为克隆或集落。一般情况下，每个克隆可含有50个以上的细胞，大小在0.3～1.0 $mm^3$。通过计数克隆形成率，可对单个细胞的增殖潜力做定量分析。这种方法常用于抗癌药物敏感性试验，肿瘤放射生物学试验等。常见的方法有平板克隆形成试验和软琼脂克隆形成试验。

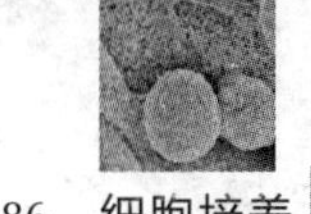



### 7.1.2.1 平板克隆形成试验

**概述**

本法适用于贴壁生长的细胞，包括培养的肿瘤细胞和正常细胞。平板克隆形成试验方法简单，不需制备琼脂培养基，细胞可在培养皿底壁形成克隆。细胞克隆形成率即细胞接种存活率，表示接种细胞后贴壁的细胞成活并形成克隆的数量。贴壁后的细胞不一定每个都能增殖和形成克隆，而形成克隆的细胞必为贴壁和有增殖活力的细胞。克隆形成率反映细胞群体依赖性和增殖能力两个重要性状。

**用品**

（1）含 10% 胎牛血清 RPMI 1640 培养液、0.25% 胰蛋白酶消化液。

（2）姬姆萨染液：染料成分包括姬姆萨粉 0.8 g，甘油 50 mL 和甲醇 50 mL。配制时，将姬姆萨粉溶于甲醇，在乳钵中充分研磨，溶解后再加甘油，混合摇匀，置于 37 ℃ ~40 ℃水浴箱中保温 8 ~12 h，用棕色瓶保存备用。用时，取 1 份姬姆萨原液，加 9 份 PBS 1/15 mol/L，pH 6.4 即为应用液。

（3）直径 60 mm 培养皿、巴氏吸管、24 孔培养板。

（4）$CO_2$ 孵箱、倒置生物显微镜。

**步骤**

（1）制备细胞悬液：取对数生长期的单层培养细胞，用 0.25% 胰蛋白酶溶液消化并吹打成单个细胞悬液，把细胞悬浮在含 10% 胎牛血清的 RPMI 1640 培养液中备用。

（2）接种细胞：根据细胞增殖能力，将细胞悬液作梯度稀释，以适当的细胞密度接种于培养皿中。一般可按每皿含 50、100、200 个细胞的梯度密度，分别接种于含 10 mL 预温 37 ℃培养液的培养皿中，然后以十字方向轻轻晃动培养皿，使细胞分散均匀。

（3）培养：将平皿移入 $CO_2$ 孵箱，在 37 ℃、5% $CO_2$ 及饱和湿度环境下，静止培养 2 ~3 周。

（4）染色：当培养皿中出现肉眼可见的克隆时，终止培养。弃去培养液，用 PBS（0.01 mol/L，pH7.4）小心浸洗 2 次。加纯甲醇 5 mL 固定 15 min。弃去固定液，加适量姬姆萨应用液染色 10 ~30 min，然后流水缓慢洗去染色液，空气干燥。

（5）计数：将平皿倒置并叠加一张带网格的透明胶片，用肉眼直接计数克隆数，或在显微镜下计数大于 50 个细胞的克隆数。有条件的实验室，最好用克隆计数仪自动计数。然后按下式计算克隆形成率：

克隆形成率 =（克隆数/接种细胞数）×100%

**操作提示**

（1）平板克隆形成试验方法简单，适用于贴壁生长的细胞。适宜底物为玻璃的、塑料瓶皿。

（2）细胞悬液中的细胞应充分分散，单个细胞百分率至少在 90% 以上。否则试验误差大。

（3）在培养早期不要晃动培养皿，在培养期间要根据培养液 pH 值的变化适时更换新鲜培养液。

（4）克隆培养时间较长，应注意清洁孵箱，防止细菌或霉菌污染。

（5）试验成功的关键是细胞悬液的制备和接种密度。细胞一定要分散得好，不能有细胞团，接种密度不能过大。

#### 7.1.2.2 软琼脂克隆形成试验

**概述**

本法常用于非锚着依赖性生长的细胞如肿瘤细胞系和转化细胞系等。有些正常细胞如成纤维细胞在悬浮状态下不能增殖，因此不适用于软琼脂克隆形成试验。

**用品**

5%琼脂溶液，用生理盐水配制并高压灭菌，其他用品同7.1.2.1节。

**步骤**

（1）制备细胞悬液：取对数生长期细胞，用0.25%胰蛋白酶消化，使之分散成单个细胞，活细胞计数，调整细胞密度至$1\times10^3$/mL，然后根据实验要求再作梯度稀释。

（2）制备底层琼脂：取5%琼脂置沸水浴中使琼脂完全溶化，取出1份5%琼脂，移入小烧杯中，待冷至50 ℃，迅速加入9份预温37 ℃的新鲜培养液，混合均匀，立即浇入24孔培养板中，每孔含0.5%琼脂培养基1 mL，置于室温使琼脂凝固备用。

（3）制备上层琼脂：取37 ℃保温的不同密度的细胞悬液9.4 mL移入小烧杯中，加入50 ℃的5%琼脂0.6 mL，迅速混匀，即配成0.3%琼脂培养基，立即浇入铺有底层琼脂的24孔培养板中，每孔加1 mL，置于室温使琼脂凝固。每孔细胞数量可根据细胞生长速度和实验目的来确定。一般情况下，可调整每孔含25、50和100个细胞的梯度密度。

（4）培养：把培养板移入$CO_2$孵箱，在37 ℃、5% $CO_2$及饱和湿度环境下培养2～3周。

（5）计数：把培养板放置在倒置显微镜上，镜下计数直径大于75 μm或含50个细胞以上的克隆，并计算克隆形成率。

**操作提示**

（1）进行软琼脂克隆形成试验时，务必使培养液与琼脂液混匀，避免局部结块。此外，制好底层琼脂后，使之充分凝固，再浇上层琼脂，这样可防止上层琼脂培养基中的细胞进入底层琼脂。其他注意事项同7.1.2.1节。

（2）由于细胞生物学性状不同，细胞克隆形成率差别也很大，一般初代培养细胞克隆形成率弱，传代细胞系强；二倍体细胞克隆形成率弱，转化细胞系强；正常细胞克隆形成率弱，肿瘤细胞强。并且克隆形成率与接种密度有一定关系，做克隆形成率测定时，接种细胞一定要分散成单细胞悬液，直接接种在碟皿中，持续一周，随时检查，到细胞形成克隆时终止培养。

（3）软琼脂培养法常用检测肿瘤细胞和转化细胞系。试验中琼脂与细胞相混时，琼脂温度不宜超过40 ℃。接种细胞的密度每平方厘米不超过35个，一般6 cm的平皿接种1 000个细胞。正常细胞在悬浮状态下不能增殖，不适用于软琼脂克隆形成试验。

### 7.1.3 MTT比色试验

**概述**

四唑盐比色试验（MTT比色试验）是一种检测细胞存活和生长的方法。试验所用的显色剂四唑盐化学名3－（4，5－二甲基噻唑－2）－2，5－二苯基四氮唑嗅盐，商品名是噻唑蓝，简称为MTT。检测原理为活细胞线粒体中的琥珀酸脱氢酶能使外源性的MTT还原为不溶性的蓝紫色结晶物甲臜（formazan）并沉积在细胞

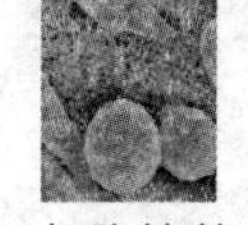



中，而死细胞无此功能。二甲基亚砜（DMSO）能溶解细胞中的甲臜，用酶联免疫检测仪在 492 nm 波长处测定其光吸收值，可间接反映活细胞数量。在一定细胞数范围内，MTT 结晶物形成的量与细胞数成正比。该方法已广泛用于一些生物活性因子的活性检测、大规模的抗肿瘤药物筛选、细胞毒性试验以及肿瘤放射敏感性测定等。它的特点是灵敏度高、重复性好、操作简便、经济、快速、易自动化、无放射性污染、与其他检测细胞活力的方法（如细胞计数法、软琼脂克隆形成试验和$^3$H－TdR 掺入试验等）有良好的相关性。

## 用品

（1）MTT 溶液：称取 250 mg MTT，放入小烧杯中，加 50 mL PBS（0.01 mol/L，pH 7.4）在电磁力搅拌机上搅拌 30 min，用 0.22 μm 的微孔滤膜除菌，分装，4 ℃保存。2 周内有效。

（2）含 10% 胎牛血清 RPMI 1640 培养液、0.25% 胰蛋白酶消化液、二甲基亚砜（DMSO，使用分析纯产品）。

（3）96 孔培养板（单层生长的细胞选用平底型培养板，悬浮生长的细胞选用圆底型培养板）、可调移液器、吸管、离心管、计数板。

（4）$CO_2$ 孵箱、显微镜、振荡混合仪、酶联免疫检测仪。

## 步骤

（1）接种细胞：用 0.25% 胰蛋白酶消化单层培养细胞，用含 10% 胎牛血清的 RPMI 1604 培养液配成单个细胞悬液，以每孔 $1\times10^3$ ～ $1\times10^4$ 个细胞接种于 96 孔培养板中，每孔体积 200 μL。

（2）培养细胞：将培养板放入 $CO_2$ 孵箱，在 37 ℃、5% $CO_2$ 及饱和湿度条件下，培养 3～5 d（培养时间取决于实验目的和要求）。

（3）呈色：培养 3～5 d 后，每孔加入 MTT 溶液（5 mg/mL）20 μL，37 ℃继续孵育 4～6 h，终止培养，小心吸弃孔内培养上清液。对于悬浮生长的细胞，需离心（1 000 r/min，5 min），然后弃去孔内培养液，每孔加入 150 μL DMSO，振荡 10 min，使甲臜充分溶解。

（4）比色：选择 492 nm 波长，在酶联免疫检测仪上测定各孔光吸收值，记录结果。以时间为横轴，光吸收值（A）为纵轴绘制细胞生长曲线。

## 操作提示

（1）选择适当的细胞接种浓度。一般情况下，96 孔培养板的一个孔内贴壁细胞长满时约有 $10^5$ 个细胞。但由于不同细胞贴壁后所占面积差异很大，因此，在进行 MTT 试验前，对每一种细胞都应测其贴壁率、倍增时间以及不同接种细胞数条件下的生长曲线，然后确定试验中每孔的接种细胞数和培养时间，以保证培养终止时不致细胞过满，保证 MTT 结晶形成的量与细胞数呈良好的线性关系。

（2）设置调零孔，以消除本底光吸收值。

（3）设空白对照。与试验孔平行设不加细胞只加培养液的空白对照孔。其他试验步骤完全相同。

（4）96 孔板边缘 32 孔用无菌蒸馏水填充，因为边缘的 32 孔中水分蒸发很快，试验孔中药物易被浓缩，对实验影响大。

（5）防止药物与 MTT 反应。如果 96 孔板中加入了具有氧化还原性的药物，比如谷胱甘肽、维生素 E、维生素 C，建议用 PBS 将细胞洗洗，否则这些药物会将 MTT 还原成棕褐色沉淀，这种效果可能是不需要的。

（6）吸收值分析。在理想的MTT实验中，如果是细胞抑制实验，不加药物处理的空白组的吸收值应该在0.8～1.2，太小检测误差占的比例较多，太大吸收值可能已经超出线性范围。这个原理在朗伯－比尔定律中有解释。

（7）培养过程中换液。100 μL的培养液对于$1\times10^4$～$1\times10^5$的增殖期细胞来说，很难维持50 h以上，如果营养不够的话，细胞会由增殖期渐渐趋向$G_0$期而趋于静止，影响结果。如果培养时间长，在48 h应该换液一次。

（8）避免血清干扰。用含15%胎牛血清培养液培养细胞时，高浓度的血清物质会影响试验孔的光吸收值。由于试验本底增加，会降低试验敏感性。因此，一般选小于10%胎牛血清的培养液进行试验。在呈色后，尽量吸净培养孔内残余培养液。

（9）判断污染。如加入MTT后都有个别孔立即变为蓝黑色，则污染的可能性极大。在加MTT前可以先在镜下观察，看看是否有孔染菌，染菌的孔常常是临近的。

（10）MTT法只能用来检测细胞相对数和相对活力，但不能测定细胞绝对数。在用酶标仪检测结果的时候，为了保证实验结果的线性，MTT吸光度最好在0～0.7范围内。MTT一般最好现用现配，过滤后4 ℃避光保存两周内有效，或配制成5 mg/mL保存在－20 ℃长期保存，避免反复冻融，最好小剂量分装，用避光袋或是黑纸、锡箔纸包住避光以免分解。

## 7.1.4 XTT比色试验

### 概述

在目前的细胞活性检测试验中，MTT比色试验具有简便、快速、灵敏等优点而被广泛应用。然而，由于MTT经还原所产生的甲臜（formazan）产物不溶于水，需溶解后才能检测。这不仅使工作量增加，也会对实验结果的准确性产生影响，而且溶解甲臜的有机溶剂对实验者也有损害。XTT比色法由Scudiero等首次采用，用于检测细胞增殖。XTT是一种类似于MTT的四唑氮衍生物，化学名为2，3－bis（2－methoxy－4－nitro－5－sulfophenyl）－5－［（phenylamino）carbonyl］－2H－tetrazolium hydroxide，作为线粒体脱氢酶的作用底物，被活细胞还原成水溶性的橙黄色甲臜产物。当XTT与电子偶合剂（例如硫酸酚嗪甲酯phenazine methosulfate，PMS）联合应用时，其所产生的水溶性甲臜产物的吸光度与活细胞的数量呈正相关。XTT比色试验具有以下优点：①使用方便，省去洗涤细胞；②检测快速，使用96孔板和ELISA读数仪可以批量检测；③灵敏度高，甚至可以测定较低细胞密度；④检测细胞密度的线性范围大；⑤重复性优于MTT比色法。主要缺点为XTT水溶液不稳定，需要低温保存或现用现配。目前，XTT比色法广泛用于测定不同的生长因子、细胞因子、营养成分等物质促进细胞增殖的作用，同样也适用于测定抗癌药物或其他生长抑制剂的细胞毒性。此外，XTT比色法也被作为$^{51}Cr$释放细胞毒性试验的非放射性替代实验方法。

### 用品

（1）XTT溶液：用无血清培养基配制成1 g/L，0.22 μm滤膜过滤除菌，分装成每瓶5 mL，需避光、冰冻保存，不宜反复冻融。

（2）PMS溶液：用PBS配制成0.15 g/L，0.22 μm滤膜过滤除菌，分装成每管0.5 mL，需避光、冰冻保存，不宜反复冻融。

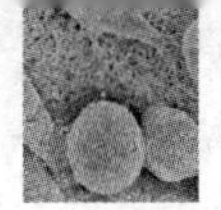



（3）XTT/PMS 应用液：从冰箱中取出 XTT 和 PMS 溶液化冰，如有沉淀出现，加热至 37 ℃并轻轻摇匀至澄清，然后在 5 mL XTT 溶液中加入 0.1～0.2 mL PMS 活化溶液，混匀后立即应用。

（4）含 10% 胎牛血清 RPMI 1640 培养液、0.25% 胰蛋白酶。

（5）平底型 96 孔培养板、可调移液器、吸管、离心管、计数板。

（6）$CO_2$ 孵箱、显微镜、酶联免疫检测仪（ELISA 读数仪）。

**步骤**

（1）取对数生长期的培养细胞，用胰蛋白酶消化，用含 10% 胎牛血清的培养液配制成细胞密度为 $1\times10^4$/mL 的悬液。将 100 μL 细胞悬液接种到 96 孔培养板中，在 37 ℃、5% $CO_2$ 和 100% 饱和湿度条件下培养。多数用于测定增殖的细胞培养 24～96 h。

（2）XTT 和 PMS 需预温 37 ℃，配制 XTT/PMS 应用液后立即应用。1 块 96 孔培养板需要 5 mL XTT 溶液。

（3）每孔加 50 μL XTT 溶液，避光培养 2～24 h（通常培养 2～5 h）。孵育 4 h 时 XTT 检测优化条件为每孔含 50 μg XTT 和 0.15～0.4 μg PMS。

（4）轻轻振摇培养板，使染料均匀分布。

（5）用 ELISA 读数仪在 450～500 nm 波长测定各孔吸光度，参考光波长为 630～690 nm（测定非特异性吸光度）。

**操作提示**

（1）XTT/PMS 应用液一定要新鲜配制，在 37 ℃活化。

（2）由于 XTT 比色法灵敏度高，每孔接种细胞数宜少（通常为每孔 5 000 个）。有些细胞代谢活性低，如淋巴细胞、角质细胞和黑色素细胞，每孔接种细胞数则需增加至 $2.5\times10^5$ 个，以获得较多的甲臜产物。

（3）XTT/PMS 最佳反应时间以细胞类型和接种密度而定。建议做预实验，在同一块培养板中间隔 2 h、4 h、6 h、8 h、12 h 进行读数，以确定最佳反应时间。

（4）用 ELISA 读数仪测定前一定要振摇培养板使染料分散均匀。

（5）当每孔培养液超过 100 μL 时，加 XTT/PMS 应用液也要相应增加。

（6）细胞培养液应无菌、无支原体污染，特别是小牛血清应加热灭活补体，避免脂多糖或其他能促进细胞增殖物的污染。因此，实验前应选择本底低的小牛血清。用人“AB”型血清或自体血清也应加热灭活补体。

### 7.1.5 三磷酸腺苷发光试验

**概述**

三磷酸腺苷（ATP）仅存在于活细胞内，是活细胞的基本能量单位。细胞死亡后，ATP 活性也随之消失。研究表明，细胞内 ATP 值与活细胞数呈正相关关系。因此，测定细胞 ATP 的含量，可间接反映活细胞数量。ATP 可用荧光色素—荧光色素酶试剂标记，用发光仪测定。

**用品**

（1）含 5% 胎牛血清的 DMEM 培养液、0.25% 胰蛋白酶、2% 三氯醋酸（TCA）、Tris 缓冲液（0.1 mol/L，pH 9.0）、荧光色素—荧光色素酶试剂。

（2）离心管、吸管、移液器、计数板、小试管、24 孔培养板、显微镜、$CO_2$ 孵箱、生物发光仪。

**步骤**

（1）取对数生长期细胞，用0.25%胰蛋白酶消化分散成单个细胞悬液，调整细胞密度为$2\times10^5$/mL，在24孔培养板中每孔加1 mL细胞悬液。

（2）把培养板放入$CO_2$孵箱，在37 ℃、5% $CO_2$及饱和湿度环境下培养5～7 d。

（3）取出培养板，吸出培养液，用无血清培养液洗1遍，每孔加1 mL 2% TCA，并用吸管轻轻吹打细胞。

（4）吸取100 μL ATP抽提液，加入1 mL试管中，再加等量Tris缓冲液中和，调pH值至7.8。

（5）吸取20 μL中和的ATP样品，加入0.5 mL试管中，将试管放在生物发光仪的样品槽中，即刻加入荧光色素—荧光色素酶试剂，反应5 s即可，测定ATP样品发光强度。

（6）以ATP相对含量（横坐标）对发光强度（纵坐标）绘制标准曲线。

**操作提示**

（1）ATP生物发光法的优点主要是快速、简便、重现性好。

（2）由于其要求样品中细胞的数量不能太少，因此灵敏度有时达不到要求。在$1\times10^3\sim1\times10^5$细胞/mL内，ATP荧光值与活细胞数量呈正相关关系。

### 7.1.6 细胞蛋白质含量测定法

**概述**

细胞总蛋白质含量测定广泛用于细胞生长实验以及用作表示酶、受体及细胞外代谢产物特异性活性的度量单位。蛋白质含量测定最常用的方法是Lowry法和考马斯亮蓝测定法，后者比前者更敏感，细胞用量少，50～10 000个细胞即可。本节仅介绍考马斯亮蓝测定法，其基本原理是，考马斯亮蓝在酸性溶液中与蛋白质结合，在595 nm波长处呈最大吸收，其光吸收值与蛋白质含量呈正相关关系。

**用品**

（1）含10%胎牛血清的RPMI 1640培养液、0.25%胰蛋白酶、PBS缓冲液（0.1 mol/L，pH7.4），0.1%十二烷基硫酸钠（SDS）或0.3 mol/L NaOH、考马斯亮蓝染液（考马斯亮蓝G－250 100mg溶解于50 mL 95%乙醇中，加100 mL 85%磷酸，补加蒸馏水至1 000 mL）、牛血清白蛋白。

（2）24孔培养板、离心管、吸管、移液器、计数板、显微镜、$CO_2$孵箱、可见光分光度计。

**步骤**

（1）用0.25%胰蛋白酶消化单层培养细胞，使之分散并悬浮在含10%胎牛血清的RPMI 1640培养液中，按$1\times10^4$/孔细胞密度接种于24孔培养板，根据实验处理要求，在37 ℃、5% $CO_2$及饱和湿度条件下培养一定时间。

（2）用胰蛋白酶消化、分散培养板中的细胞，悬浮在PBS中，计数细胞数，留取约$1\times10^6$个细胞，以1 000 r/min离心5 min，弃上清液，加0.5 mL 0.1% SDS或0.3 mol/L NaOH，置100 ℃，30 min，使细胞裂解。

（3）取1.0 mL考马斯亮蓝染液与100 μL细胞裂解液混匀，放置10 min。

（4）用可见分光光度计在595 nm波长处测定溶液的光吸收值。以溶剂为空白对照，以牛血清白蛋白（BSA，1～50 μg）为标准品绘制标准曲线。

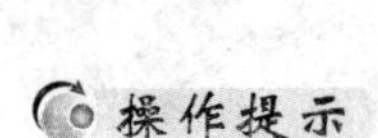



**操作提示**

（1）如果测定要求很严格，可以在试剂加入后的5～20 min内测定光吸收，因为在这段时间内颜色是最稳定的。

（2）测定中，蛋白－染料复合物会有少部分吸附于比色杯壁上，实验证明此复合物的吸附量是可以忽略的。测定完后可用乙醇将蓝色的比色杯洗干净。

### 7.1.7 细胞蛋白质合成测定法

**概述**

细胞合成蛋白质时，需要摄取外源性氨基酸。用同位素标记的氨基酸如$^{3}H$－亮氨酸或$^{35}S$－蛋氨酸可以掺入细胞蛋白质合成代谢中，通过测定细胞的放射性强度，可了解细胞蛋白质合成代谢状况。本节介绍$^{3}H$－亮氨酸掺入试验。

**用品**

（1）RPMI 1640培养液、胎牛血清、PBS（0.1 mol/L，pH7.4）、$1.85\times10^{9}$ Bq/mL的$^{3}H$－亮氨酸（用无血清培养液配制）、0.3 mol/L NaOH（用1% SDS配制）、10% TCA、甲醇、闪烁液（允许加入10%水溶液）。

（2）24孔培养板、离心管、吸管、移液器、计数板、闪烁瓶、显微镜、$CO_2$孵箱、液体闪烁计数仪。

**步骤**

（1）取对数生长期细胞，悬浮于含10%胎牛血清的RPMI 1640培养液，调整细胞密度至$1\times10^{4}$～$1\times10^{6}$/mL，接种于24孔培养板，每孔1 mL。

（2）移入$CO_2$孵箱，培养至适当密度（细胞处在对数生长期），每孔加100 μL预温37 ℃的$^{3}H$－亮氨酸（终浓度为$1.85\times10^{8}$Bq/mL）。

（3）继续培养4～24 h（不同的细胞系其蛋白质合成速率不尽相同，需预先摸索掺入时间）。

（4）取出培养板，小心吸出培养上清液，用预冷的PBS小心洗涤，晾干。如果细胞松散，宜先用甲醇固定10 min。

（5）把培养板放在冰盒上，每孔加1 mL 10%三氯醋酸（TCA），在4 ℃放置10 min，吸弃上清液。

（6）用甲醇洗涤、晾干。

（7）每孔加0.5 mL 0.3 mol/L NaOH－1% SDS，室温下放置30 min。

（8）混匀，移入闪烁瓶中，加5 mL闪烁液，用液体闪烁计数仪测定每分脉冲数（cpm），以cpm/$10^{6}$细胞或cpm/mg蛋白表示。

对悬浮生长细胞则采用离心法处理。

**操作提示**

本实验系放射性实验，应严格执行放射性同位素实验操作规程，谨防放射性污染。

## 7.2 细胞遗传学的检测方法

### 7.2.1 细胞DNA染色法

**概述**

细胞DNA的染色方法有多种，其中Fuelgen反应法是常用的一种。DNA－Feulgen染色方法由Feulgen等在1924年建立，这种方法至今仍然是DNA定量测定的主要染色方法之一。该法是一种特异性的DNA染色方法，可用于作DNA定位分析或用显微分光光度计定量分析。其原理是先用1 mol/L HCl水解细胞核中的DNA，释放出醛基，再以Schiff试剂作用显色。Schiff试剂是由碱性品红和偏重亚硫酸钠组成，为无色品红液。当与标本接触后，无色品红即与 DNA 醛基结合形成紫色化合物。

**用品**

（1）Sehiff 试剂：将 0.5g 碱性品红加入 100 mL 沸水中（用三角烧瓶），时时振摇烧瓶，煮 5 min，使之充分溶解。冷到 50 ℃时过滤，加入 10 mL 1 mol/L HCl。冷至 25 ℃时加入 0.5 ~ 1 g 偏重亚硫酸钠，在室温中至少静置 24 h，其颜色呈褐至淡黄或无色，密封瓶口，4 ℃冰箱保存。或放置 24 h 后加 0.5 g 活性炭，摇 1 min，用粗滤纸过滤，滤液为无色，此液密封置暗处可保存数月。

（2）1 mol/L HCl：浓 HCl 8.5 mL，加水 91.5 mL。

（3）亚硫酸水：10 mL 10% 偏重亚硫酸钠，加 10 mL 1 mol/L HCl，再加蒸馏水 180 mL，混匀即成。

（4）1% 亮绿水溶液。

（5）培养瓶（内置 6 mm × 22 mm 盖玻片）、眼科弯镊、载玻片、盖玻片染色缸、水浴箱、显微镜。

**步骤**

（1）制备 $1\times10^5 \sim 1\times10^6$/mL 细胞密度的细胞悬液，接种 25 mL 培养瓶中，放入 $CO_2$ 孵箱培养一定时间。

（2）细胞长至适当密度，取出长有单层细胞的盖玻片，用 PBS 浸洗 2 次，然后浸入 95% 乙醇，室温固定 15 min。

（3）蒸馏水洗片。

（4）玻片浸入 1 mol/L HCl，室温放置 1 min。

（5）将玻片移入预温 60 ℃的 1 mol/L HCl，水浴箱内保温 10 min。

（6）取出玻片浸入另一缸 1 mol/L HCl，室温下 1 min。

（7）玻片浸入 Schiff 试剂，室温下置暗处反应 1 h。

（8）取片，分 3 缸用亚硫酸水洗 3 次，每次 2 min，充分洗去非特异性色素。

（9）流水冲洗细胞铺片背面后再用蒸馏水洗片。

（10）1% 亮绿复染数秒钟。如用于定量分析，可不复染。

（11）水洗，乙醇脱水，二甲苯透明，中性树胶封片。

**结果**

光镜下观察，细胞核中 DNA 呈紫红色，细胞质染成绿色。

**操作提示**

（1）碱性品红的质量对染色效果有较大的影响，应注意选择合适的品牌。

（2）配制好的 Schiff 试剂必须密封保存，否则几天内即失效。

（3）用 1 mol/L HCl 水解细胞 DNA 时，要准确掌握水解温度和时间。由于细胞不同或使用其他固定剂，水解的温度和时间也要作相应调整。

（4）染色的标本宜置暗处保存，以防褪色。

### 7.2.2 细胞 DNA 含量测定法

**概述**

细胞 DNA 含量的测定通常采用荧光法，例如使用荧光染料 Hoechst 33258，它能与细胞 DNA 特异结合，并在 458 nm 波长处发射荧光，其荧光强度与细胞 DNA 的含量呈正相关。

**用品**

（1）缓冲液：含 0.05 mol/L $NaH_2PO_4$，2.0 mol/L NaCl，pH7.4 并含有 $2\times10^{-3}$ mol/L EDTA。

（2）Hoechst 33258：用缓冲液配成 1 μg/mL用于测定含量大于 100 ng/mL 的 DNA；配成 0.1 μg/mL，用于测定 10 ~ 100 ng DNA/mL。

（3）24 孔培养板、离心管、吸管、移液器、计数板、玻璃匀浆器、超声匀浆器、荧光分光光度计。

**步骤**

（1）制备单细胞悬液，以 $5\times10^4$/mL 的密度接种于 24 孔培养板，放入 $CO_2$ 孵箱培养至对数生长期，用胰蛋白酶消化分散细胞，用缓冲液离心洗涤 2 次。

（2）用缓冲液调整细胞悬液至 $1\times10^5$/mL细胞密度，移入玻璃匀浆器中，匀浆1 min。

（3）再用超声波处理 30 s。

（4）取 1 份细胞匀浆液，加 9 份 Hoechst 33258 荧光染液，混匀并放置 5 min。

（5）将样品放入荧光分光光度计的样品槽中，选择激发波长 356 nm，发射波长 492 nm，测定样品荧光强度。以小牛胸腺 DNA 作为标准品。

**操作提示**

Hoechst 能与 DNA 结合，干扰 DNA 复制和细胞分裂，因此有致畸和致癌危险。使用和废弃需谨慎。

Hoechst 可穿过细胞膜，可结合于活细胞或固定过的细胞。因此可用于活细胞标记。

### 7.2.3 细胞 DNA 合成测定法

**概述**

DNA 是细胞遗传的基本物质，其结构中包含 4 种碱基，胸腺嘧啶核苷（TdR）是 DNA 特有的碱基，亦是 DNA 合成的必需物质。因此，用同位素 $^3$H 标记 TdR 即 $^3$H－TdR 作为 DNA 合成的前体掺入 DNA 合成代谢过程，通过测定细胞的放射性强度，可以反映细胞 DNA 的代谢及细胞增殖的情况。短期标记细胞如 0.5 ~ 1 h 可推测 DNA 的合成速率；长时间标记用来测定累积的 DNA 合成情况。

**用品**

（1）含 10% 胎牛血清的 RPMI 1640 培养液，0.25% 胰蛋白酶，$3.7\times10^8$ Bq/mL 的 $^3$H－TdR（用 HBSS 配制并过除菌），HBSS 缓冲液，10% 三氯醋酸（TCA），甲醇，0.3 mol/L NaOH（用 1% SDS 配制），闪烁液。

（2）24 孔培养板、离心管、吸管、移液器、计数板、显微镜、$CO_2$ 孵箱、液体闪烁计数仪。

**步骤**

（1）取对数生长期细胞，制成 $3\times10^5$/mL 细胞密度的细胞悬液，接种于 24 孔培养板中，每孔 1 mL。

（2）把培养板放入孵箱，在 37 ℃、5% $CO_2$ 及饱和湿度环境中培养一定时间。

（3）在细胞处于对数生长期时，每孔加 100 μL $^3$H－TdR，使之终浓度为 $3.7\times10^7$ Bq/mL。

（4）根据实验要求继续培养 1 ~ 24 h。

（5）终止培养，小心吸弃培养上清液。

（6）用 HBSS 漂洗单层细胞 2 次，然后加 2 mL 预冷的 10% TCA，放置 10 min。如果细胞松散，应先用甲醇固定 10 min。

（7）用 10% TCA 重复洗 2 次，每次 5 min。

（8）每孔加 0.5 mL 0.3 mol/L NaOH，在 60 ℃处理 30 min，然后使之冷至室温。

（9）收集裂解液，移入闪烁瓶中，加 5 mL 闪烁液，用液体闪烁计数仪测定每分脉冲数（cpm），结果以 cpm/$10^6$ 细胞表示。

悬浮生长的细胞采用离心法制备样品。

**操作提示**

$^3$H 同位素具有放射损伤作用，实验应在专用放射性实验室内按有关放射性实验操作规程进行，严防吞入或吸入同位素，妥善处理同位素用品及污物。

## 7.2.4 常用染色体显示法

**概述**

细胞在有丝分裂期，染色质变粗变短，形成染色体。特别是有丝分裂中期，染色体的长短、大小、着丝点等特征最为典型，容易观察。因此，在细胞遗传学研究中多采用有丝分裂中期的染色体。显示染色体的基本过程是：用秋水仙素或秋水仙胺特异破坏细胞纺锤丝阻抑细胞中期分裂，以获得大量中期分裂相。然后使用低渗液如 0. 075 mol/L KCl 低张处理细胞，使细胞体积胀大，染色体松散，经冰醋酸膨胀及甲醇固定后，用 Giemsa 染色，在油镜下可清晰地看到分散的染色体。

**用品**

（1）秋水仙素溶液：称取 10 mg 秋水仙素，溶解于 100mL 生理盐水中（即为 100 μg/mL），过滤除菌，－20 ℃保存。

（2）0. 075 mmol/L KCl 溶液。

（3）固定液：3 份甲醇加 1 份冰醋酸，临用前配制。

（4）1∶10 Giemsa 染色液：1 份 Giemsa 原液加 9 份 1/15 mol/L，pH 6. 8 磷酸缓冲液。

（5）尖底离心管、吸管、清洁液处理的载玻片、水平离心机、恒温水浴箱、显微镜等。

**步骤**

（1）接种细胞：取对数生长期细胞，用含 10% 胎牛血清的 RPMI 1640 培养液配成细胞悬液，接种于 25mL 培养瓶中，移入 $CO_2$ 孵箱培养 54 h。

（2）秋水仙素处理：终止培养前 4 ~ 6 h，将秋水仙素加入培养液中（终浓度 0. 04 ~ 0. 8 μg/mL），继续培养 4 ~ 6 h。

（3）收集细胞：用吸管轻轻吹打分裂相细胞，移入 10 mL 离心管中。

（4）以 1 000 r/min 离心 10 min，吸净上清液。

（5）低渗处理：逐滴加入 0. 5 mL 预温37 ℃的 0. 075 mol/L KCl 混匀，随即补加至 5 ~ 10mL，用吸管轻轻吹打均匀，37 ℃孵育 20 ~ 30 min。

（6）预固定：向管中加入 1 mL 新鲜固定液。

（7）1 000 r/min 离心 10 min，弃上清液。

（8）固定：沿管壁缓缓加入新鲜固定液 8 ~ 10 mL，用吸管吹打均匀，固定 15 ~ 20 min。

（9）离心，吸净上清液。

（10）再固定：缓缓加入新鲜固定液，固定 30 min。

（11）离心，吸除上清液，视细胞量再加 0. 5 ~ 1. 0 mL 新鲜固定液，吹打均匀。

（12）制片：取 0 ℃冰冻的载玻片，距离玻片 15 cm 高度，向玻片滴 1 ~ 2 滴细胞悬液，于空气中干燥。

（13）染色：用新鲜 Giemsa 染色液染 10 ~ 20 min，流水冲洗玻片背面，晾干。

（14）封片：二甲苯透明 3 次，中性树胶封片。

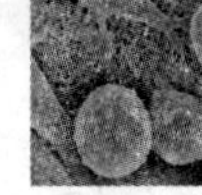



（15）镜检及摄影：在光镜下选择染色体分散良好，不重叠，无失散的标本，于油镜下观察记录并进行显微摄像。最后进行剪贴，翻拍，分析核型。

**操作提示**

（1）在细胞进入有丝分裂高峰期时，加入秋水仙素，容易获得大量的分裂细胞。秋水仙素的使用剂量及作用时间，因细胞不同而有区别，应预先摸索最适条件。

（2）加低渗液时，开始应一滴一滴加入，边加边搅，以防细胞凝聚成团。

（3）制片前，应调整细胞密度，以滴片后每低倍视野100~300个细胞为宜。

（4）滴片用的载坡片必须彻底洗净，如果有油污残留，会影响染色体分散。

### 7.2.5 染色体显带法

染色体显带是在染色显示体基础上发展起来的技术。中期染色体标本经特殊处理后，沿着整个染色体的长轴，能显现出着色深浅不同的横纹，目前显带原理尚未完全阐明。该技术的优点是能显现染色体本身更细微的结构，有助于准确地识别每条染色体及诊断染色体异常疾病。常用的显带方法有G、Q、R、T、N、C、G11等分带方法，本节仅介绍最常用的胰蛋白酶-Giemsa显示G带法。

**概述**

用低浓度胰蛋白酶消化处理有丝分裂中期染色体，可使染色体上的非组蛋白质去除或重新分布，从而产生用相差显微镜可观察到的染色体带型，这种带型经Giemsa染色后变得更清晰。

**用品**

（1）含10%胎牛血清RPMI 1640培养液、0.25%胰蛋白酶、秋水仙素（100 μg/mL）、0.075 mol/L KCl溶液、甲醇-冰醋酸溶液（3:1）、0.025%胰蛋白酶-0.02% EDTA混合消化液、甲醇，Giemsa染液。

（2）培养瓶、离心管、吸管、载玻片、孵箱、显微镜。

**步骤**

（1）取对数生长期细胞，加秋水仙素至终浓度0.4 μg/mL，培养3 h。

（2）用0.25%胰蛋白酶消化单层培养细胞，悬浮于无血清培养液中，移入离心管内。

（3）以200 g离心5 min，弃上清液。

（4）将沉淀细胞小心重悬浮于5 mL低渗液中（0.075 mol/L KCl），室温放置8 min。

（5）在低渗液中先加一滴甲醇—冰醋酸固定剂，小心混匀，在4 ℃低速离心，使细胞沉降成团。

（6）吸出上清液，沿管壁缓缓加入新鲜固定剂，不要重悬浮细胞。在4 ℃继续放置30 min。

（7）重悬浮细胞，离心，弃上清液，再加新鲜固定剂，吹打均匀，再离心使细胞沉降。

（8）弃上清液，细胞重悬浮于0.25 mL新鲜固定剂，吸出适量细胞悬液，向洗洁剂处理过的载玻片上滴一滴细胞悬液，使染色体充分分散，空气干燥。

（9）将制好的中期染色体标本浸入0.025%胰蛋白酶-0.02% EDTA溶液中，在30 ℃消化10~20 min。

（10）取出载玻片，分别通过70%、80%和100%甲醇溶液，取出，空气干燥。

（11）将玻片浸入 Giesmsa 染液中，染色 12 min。

（12）用蒸馏水洗净玻片，空气干燥，中性树胶封片。

**结果**

在油镜下观察，染色体的长臂或短臂呈明暗相间的带。

**操作提示**

（1）中期染色体标本制好后，应及时进行分带。一般以放置 3 ~ 4 d 的标本染色效果最佳。新鲜标本在 90 ℃ ~95 ℃烤 2 h 或在 60 ℃烤 6 ~10 h 以上即可进行胰蛋白酶分带。

（2）用胰蛋白酶消化法显示 G 带，应注意控制胰蛋白酶的消化时间，在消化过程中，用相差显微镜观察核分裂相，如染色体变得中空而仅剩轮廓，说明胰蛋白酶作用恰到好处。如染色体轮廓已模糊不清，表明胰蛋白酶处理时间太长。

## 7.3 细胞形态学的研究方法

### 7.3.1 培养细胞的 HE 染色方法

**概述**

HE 染色法是采用碱性染料苏木精和酸性染料伊红分别与细胞核和细胞质发生作用，使细胞的微细结构通过颜色而改变折射率，从而在光镜下能清晰地呈现出细胞图像。该法能提供良好的核浆对比染色，是细胞化学染色方法中最常用的一种染色方法。培养细胞的 HE 染色过程与组织切片的染色过程基本相同，包括样品制备、染细胞核、染细胞质、脱水、透明和封固等步骤。但培养细胞的样品制备有其特点，贴壁生长的细胞常用盖玻片培养法制备；悬浮生长的细胞可用离心甩片机制备。

**用品**

（1）固定液：常用95%乙醇。

（2）苏木精染液：称取苏木精粉 0.5 g和铵矾 24 g 溶解于 70 mL 蒸馏水中，然后取 $NaIO_3$ 0.1 g 溶于 5 mL 水，加入上述溶液中，最后加入甘油 30 mL 和冰醋酸 2 mL，混合均匀，滤纸过滤，备用。

（3）伊红染液：称取 0.5 g 水溶性伊红染料，溶于 100 mL 蒸馏水中。

（4）稀盐酸乙醇溶液：用 75% 乙醇配制 1% 盐酸。

（5）淡氨水溶液：在 400 mL 自来水中滴 2 滴浓氨水。

（6）系列浓度（70%、80%、90%、95%、100%）的乙醇、二甲苯、中性树胶。

（7）含盖玻片（7 mm × 22 mm）的培养瓶或培养皿、眼科弯镊、盖玻片染色缸、载玻片、显微镜。

**步骤**

（1）取待染细胞，用 0.25% 胰蛋白酶消化，制成细胞悬液，调整细胞密度约为 $1\times10^5$/mL 接种于含盖玻片的培养瓶中，放入 $CO_2$ 孵箱培养一段时间，待细胞基本长成单层，取出长有细胞的盖玻片，用 PBS 洗 3 次。

（2）将盖玻片浸入 95% 乙醇固定 15 min。

（3）PBS 洗 2 次，每次 1 min。

（4）浸入苏木精染液，染色 5 ~ 10 min。

（5）自来水浸洗。

（6）浸入稀盐酸乙醇溶液进行分色，数秒钟即可。

（7）自来水浸洗。

（8）浸入淡氨水中，使胞核蓝化，

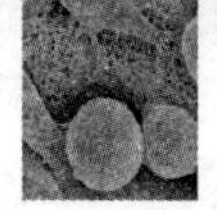



3~5 min。

（9）自来水浸洗。

（10）浸入伊红染液，染色5~10 min。

（11）自来水浸洗。

（12）经70%、80%、90%乙醇各1次，95%乙醇2次和100%乙醇3次逐级脱水，每次1 min。

（13）二甲苯透明3次，每次1 min。

（14）在载玻片上滴加中性树胶，将有细胞一面的盖玻片向下封固于载玻片上。

**结果**

光镜下观察，细胞质呈粉红色，细胞核呈蓝紫色。

**操作提示**

（1）染色时pH值的调节是很重要的，有时组织块在多聚甲醛中固定时间过长往往使组织酸化而影响细胞核的着色，因此切片入水后，转入饱和碳酸锂水溶液中处理10~30 min，这样可使细胞核着色较好；

（2）用伊红染色切片时，往往在经脱水的低浓度酒精时极易脱色，特别是对于细胞密集的组织更明显，这时可在脱水至95%酒精1后，再以95%配制的1%伊红液中复染3~5 min，然后脱水透明，可以获得满意的效果。

（3）苏木精染色后，分色是至关重要的，应该在显微镜下进行。一般以细胞核染色比较清晰，细胞质等基本无色为宜。如发现过染，可以延长分色时间，若染色太浅，则应重新进行染色后再分色，总之必需分色至细胞核清晰而背景基本无色才能往下进行。

（4）切片经酒精脱水后，如在转入二甲苯时有混浊现象产生或呈白色不透明状态，此为脱水不彻底，应立即将切片退回无水酒精重新脱水，如再不透明时则应更换无水酒精。

### 7.3.2 培养细胞的免疫细胞化学染色技术

免疫细胞化学染色是把血清学方法和显微示踪方法结合起来的一类技术。根据标记物的种类可分为免疫荧光法、免疫酶法、免疫铁蛋白法、免疫金法及放射免疫自显影法等。它们不仅具有较高的抗原抗体反应的特异性和灵敏性，而且能对组织细胞的成分准确定位及定量分析，因而在基础医学研究和临床疾病诊断中得到广泛应用。细胞培养实验中最常用的染色方法是免疫荧光染色方法和免疫酶染色方法。

#### 7.3.2.1 免疫荧光染色法

**概述**

将已知抗体或抗原标记上荧光素，用此特异性试剂，浸染含有相应抗原或抗体的组织细胞标本，借助抗原抗体的特异性结合，在抗原或抗体的存在部位呈现荧光，从而可以定位标本内的抗原或抗体。

**用品**

（1）0.01 mol/L、pH7.2的PBS：称取NaCl 8 g，$Na_2HPO_4$ 1.15 g，$KH_2PO_4$ 0.2 g，加蒸馏水至1 000mL溶解后，调pH至7.2。

（2）0.5 mol/L、pH9.5的碳酸盐缓冲液（CB）：称取$NaHCO_3$ 3.7 g，$Na_2CO_3$ 0.6 g加蒸馏水至100 mL，溶解后调pH至9.5。

（3）50%缓冲甘油：1份纯甘油加1份CB。

（4）伊文蓝溶液：称取伊文蓝1 g，加入100 mL PBS中，溶解后加1 mL 1% $NaN_3$，过滤，4 ℃保存。临用前取

0.1 mL,加9.9 mL PBS稀释成0.01%浓度使用。

(5) 特异性抗体(第一抗体);荧光素标记抗体(第二抗体)。

(6) 盖片染色缸、湿盒、温箱、振荡仪、荧光显微镜。

## 步骤

以间接免疫荧光染色法为例。

(1) 细胞准备与固定。

① 单层生长细胞:取对数生长细胞,用0.25%胰蛋白酶液消化,制成单细胞悬液。将细胞接种到预先放置几张6 mm×22 mm盖玻片的培养瓶或培养皿(直径35 mm)中,置$CO_2$孵箱培养1~3 d,待细胞接近长成单层,取出盖玻片,浸入PBS(0.01 mol/L,pH7.4)洗2次,然后根据实验目的,选择适当固定剂固定细胞。常用的固定剂有:95%乙醇(固定时间10~30 min),丙酮(5~10 min)等。

② 悬浮生长细胞:取对数生长期细胞,用PBS离心洗涤(1 000 r/min,5 min)2次,或用细胞离心甩片机制备细胞片或直接制备细胞涂片,把细胞片浸入95%乙醇或丙酮中固定。

(2) 将已固定的细胞玻片放入盖片染色缸,用PBS振洗5 min,取出吹干。

(3) 滴加适当稀释的特异性抗体,置湿盒内,37 ℃保温30~60 min或4 ℃冰箱中过夜。

(4) PBS振洗3次,每次5 min,吹干。

(5) 滴加适当稀释的荧光素标记抗体(用0.01%伊文蓝溶液稀释),在湿盒中,37 ℃保温30~60 min。

(6) PBS振洗2次,每次5 min,然后用蒸馏水振洗1次。

(7) 用50%缓冲甘油封片。

## 结果

在荧光显微镜下观察,阳性部位出现荧光。依荧光素种类不同呈现不同颜色的荧光,如异硫氰酸荧光素呈黄绿色荧光,罗丹明B200呈橙红色荧光。

标本染色后应及时观察并照相。若暂时不观察,可把标本放入4 ℃冰箱保存。但应注意,过夜后特异性荧光减弱30%,1周后则减弱50%。如果用聚乙烯醇封片,可保存较长时间。

## 操作提示

(1) 由于荧光容易淬灭,一般仅能维持几个小时,因此,荧光二抗应避光保存,即从加入荧光二抗以后的步骤中都要尽量避光操作。封片后应尽早照相,目前有市售的荧光增强剂,可使荧光在4 ℃保存1~2周仍不淬灭。

(2) 常用的荧光素有以下几种,绿色荧光:FITC、Alexa Fluor 488和GFP;红色荧光:TRITC、Cy3、Alexa Fluor 568&594和MitoTrackerRed;蓝色荧光:Hoechst、DAPI;黄色荧光:YFP、Fluo-3和Rhoda minel23等。

(3) 不同的荧光素激发的波长不同,因此,选用滤光片时要注意。一般紫外线的激发波长为334~365 nm,蓝光的激发波长为435~490 nm,绿光的激发波长为546 nm左右。

(4) 荧光显微镜应提前至少15 min打开汞灯预热。关闭30 min后方可再开启。

(5) 免疫荧光的组织要求很高,载玻片及盖玻片要干净无杂质。进行荧光染色时,需注意染液的pH、浓度和染色温度,还要避免对荧光有熄灭作用的物质的接触。组织和细胞也有自发荧光,如红细胞中的血红蛋白呈红色荧光,维生素A呈绿

色自发性荧光等。

#### 7.3.2.2 ABC免疫酶染色法

**概述**

ABC法即亲和素－生物素－酶复合物法，它是目前最敏感的免疫细胞化学染色法之一。其原理是特异性第一抗体与组织细胞相应抗原结合后，通过生物素化桥抗体与第一抗体结合，借助亲和素与生物素的天然亲和性将生物素化辣根过氧化物酶连接为复合物，通过酶促反应显示组织细胞相应的抗原。此法不仅灵敏性高，而且非特异染色少，背景清晰，对比度适中。

**用品**

（1）磷酸盐缓冲液（0.01 mol/L，pH7.4 PBS）。

（2）Tris－HCl缓冲液（0.05 mol/L，pH7.6 THB）。

（3）底物溶液：临用前，称取50 mg 3，3'二氨基联苯胺（DAB），溶解于100 mL THB中，过滤，然后加20 μL 30% $H_2O_2$，及时使用。

（4）ABC试剂盒：美国VECTOR公司产品，包括正常马血清，生物素化马抗小鼠IgG（或马抗兔IgG），亲和素－生物素化辣根过氧化物酶复合酶。其他公司的产品，按说明书使用。

（5）小鼠（或兔）特异性抗体。

（6）盖片染色缸、湿盒，显微镜等。

**步骤**

（1）细胞准备与固定：同7.3.2.1节。

（2）取已固定的细胞片，用PBS洗5 min。

（3）浸入0.75% $H_2O_2$－PBS（30% $H_2O_2$ 5 mL＋PBS 200 mL），37 ℃，30 min，以阻断内源性过氧化物酶。

（4）PBS振洗2次，每次3 min。

（5）滴加正常马血清，在湿盒内，37 ℃保温30 min，以消除非特异性染色。

（6）弃去正常马血清。

（7）滴加小鼠特异性抗体，在湿盒内，37 ℃保温30～60 min或4 ℃下过夜。

（8）PBS振洗3次，每次3 min。

（9）滴加生物素化马抗小鼠IgG，在湿盒内，37 ℃，30 min。

（10）PBS振洗3次，每次3 min。

（11）滴加ABC复合剂，在湿盒内，37 ℃，30 min。

（12）PBS振洗2次，THB振洗1次，每次3 min。

（13）浸入新鲜配制的底物溶液，在室温下置暗处10～20 min。

（14）自来水洗5 min（欲采用显微分光光度计进行定量分析，则无须做细胞核衬染，直接进行脱水，透明和封片）。

（15）细胞核衬染：浸入苏木精染液染色2 min，自来水洗，迅速过盐酸乙醇溶液，自来水洗，过氨水溶液，自来水洗。

（16）逐级脱水。过70%乙醇1次，95%乙醇2次，100%乙醇3次，每次1 min。

（17）透明，过二甲苯溶液3次，每次1 min。

（18）用中性树脂封片，将有细胞的一面向下封片。

**结果**

光镜下观察，阳性部位呈棕褐色。

**操作提示**

（1）免疫细胞化学染色受许多因素影响。为了对染色的结果做出正确判断，在免疫细胞化学反应中应设立严格的对照试验。通常设4种对照试验，即阳性对照，阴性对照，空白对照或替代对照及抑制试验，以排除非特异性染色。

阳性对照：用已知含有相应抗原的标本与待检标本平行染色，结果应为阳性。

阴性对照：用已知不含有相应抗原的标本与待检标本平行染色，结果应为阴性。

空白对照：第一抗体用PBS代替。替代对照：用与第一抗体种属相同的正常血清或抗其他抗原的抗体作为替代。结果均为阴性。

抑制试验：将待检标本与未标记特异性抗体反应后，再用已标记的特异性抗体进行染色结果阳性强度减弱或转为阴性。

（2）选择最佳的制片方法和适当的固定剂，最大限度保存组织细胞抗原的活性。

（3）选择抗体的最佳稀释度。正式试验前，应进行预试验，摸索第一抗体和第二抗抗体最佳配伍稀释度。良好的稀释度可提高染色的阳性率，获得染色的最佳对比。

（4）滴加抗体的量要适当，并在湿盒中孵育，防止液体干涸。

（5）注意控制显色反应时间，以阳性反应着色最强而背景开始着色为度。

### 7.3.3 培养细胞嗜银蛋白（AgNORs）分析

**概述**

核仁形成区（nucleolar organizer regions，NORs）是位于某些近端着丝粒染色体短臂上含编码核蛋白体RNA（rRNA）基因rDNA片段的环状DNA。核仁形成区相关嗜银蛋白（AgNORs）是核仁内高度磷酸化对银有亲和作用的酸性非组蛋白，对rDNA的转录，rRNA合成、加工和装配起着重要的作用。AgNORs的含量是反映细胞增殖活性的重要指标，其含量越高，表明细胞增殖快。用银染色方法能特异显示细胞AgNORs，通过计数AgNORs颗粒和测量AgNORs面积，可定量分析细胞AgNORs。

**用品**

用去离子水配制以下溶液：

（1）50%硝酸银。

（2）1%甲酸。

（3）2%明胶甲酸溶液：称取明胶2 g，溶入1%甲酸溶液100 mL。

（4）应用染色液：在暗室内将2%明胶甲酸溶液和50%硝酸银溶液按1：2的容积比混合即成，注意在染色前新鲜配制。

（5）洁净的盖玻片、染色缸、吸管、载玻片、镊子等。

**方法**

（1）准备细胞铺（爬）片：将一定量的细胞接种于含盖玻片的培养瓶中，置37 ℃、5% $CO_2$ 孵箱培养，待细胞长成单层，取出盖片，95%乙醇固定。

（2）将细胞铺片浸入去离子水中使其水化。

（3）染色：将应用染色液滴加于细胞铺片上，室温下避光染色1 h。

（4）用去离子水反复冲洗。

（5）95%～100%系列乙醇脱水。

（6）二甲苯透明。

（7）中性树脂封片。

**结果**

光镜下可见细胞核内散在大小不等的黑色颗粒。定量分析方法有两种：①目镜形态学定量方法。采用0.5网形目镜测微尺测量细胞核AgNORs颗粒数，AgNORs颗粒不论聚集或分散状态，以相互不连的颗粒定为一个计数点；②自动图像分析法。采用图像分析仪自动定量分析，先将待检细胞在光镜下定位，细胞图像由摄像系统将图像信号输入计算机，通过对已存入的图像进行阴影校正，边缘增强和图像二值化，使银染颗粒从背景中分离出来。通过计算机对每一视场的颗粒个数及每一颗粒面积进行自动识别和计数。

**操作提示**

（1）配制银染色液一定要用去离子水，否则易出背景非特异性染色。

（2）不同组织标本染色时间要求不同，即使在同一组织染色时间的长短亦直接关系到 AgNORs 颗粒计数结果。

（3）每例样本计算细胞数最少不要少于 30 个，细胞数少，AgNORs 定量结果误差大。

## 7.3.4 培养细胞的化学染色

细胞化学染色，是一种以形态为基础，结合运用化学或生物化学技术对血细胞内各种化学成分作定位、定性及半定量分析的方法。用于研究血细胞生理、病理和化学结构，临床上为某些血液病的诊断、鉴别诊断、疗效观察、预后监测和发病机制的探讨，提供重要依据。细胞化学染色的基本要求是在原位显示细胞成分和结构，反应产物是有色沉淀物，具有一定的稳定性。血细胞化学染色可显示糖原、脂类、酶、蛋白质等。

### 7.3.4.1 培养细胞的茜素红染色

**概述**

成骨分化是干细胞的一个重要特性。在特定的诱导培养基作用一段时间后，干细胞可分化为成骨细胞，在细胞表面沉积钙盐，形成钙结节。应用茜素红溶液对成骨细胞染色，茜素红可与钙离子螯合，产生红色或紫红色的复合物，可用于鉴定干细胞是否已成功向成骨细胞分化。以茜素红溶液染色是鉴定间充质干细胞向成骨细胞分化的一个重要方法。

**用品**

PBS 溶液、95% 乙醇溶液、蒸馏水、1 g Tris - HCl、0.1g 的茜素红、pH 试纸。

茜素红染色配制：1 g Tris，加入三蒸水 100 ml，用滴管往配置液中加 HCl（分析纯）逐滴加入，边加边测试 pH，待 PH 为 4.2 左右即可。配好后往里面加入 0.1g 的茜素红，便得到 0.1% 茜素红 - Tris - HCl（pH 4.2）溶液。

**染色步骤**

（1）吸去培养皿中成骨诱导液，三蒸水洗 3 次。

（2）10% 中性甲醛钙，固定培养细胞 15 ~ 20 min。

（3）茜素红染液，37 ℃，30 min。

（4）蒸馏水洗，干燥，封片。

**结果**

茜素红溶液可成功将诱导的成骨细胞染色。细胞在肉眼观察下即可发现呈明显的紫红色，在显微镜下可看见明显的紫红色钙结节，细胞亦被染成紫红色。

### 7.3.4.2 培养细胞的油红 O 染色

**概述**

油红 O 属于偶氮染料，是很强的脂溶剂和染脂剂，与甘油三酯结合呈小脂滴状。脂溶性染料溶于组织和细胞中的脂类，它在脂类中的溶解度比在溶剂中大。当培养细胞片置入染液时，染料则溶于细胞内的脂质（如脂滴）中，使细胞内的脂滴呈橘红色。利用染料易溶于脂质的性质证明细胞内脂质含量的多少。

**用品**

0.5% 油红 O 染液的配制：（用前过滤）

配方（100 ml）：油红O 0.5 g

60%异丙醇/70%乙醇 100 ml

**步骤**

（1）吸去诱导液，PBS洗1～2次。

（2）加入10%中性甲醛钙，固定15～20 min。

（3）吸去固定液，加入油红O染色液，37 ℃下染30 min。

（4）60%异丙醇稍洗30 s，三蒸水洗2遍。

（5）苏木素复染2 min。

（6）自来水洗10 min，晾干。

（7）甘油明胶封片。

**结果**

干细胞经成脂诱导后，经油红O染色后可见脂肪细胞中大小不等的脂滴被染成橘红色，表明干细胞分化为脂肪细胞。部分未被诱导成为脂肪细胞的细胞形态为长梭形，胞内未见红色脂滴，胞核HE复染后为蓝色

## 7.4 细胞凋亡的检测方法

细胞凋亡（apoptosis）是一种由基因控制的细胞自主死亡方式。1972年，英国教授Kerr首先提出细胞凋亡的概念。现在认为细胞的死亡分为生理性和病理性两种，前者是由遗传控制，受既定程序（或基因）调控的，是程序性的细胞死亡（programmed cell death，PCD），其形态学改变或转归表现为凋亡。而后者是非遗传控制的意外细胞死亡（accidental cell death），其形态学改变或转归为细胞坏死。细胞凋亡与组织器官的发育、机体正常生理活动的维持、某些疾病的发生以及细胞恶变等过程均有密切的关系。近十余年来，细胞凋亡现象引起了广泛重视，有关的研究工作取得重要进展，并成为医学生物学各学科共同关注的极为活跃的研究领域。此处，介绍几种常用的细胞凋亡检测方法。

### 7.4.1 形态学方法

借助普通光学显微镜、荧光显微镜或透射电镜可对培养细胞、细胞涂片或组织切片进行形态学观察。细胞凋亡的形态学变化特征是细胞变圆，皱缩，失去微绒毛，与邻近细胞分离；核染色质固缩集聚至核膜周边呈新月形、呈块或碎裂状改变；胞质浓缩，内质网扩张呈泡状与胞浆膜融合，线粒体和溶酶体保持完整；胞膜内陷将细胞分割成多个凋亡小体（apoptotic bodies）。凋亡小体外有完整的胞膜，内含细胞器，可含核质成分，最后被巨噬细胞或邻近细胞所吞噬。由于胞内成分不外溢，故不引起周围组织的炎症反应。该方法简便、经济，可定性、定位。但在组织成分及细胞死亡类型复杂的情况下，难以判断结果，也无法定量。细胞凋亡和细胞坏死的区别见表7－1。

表7－1 细胞凋亡和坏死的区别

| | 凋亡 | 坏死 |
|---|---|---|
| 诱导原因 | 生理和病理 | 病理 |
| 基因调控 | + | － |
| 细胞形态 | 皱缩 | 肿胀 |

续表

| | 凋亡 | 坏死 |
|---|---|---|
| 诱导原因 | 生理和病理 | 病理 |
| 核染色质 | 浓缩聚集核膜下呈新月形 | 染色质不规则移位 |
| 细胞质 | 浓缩 | 肿胀 |
| 线粒体 | 致密 | 肿胀-破坏 |
| 细胞膜 | 完整 | 完整性破坏 |
| DNA 断裂方式 | DNA 在核小体间断裂 | DNA 不规则破坏 |
| 结局 | 凋亡小体，被吞噬 | 崩溃 |
| 炎症反应 | - | + |

引自孔宪涛. 细胞凋亡检测方法. 流式细胞术通讯，2002，2（2）：5-10

下面以碧云天生物技术公司生产的细胞凋亡-Hoechst 染色试剂盒为例，介绍一种快速简便的细胞凋亡形态学检测方法：细胞凋亡-Hoechst 染色观察。

## 概述

细胞发生凋亡时，染色质会固缩。所以 Hoechst 染色时，细胞核会呈致密浓染，或呈碎块状致密浓染，本实验只需 25 min 即可完成细胞凋亡检测。

## 用品

（1）PBS 或 0.9% NaCl 溶液。

（2）Hoechst 33258 染色试剂盒：包括固定液、抗淬灭封片液及 Hoechst 33258 染色液，需 4 ℃避光保存。

（3）盖玻片、载玻片、培养板。

（4）荧光显微镜或激光共聚焦显微镜。

## 步骤

（1）贴壁细胞

① 取洁净盖玻片于70%乙醇中浸泡5 min 或更长时间，无菌超净台内吹干或用细胞培养缓冲液 PBS 或 0.9% NaCl 等溶液洗涤3遍，再用细胞培养液洗涤1遍。将盖玻片置于六孔板内，接种细胞培养过夜，使细胞铺满下玻片面积约 50%~80%。

② 刺激因素作用于细胞，预计细胞发生凋亡后，吸尽培养液，加入 0.5 mL 固定液，固定 10 min 或更长时间（可4 ℃过夜）。

③ 去固定液，用 PBS 或 0.9% NaCl 洗2遍，每次3 min，吸尽液体。洗涤时宜用摇床，或手动晃动数次。

④ 加入 0.5 mL Hoechst 33258 染色液，染色5 min。也宜用摇床，或手动晃动数次。

⑤ 加1滴抗荧光淬灭封片液于载玻片上，盖上贴有细胞的盖玻片，尽量避免气泡。使细胞接触封片液，切勿弄反。

⑥ 荧光显微镜可检测到呈蓝色的细胞核。

（2）悬浮细胞

① 离心收集细胞样品于 1.5 mL 离心管内，加入 0.5 mL 固定液，缓缓悬起细胞，固定 10 min 或更长时间（可 4 ℃过夜）。

② 离心去固定液，用 PBS 或 0.9% NaCl 洗2遍，每次3 min。洗涤期间手动晃动。

③ 最后一次离心后吸去大部分液体

保留约50 μL液体，再缓缓悬起细胞，滴加至载玻片上，尽量使细胞分布均匀。

④ 稍晾干，使细胞贴在载玻片上不易随液体流动。

⑤ 均匀滴上0.5 mL Hoechst 33258染色液，染色5 min。用吸水纸从边缘吸去液体，微晾干。

⑥ 滴一滴抗荧光淬灭封片液于载玻片上，盖上一洁净的盖玻片，尽量避免气泡。

⑦ 荧光显微镜可检测到呈蓝色的细胞核。

(3) 组织切片

① 常规包埋切片后，脱蜡，透明。

② PBS或0.9% NaCl洗2遍，每次3 min,吸尽液体。洗涤时宜用摇床，或手动晃动数次。可在六孔板中操作。

③ 加入0.5 mL Hoechst 33258染色液，染色5 min。也宜用摇床，或手动晃动。

④ 将切片置于载玻片上，滴一滴抗淬灭封片液，盖上一洁净的盖玻片，尽量避免气泡。

⑤ 荧光显微镜可检测到呈蓝色的细胞核。

**操作提示**

(1) 荧光物质均易发生淬灭，染色后的样品应尽快拍照，避光保存。

(2) 在使用抗淬灭封片液的情况下可以减缓淬灭，但仍宜尽量避光。

(3) 整个操作动作要尽量轻柔，勿用力吹打细胞。

### 7.4.2 电泳法

在细胞凋亡时，内源性$Mg^{2+}$、$Ca^{2+}$依赖性核酸内切酶被激活，对DNA的切割有3种形式。即核小体间DNA链的断裂、大分子DNA链的断裂及DNA单链的断裂。该3种类型的DNA链断裂是各自独立的事件还是同一事件的不同阶段，尚不明确。核小体间DNA断裂是最多见的一种断裂方式，断裂形成的DNA长度为核小体DNA长度的整倍数，即180～200 bp的整倍数。

用0.25%胰蛋白酶消化体外培养细胞，经PBS洗涤2次后，用蛋白酶K消化，酚－氯仿法抽提凋亡细胞的基因组DNA，取5 μL DNA进行1.8%琼脂糖凝胶电泳，紫外灯下观察可见到特征性的“梯状”(ladder) DNA条带。对坏死细胞DNA进行电泳，则呈模糊的弥散条带(smear)。该法简便，可定性及定量，但无法显示组织细胞形态结构，也不能反映凋亡细胞与周围组织的关系。

### 7.4.3 原位缺口末端标记法

**概述**

缺口末端标记法（原位细胞凋亡检测技术），此法灵敏度高，被广泛采用。其原理是，细胞凋亡时，由于细胞的内源性核酸内切酶被激活，核小体内DNA断裂出现缺口，即产生一系列3'－OH的末端，外源性脱氧核糖核苷酸末端转移酶(TdT)能够催化外源性生物素标记的dUTP连接到DNA的3'－OH末端，该生物素可以通过与亲核素的特异性结合使亲和素－辣根过氧化物酶(Avidin－HRP)结合在DNA断点部位，加入DAB显色底物后在原位出现棕色沉淀，从而可在显微镜下观察到被着色的凋亡细胞。

下面以华美生物工程公司生产的原位细胞凋亡检测试剂盒为例进行说明。

### 用品

（1）0.25%胰蛋白酶、10%胎牛血清的RPMI 1640培养液。

（2）24孔培养板、盖玻片、吸管、移液器。

（3）原位细胞凋亡检测试剂盒。

### 步骤

（1）用0.25%胰蛋白酶消化体外培养的细胞，分别接种于含盖玻片的24孔培养板中，加含10%胎牛血清的RPMI 1640培养液，在37 ℃、5% $CO_2$ 条件下培养2～3 d。

（2）待细胞长至合适的密度时，取出细胞铺片，用0.01 mol/L PBS洗涤，10%中性缓冲福尔马林室温固定25 min，PBS洗涤2次，每次3 min。

（3）用PBS稀释蛋白酶K储备液至20 μg/mL，50 μL/片加至细胞铺片上，室温放置20 min，然后放入0.2% Triton X－100 PBS液中，室温5 min。

（4）PBS洗3次，每次3 min。

（5）双蒸水洗3次，每次3 min。

（6）样品上加标记缓冲液，每片50 μL，室温放置15 min。

（7）将末端脱氧核糖核酸转移酶（TdT）及Biotin－II dUTP离心，分别取2 μL加入16 μL标记缓冲液中，混匀。

（8）甩掉标记缓冲液，加上述混合液，每片20 μL，37 ℃湿盒中标记60 min。

（9）将20×SCC液稀释10倍，然后将标记后的样品片浸泡于2×SCC液，室温放置15 min。

（10）PBS洗3次，每次3 min。

（11）样品片放入新鲜配制的3 mL/L过氧化氢－甲醇溶液中，室温放置15 min，PBS洗3次，每次3 min。

（12）样品片加封闭液，每片50 μL，室温放置30 min，甩掉封闭液，勿洗。

（13）以封闭液按1∶50配制使亲和素－辣根过氧化物酶（Avidin－HRP）为工作液，每片50 μL加在样品片上，37 ℃湿盒中反应60 min。

（14）PBS洗3次，每次3 min。

（15）DAB显色液显色。

（16）苏木精轻度复染。

（17）梯度乙醇脱水，二甲苯透明，树胶封片，镜检。

（18）结果判定：细胞核中有棕黄色着色颗粒者，为阳性细胞。

### 操作提示

根据实验要求加凋亡诱导剂处理培养细胞，特别要注意控制处理时间。

## 7.4.4 流式细胞术测定法

增生状态的细胞处于不同的周期时相，其DNA含量分布在2n～4n。凋亡的细胞由于发生DNA裂解，小分子量的DNA片段穿过细胞而丢失，大片段DNA可形成一个DNA含量小于2n的分布区，称“亚 $C_1$ 峰”，而坏死的细胞则无此现象。流式细胞术（FCM）是在大量凋亡和坏死细胞混杂的情况下快速、定量和客观确定细胞活力提供了可能，但是，FCM分析结果应当经光镜或电镜加以确证。特别是当细胞死亡机制难以确定时，形态学改变则具有权威性。

下面以北京宝赛生生物技术有限公司生产的Annexin－V－FITC凋亡检测试剂盒为例，介绍一种Annexin－v－FITC和PI双标记细胞凋亡检测法。

### 概述

膜联蛋白V（Annexin－V）是一种分

子量为35～36 ku的$Ca^{2+}$依赖性磷脂结合蛋白，能与细胞凋亡过程中翻转到膜外的磷脂酰丝氨酸（phosphatidylserine，PS）高亲和力特异性结合。以荧光素FITC标记了的Annexin－V作为荧光探针，利用流式细胞仪或荧光显微镜检测细胞凋亡的发生。碘化丙啶（propidiumiodide，PI）是一种核酸染料，将Annexin－V与PI匹配使用，可以将凋亡早期的细胞和晚期的细胞以及死细胞区分开来，即细胞中含有正常细胞膜联蛋白V（－）PI（－），早期凋亡细胞膜联蛋白V（＋）n（－）或晚期凋亡细胞和坏死细胞膜联蛋白V（＋）PI（＋）。

**用品**

（1）Annexin－v－FITC凋亡检测试剂盒：包括Anncxin V－FITC（20 μg/mL）、结合缓冲液、碘化丙啶（50 μg/mL），4 ℃保存。

（2）流式细胞仪（FCM）。

**步骤**

（1）调整待测细胞密度为（5～10）×$10^5$个/mL。

（2）取1 mL细胞，1 000 r/min 4 ℃离心10 min，弃上清液。

（3）加入1 mL冷的PBS，轻轻震荡使细胞悬浮。

（4）1 000 r/min 4 ℃离心10 min，弃上清液。

（5）重复步骤（3）（4）两次。

（6）对于贴壁细胞，先用0.25%胰蛋白酶消化，制成单个细胞悬液，再用PBS离心洗涤。

（7）将细胞重悬浮于200 μL结合缓冲液。

（8）加入10 μL AnnexinV－FITC和5 μL的PI，轻轻混匀，避光室温反应15 min或4 ℃反应30 min。

（9）加入300 μL结合缓冲液，立即上机（流式细胞仪）检测。光源为488 nm氩离子激光器，FITC受激发后发绿色荧光，PI发红色荧光。

流式细胞仪分析，获得由四个象限组成的细胞直方图（cytogram），每个象限的细胞数目就是在检测细胞总数所在点的组分。左下象限代表正常细胞（An－PI－），右下象限代表早期凋亡细胞（An＋PI－），右上象限代表晚期凋亡细胞和坏死细胞（An＋PI＋），左上象限代表细胞收集过程中出现的损伤细胞（An－PI＋）。

**操作提示**

（1）整个操作过程动作要尽量轻柔，勿用力吹打细胞，尽量在4 ℃下操作。

（2）反应完毕后请尽快检测，因为细胞凋亡是一个动态的过程，反应1 h后荧光强度就开始衰变。

（3）AnnexinV－FITC和PI是光敏物质，在操作时请注意避光。

（4）成功的检测凋亡受以下几种因素的影响，如细胞类型、细胞膜上PS的密度、发生凋亡时PS翻转的比例、诱导细胞凋亡的方法、所用试剂、诱导凋亡的时间等，把这些影响因素进行优化对成功是非常必要的。

（5）PI能通过皮肤吸收，对眼睛有刺激作用。

（6）操作应穿戴实验室专用手套、眼镜和衣服。

### 7.4.5 免疫学方法

细胞凋亡时，细胞内DNA降解形成的核小体DNA可与核心组蛋白$H_{2A}$、$H_{2B}$、$H_3$、$H_4$紧密结合，形成复合物。使用抗

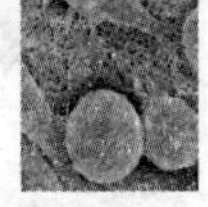



组蛋白和抗 DNA 的单克隆抗体酶联免疫分析可以测得这种复合体，作为凋亡尤其是早期凋亡的指标。该法可定性、定量，但不能定位。

## 7.5 端粒酶活性的检测方法

20 世纪 30 年代，两位著名的遗传学家 Muller 和 McClintock 分别发现真核细胞染色体末端不能和其他染色体片段发生连接，并把这种特殊的末端序列称为端粒（telomere）。端粒，是一种核蛋白，由短的富含鸟嘌呤的串联重复序列组成，在人类细胞中真核染色体的末端形成帽状结构，以抑制不必要的降解、重组或端到端的融合。在一些体细胞中，DNA 复制循环后，因 DNA 聚合酶的不完全复制而使得端粒逐渐缩短，当长度达到一个临界值时，细胞便会停止分裂到达衰老阶段。端粒作为维持染色体复制过程完整性必不可少的组成，由于其缩短或加帽蛋白缺乏会造成不利的后果，包括形成染色体异常，细胞衰老和细胞凋亡。端粒由端粒 DNA 与特异的蛋白结合形成端粒核蛋白复合体，其 DNA 部分由许多短的正向重复序列组成，总长度可达 10 kb 以上，重复序列长约 5 ~ 8 bp，富含 G 碱基，后来证明人和脊椎动物的重复序列为 TTAGGG。端粒有重要的生物学功能，可稳定染色体、防止染色体末端融合、保护染色体结构基因及调节正常细胞生长；正常细胞，由于线性 DNA 复制 5′端缺失，随体细胞不断增殖，端粒逐渐缩短，当细胞端粒缩短到一定程度，细胞停止分裂，处于静止状态。故有人称端粒为正常体细胞的“分裂钟”。

端粒酶是使端粒延伸的反转录 DNA 合成酶，由 RNA 和蛋白质组成的核糖核酸蛋白酶。以其 RNA 组分为模板，蛋白组分具有催化活性，以端粒 3’末端为引物，合成端粒重复序列。端粒酶活性的存在对于维持细胞的分裂增殖起着极其重要的作用。由于功能上的需要，生殖细胞含有较为丰富的端粒酶活性，但是在受精卵分化发育形成胚胎的过程中端粒酶基因被逐渐关闭，所以正常体细胞中测不到端粒酶活性。可是当体细胞发生恶性转化后向肿瘤发展的过程中端粒酶基因可被再次激活表达，因此绝大多数肿瘤组织表现较高的端粒酶活性。目前端粒酶活性检测在临床活检组织分析、肿瘤形成机制研究、肿瘤治疗等领域都已显示出其重要意义。

端粒酶活性的检测方法有许多种，其基本原理是基于端粒酶是一种核糖核蛋白，具有反转录酶的功能，属于 RNA 依赖性 DNA 聚合酶，其自身 RNA 成分具有模板作用，不需要外源性模板。因此，在适当的反应系统中只要有相应的引物、dNTP 等存在，端粒酶就可在引物的 3′端合成端粒重复顺序。若在反应体系中加入放射性同位素、荧光素、生物素或地高辛标记的单核苷酸或引物，反应后经过适当分离（如电泳、沉淀等），即可通过图谱分析、放射性计数、荧光测定、吸光度测定等方法确定反应产物的量，进一步计算出端粒酶活性。下面介绍两种常用的检测方法。

### 7.5.1 端粒重复序列扩增 - 银染法

**概述**

本方法在 Kim 等 1994 年首创的端粒重复序列扩增法（telomere repeat ampicfication protocol，TRAP）进行改良，其基本原理利用端粒酶的反转录功能，合成端粒重复序列 TI'AGGG，以此作为数目不等的模板，再经 PCR 循环扩增，放大端粒酶功能活性，检测时需通过聚丙烯凝胶电泳，而后经银染方法，分析显示扩增的 6 bp 梯度条带。该方法简便、快速、有效。

### 用品

（1）细胞培养：10% 胎牛血清 RPMI 1640 培养液、0.25% 胰蛋白酶。

（2）细胞裂解液：包含 10 mmol/L Tris－HCl（pH7.5）、1.5 mmol/L $MgCl_2$、1 mmol/L EDTA，0.1 mmol/L 苯甲基磺酰氟（PMSF）、5 mmol/L β－巯基乙醇、0.5% CHAPS（3－cholamidopropyl－dimenthylammoio－1－propanesulfonate）和 10% 甘油。

（3）TRAP 反应液：20 mmol/L Tris－HCl（pH8.3）、1.5mmol/L $MgCl_2$、63 mmol/L KCl、1 mmol/L EDTA、0.005% Tween－20，0.1 g/L BSA。

（4）引物序列：

引物 TS 序列：5'－AAT CCG TCG AGC AGA GTT－3'；

引物 CX 序列：5'－CCC TTA CCC TTA CCC TTA CCC TAA－3'。

（5）$1\times10^4$ mol/L dNTP、$5\times10^6$ U/L Taq DNA 多聚酶。

（6）0.5×TBE 电泳缓冲液、30% 丙烯酰胺、10% 过硫酸铵、TEMED、6×加样缓冲液。

（7）银染色试剂：10% 乙醇、1% 硝酸、0.012 mol/L 硝酸银染色液、0.28 mol/L 碳酸钠－0.019% 福尔马林显影液、10% 冰醋酸。

（8）PCR 仪、电泳仪。

### 步骤

（1）制备细胞抽提物。

① 0.25% 胰蛋白酶消化、收集培养的细胞，用 PBS 离心洗涤。

② 将（1～2）$\times10^6$ 个细胞沉淀物重悬浮于 200 μL 预冷的细胞裂解液中，冰浴 30 min。

③ 细胞裂解后，以 4 ℃、13 000 r/min 离心 10 min。

④ 仔细吸取上清液，移入另一个离心管中，取样测定蛋白浓度。细胞抽提物冻存于－70 ℃，可保存 1 年。

（2）聚合酶链反应（PCR）。

① 在 PCR 管中依次加入下列试剂：

| | |
|---|---|
| 2×TRAP 缓冲液 | 25 μL |
| TS 引物 $2\times10^{-5}$ mol/L | 20 μL |
| dNTP $10^4$ mol/L | 0.25 μL |
| TaqDNA 多聚酶 $5\times10^6$U/L | 1 μL |
| 细胞抽提物 | 0.5～1 μg |
| 加 DEPC 水至 | 50 μL。 |

② 将上述 PCR 管室温放置 30 min。

③ 在 PCR 管中再加 2 μL CX 引物 $2\times10^{-5}$ mol/L。

④ 进行下列 PCR 扩增：

94 ℃，5 min

94 ℃，30 s；72 ℃，90 s；（30～40 循环）

72 ℃，5 min。

（3）电泳：将一半 PCR 产物在 15% 非变性聚丙烯酰胺凝胶电泳，电泳缓冲液为 0.5×TBE，120 V 电泳 3 h 或电泳至溴酚蓝接近凝胶底部为止。

（4）银染。

① 取下凝胶，置 10% 乙醇内固定 5 min。

② 用 1% 硝酸脱色 3 min，去离子水漂洗 2 次。

③ 0.012 mol/L 硝酸银染色液染色 20 min，去离子水漂洗 2 次。

④ 0.28 mol/L 碳酸钠 - 0.019% 福尔马林显影液显影 10 min，直到产物信号足够强而背景不致过深色为止。

⑤ 10% 冰醋酸固定 5 min，蒸馏水漂洗后即可照相及干燥保存凝胶。

⑥ 端粒酶的阳性产物为相隔 6 个 pb 的条带，最小的条带为 40 bp。

**操作提示**

（1）TRAP - 银染色法简便快速、具有较好的测定敏感度与重复性。但是，过量扩增产物可能使结果偏移，不能精确测定低水平端粒酶活性。

（2）严格按照操作步骤进行实验。

### 7.5.2 TRAP - ELISA 法

**概述**

本实验在 TRAP 法基础上，加上非放射性酶联吸附测定（ELISA）技术，得到一种高灵敏度的酶免疫检测端粒酶活性方法。用高灵敏度的 ELISA 方法检测 PCR 产物量，设定阳性和阴性对照，以吸光度 A 值作比较，判定端粒酶活性。该方法特异、敏感、简便、快速及无放射性污染的优点。

**用品**

（1）细胞培养：同 7.5.1 节 TRAP - 银染法。

（2）细胞裂解液：同 7.5.1 节 TRAP - 银染法。

（3）TRAP 反应液：同 7.5.1 节 TRAP - 银染法。

（4）引物序列：

引物 TS 序列：5’ - AAT CCG TCG AGC AGA GTT - 3’，5’ 端标记生物素（Biotin）；

引物 CX 序列：5’ - CCC TTA CCC TTA CCC TTA CCC TAA - 3’。

（5）$1 \times 10^4$ mol/L dNTP、$5 \times 10^6$ U/L Taq DNA 多聚酶。

（6）寡核苷酸探针：探针序列：5’ - CCC TAA CCC TAA CCC TAA - 3’，在 5’ 端标记生物素。

（7）杂交试剂：2 × SSC（0.15 mol/L NaCl、15 mmol/L 柠檬酸钠）、杂交液（含 200 μL/mL 鲑鱼精于 DNA 的 5 × SSC）、变性液（0.5 mol/L NaOH）。

（8）ELISA 试剂：标记辣根过氧化物酶（HRP）的抗生物素抗体（工作浓度为 1∶1 000）、链亲和素（streptavidin，包被浓度为 1∶50）、孵育液（0.1 mol/L Tris - HCl pH7.5，0.3 mol/L NaCl，0.2 mol/L $MgCl_2$，0.05% Tween 20，1% 牛血清白蛋白）、洗涤液（0.1 mol/L Tris - HCl pH7.5、0.3 mol/L NaCl、0.2 mol/L $MgCl_2$、0.05% Tween20）。

（9）ELISA 板，移液器，常规玻璃器皿。

**步骤**

（1）制备细胞抽提物：方法同 7.5.1 节 TRAP - 银染法。

（2）PCR 扩增：方法基本同 7.5.1 节 TRAP - 银染法，略加改进 TRAP 法，采用生物素标记的 TS 引物以使扩增的产物能固化 ELISA 板上。平行对照组于检测前经 RNase A 或 65 ℃ 处理 10 min。

（3）ELISA 检测。

① 1∶50 的 Streptavidin 包被聚氯乙烯板，每孔 50 μL，4 ℃ 过夜。

② 次日以 2 × SSC 洗涤 4 次，每孔加 40 μL 杂交液及 10 μL TRAP 反应产物液，混匀 37 ℃、30 min。

③ 每孔用 2 × SSC 洗 2 次，每孔中加入 200 μL 变性液室温下 5 min。将变性液

移出，2×SSC液洗2次。

④ 每孔加入100 μL溶解于杂交液中的20 pmol/L生物素标记的端粒重复序列探针，50 ℃温育30 min。

⑤ 2×SSC液200 μL冲洗2次后，再用200 μL洗涤液洗2次。

⑥ 抗生物素HRP抗体用孵育液1:1 000稀释后，每孔加100 μL，室温下孵育60 min。

⑦ 孵育后，每孔用200 μL洗液洗3次。

⑧ 然后加入100 μL含邻苯二胺（OPD）的底物缓冲液，37 ℃、20 min。

⑨ 最后每孔加15 μL 2 mol/L $H_2SO_4$终止反应，在酶联计数仪492 nm读取吸光度A值。

⑩ 阳性反应阈值的确定：每份标本同时检测，65 ℃加热处理10 min。处理和未处理标本，A值≥0.2，未加热/加热≥2，均为阳性。

**操作提示**

与TRAP－银染法比较，TRAP－ELISA法操作更简便、更灵敏，可检测出10个细胞0.03 μg组织蛋白中的端粒酶活性。

## 7.6 明胶酶活性的测定方法

**概述**

明胶酶是基质金属蛋白酶家族中的一种基质水解酶，其作用底物为基底膜中的Ⅳ型胶原和变性的间质胶原（明胶），其活性与肿瘤细胞侵袭和转移密切相关。本节介绍一种测定明胶酶活性的常用方法——明胶酶谱法（gelatin zymography）。体外培养的癌细胞能分泌分子量为72ku和92 ku的两种明胶酶，即明胶酶A（基质金属蛋白酶－2，MMP－2）和明胶酶B（基质金属蛋白酶－9，MMP－9）。收集细胞培养上清液即可获得。用SDS－聚丙烯酰胺凝胶电泳法可将这两种明胶酶按分子量大小分开，显示两条负染条带，根据条带的面积和亮度可判定明胶酶的活性。酶谱法的基本过程是先将样品进行SDS－聚丙烯酰胺（SDS－PAGE，含0.1%明胶）电泳分离，然后在有二价金属离子存在的缓冲系统中使样品中的MMP－2和MMP－9恢复活性，在各自的迁移位置水解凝胶里的明胶，最后用考马斯亮蓝将凝胶染色，再脱色，在蓝色背景下可出现白色条带，条带的强弱与MMP－2和MMP－9活性成正比。复性原理：在电泳过程中，SDS与样品中的MMPs结合（当然是可逆性结合），破坏其氢键、疏水键而使MMPs不能发挥其分解明胶的作用，而只有当将胶置Triton中洗脱（最好是放在摇床上摇，每次30 min，做2次，或每次15 min，4次。不宜静置于Trition中）时，由于SDS被Triton结合而去除，从而使MMPs恢复了活性。

**用品**

（1）细胞培养：癌细胞用体积分数为10%胎牛血清的RPMI 1640培养液（美国Gibco公司），在37 ℃、体积分数为5% $CO_2$及饱和湿度条件下培养。

（2）配制10% SDS聚丙烯酰胺凝胶（含1.0 mg/mL明胶）。见表7－2。

① 分离胶的配制。

表7－2 10%SDS聚丙烯酰胺凝胶（10 mL）

| | |
|---|---|
| 三蒸水 | 4.0 mL |
| 30%丙烯酰胺溶液 | 3.3 mL |
| 1.5 mol/L Tris（pH8.8） | 2.5 mL |

续表

| | |
|---|---|
| 三蒸水 | 4.0 mL |
| 10% SDS | 0.1 mL |
| 30% 丙烯酰胺溶液 | 3.3 mL |
| 10% 过硫酸铵 | 0.1 mL |
| TEMED | 0.004 mL |
| 明胶 | 0.1 mL |

② 浓缩胶的配制。见表 7－3。

**表 7－3 浓缩胶（3 mL）**

| | |
|---|---|
| 三蒸水 | 2.1 mL |
| 30% 丙烯酰胺溶液 | 0.5 mL |
| 1 mol/L Tris－HCl（pH6.8） | 0.38 mL |
| 10% SDS | 0.03 mL |
| 10% 过硫酸铵 | 0.03 mL |
| TEMED | 0.003 mL |

（3）5×Tris－甘氨酸电极缓冲液：0.125 mol/L Tris－HCl，1.25 mol/L 甘氨酸，0.5% SDS，pH 8.3。

（4）4×上样缓冲液：

| | |
|---|---|
| 0.32 mol/L Tris－HCl | 6.4 mL |
| 4% SDS | 8 mL |
| 16% 甘油 | 3.2 mL |
| 溴酚蓝 | 0.024 g |
| 三蒸水 | 2.4 mL。 |

（5）洗脱液：包含 2.5% Triton X－100、50 mmol/L Tris－HCl、5 mmol/L $CaCl_2$、1 μmol/L $ZnCl_2$，pH 7.6。

（6）漂洗液：包含 50 mmol/L Tris－HCl、5 mmol/L $CaCl_2$、1 μmol/L $ZnCl_2$，pH 7.6。

（7）孵育液：包含 50 mmol/L Tris－HCl、5 mmol/L $CaCl_2$、1 μmol/L $ZnCl_2$、0.02% Brij－35，pH 7.6。

（8）染色液：包含 0.05% 考马斯亮蓝 R250、30% 甲醇、10% 乙酸。

（9）脱色液 A、B、C：包含甲醇浓度分别为 30%、20%、10%，乙酸浓度分别为 10%、10%、5%。

（10）细胞培养器皿、移液器、电泳装置、摇床、恒温箱等。

## 步骤

（1）取对数生长期的癌细胞分别接种于 25 mL 培养瓶，在 37 ℃、5% $CO_2$ 及饱和湿度条件下培养 24 h。

（2）次日弃去培养上清液，加入无血清培养液，继续培养 24 h 后分别收集上清液。

（3）将上清液移入离心管中，以 2 000 r/min离心 10 min。

（4）收集上清液－70 ℃保存备用。如果样品明胶酶浓度太低，将样品放入透析袋在聚乙二醇干粉中浓缩 5 倍左右。样品蛋白浓度测定用改良 Lowry 法，蛋白分子量 Marker 用含分子量分别为 97 400（兔碳酸酐酶）、66 200（牛血清白蛋白）、43 000（兔肌动蛋白）、31 000（牛碳酸酐酶）、20 100（胰蛋白酶抑制剂）、14 400（鸡蛋清溶菌酶）的低分子量标准蛋白。

（5）明胶－SDS－PAGE 电泳检测：样品以 30 μL 上样，56 V 进行电泳约 45 min（溴酚蓝进入分离胶），20 mA 恒流电泳 90 min。

（6）电泳结束后，将凝胶置于洗脱液中振荡洗脱 2 次，每次 45 min。然后用漂洗液漂洗 2 次，每次 20 min。接着，将凝胶置于孵育液中 37 ℃孵育 42 h。

（7）孵育结束后经染色液染色 3 h，及脱色液 A、B、C 分别脱色 0.5 h、1 h、2 h 后干燥封胶。

（8）结果：凝胶显示出 72 ku 和

92 ku位于蓝色背景上的透明泳带，分别代表明胶酶A（MMP-2）和明胶酶B（MMP-9）。可用激光光密度计或图像分析系统读取条带面积和灰度。条带酶解量=条带面积×（条带灰度-背景灰度），以比活（比活=酶解量+样品蛋白浓度，单位灰度面积·克$^{-1}$·升$^{-1}$）反映酶的含量。

**操作提示**

（1）制备聚丙烯酰胺凝胶时应注意排除气泡。

（2）明胶酶活性易受$Ca^{2+}$、$Zn^{2+}$和pH值等因素的影响，因此，缓冲液配制应严格、准确。

（3）孵育液的pH最好在7.5~7.6，复性的Triton时间长了会有絮状物，所以实验时尽量使用新鲜配制的。

（4）孵育的37 ℃不要在$CO_2$培养箱中，因为会改变孵育液的pH值，在普通孵箱即可。

（5）明胶要4 ℃保存，配好后1周内使用。

（6）凝胶制备。

① 玻璃板对齐后放入夹中，垂直卡紧，加满水检漏。

② 配10%分离胶，TEMED作用为促凝，最后灌胶前加。若板不漏水，则将水倒出，并用吸水纸洗净后灌胶，灌至大约3/4处，上面加满水压平。

③ 配浓缩胶，同样地，TEMED最后加，分离胶灌入约30 min后观察小烧杯中剩余分离胶是否已凝，同时仔细观察可见玻板水和胶间有一条折线，说明胶已凝固。

④ 将上面的水倒去，吸水纸洗净，灌入浓缩胶，灌满，注意一定不要有气泡，然后将梳子插入，注意保持水平，约30 min后凝固可用。

⑤ 拔梳子在电泳缓冲液中拔，加样孔用小针筒冲洗干净再上样，注意上样时勿使样品逸至邻孔，样品混匀时要轻，不要产生气泡，否则加样时易导致逸出而使结果不准确。

## 7.7 细胞同步化

**概述**

细胞周期同步化（synchronization）是指为了研究某一时相细胞的代谢、增殖、基因表达或凋亡，借助某种自然或人为的实验手段，使细胞群体中处于细胞周期不同时相的细胞停留在同一时相的现象。细胞周期同步化分为自然同步化和人工同步化二种方法，前者由于细胞群体受多种条件限制，对结果有很大影响，所以一般都采取后者。细胞同步化本质上包括用一定的方法获得一定数量的同步化细胞群和使细胞进入同步化生长的两层含义。

本实验介绍两种常用的人工同步化法。

### 7.7.1 M期同步化方法（振荡收集法）

该法利用M期细胞变圆易脱落的特点，使单层贴壁生长的细胞处于对数增殖期，此时分裂活跃。处于M期的细胞变圆隆起，黏附能力降低，松散地附着于培养皿上，轻轻振荡或拍击培养瓶，M期细胞则与瓶壁脱离，悬浮在培养液中，收集培养液，之后再加入新鲜培养液，按照此法继续收集，可得到一定数目的M期细胞。

振荡收集法操作简单，同步化程度高并且细胞不受药物伤害，能够真实反映细

胞周期状况，缺点是由于 M 期较短，被分离出的细胞很少，只能应用于贴壁细胞。

### 7.7.2 S 期同步化方法（胸腺嘧啶核苷双阻断法）

胸腺嘧啶核苷（TdR）双阻断法：在处于对数生长期细胞的培养基中首次加入过量的 DNA 合成抑制剂 TdR，能可逆地抑制 S 期细胞的 DNA 生成，而不作用其他细胞阶段的运转，导致大多数细胞群被同步化于 $G_1$/S 期交界处，但仍有部分细胞处于 S 期范围；移去胸腺嘧啶核苷，细胞再培养一段比 S 期较长而短于 $G_2$、M、$G_1$ 三期总和的时间，让它们完全越过 S 期，但又不使按周期发展最快的细胞进入下一个 S 期。第二次胸腺嘧啶核苷处理，当细胞继续运转至 $G_1$/S 交界处时，被过量的胸腺嘧啶核苷抑制而停止。细胞则于 $G_1$/S 期边界汇集，再次撤掉胸腺嘧啶核苷，加入完全培养基，使细胞继续生长，则细胞同时启动于 S 期。5 - 氟脱氧尿嘧啶、羟基脲、阿糖胞苷、氨甲蝶呤、高浓度 AdR 和 GdR 等 DNA 合成抑制剂均可抑制 DNA 合成使细胞同步化，由于高浓度胸腺嘧啶核苷对 S 期细胞的毒性较小，因此常用胸腺嘧啶核苷双阻断法诱导细胞同步化。

其优点是同步化程度高，适用于任何培养体系。几乎可将所有的细胞同步化，缺点是造成非均衡生长，个别细胞体积增大。

流式细胞仪（flow cytometer，FCM）不仅可以根据不同时间内 DNA 含量的变化来确定细胞周期的长短，还可以直接用放射性同位素标记 DNA 复制，通过统计细胞数目与比较各时相细胞的百分比来检测是否达到预期目的，从而对细胞周期各时相进行综合分析。流式细胞分析法与传统的荧光镜检查相比，具有速度快、精度高、准确性好等优点，已成为当代最先进的细胞定量分析技术。

细胞内的 DNA 含量随细胞周期进程发生周期性变化，如 $G_1$ 期的 DNA 含量为 2C，而 $G_2$ 期是 4C。利用碘化丙啶标记的方法，再通过流式细胞仪对细胞内 DNA 的相对含量进行测定，可分析细胞周期各时相的百分比。

现以 Hela 细胞为例加以说明（Hela 细胞周期时间为 21 h，其中 $G_1$ 期为 10 h，S 期为 7 h，$G_2$ 期为 3 h，M 期为 1 h）。

**用品**

（1）材料：Hela 细胞。

（2）试剂：0.25% 胰蛋白酶液、无血清细胞培养液、DAPI 试剂、Hanks 液、2 mmol/L TdR、70% 乙醇（保存于 4 ℃）、RNase - A（10 mg/mL －20 ℃保存）、PI（650 g/mL，避光保存于 －20 ℃）、PBS（pH 7.4 保存于 4 ℃）、秋水仙胺、秋水仙素。

（3）器材：培养瓶、移液器、枪头、5 mL注射器、试管、离心管、封口膜、微量移液器、烧杯、倒置显微镜、台式离心机、水浴、4 ℃冰箱、二氧化碳培养箱、$N_2$ 罐、流式细胞仪、超净工作台。

**步骤**

（1）M 期同步化方法（振荡收集法）

①取生长于占瓶底面积 60% ~80% 的细胞一瓶，轻轻摇晃或拍击培养瓶，使松动细胞脱落而悬浮在培养液中，并用离心管收集。

②用 Hank 洗涤 2 次，漂洗液收集到离心管。

③600 rpm 离心 5 min，并用培养液将

细胞浓度调整为 2.5×$10^5$/mL 接种于培养瓶。

(2) S 期同步化方法（TdR 双阻断法）

① 取指数生长期细胞。

② 第一次阻断：将对数生长期细胞的培养基换成含 2 mmol/L 的新鲜胸腺嘧啶核苷培养液。

③ 37 ℃、5% $CO_2$ 二氧化碳培养箱中培养 12 h。

④ 第一次释放：弃去含有胸腺嘧啶核苷的培养基，用 Hanks 液对贴壁细胞漂洗 2~3 次，并更换不含 TdR 的新鲜培养基，继续培养 16 h。

⑤ 第二次阻断：弃去培养液，再加入浓度为 2 mmol/L 胸腺嘧啶核苷的新鲜培养基，37 ℃、5% $CO_2$ 培养 12 h。

⑥ 第二次释放：重复第（4）步骤，此时的细胞大部分出去 $G_1$/S 期边界，同步化细胞随时间推移逐渐进入 S 期。

根据以上两种方法得到的不同时相的同步化细胞，离心后，直接涂片，甲醇固定 5 min，DAPI 染色，分析。

(3) 利用流式细胞术分析细胞周期时相

① 将细胞传代培养至指数生长期，吸弃细胞培养上清，用 Hanks 液洗涤细胞一次，胰酶消化细胞，完全培养基终止，收集细胞。1200 rmp 5 min 离心，弃去上清。

② 4 ℃预冷的 PBS 漂洗细胞沉淀 2 次，1500 rmp 离心 5 min，收集细胞。

③ 快速将细胞悬液注入预冷的 70% 乙醇中，封口膜封口。4 ℃固定过夜（可长至 2 周）。

④ 1500 rmp 离心 5 min 去固定液，收集固定细胞，用 0.4 mL PBS 使细胞重悬并转至试管中吹打均匀（防止细胞破碎）。PBS 漂洗 2 次。

⑤ 细胞染色液配制：40×加碘化丙啶（PI）母液（2 mg/mL）：100×RNA 酶 A 母液（10 mg/mL）：1×PBS =25∶10∶1000。

⑥ 细胞染色：根据细胞量，加入一定体积的细胞染色液（1~1.5 mL）重悬，使上机时细胞通过率为 200~350 Cell/s。

⑦ 用 300 目（孔径 40~50 m）的筛网过滤于流式上机管中，上机检测。

⑧样品分析测定及打印。

(4) 秋水仙素阻抑法

① 将细胞培养至指数生长期。

② 加入秋水仙素，使培养基最终浓度为 0.25~0.5 μg/mL，作用 6~7 min。

③ 收集细胞，800 rpm 离心 5~10 min，弃去上清，沉于管底的细胞即为 M 期细胞。

(5) $N_2$ 阻断法

① 将细胞传代培养至指数生长期。

② 将培养瓶置于 $N_2$ 罐中并通入适量 $CO_2$（约相当于罐中体积的 5%）。

③ 关闭 $N_2$ 罐，连接 $N_2$ 管子和压力表，慢慢向罐中充入氮气直到压力为 80~90 磅/英寸为止。

④ 将 $N_2$ 装置放在 37 ℃培养箱中 10~16 h。次日取出，然后缓缓放出 $N_2$（最好放出窗外）。

⑤ 取出细胞观察同步化效果，并用振荡法收集细胞于离心管中。

⑥ 800 rpm 离心 10 min，收集细胞。

(6) $G_1$ 期和 $G_2$ 期细胞的获得

① $G_2$ 期细胞的获得

根据细胞周期测定的数值，使用胸腺嘧啶核苷双阻断法使细胞同步化于 $G_1$/S 期交界处后，使细胞释放胸腺嘧啶核苷后继续培养。其培养时间应大于 S 期时间并小于 S 期与 $G_2$ 期总和的时间。然后，先用振荡收集法使已进入 M 期的细胞脱落瓶壁，弃去上清培养基；再用胰酶消化，加入新鲜培养基制成细胞悬液，离心收集细胞，即为 $G_2$ 期细胞。

② $G_1$ 期细胞的获得

A. 向用胸腺嘧啶核苷双阻断法获得的细胞中加入一定量的培养基，继续培养 1 ~ 10 min即可获得各阶段的 $G_1$ 期细胞。

B. 向细胞中加入缺乏异亮氨酸的培养基进行培养，培养时间超过一个细胞周期，即可获得 $G_1$ 期细胞。

### 实验结果及记录

对各个时期的同步化细胞的检测可通过流式细胞术来鉴定其细胞周期，通过比较各时相细胞的百分比，看是否达到预期的目的。S 期细胞可通过放射自显影来鉴定结果，M 期细胞可涂片、染色，在显微镜下观察染色体，计算有丝分裂指数。

### 操作提示

（1）一般所有同步化法都会对细胞的生理活动产生一定的影响。因此在选用某一种方法时应首先清楚了解该方法的作用机理，优选对实验目的影响小的方法。

（2）应用 TdR 双阻断法，第一次撤掉胸苷后的培养时间不能超过 $G_1$ 期 + $G_2$ 期 + M 期的总和，否则，细胞又将进入 S 期。

（3）收集到的有丝分裂期的细胞可以贮存在冰上，然后处理其余的培养瓶。

（刘　斌，谭新颖，李　龙）

# 第8章 细胞培养

## 有关的部分实验技术

### 8.1 细胞分离技术

分离细胞是细胞学实验中的基本技术之一，它主要是根据细胞本身的某些性质来分离具有同一性状的细胞群，综合起来主要基于细胞以下性质：①细胞大小；②细胞密度；③细胞表面电荷；④细胞表面标志（亲外源凝集素和抗体等）；⑤细胞的散射光线总量；⑥细胞中一个或多个成分的荧光；⑦细胞对其他介质的吸附作用。选用细胞分离技术时，除根据不同目的而选用外，原则上要求所用方法既简便可行，又能获得高纯度、高收获量、高活力的细胞。本节介绍几种常用的细胞分离方法。

#### 8.1.1 速度沉降分离法

**概述**

速度沉降分离法根据细胞大小分离细胞。细胞在单位重力作用下，通过密度介质，或在低离心力作用下，通过梯度密度溶液沉降。细胞大小不同，沉降速度不同，细胞越大沉降越快。用公式表示：$V = r^2/4$，式中 V 表示沉降速度（mm/h），r 表示细胞半径（μm）。

在分离细胞过程中，为了稳定沉降细胞，需要使用适当的分离介质形成一定的梯度密度溶液，常用的分离介质有血清、聚蔗糖和蔗糖等。本法采用天然重力分离细胞，常用于分离大小差异较明显的培养细胞。

**用品**

（1）梯度沉降分离装置（图 8 - 1）。

（2）培养液、胎牛血清、蔗糖。

（3）离心管、吸管、计数板、细胞培养瓶等。

**步骤**

（1）包装并消毒细胞分离装置。

（2）制备细胞悬液，细胞密度应小于 $1 \times 10^6$/mL。

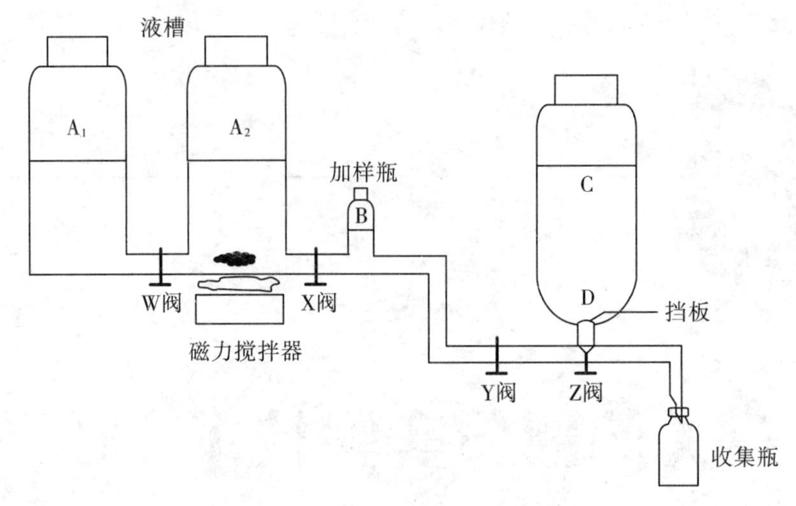


**图8-1 细胞梯度分离装置示意图**

（3）先关闭各阀门，在A1液槽中加入（a）含10%（PB）蔗糖的完全培养液，其中NaCl为140 mmol/l或（b）含30%胎牛血清的PBS（0.01 mmol/L，pH7.4）；在A2液槽中加入（a）含2.72%蔗糖的完全培养液，NaCl的浓度为40 mmol/L，或（b）含15%胎牛血清的PBS。A1与A2中溶液的体积和高度应一致，一般加液量为250 mL。

（4）打开W阀门，启动磁力搅拌器，确保溶液中各成分混合均匀。

（5）先在B室中加入10~20 mL（a）无血清培养液；或（b）PBS，并使溶液流入分离室C，以排除输液管中的气泡。

（6）然后在B室中加10~20 mL细胞悬液（含10%胎牛血清的培养液），打开Y和Z阀门，让细胞流入C室并在C室底部形成薄层。

（7）这时，打开X阀门，让梯度溶液从A室流入C室。注意不要让空气进入分离系统。C室中的挡板D可防止液流冲击细胞层。用Y阀门控制液体流速保持在30~40 mL/min。

（8）细胞梯度形成大约需2~4 h，如溶液黏度大，则所需时间亦长。

（9）利用三通阀Z，收集被分离的细胞，并取样计数。

（10）把培养瓶放入孵箱，培养24 h后，更换含10%胎牛血清的培养液，继续培养。

**操作提示**

（1）本法采用天然重力分离细胞，操作时间长，应严格无菌操作，以防污染。

（2）对那些细胞周期时间短的细胞，最好在4 ℃环境下分离细胞。

（3）细胞悬液中不应含有细胞聚集物，否则影响分离细胞的纯度和产量。为了防止细胞聚集，应注意：①分散细胞要彻底；②在细胞悬液中加入一定浓度的DNA酶或隔离剂，如牛血清白蛋白和明胶等；③上样前，将细胞悬液用300目的尼龙网滤除聚集物；④在4 ℃环境中分离细胞。

## 8.1.2 等密度沉降分离法

**概述**

等密度沉降分离法，亦称平衡密度梯度离心法，主要根据细胞密度差异分离细胞和测定核酸或蛋白质等的浮游密度，或根据其差别进行分析的一种方法。细胞在连续密度梯度分离介质中，受强离心力作用下，细胞最后到达与其密度相同的分离介质层面，并能保持平衡。在非连续密度梯度中，分离的细胞主要集中于介于其自身密度的两种密度介质交界面上，该方法常可分为速率 - 区带离心和等密度离心。

目前常用于细胞分离的介质有白蛋白、Ficoll，Percoll 及 Metrizamide。这里仅以 Percoll 分离细胞为例作一说明。Percoll 是商品名，它是一种外面被聚乙烯吡咯烷酮包被的硅胶颗粒。这种密度梯度分离剂无毒，无刺激性，对细胞无吸附作用，产生的渗透压很小，因此在全部密度范围保持等张。Percoll 在离心过程中会自然形成密度梯度。Percoll 的基本性质：密度为（1.130 ± 0.005）g/mL，20 ℃下黏度为（10 ± 5）cP，渗透压 < 20 mmol/L $H_2O$，pH 为（8.9 ± 0.3）。近年用 Percoll 对多种细胞进行了分离（表 8 - 1）。

## 用品

（1）RPMI 1640 培养液、胎牛血清、20% Percoll、0.25% 胰蛋白酶，100 U/L 的青霉素、100 mg/L 链霉素。

**表 8 - 1 某些哺乳动物细胞在 Percoll 中的漂浮密度**

| 细胞 | 种属 | 漂浮密度（g/mL） |
|---|---|---|
| 周缘血细胞 | | |
| 红细胞 | 人 | 1.090 ~ 1.110 |
| 粒细胞 | | |
| 嗜酸性粒细胞 | 人 | 1.090 ~ 1.095 |
| 嗜中性粒细胞 | 人 | 1.080 ~ 1.085 |
| 淋巴细胞 | 人 | 1.052 ~ 1.077 |
| B 淋巴细胞 | 人 | 1.062 ~ 1.075 |
| T 淋巴细胞 | 人 | 1.065 ~ 1.077 |
| 淋巴母细胞 | 人 | 1.043 ~ 1.067 |
| 单核细胞 | 人 | 1.050 ~ 1.066 |
| 血小板 | 人 | 1.030 ~ 1.060 |
| 天然杀伤细胞 | 人 | 1.050 ~ 1.070 |
| 白血病淋巴细胞 | 人 | < 1.077 |
| 骨髓 | | |
| 巨核细胞 | 人 | 1.020 ~ 1.050 |
| 髓母细胞 | 人 | 1.062 |
| 前髓细胞 | 人 | 1.073 |
| 髓细胞 | 人 | 1.077 |
| 中髓细胞 | 人 | 1.080 |
| 中性粒细胞 | 人 | 1.086 |
| 嗜酸性粒细胞 | 人 | 1.090 |
| 单核细胞 | 人 | 1.066 |
| 淋巴细胞 | 人 | 1.068 |
| 巨噬细胞 | 小鼠 | 1.050 ~ 1.090 |
| 脑 | | |
| 寡突胶质细胞 | 牛 | 1.040 ~ 1.080 |
| 女性生殖道 | | |
| 滋养层细胞 | 人 | 1.050 |
| 阴道上皮细胞 | 人 | 1.017 |
| 男性生殖道 | | |
| 精子 | 人 | 1.130 |
| 精子头 | 人 | 1.180 |
| 心肌细胞 | 大鼠 | 1.065 ~ 1.069 |
| 小肠上皮细胞 | 小鼠及鼠 | 1.030 ~ 1.040 |
| 肝 | | |
| 肝细胞 | 大鼠 | 1.060 ~ 1.090 |
| 库普弗细胞 | 大鼠 | 1.040 ~ 1.060 |
| 上皮细胞 | 大鼠 | 1.040 ~ 1.090 |
| 肾小球细胞 | 兔 | < 1.047 |
| 乳腺上皮细胞 | 小鼠 | 1.070 ~ 1.080 |
| 初乳细胞 | 人 | 1.056 ~ 1.060 |

续表

| 细胞 | 种属 | 漂浮密度（g/mL） |
|---|---|---|
| 甲状旁腺内分泌细胞 | 人 | 1.030～1.090 |
| 腹腔液 | | |
| 嗜酸性粒细胞 | 小鼠 | 1.070～1.080 |
| 巨噬细胞 | 小鼠 | 1.050～1.090 |
| 肥大细胞 | 小鼠 | 1.070～1.100 |
| 胚胎视网膜细胞 | 鸡 | 1.020～1.090 |
| 皮肤 | | |
| 表皮细胞 | 豚鼠 | 1.030～1.100 |
| 黑色素细胞 | 豚鼠 | 1.121 |
| 脾细胞 | 小鼠 | 1.020～1.090 |
| 胸腺细胞 | 小鼠及大鼠 | 1.070～1.090 |
| 肿瘤 | | |
| 多发性骨髓瘤细胞 | 人 | 1.050～1.068 |
| 肉瘤 | 小鼠 | 1.070～1.080 |
| 睾丸间质瘤细胞 | 大鼠 | 1.070 |
| 多瘤病毒诱导的腹水瘤 | 小鼠 | 1.073 |

引自刘鼎新，吕证宝．细胞生物学研究方法与技术．北京：北京大学医学出版社，1990，144－145

（2）24 孔培养板、吸管、10 mL 及 25 mL 离心管、计数板、倒置显微镜、折射计或密度计、水平离心机、$CO_2$孵箱。

## 步骤

（1）制备密度梯度：①分别配制两种培养基，一种是普通常规培养基（含10%胎牛血清，100 U/mL 的青霉素、100 mg/mL链霉素的 RPMI 1640 培养液），另一种含20% Percoll 的常规培养基；②调整 Percoll 溶液的密度为 1.10 g/mL（用密度计测定）、渗透压为 290 mmol/L；③将两种培养基以不同的比例混合，分别配制10～20份不同密度的培养基，例如 1.020～1.100 g/mL；④用带长针头的注射器把不同密度的培养基分层叠加在 25 mL 离心管中。然后，立即离心或放置过夜，备用。分离步骤见图 8－2。

此外，还可用离心法制备密度梯度，即把密度为 1.085 g/mL 的 Percoll 培养基加入离心管中，以 20 000 g 离心 1 h。或者，将两种密度的 Percoll 培养基（如 1.020 g/mL 和 1.080 g/mL）分别加入梯度混合仪的两个液槽中混合，即可制备成连续的密度梯度。

（2）制备细胞悬液：用 0.25% 胰蛋白酶消化贴壁细胞或用离心法收集悬浮生长细胞，细胞收集后洗涤，把细胞悬浮在含 10% 胎牛血清的 RPMI 1640 培养基中，吹打重悬至单个细胞，并于镜下观察细胞分散效果，调整细胞密度至 $1\times10^7$/mL。

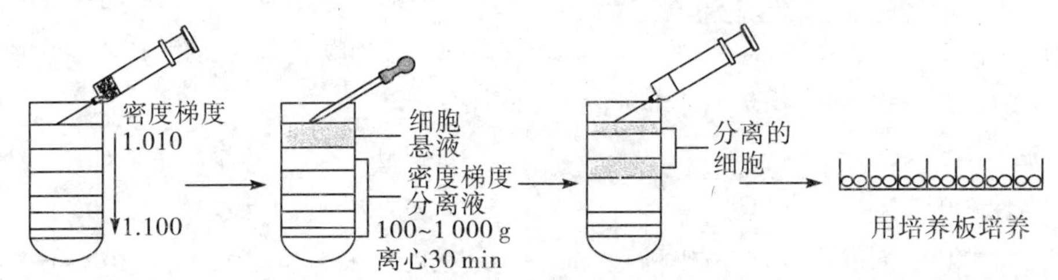


图 8－2　等密度沉降分离细胞步骤示意图

（3）加样：用吸管吸取 2 mL 细胞悬液（含 $2\times10^7$ 个细胞），小心加在 25 mL 离心管中顶层的分离介质上面。

（4）分离：将离心管放置 4 h 或以 100～1 000 g 离心 20 min 使细胞分层。

（5）收获：用带长针头的注射器吸取

所需密度的细胞层，移入另一支离心管中。

（6）培养：吸取 1 mL 分离的细胞悬液，加入 24 孔培养板中，再加 1 mL 常规培养基，继续培养 24 ~ 48 h 后，更换新鲜常规培养基，根据需要再培养一定时间后传代培养。

**操作提示**

（1）试验用品应严格灭菌，防止污染。

（2）整个分离操作宜在 4 ℃环境中进行。

（3）细胞悬液中的细胞应分散良好，避免细胞聚集。

（4）不同种类的分离介质、血清及处在不同生长周期的细胞对细胞密度都会产生一定的影响。

### 8.1.3 流式细胞仪分离法

本法是制备单细胞悬液，以免疫荧光法使荧光抗体与细胞膜表面相关抗原结合，再将细胞悬液通过 1 个直径 50 μm 的喷嘴，使细胞悬液成为极细的微滴，每微滴至多含 1 个细胞，以 10 m/s 速度喷出。经激光照射时，细胞上所带的荧光被激发而转换成脉冲，测定脉冲数可换算出各种不同细胞表面抗原的情况。同时由于悬浮微滴中的细胞带不同程度的负电荷，受电场影响后，移行偏斜程度不同，而不带电荷的细胞仍以直线流过，为此可收集到不带电荷或带电荷多少不同的各种细胞，即为不同群的细胞。本法优点是分离速度很快，纯度较高，回收率高，还可以双通道分选，成本较免疫磁珠低，分离的细胞仍保持各种功能。其缺点是容易污染，所需设备昂贵，操作技术复杂，需专业技术人员操作，操作费时。具体方法详见第 10 章相关小节。

### 8.1.4 免疫磁珠分离法

**概述**

免疫磁珠分离技术（immunomagnetic beads separation techniques，IMB），是将免疫学反应的高度特异性与磁珠特有的磁响应性相结合，达到分离纯化细胞的一种新的免疫学技术，是近年来国内外研究较多的一种新的免疫学技术。与传统细胞分离技术相比，如密度梯度离心、流式细胞术等，这些方法有的比较费时，而免疫磁珠（IMB）技术分离细胞时只需抗体和一个磁珠，既简便灵敏又经济快捷。免疫磁珠由载体微球和免疫配基结合而成。载体微球的核心为金属小颗粒（$Fe_2O_3$、$Fe_3O_4$），核心外包裹一层高分子材料（如聚苯乙烯、聚氯乙烯），最外层是功能基层，如氨基（$-NH_2$）、羧基（-COOH）、羟基（-OH）。由于载体微球表现物理性质不同，可结合不同的免疫配基（如抗体、抗原、DNA、RNA）。IMB 的大小和形状的均一性，可使靶细胞迅速和有效地结合到磁珠上；它的球形结构可消除与不规则形状粒子有关的非特异性结合；超顺磁性可使磁珠置于磁场时，显示其磁性，从磁场移出时，磁性消除，磁珠分散；保护性壳可防止金属微粒漏出。

现在使用的免疫磁珠试剂盒有 Luminex 公司开发的 Luminex 免疫磁珠，Thermo Scientific Pierce 磁珠，STEMCELL 无柱免疫磁珠细胞分选试剂盒，瑞士 Dynal公司、德国 Miltenyi Biotec GmbH 公司、日本冈山大学和国内武汉东湖材料复合新技术公司生产的磁珠。根据磁珠功能基结合的免疫配基不同分为：包被一抗磁珠、包被二抗磁珠、未包被的磁珠和包被抗生物素的磁珠。

分离细胞所用的免疫磁珠是由直径0.05～4 μm、有一定磁性且分散度良好的微珠经不同的单克隆抗体包被而成的颗粒。其分离细胞的原理是通过磁珠表面包被的细胞特异性抗体如：CD3、CD4、CD8、CD25、CD34、CD45、CD71等与细胞表面抗原特异结合，通过两种方式分离细胞。免疫磁珠法可分为阳性分离法和阴性分离法，阳性分离法是指磁珠所结合的细胞是靶细胞，阴性分离法中磁珠结合的细胞是非靶细胞，而游离于磁场中的细胞才是所需要的靶细胞，一般而言阳性分离法较常用。通过包被不同的抗体、配体，可进行几乎所有细胞亚群的分离纯化。该方法具有以下优点：①人细胞种类广；②分离纯度高达95%～99.9%；③细胞处理量大，可达$10^9$个细胞；④分选方式灵活；⑤细胞分离后仍保持很好的活力；⑥易于获得无菌的细胞悬液。因此，免疫磁珠分离法是一种十分简捷、完全的细胞分离的方法，可使细胞分离工作在一个试管内完成，起到事半功倍的效果，提高实验水平。目前，它被广泛用来分离人和动物的多种细胞，如T淋巴细胞、B淋巴细胞、内皮细胞、造血干细胞、单核/吞噬细胞、胰岛细胞及多种肿瘤细胞等。

下面以免疫磁珠技术分离造血干细胞为例说明实验操作方法。

### 用品

（1）肝素、Hanks液（pH7.2～7.4）、淋巴细胞分离液（Ficoll－Hyaque，密度为1.077 g/mL）、0.01 mol/L PBS－0.6%抗凝柠檬酸－葡萄糖－配方A（0.6% ACD－A：22.4 g/L葡萄糖、22 g/L柠檬酸钠、8 g/L柠檬酸水溶液）、0.01 mol/L PBS－0.5% BSA－0.6% ACD－A。

（2）CD34＋造血干细胞分离试剂盒包括3种试剂：①试剂A1，为人Ig，用于阻断FcR；②试剂A2，系半抗原偶联的抗CD34单克隆抗体；③试剂A3，是抗半抗原抗体与磁珠的结合物。

（3）玻璃器皿：血清瓶、离心管、吸管、试管。

（4）仪器与设备：水平离心机、Mini-MACS磁性分离仪（MiltenyiBiotec，Germany）、流式细胞仪（FACScan，BD，USA）。

### 步骤

（1）采集脐带血：无菌采集新生儿脐带血50～80 mL，加肝素抗凝（20 U/mL）。

（2）分离单个核细胞：取新鲜抗凝血，用Hanks液稀释2～4倍。在50 mL离心管中装入15 mL Ficoll－Hypaque，然后铺上35 mL稀释血液。20 ℃，以100 g离心30～40 min。以毛细吸管吸除上层血浆。吸取中间白膜层细胞至另一50 mL离心管中，加入适量PBS/0.6% ACD－A混匀。20 ℃，以300 g离心10 min，去除上清液。再加入50 ml PBS－0.5% BAS－0.6% ACD－A混匀重新悬浮细胞。20 ℃，以200 g离心15 min，去除上清液。再重复洗涤1次。用PBS－0.5% BAS－0.6% ACD－A重新悬浮细胞，细胞密度为$1\times10^8$/300 μL。

（3）磁性标记细胞：将$1\times10^8$个单个核细胞悬浮于300 μL缓冲溶液中，分别加入A1、A2各100 μL。混匀后，4 ℃孵育20 min。离心，洗涤，加400 μL缓冲溶液悬浮。然后加入试剂A3（免疫磁珠）100 μL，8 ℃孵育15 min。离心，洗涤。再悬浮于0.5 mL缓冲液中。

（4）免疫磁珠分离细胞：将分离柱固定于MACS磁场内，将标记细胞缓慢通过分离柱。标记细胞在通过置于磁场中的分离柱时，CD34－细胞被洗脱除去。将分离柱移出磁场，加压洗脱，收集组分为 CD34＋细胞，每份脐血可获得（1.6～3.6）$\times 10^6$个细胞。

（5）细胞纯度检测：以 1∶10 稀释 FITC 标记的 CD34 单克隆抗体，在 4 ℃标记细胞 30 min，离心洗涤两次。70% 乙醇固定细胞（$>1\times 10^6$个），离心去除固定液后，加 200 μL 浓度为 1 mg/mL 的 RNA 酶 A 37 ℃处理 30 min，再加 800 μL 0.1 mg/mL的碘化丙啶（PI），在 4 ℃避光染色 30 min，上机检测。细胞纯度可达 95%～99%。

**操作提示**

（1）标记要快速并保持低温，以防止抗体非特异性结合。

（2）小心淋洗细胞，务必完全除去试剂 A1、A2 温育后的缓冲液。

（3）缓冲液一定要除气，因为过多的气体会降低柱效，影响分离质量；柱子在使用前用 4% BSA 预处理，充分渗透 30 min；使用时，先让 4% BSA 流过，再用 0.5% BSA 淋洗 1 次后才使用。

## 8.2 细胞器分离技术

### 8.2.1 破碎细胞的方法

细胞器的分离需要将组织细胞破碎。破碎细胞的方法很多，可分为机械破碎法：包括高压匀浆、珠磨、撞击破碎、超声波破碎；化学和生物化学渗透法：包括酸、碱处理 ；化学试剂处理；酶溶；物理渗透法：包括渗透压冲击法，冻融化法。应根据组织细胞特性及实验目的选择合适的破碎方法和条件。下面介绍几种较常用的方法。

（1）杵状玻璃匀浆器法：该匀浆器由 1 根一端表面磨砂的玻璃杵和 1 个内壁磨砂的玻璃管组成。使用时，先用锋利的刀片把组织切成碎块，然后把组织碎块或细胞悬液加入套管后，手工或以电动搅拌机旋转研磨，玻璃杵在套管中上下移动时产生机械切力使细胞破碎。这种方法对生物大分子的破坏少，是目前广泛使用的一种细胞破碎方法。

（2）高速组织捣碎机法：也叫高压匀浆法或高压剪切破碎法。捣碎机由调速器、支架、马达、带杆叶片刀和梅花玻璃杯组成。使用时先将 4 ℃预冷的组织碎块或细胞悬液加入玻璃杯中，至杯体积的1/3即可，盖好玻璃杯盖，固定好带杆叶片刀，缓缓调节旋转速度。一般开机几十秒后，组织细胞即可被高速旋转的叶片刀破碎。组织捣碎机高速转动时易产热可导致分离物的降解，因此注意不能持续时间过久，必要时使用循环冷却水降温。

（3）超声波处理法：其原理是，超声波发生器产生高强度超声信号，经换能器传送至与它接触的溶液中，由声波形成冲击和振动而产生的剪力使细胞破碎。动物组织脾、肝、肾、胸腺、淋巴结、腹水细胞、红细胞及体外培养的细胞等均可在短时间内破碎。在超声粉碎时可以产热，应注意冷却。有些生物大分子，如核酸和酶对超声波敏感，一般不宜采用。

（4）化学裂解法：在细胞悬液内加入某些化学物质，例如 Triton X－100、NP－40、十二烷基硫酸钠、去氧胆酸钠等可使细胞膜裂解。在使用化学裂解剂的同时常常要辅助以机械的方法才能在短时间内使细胞完全破碎。化学裂解法优点是选择性高，可有效减少胞内产物和核酸的释放，且液黏度小，有利于后期实验处理。此法比机械破碎法速度低，效率较差，并且化学裂解剂会干扰分析，给进一步的分离纯化增添麻烦，在细胞裂解后应注意清除化学裂解剂。

（5）反复冻融法：其原理是将组织细胞匀浆液置于超低温冰箱（-70 ℃）或在液氮生物容器中冻结，然后在37 ℃复温融化，经3～4次反复冻融后破坏细胞膜的疏水键结构，增加其亲水性和通透性。由于胞内液体结晶后使胞内外渗透压平衡破坏而产生溶液浓度差，在渗透压作用下引起细胞膨胀而使胞膜破裂。冻融化法对于存在于细胞质周围靠近细胞膜的胞内产物释放较为有效。

### 8.2.2 部分细胞器的分离法

组织和细胞破碎后，根据待分离的细胞器的理化特性选择适当的分离方法。一般采用差速离心（以肝细胞为例的基本流程见图8-3）或密度梯度离心（见8.1.2节）的方法达到分离细胞器的目的。下面列举部分细胞器的分离方法。

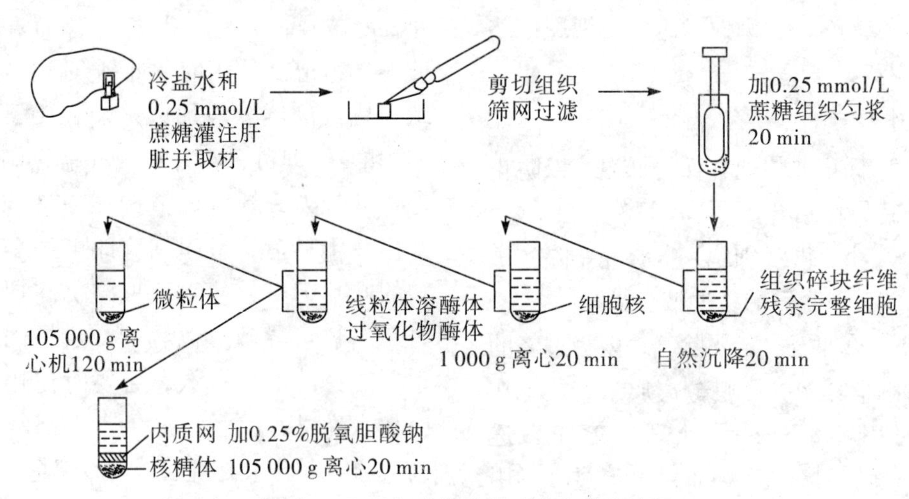


图8-3 肝脏细胞器的差速离心分离流程

#### 8.2.2.1 细胞核的分离法

**概述**

细胞核作为一个功能单位，完整地保存遗传物质，并指导RNA合成，后者为蛋白质及其他细胞组分合成所必需。在一定程度上细胞核控制着细胞的代谢、生长、分化和繁殖活动。因此，细胞核的分离是研究基因表达及细胞核形态结构的首要步骤。不同组织来源的细胞经匀浆后，可用分级离心等方法将细胞核进行分离纯化。细胞核的可用方法有吸出法、原生质体破裂法、差速离心法排和排除法，本节以肝细胞核分离为例说明一般分离方法。

**用品**

（1）0.9% NaCl。

（2）溶液A：

0.25 mol/L 蔗糖

10 mmol/L Tris-HCl pH8.0

3 mmol/L $MgCl_2$

0.1 mmol/L 苯甲基磺酰氟化物（PMSF，为蛋白酶抑制剂，用乙醇现配）。

（3）溶液B：含0.1% Triton X-100的溶液A。

（4）溶液C：

2.2 mol/L 蔗糖

10 mmol/L Tris-HCl pH8.0

3 mmol/L $MgCl_2$

0.1 mmol/L PMSF。

（5）1.5%柠檬酸液。

（6）台盼蓝染液。

（7）动物解剖台、解剖刀、剪刀、镊子、止血钳、玻璃棒、小烧杯、离心管、匀浆器、吸管、冰浴槽、纱布、载玻片、高速离心机、超速离心机，光学显微镜。

**步骤**

全部操作须在冰浴中进行，所用溶液须预冷至4 ℃。

（1）大鼠在实验前禁食24 h。颈椎脱位法处死大鼠，剖腹切取肝脏组织约1 g，用0.9% NaCl充分洗去血污，剪碎肝组织，然后按8 mL/g肝脏组织加溶液A。

（2）取适量肝组织悬液，移入带聚四氟乙烯头的玻璃匀浆器中，手工匀浆片刻，若用高速组织捣碎机，捣3～4次即可，每次5～10 s，匀浆后把匀浆液用4层纱布过滤，滤液以800～900 r/min离心10 min，弃上清液，沉淀再用1.5%柠檬酸液洗一次。

（3）将匀浆液分成6管，以2 000 g离心10 min。

（4）弃上清液，把粗提的细胞核悬浮于240 mL溶液A中，并通过4层纱布滤除粗渣。

（5）溶液分6管，以2 000 g离心10 min。

（6）弃上清液，沉淀物悬浮于240 mL溶液B中，以2 000 g离心10 min。

（7）弃上清液，沉淀物悬浮于190 mL溶液C中。取6支超速离心管，每管加5 mL溶液C，然后把细胞核悬液铺在溶液C上层，以25 000 r/min（BeckmanSM27型超速离心机）离心60 min。

（8）弃去上清液，用溶液A轻轻荡洗管壁及沉淀物表面2次，将离心管倒置，用滤纸拭干管口。

（9）向离心管底部滴加几滴溶液A，用玻璃棒轻轻搅匀，然后补加30 mL溶液A。

（10）以2000 g离心20 min，弃上清液，沉淀物为纯化的肝细胞核。

[细胞核纯度鉴定]

细胞核提取结束后需要分离的细胞核纯度进行鉴定，防止其他细胞成分对后期实验的影响。取收集的细胞核沉淀，涂于载玻片上，并用15%酒精固定约5 min后，然后加一滴台盼蓝染色液，盖上盖玻片，显微镜下进行观察。高纯度的细胞核制品要达到400个核中不能有一个完整的细胞；1 000个中不能有一个带有细胞质的核。

**操作提示**

（1）肝脏组织切取操作时间不宜过长，生理盐水反复洗涤残留的血污，避免影响后期实验结果。

（2）匀浆过程不宜过长，避免破坏细胞核，操作过程在冰上进行。

（3）把细胞核悬液铺在溶液C上层时，不要混匀。

（4）去掉胞质的细胞核贴附能力较弱，在用固定、三氯醋酸处理、染色时尽量避免胞核的脱落。

#### 8.2.2.2 细胞膜的分离法

**概述**

细胞膜是围绕在细胞质外的一层单位膜，又称质膜。它是提供细胞进行生命活动的基本屏障性结构和功能成分，对外分隔细胞内外环境，控制物质的进出和进行

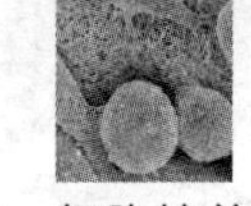


细胞间的信息交流。分离细胞膜有助于研究生物膜的结构与功能。一般说，红细胞膜与线粒体膜的制备用差速离心法即可达到实验要求，其他细胞膜以及各种细胞器膜的制备则可根据各种膜组分的密度大小不同，采用梯度离心，经离心沉降分离得到纯制品。本节介绍一种快速高产量分离大鼠肝细胞膜的方法。

**用品**

（1）蔗糖 - Tris 溶液（ST 溶液：0.25 mol/L 蔗糖和 10 mmol/L Tris - HCl，pH7.5）、Percoll 分离剂、2 mmol/L 蔗糖、100 mmol/$CaCl_2$、0.9% NaCl。

（2）动物解剖台、解剖刀、剪刀、镊子、止血钳、玻璃匀浆器、吸管、离心管、烧杯、冰浴槽、纱布、超速离心机。

**步骤**

全部操作在冰浴中进行，溶液须预冷至4 ℃。

（1）大鼠禁食1夜，断头处死，剖腹切取肝脏约 10 g，迅速用预冷的 0.9% NaCl 溶液洗干净并用滤纸吸干，然后用 ST 溶液浸洗数次，并用剪刀剪碎。

（2）用玻璃匀浆器分次匀浆肝组织，每次取大约 2.5 g 肝组织碎块，悬浮于 40 mL ST 溶液中进行匀浆。最后合并匀浆液并补加 ST 溶液至 250 mL。

（3）匀浆液通过 4 层纱布，除去组织粗渣。

（4）肝组织滤液以 15 000 g 离心 15 min。

（5）吸出上清液（可用于制备微粒体），将沉淀物悬浮于适量 ST 溶液中，再次匀浆，补加 ST 溶液至 75 mL 再加 10.1 mL Percoll 分离剂和 1.45 mL 的 2 mol/L 蔗糖，充分混匀。

（6）35 000 g 离心 20 min。

（7）离心完毕，细胞膜在近管顶的 Percoll 中清晰可见。吸出这一层用 ST 溶液稀释到 75 mL 并匀浆，再加 10.1 mL Percoll 和 1.45 mL 2 mol/L 蔗糖和 100 mmol/L $CaCl_2$ 至终浓度 1.3 mmol/L $CaCl_2$。

（8）45 000 g 离心 30 min，膜被分离，而 DNA 沉积在管底。

[差速离心法]

细胞的不同组分其密度差异较大，其沉降系数也不尽相同，因此可以通过差速离心法可以快速分离细胞的组分，如 600 ~ 1000 g，10 min 离心可去除胞核或是未破碎的细胞；8000 ~ 10 000 g 离心 10 min，可去除线粒体；最后 100 000 g 离心 20 min即可分离细胞膜。

**操作提示**

（1）匀浆后尽量将大块组织和残留的纤维组织过滤彻底。

（2）加入 Percoll 分离剂离心后，吸取上层胞膜所在层的液体时，避免吸入下层液体。

### 8.2.2.3 线粒体及线粒体膜的分离

#### 8.2.2.3.1 线粒体的分离

**概述**

线粒体普遍存在于各种真核细胞中，它是细胞呼吸的主要场所，细胞活动所需能量主要依靠在体内进行的氧化所产生的能量。线粒体的分离方法主要是差速离心分离。

**用品**

（1）0.25 mol/L 蔗糖，20 mmol/L EDTA。

（2）分离介质：0.33 mol/L 蔗糖、0.025 mmol/L EDTA、15 mmol/L Tris - HCl（pH 7.4）。

（3）洗涤介质：0.33 mol/L 蔗糖，生

理盐水。

（4）动物解剖台、解剖刀、剪刀、镊子、止血钳、玻璃匀浆器、吸管、离心管、烧杯、冰浴槽、纱布、超速离心机。

**步骤**

全部操作在冰浴中进行，溶液须预冷。

（1）将体重约200 g的大鼠断头处死，迅速取5 g肝脏，生理盐水冲洗干净，滤纸吸干，在冰浴中剪碎，加入10倍体积的分离介质，在玻璃匀浆器中匀浆。

（2）匀浆液通过双层纱布以除去组织碎渣。

（3）滤液以800 g离心10 min，使细胞及细胞碎片沉降。

（4）吸出上清液，以8 200 g离心10 min。

（5）弃上清液，沉淀重悬浮于洗涤介质中，用玻璃棒搅匀重悬。

（6）8 200 g离心10 min，沉淀为纯化的线粒体。

**线粒体的鉴定**

线粒体：取线粒体沉淀涂片（注意勿太浓密），不待干即滴加1%詹纳斯绿B染液染20 min，覆上盖玻片，镜检。线粒体蓝绿色，呈小棒状或哑铃状。

**操作提示**

（1）操作过程中注意离心的转速、时间和不同转速的离心时间，切勿混淆。

（2）在吸取上清液时，避免将下层沉淀吸入。

（3）线粒体制备完成后置于低温保存。

8.2.2.3.2 线粒体膜的分离

**概述**

线粒体膜是包被于线粒体的生物膜，由内外两层构成，外膜是位于线粒体最外层的生物膜结构，通透性较高；内膜是包裹线粒体基质的生物膜结构，位于线粒体外膜内侧，其通透性较外膜低。线粒体膜的分离方法分为内膜和外膜的分离，主要是密度梯度离心。

**用品**

（1）10 mmol/L PBS，pH7.4。

（2）0.25 mol/L 蔗糖－10mmol/L Tris－HCl，pH 7.4。

（3）10 mmol/L Tris－HCl，pH7.4分别配制25.2%、37.7%、51.7%、61.5%（PB）的蔗糖溶液。

（4）烧杯，离心管，吸管，注射器，超速离心机。

**步骤**

全部操作在冰浴中进行，溶液须预冷。

（1）纯化的线粒体悬浮在10 mmol/L PBS（pH7.4）中，膨胀20 min，再以105 000 g离心60 min，弃上清液，沉淀含内、外膜。沉淀重悬浮于0.25 mol/L蔗糖－10 mmol/L Tris－HCl（pH7.4）中，以11 500 g离心15 min，上清液用于分离线粒体外膜，沉淀用于分离线粒体内膜。

（2）线粒体外膜的分离。

①吸取上清液，以105 000 g离心60 min，弃上清液，沉淀重悬浮于适量的0.25 mol/L蔗糖－10mmol/L Tris－HCl溶液中。

②用带长针头的注射器分别吸取3 mL的25.2%、37.7%、51.7%蔗糖溶液，并叠层铺在超速离心管中，制备不连续的密度梯度。

③吸取2 mL样品液小心加在25.2%蔗糖溶液的界面上。

④以165 000 g离心45 min，线粒体外膜处在样品液与25.2%蔗糖溶液的交界

面上，用注射器收集线粒体外膜。

（3）线粒体内膜的分离。

①把 11 500 g 离心 15 min 后的沉淀物重悬浮于适量的 25.2% 蔗糖溶液中。

②用注射器吸取 2 mL 的 25.2% 蔗糖溶液，另外分别吸取 2.5 mL 的 37.7%、51.7%、61.5% 的蔗糖溶液，然后依次叠加在超速离心管中，制成不连续的密度梯度。

③吸取 1.9 mL 样品液，加在 25.2% 蔗糖溶液界面上，以 77 000 g 离心 90 min 作第 1 次分离，在 37.7% 与 51.7% 蔗糖溶液界面下为内膜区带。

④吸出内膜区带，加 8 倍体积蒸馏水并再次匀浆，然后以 85 000 g 离心 30 min，弃上清液，沉淀物悬浮在 0.25 mol/L 蔗糖溶液中。

⑤分别取 7.5 mL 的 37.7%、51.7%、61.5% 的蔗糖溶液，在离心管中制成不连续的密度梯度。

⑥吸取初步分离的内膜样品液 7.5 mL，加在 37.7% 蔗糖溶液的界面上。

⑦以 77 000 g 离心 90 min 作第 2 次分离，在 51.7% 蔗糖层中的上面区带为线粒体内膜，用注射器收集线粒体内膜。

**操作提示**

（1）分离线粒体内外膜时，吸取上清时吸管不宜深入太深，避免吸取下层沉淀。

（2）制备不连续的密度梯度时，叠层铺样时，注意力度轻柔，沿管壁缓慢加入，避免加入时各密度梯度层分界不清。

#### 8.2.2.4 聚核糖体的分离法

**概述**

核糖体是由核糖核酸和蛋白质组成的核糖核酸蛋白颗粒。附着在粗面内质网的称固着核糖体；分散于细胞内的称游离核糖体，数个或数十个核蛋白体聚在一起称为多聚核糖体。一般用差速离心法可分离出多聚核糖体。

**用品**

（1）匀浆液：50 mmol/L Tris、25 mmol/L NaCl、5 mmol/L $MgCl_2$、0.25 mol/L 蔗糖，调 pH 值至 7.7。

（2）裂解液：10% Triton X－100、10% 脱氧胆酸钠。

（3）分离介质：0.5 mol/L 蔗糖。

（4）眼科剪、眼科镊、玻璃匀浆器、烧杯、吸管、离心管、磁力搅拌器、超速离心机。

**步骤**

全部操作在冰浴中进行，溶液须预冷。

（1）小鼠颈动脉放血处死，取出肝脏用预冷的生理盐水洗涤 2 次，除去结缔组织，剪碎后加匀浆液，用玻璃匀浆器匀浆。

（2）5 000 g 离心 15 min。

（3）取上清液，加 1/10 体积的裂解液，磁力搅拌 30 min。

（4）10 000 g 离心 30 min。

（5）取上清液铺在分离介质上，以 105 000 g 离心 90 min。

（6）弃上清液，沉淀为多聚核糖体，可用于提取 RNA。

**操作提示**

（1）所用的组织新鲜或液氮条件下保存的组织。

（2）为保证核糖核酸酶的活性，所用的器材必须无酶处理，如在 0.1% 焦碳酸二乙酯（DEPC）中浸泡，或高温干烤。

（3）可加入适当的蛋白质合成抑制剂有利于多聚核糖体活性的稳定。

### 8.2.2.5 粒体的分离法

**概述**

微粒体是一种脂蛋白所包围的囊泡，其直径大约100 nm，含核糖核酸、蛋白质和脂类，与氧化代谢有关。分离微粒体的方法是利用分级离心法，去掉细胞核和线粒体后，经超速离心法而制备。

**用品**

（1）分离介质：0.15 mol/L 蔗糖、0.025 mol/L KCL、0.005 mol/L $MgCl_2$、0.1 mol/L Tris－HCl（pH7.4）。

（2）解剖刀、剪刀、止血钳、镊子、烧杯、离心管、吸管、玻璃匀浆器、超速离心机。

**步骤**

全部操作在冰浴中进行，溶液须预冷。

（1）大鼠禁食20 h，断头放血处死，取肝脏，剪碎，加2倍体积分离介质（按每克肝脏3ml比例），用玻璃匀浆器制成匀浆。

（2）15 000 g离心10 min。

（3）吸取上清液，以100 000 g离心60 min。

（4）继之沉淀以100 000 g离心20 min。

（5）离心完毕，沉淀物即微粒体悬浮于分离介质中保存。

**操作提示**

（1）离心前用0.15 mol/L 蔗糖或0.025 mol/L KCL洗涤1次，以去除残留的血红蛋白。

（2）制备好的微粒体最好当天使用，若保存需加入适当的分离介质，如20%（V/V）甘油，置于－20 ℃～－80 ℃中，微粒体的酶活性可保存数周。

### 8.2.2.6 溶酶体的分离法

**概述**

溶酶体为真核细胞中一层厚约$6\times10^{-9}$m的单位膜构成的囊状小体，内含活性非常广泛的酸性水解酶，其中含有蛋白酶、核酸分解酶和糖苷酶等。它参与细胞的内吞和自噬代谢过程，是细胞内极为重要的起防御作用的细胞器，与人类多种疾病关系密切。本节介绍大鼠肾细胞溶酶体的分离方法。

**用品**

（1）0.3 mol/L 蔗糖－1 mmol/L EDTA（pH7.0）、1.1 mol/L 蔗糖－1 mmol/L EDTA（pH7.0）、2.1 mol/L 蔗糖－1 mmol/L EDTA（pH7.0）。

（2）解剖刀、剪刀、止血钳、镊子、烧杯、离心机、玻璃匀浆器、带聚四氟乙烯头的匀浆器、梯度混合仪、超速离心机。

**步骤**

全部操作在冰浴中进行，溶液须预冷。

（1）处死，剖腹取出肾脏用冷生理盐水浸洗，移入小烧杯中，加少量0.3 mol/L蔗糖溶液，剪碎肾组织，补加8倍体积的0.3 mol/L蔗糖溶液。

（2）先用玻璃匀浆器匀浆肾组织，接着再用带聚四氟乙烯头的匀浆器以1 000 r/min匀浆10次。

（3）将匀浆液以150 g离心10 min，取上清液重复离心1次，再取上清液以9 000 g离心3 min，吸去上清液。

（4）沉淀物呈3层，底层呈暗色为半纯化的溶酶体，中层呈黄色为线粒体，上层白色为膜成分的混合物。用吸管轻轻吸掉上层，然后沿管壁加入少许0.3 mol/L

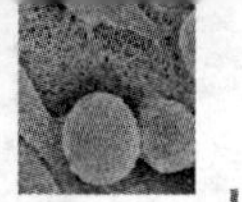



蔗糖，轻摇离心管使界面层悬起弃去，再用0.3 mol/L蔗糖清洗一次，底层溶酶体重悬于2.5 mL 0.3 mol/L蔗糖中。

（5）用蔗糖密度梯度纯化溶酶体。先用梯度混合仪制备蔗糖密度梯度，在梯度混合仪的两个容量杯中分别加入117 mL 2.1 mol/L蔗糖和13 mL 1.1 mol/L的蔗糖，在离心管中制备连续密度梯度的蔗糖溶液。

（6）将2 mL半纯化溶酶体悬浮液铺在梯度介质上面，轻轻搅动最上层的梯度介质，使梯度介质和溶酶体之间的界面破坏，然后以100 000 g离心150 min。离心结束后，梯度溶液中可见3条明显的带和少许沉淀。最下面的暗黄到褐色带为纯化的溶酶体，中间浅黄色的带为纯化的线粒体。

**操作提示**

（1）注意整个操作过程在冰上进行，操作环境温度不宜过高。

（2）由于溶酶体与线粒体颗粒大小和密度较相似，制备过程中要注意避免线粒体的污染。

（3）吸取上层液时将吸管贴近管壁上层液面，动作轻柔，勿将吸管过度深入下层液面，防止将上层沉淀物混入底层沉淀物。

## 8.3 细胞克隆技术

细胞克隆技术又称单个细胞分离培养技术，即从细胞群体中分离出一个细胞并使其在体外繁殖成新的细胞群体。这种纯化的细胞群体称为细胞株，它们当中的每一个细胞的遗传特征及生物学特性极为相似，有利于对不同亚群细胞的形态和功能进行比较和研究。

在细胞克隆化培养之前，一般应先测定细胞克隆形成率（见7.1.2节），以了解细胞在极低密度条件下的生长能力。如果细胞克隆形成率偏低（<10%），应采用一些措施提高细胞克隆形成率，例如选择合适的培养基和血清，必要时在培养基中添加某些刺激细胞生长的物质（如胰岛素、地塞米松等），调节$CO_2$浓度，选用适应性底物（如胶原层或血浆纤维蛋白层），以及制备底层饲养细胞等等。本节仅介绍一些常见的细胞克隆技术（图8-4）。

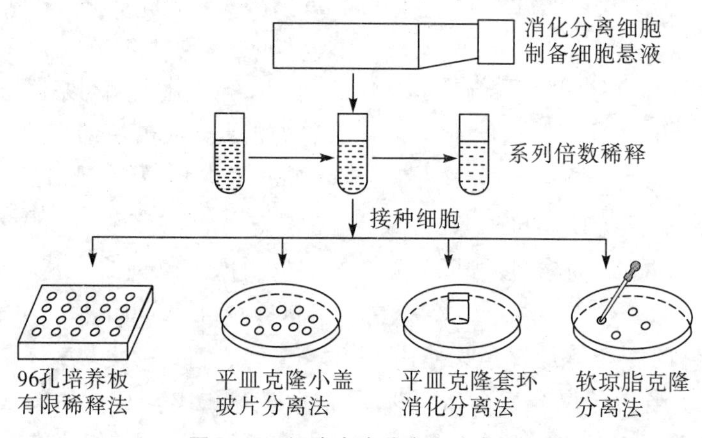


**图8-4 细胞克隆分离方法举例**

### 8.3.1 有限稀释法

**概述**

有限稀释法采用梯度倍数稀释的原则，将细胞悬液连续倍数稀释至极低密度，然后接种于微孔培养板，培养一定时间后，微孔中可出现单个细胞克隆。本法不需特殊设备，操作简单、快速，适合大批量克隆化培养，是目前最常用的一种方法。现已广泛用于异质性细胞系的克隆化培养，诱导和分离耐药性或高转移性或突变细胞株以及单克隆抗体杂交瘤细胞株。

**用品**

（1）培养基、血清（例如含10%胎牛清的RPMI 1640培养液）、0.25%胰蛋白酶。

（2）离心管、吸管、计数板、移液器及加样滴头、96孔培养板、24孔培养板、培养瓶。

（3）倒置显微镜、$CO_2$孵箱。

**步骤**

（1）取对数生长期的细胞，用0.25%胰蛋白酶消化，待细胞收缩变圆，用吸管吹打，制成单细胞悬液。

（2）取少量细胞悬液，用台盼蓝染色并计数活细胞或用细胞计数仪计数。

（3）将细胞悬液移至刻度离心管中连续倍数稀释。例如，先制备细胞密度为$5\times10^3$/mL细胞悬液，将此细胞悬液经100倍稀释，即细胞密度为50/mL；再将50/mL的细胞悬液经5倍稀释，即为10/mL，最后将10/mL的细胞悬液经2倍稀释，即为5/mL。

（4）将3种稀释好的细胞悬液分别接种于96孔板中，每孔加0.1 mL。然后，放入培养箱内培养。

（5）次日，在倒置显微镜下观察培养板各孔细胞数，挑选只含一个细胞的孔，做好标记并补加0.1 mL培养液，继续培养。

（6）培养期间，视培养液pH值的变化，决定是否更换培养液。细胞培养1周左右，孔中即形成较大克隆。待克隆长至孔底面积的1/3～1/2时，用消化法分离克隆细胞，转移到24孔培养板中扩大培养。

**操作提示**

（1）细胞悬液的单个细胞百分率至少在90%以上，否则获得单克隆的概率降低。

（2）在显微镜下确认培养孔中的细胞数时，应特别注意观察培养孔的周边，此处细胞折光弱不易看清楚，谨防漏记、错记。最好由两个人进行确认。

### 8.3.2 平皿克隆分离法

**概述**

本法在克隆形成试验的基础上，通过在平皿内预置小盖玻片或用金属套环并加消化液达到分离克隆细胞的目的。

**用品**

（1）直径60 mm培养皿、吸管、注射器、盖玻片（用钻石笔裁成0.05 $cm^2$的小玻片）、金属套环（直径6 mm，高12 mm）、计数板、硅脂、镊子等。

（2）含20%胎牛血清的F12培养液（DMEM或RPMI 1640培养液等）、0.25%胰蛋白酶，0.05%胰蛋白酶。

（3）倒置显微镜、$CO_2$培养箱。

**步骤**

（1）制备单个细胞悬液：取单层培养细胞，用0.25%胰蛋白酶在4 ℃消化2～

10 min，用吸管轻轻吹打，计数细胞密度并调整细胞密度至5 mL培养液含50～250个细胞。

（2）克隆化培养：将上述细胞悬液迅速移入直径60 mm平皿内，放入$CO_2$培养箱内，在37 ℃、5% $CO_2$和饱和湿度条件下培养8～15 d。

（3）分离克隆。

①套环法：在倒置显微镜下观察克隆形成情况，标记单个克隆。然后在超净工作台内移去培养液，用无菌镊取金属套环并在其一端涂少量灭菌硅脂，将有硅脂一端套住标记的克隆，在套环内滴加少量0.05%胰蛋白酶，待细胞分散，用注射器轻轻吹打并转入适当的培养器皿如24孔培养板或6孔培养板，扩大培养。

②玻片法：在接种细胞悬液之前，在直径60 mm平皿预先放入无菌小玻片，然后加入细胞，培养一定时间，在倒置显微镜下标记只含一个克隆的玻片，然后用无菌镊子取出标记玻片，转入24孔培养板继续培养。

**操作提示**

（1）接种前注意单细胞百分率尽量达到90%以上。

（2）套环法操作较复杂，需在显微镜下操作，操作要求较高，不易控制。

（3）玻片法取出单克隆细胞玻片时不易夹取，容易将玻片夹破。

## 8.3.3 软琼脂克隆分离法

参阅7.1.2节克隆形成试验中的软琼脂克隆形成法在直径60 mm培养皿中进行，待克隆出现后，在显微镜观察下用毛细吸管吸取单个克隆，移入小试管中吹打使细胞从琼脂中释放出，然后，将克隆细胞转入不含琼脂的培养液中，移入适当的培养皿中扩大培养。

## 8.3.4 单细胞显微操作法

**概述**

借助显微操纵器，将单个细胞逐个吸出，移入含饲养细胞的96孔培养板进行培养。本法准确性好，但需特殊设备。如无显微操纵器可自制毛细吸管。

**用品**

（1）含20%胎牛血清的培养液（如RPMI 1640或DMEM）、0.25%胰蛋白酶，丝裂霉素。

（2）直径35 mm培养皿、96孔培养板、毛细吸管（吸管前端呈直角直径0.1 mm）、移液器。

（3）显微操纵器、$^{60}Co$放射源、$CO_2$孵箱。

**步骤**

（1）制备饲养层：一些细胞在极低密度条件下生长非常缓慢，为了促进细胞形成克隆，通常制备饲养细胞层，依靠饲养细胞提供某些物质以刺激克隆细胞生长。饲养细胞依实验要求而定，本节以3T3小鼠纤维细胞为例。

①用0.25%胰蛋白酶消化单层生长的3T3细胞，调整细胞密度为$1\times10^5$/mL。

②取0.1 mL细胞悬液，加入96孔培养板，放入$CO_2$孵箱培养。

③待细胞长成单层，用$^{60}Co\gamma$－射线以40～60 Gy辐射或在培养液中加入丝裂霉素C（终浓度$1\times10^{-6}$ mol/L）作用16 h。其目的是致细胞有丝分裂能力丧失，但仍可短期存活，为克隆细胞提供必要养分，饲养细胞经处理后需更换新鲜培养液。

（2）制备细胞悬液：用0.25%胰蛋

白酶消化欲分离的单层培养细胞，调整细胞密度，2 mL 培养液含 1 000 ~ 3 000 个细胞。

（3）分离单个细胞：取 2 mL 待分离的细胞悬液，加入直径 35 mm 的平皿，将平皿放在显微操纵器上，在显微镜监视下吸出单个细胞。如无条件，可用自制的毛细吸管在倒置显微镜下吸出单个细胞。

（4）单个细胞培养：将吸出的单个细胞加入预先制备饲养细胞层的 96 孔培养板中，每孔只加一个细胞，然后放入 $CO_2$ 孵箱培养。

（5）扩大培养：细胞克隆长至孔底 1/3 ~ 1/2 面积时，即可将细胞转种于 24 孔板扩大培养。

**操作提示**

单细胞显微操作法虽简便，但需一定的技巧。因此，在正式试验前，应反复练习操作手法，确保每次只吸出一个细胞。

## 8.4 杂交瘤技术

杂交瘤技术是指在一定细胞融合剂作用下，使免疫的细胞（如脾细胞）与具有体外长期繁殖能力的瘤细胞融为一体，在选择性培养基的作用下，只让融合成功的杂交瘤细胞生长，经过反复的免疫学检测、筛选和单个细胞培养（克隆化），得到纯化的杂交瘤细胞，所建立的杂交瘤细胞具有两种亲本细胞各自特点的杂交细胞，既能产生所需单克隆抗体，又能长期繁殖的杂交瘤细胞系。1975 年 Kohler 和 Milstein 在细胞融合技术的基础上，首次成功地制备了能永久分泌单克隆抗体的杂交瘤细胞株。目前，该技术已被广泛应用于免疫学、生物化学、分子生物学、药物学、细胞生物学、病毒学、细菌学、寄生虫学、肿瘤学、内分泌学、神经学以及临床医学各个领域，尤其是各种癌症的诊断和治疗，已由此发展成为一门高技术产业。

### 8.4.1 杂交瘤技术的基本原理

杂交瘤技术主要是由免疫动物、细胞融合、筛选杂交瘤细胞、克隆化培养、单克隆抗体的制备与鉴定等一系列实验组成的实验系统，其核心部分是细胞融合（图 8 – 5）。

（1）免疫动物及细胞融合：为了获得单克隆抗体，首先需要用特定抗原免疫纯系动物以获得分泌预定抗体的 B 淋巴细胞。然而，这种 B 淋巴细胞不能在体外长期培养，利用细胞融合技术可使短寿命的抗体形成细胞与能永久生长的同种骨髓瘤细胞系融合获得永生。

细胞融合过程，先是细胞质融合，然后，通过有丝分裂细胞核合二为一，形成新的杂交细胞。在通常情况下，两个细胞接触并不发生融合现象，因为各自有完整的细胞膜。但是，在某些诱导物如聚乙二醇（PEG）的作用下，细胞膜可发生溶解，促使两个或多个细胞融合成巨细胞。

杂交瘤细胞就是在聚乙二醇的促融作用下，将分泌预定抗体的 B 淋巴细胞同具有无限繁殖能力的骨髓瘤细胞融合成为杂交瘤细胞。这种杂交瘤细胞获得了双亲本细胞的特性，既有分泌预定抗体的能力，又有无限繁殖的能力。然而，在细胞融合过程中，除了形成杂交瘤细胞外，还可能存在 B 淋巴细胞与 B 淋巴细胞、骨髓瘤细胞与骨髓瘤细胞形成的融合细胞以及未融合的亲代细胞。在这些细胞中，脾脏细胞体外培养 10 d 左右会自行衰亡，对杂交瘤细胞生长无影响。而未融合的骨髓瘤细胞或其自身融合物，由于生长速度快，往往会抑制已融合的杂交瘤细胞生长。因此，必须进行选择培养，通常采用的是 HAT 培养系统。

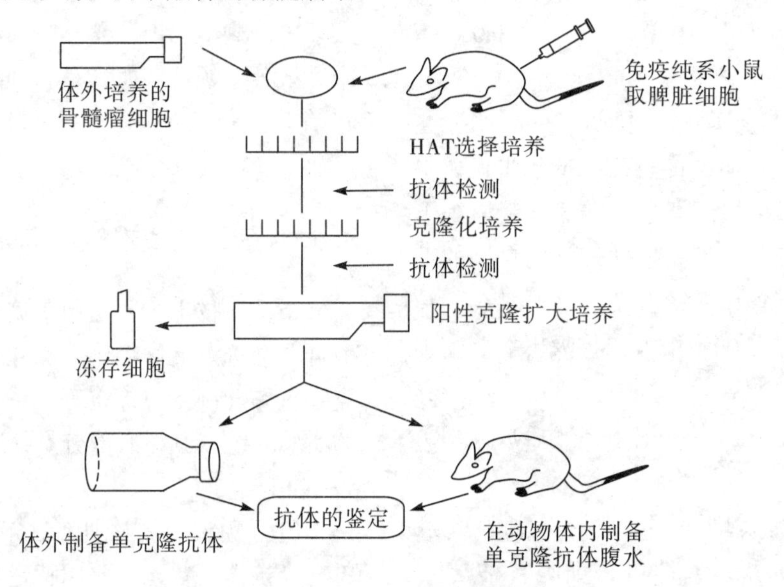


**图 8－5　杂交瘤技术基本过程示意图**

（2）筛选杂交瘤细胞：HAT 培养基是在一般组织培养基内添加了叶酸拮抗物——氨甲蝶呤（amethoperin），用以阻断嘌呤和嘧啶的内源性生物合成的途径；并提供了核苷酸的前体——胸腺嘧啶核苷（thymidine），次黄嘌呤（hypoxanthine）等，供细胞外源性生物合成用。细胞 DNA 合成有主要通路和旁路两条途径。当细胞 DNA 合成主要通路被氨甲蝶呤阻断时，细胞可利用旁路进行 DNA 合成。在杂交瘤技术中应用的骨髓瘤细胞是经过用嘌呤类似物 8－氮鸟嘌呤或 6－硫鸟嘌呤筛选而得到的遗传基因缺陷型细胞系，它们缺少次黄嘌呤－鸟嘌呤磷酸核糖转移酶（HGRP－Tase）或胸腺嘧啶核苷激酶（Tkase），无法利用补充的次黄嘌呤和胸腺嘧啶核苷经旁路合成 DNA，从而导致骨髓瘤细胞死亡。杂交瘤细胞在染色体杂交后，经旁路合成 DNA，使杂交瘤细胞得以繁殖生存。杂交瘤细胞的筛选，应根据其细胞特性来选择适当的筛选方法，如酶缺陷、药物抗性标记、营养缺陷、温度敏感等。

（3）克隆化培养：生长繁殖的杂交瘤细胞并非每个都能分泌预定的抗体。因此，必须利用免疫荧光检测技术、免疫酶测定技术等手段，筛选出稳定分泌预定抗体的杂交瘤细胞。为了保证分泌抗体单一性，还必须通过有限稀释法或琼脂培养法进行多次克隆化培养，这样就可以用来大量制备单一、特异的单克隆抗体，供鉴定和试验使用。

（4）单克隆抗体的大量制备与鉴定：获得稳定分泌预定抗体的杂交瘤细胞株后，即可根据需要大量制备单克隆抗体。制备单克隆抗体的方法有两类：一类是动物体内诱生法，即将杂交瘤细胞接种于同系小鼠或裸鼠腹腔内，经一定时间，动物腹腔内产生含单克隆抗体的腹水；另一类是体外培养法，如悬浮培养系统，即采用转瓶或发酵罐式的生物反应器以及中空纤维细胞培养系统和微囊化细胞培养系统。

最后，进一步分离和纯化单克隆抗体，鉴定单克隆抗体类型及亚类，测定抗体亲和力以及相应抗原的分子量等，常用的鉴定方法有酶联免疫吸附法（enzyme - linked immunosorbent assay，ELISA），间接免疫荧光法（indirect immunofluorescence，IFA），放射免疫法（radioimmunoassay，RIA），双相扩散法。

### 8.4.2 杂交瘤技术的主要用品

（1）主要器材与设备。

① 超净工作台、$CO_2$ 孵箱、倒置生物显微镜、离心机、液氮生物容器、ELISA 仪等。

② 培养瓶、培养板、离心管、微量进样器等。

（2）主要试剂与配制。

① 7.5% $NaHCO_3$溶液：称取 $NaHCO_3$ 7.5 g，溶于 100 mL 三蒸水中，用针头滤器除菌，分装，4 ℃保存。

② 0.1 mol/L 丙酮酸钠溶液：称取丙酮酸钠 1.1 g，溶于三蒸水 100 mL 中，过滤除菌，分装，-20 ℃保存。

③ 0.2 mol/L 谷氨酰胺溶液：称取谷氨酰胺 2.9 g，溶解于三蒸水 100 mL 中，过滤除菌，分装，-20 ℃保存。

④ 1 mol/L Hepes 溶液：称取 Hepes 23.83 g，溶于 100 mL 三蒸水中，过滤除菌，分装，4 ℃保存。

⑤ 抗生素溶液：取青霉素 200 万 U 和链霉素 2 g，溶于 200 mL 无菌三蒸水中，分装，-20 ℃保存。

⑥ 8-氮杂鸟嘌呤溶液：称取 8-氮杂鸟嘌呤 20 mg，溶于 4 mol/L NaOH 10 mL中，加三蒸水稀释至 1000 mL 过滤除菌，分装，4 ℃保存。

⑦ GKN 溶液：称取 NaCl 8g、KCl 0.4 g、$Na_2HPO_4 \cdot 2H_2O$ 1.77 g、$NaH_2PO_4 \cdot H_2O$ 0.6 g，葡萄糖 2 g，酚红 0.01 g，加三蒸水使之完全溶解后，补水至 1 000 mL，分装，356.18 kPa 高压蒸汽灭菌 15 min，4 ℃保存。

⑧ RPMI 1640 培养液：

无血清培养液：将 1 小袋培养粉（GIBCO 公司产品，每袋 10.4 g）溶于 1 000 mL三蒸水，磁力搅拌 20 ~ 30 min，4 ℃保存。

不完全培养液：取无血清培养液 95 mL，加 0.1 mol/L 丙酮酸钠 1 mL，0.2 mol/L谷氨酰胺 1 mL，1 mol/L Hepes 1 mL，7.5% $NaHCO_3$ 1 mL，双抗生素液 1 mL即成，4 ℃保存。

完全培养液：在 80 mL 不完全培养液中加入 56 ℃灭活 30 min 的无菌胎牛血清 20 mL 即成，4 ℃保存。

⑨ HT 母液（×100）：称取次黄嘌呤（H）136.1 mg，胸腺嘧啶核苷（T）38.8 mg，加三蒸水至 100 mL，在 45 ℃ ~ 50 ℃水浴中保温 1 h 使其溶解，过滤除菌，分装，-20 ℃保存。

⑩ A 母液（×100）：称取 1.76 mg 氨基喋呤（A），加 90 mL 三蒸水溶解，用约 0.5 mL 1 mol/L HCl 中和，补加水至 100 mL，过滤除菌，分装，-20 ℃保存。

⑪ HAT 选择培养液：完全培养液 98 mL，加 HT 母液 1 mL 和 A 母液 1 mL，用 7.5% $NaHCO_3$调 pH 值至 7.2 ~ 7.4 即成，4 ℃保存。

⑫ HT 培养液：完全培养液 99 mL，加 HT 母液 1 mL 即成，4 ℃保存。

⑬ 50% PEG：于融合试验前，称取 PEG（MW：4 000）2 g，放入干净小玻璃瓶中

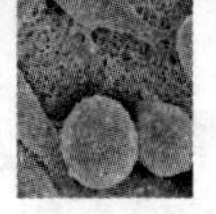



(如青霉素小瓶)，高压灭菌（121 ℃ ~ 132 ℃）20 min，溶化呈液状，PEG 尚未凝固时，即刻加入 2 mL RPMI－1640 完全培养液（其中含 0.3 mL 二甲基亚砜，可稍提高融合率），注意边加边摇，直至完全混合，－4 ℃保存。用时预热至 37 ℃，配制后不可放置过久，以防变碱。

## 8.4.3 骨髓瘤（浆细胞瘤）突变缺陷细胞株的选择与传代培养

（1）常用细胞株的特点：见表 8－2。

表 8－2　常用骨髓瘤细胞株的特点

| 名称 | 全名 | 特征 | 来源 |
|---|---|---|---|
| $SP_2$/O | $SP_2$/O－Agl4 | 不产生 Ig | BALB/C 小鼠浆母细胞瘤 |
| NS－1 | $P_3$－NS－1－Ag41 | 产生 κ 轻链，非分泌型 | BALB/C 小鼠浆母细胞瘤 |
| FO | Fast－zero | 不产生 Ig | BALB/C 小鼠浆母细胞瘤 |
| $Y_3$ | $Y_3$－Agl. 2. 3 | 产生 κ | Lou 大鼠骨髓瘤 |
| SKO－007 |  | 产生 λε | 人浆细胞瘤 |
| TM－HZ |  | 产生 λκ | 人浆细胞瘤 |

引自刘鼎新，吕证宝．细胞生物学研究方法与技术．北京：北京大学医学出版社，1990：194

（2）骨髓瘤细胞的培养：骨髓瘤细胞以悬浮或半贴壁形式生长，不需要用胰蛋白酶消化，直接用吸管吹打即可使细胞分散，传代培养，通常要保持细胞处在对数生长期，每 3 至 5 d 传代 1 次，保证细胞生长最大密度不要超过（5 ~ 10）× $10^6$/mL。用于融合试验的骨髓瘤还必须对 HAT 培养液敏感。以 $SP_2$/0 细胞株为例，在融合试验前 2 周，细胞要培养在筛选建株时应用的碱基类似物致死剂 8－氮鸟嘌呤培养液中（20 ~ 30 μg/mL）。融合前一天传代 1 次，接种密度可为（4 ~ 5）× $10^5$/mL，并换为常规普通培养液。

## 8.4.4 免疫脾细胞的制备

（1）免疫动物：一般根据骨髓瘤细胞株的来源选择脾细胞的供体。目前应用最普遍的动物品系是 BALB/c 小鼠，通常选用雌性，以 8 ~ 12 周龄为宜。免疫动物所用的抗原剂量主要取决于抗原的种类和免疫原性。细胞、细菌和病毒颗粒性抗原一般具有较强的免疫原性，用这类抗原免疫动物可不加佐剂。例如制备抗肿瘤的单克隆抗体，可直接将（5 ~ 10）× $10^6$ 个细胞经腹腔注射初次免疫小鼠，3 周后以同样数量的细胞追加免疫。而可溶性抗原常需加用佐剂。一般可按每只小鼠 10 ~ 100 μg 剂量的抗原与福氏完全佐剂等量混匀，在小鼠颈背部皮下多点注射或腹腔注射，间隔 2 ~ 4 周后，取同量抗原加不完全佐剂追加免疫一次，再间隔 4 周，取同量抗原不加佐剂经静脉或腹腔追加免疫。

（2）制备免疫脾细胞悬液：通常在末次免疫后第 3 ~ 4 天，以拉颈或断头处死免疫小鼠，用 75% 乙醇浸泡消毒小鼠体表。在超净工作台内，无菌暴露腹腔，摘取脾脏，去除脂肪和结缔组织，用无血清培养液冲洗。将脾脏移入盛有 5 mL 无血清培养液的培养皿中，置于 100 目不锈钢网上，用注射器针蕊轻轻研磨脾脏，并用无血清培养液冲洗，收集脾细胞悬液，以

1 000 r/min离心 5 min，弃去上清液，重悬浮于不完全培养液中。如果仍有较大组织块，将悬液通过200目不锈钢网。离心洗涤1次，悬浮于10 mL不完全培养液。用台盼蓝染粒排斥法计数活的脾细胞数目。一般每只小鼠可获得（1～2.5）×$10^8$个脾细胞。

## 8.4.5 饲养细胞的制备

细胞融合过程中，细胞会受到不同程度的损伤。为了使融合后的杂交细胞瘤获得最佳生长条件、增加杂交克隆的产量以及在骨髓瘤细胞或杂交瘤细胞克隆化培养，常需制备饲养层。常用的饲养层细胞有小鼠胸腺细胞和小鼠腹腔巨噬细胞，它们还有吞噬死细胞，清洁培养表面的作用。小鼠腹腔巨噬细胞的制备方法如下。

（1）选取6～8周龄BALB/c小鼠，放血处死小鼠，浸泡于75%乙醇1 min。

（2）将小鼠移入超净工作台内，以仰卧位固定在解剖板上，用眼科剪剪开胸部皮肤，用两手纵向拉开皮肤，暴露腹部，并用乙醇棉球消毒腹膜。

（3）用注射器抽取5 mL无血清培养液注入腹腔，用棉球轻揉腹腔1～2 min。然后，用眼科镊稍提起腹膜，并用眼科剪剪开一个小口，用吸管吸取细胞悬液，移入离心管中。

（4）用无血清培养液离心洗涤1次（1 000 r/min，5 min）。重悬浮于HAT培养液，调整细胞密度至$2\times10^5$/mL，一般每只小鼠可获得（2～5）×$10^6$个巨噬细胞。

（5）将巨噬细胞接种于96孔培养板，每孔0.1 mL含$2\times10^4$个细胞。置37 ℃、5% $CO_2$及饱和湿度条件下培养，次日可供融合实验用。

## 8.4.6 细胞融合

（1）准备

① 将配好的50% PEG置37 ℃孵箱中预温。

② 收获对数生长期的骨髓瘤细胞，用无血清培养液洗3次，做活细胞计数，细胞活力应不低于95%。

③ 收集脾细胞，用无血清培养液洗3次，计数并测定细胞活力。

（2）融合

① 将$1\times10^8$个脾细胞与（2～3）×$10^7$个骨髓瘤细胞在50 mL尖底离心管中混匀，以1 000 r/min离心5 min，弃去上清液，用食指轻弹离心管底部，使细胞沉淀团块稍松散。

② 一手均匀转动离心管，另一手用1 mL吸管边滴边轻轻搅动，同时注入0.5～1.0 mL 50% PEG，1 min内加完。

③ 立即将细胞悬液吸入吸管内，静置30 s，再缓缓将细胞悬液吹入离心管，慢慢加入30 mL无血清培养液，以终止融合。接着以800 r/min离心8 min，弃上清液，重悬浮于10 mL HAT培养液中。

④ 接种于含有饲养细胞的96孔培养板中，每孔0.1 mL。放入$CO_2$孵箱，在37 ℃、5% $CO_2$及饱和湿度下培养。

（3）培养与观察

① 融合后7～10 d用HAT培养液换液。可根据克隆生长情况，及时半量换液。

② 2周后可换HT培养液，3周后可换完全培养液。

③ 培养3～5 d即可小克隆出现，杂交细胞较大，呈圆形且透明，其他细胞透光性差并逐渐死亡。

④ 培养8～12 d，克隆可长至孔底面积的1/3～1/2，此时可取培养上清液，进行抗体检测。

⑤ 一旦检测到分泌预定抗体的克隆，应及时将阳性克隆转种至24孔培养板，再进一步转入培养瓶扩大培养，冻存部分克隆细胞，同时进行克隆化培养。

## 8.4.7 单克隆抗体的检测

细胞融合后，一旦长出大小适宜的克隆时，应及时选择灵敏、快速、可靠的免疫学方法如免疫荧光试验、酶联免疫吸附试验（ELISA）、放射免疫试验（RIA）等，筛选分泌预定抗体的杂交细胞克隆。现以细胞性抗原的ELISA测定为例叙述操作方法。

（1）制备细胞抗原板：取对数生长期的细胞系（如牙龈癌细胞系Ca9－22），用0.25%胰蛋白酶消化分散，制成细胞悬液，接种于96孔板，每孔0.2 mL含$10^5$个细胞，放入$CO_2$孵箱培养24～48h，待细胞长满，弃培养上清液，PBS（0.05 mol/L，pH 7.2）洗3次，每孔加0.2 mL 0.025%戊二醛－PBS，固定10 min，PBS洗3次，每孔加入0.05 mL抗原封闭液（0.15 mol/L,pH7.2 PBS中含1%正常兔血清，1%牛血清白蛋白、0.02%明胶，0.1%叠氮钠）。用塑料袋密封，4 ℃保存，可使用2个月。

（2）检测抗体时，取出培养板，弃去孔内抗原封闭液，PBS洗3次。

（3）每孔加0.1 mL 0.3% $H_2O_2$－PBS，37 ℃放置30 min，以阻断内源性过氧化物酶。

（4）PBS洗3次，每次3 min。

（5）每孔加杂交瘤细胞培养上清液0.05 mL，37 ℃孵育1～1.5 h，或4 ℃过夜。

（6）PBS洗2次，洗涤液（PBS中含0.1%正常兔血清，0.01%明胶，0.1%牛血清白蛋白，0.05% Tween－20和0.01% $NaN_3$）洗2次，每次3 min。

（7）每孔加辣根过氧化物酶标记的兔抗小鼠IgG 0.05 mL（用稀释液即PBS中含2%正常兔血清和10%甘油，稀释酶标抗体），37 ℃孵育30 min。

（8）PBS洗5次，每次3 min。

（9）每孔加新鲜配制的0.1 mL底物溶液（邻苯二胺20mg溶于50 mL pH 5.0的磷酸－柠檬酸缓冲液，用前加76 μL 30% $H_2O_2$），25 ℃暗处反应30 min。

（10）每孔加50 μL 2 mol/L $H_2SO_4$，终止反应。

（11）判定结果：阴性对照孔应无色，阳性对照孔呈橙黄色，试验孔的颜色与阳性孔的颜色基本一样，可判定为阳性。此外，也可用酶联免疫检测仪测定各孔在490 nm波长处的光吸收值，若试验孔的光吸收值大于或等于阳性对照孔的光吸收值，可判定为阳性。

## 8.4.8 克隆化培养

克隆培养对于获得分泌单一抗体的杂交瘤细胞株至关重要。大多数情况下，产生特异性抗体的杂交瘤细胞克隆不是来自单个细胞，可能混有不分泌抗体的克隆，它比分泌抗体的克隆长得快，因此应及早进行抗体检测和克隆化培养，避免发生竞争性生长抑制。同时应注意，分离出分泌抗体的杂交瘤细胞株后，在培养过程中，有时会发生变异，不再产生抗体。这种情况下，需要再进行3～4次克隆化培养，以保证分泌性克隆生长的稳定性。克隆化培养有软琼脂培养法和有限稀释法，其中有限稀释法最常用。现介绍如下。

（1）制备饲养层：取正常小鼠腹腔巨噬细胞，制成细胞悬液，接种96孔培养板，每孔0.1 mL，含$2\times10^4$个细胞。

（2）用弯吸管吹打杂交瘤细胞培养板中孔内的克隆，悬浮于完全培养液中。

（3）取样，用血球计数板计数，调整细胞密度至100/ml、50/ml、10/mL。

（4）分别将三种密度的杂交瘤细胞悬液接种于含饲养细胞的培养板中，每孔加0.1 mL，理论上每孔分别含10、5、1个细胞。

（5）在37 ℃、5% $CO_2$及饱和湿度条件下静置培养。1周后可半量换液。培养10～14 d取培养上清液进行抗体检测。

（6）对阳性单克隆再克隆化培养，直到100%的克隆分泌特异性抗体为止。同时，将阳性克隆进一步扩大培养，冻存。

### 8.4.9 单克隆抗体的大量制备

在细胞培养过程中杂交瘤能产生和分泌单克隆抗体，但是产量低，约10～100 μg/mL。为了获得大量高效价抗体，通常将杂交瘤细胞植入BALB/c小鼠体内，制备含特异性单克隆抗体的腹水，产量约1～5 mg/mL。方法如下。

腹腔液注射0.5 mL降植烷或医用液状石蜡或福氏不完全佐剂。预处理过的小鼠在2～3个月均可使用。

（1）收集生长良好的杂交瘤细胞，离心洗涤1次，重悬浮于无血清培养液中，调整细胞密度为（1～2）$\times10^6$/mL，每只小鼠腹腔注射0.5 mL细胞悬液。

（2）接种细胞7～12 d，可见小鼠腹部明显膨大。消毒腹部皮肤，用5 mL注射器接8号针头，刺入腹腔，卸下注射器，抬高小鼠头部，使腹水滴入离心管中，一般可收集3～5 mL。

（3）3 000 r/min离心15 min，弃去上层油脂，吸取淡黄色腹水，分装，－70 ℃保存备用。

### 8.4.10 杂交瘤细胞染色体的鉴定

以染色体为指标，能客观反映出杂交瘤细胞的遗传学特征。按常规染色体分析方法制备染色标本，在光镜下观察和分析细胞分裂中期的染色体，对其数目、形态加以分析。

正常小鼠脾脏细胞的染色体数2n＝40，全为端着丝点染色体。小鼠骨髓瘤细胞的染色体数目变异较大，如$SP_2$/0骨髓瘤细胞2n＝62～68，NSI骨髓瘤细胞2n＝54～64，大多数为非整倍性，并有中部着丝点染色体和亚中部着丝点染色体等标记染色体。当脾细胞与骨髓瘤细胞融合形成杂交瘤细胞后，即在数目上接近两种亲本细胞染色体数之和，在结构上除多数为端着丝点染色体外，并出现少数标记染色体。

### 8.4.11 单克隆抗体的鉴定

在建立稳定分泌单克隆抗体杂交瘤细胞株的基础上，应对制备的单克隆抗体的特性进行系统的鉴定。一般可进行以下几方面的鉴定：①抗体的特异性；②抗体的类别及亚类；③抗体的中和活性；④抗体的亲和力；⑤抗体对应抗原的分子量；⑥抗体识别的抗原表位。

常见的单克隆抗体鉴定方法包括：①ELISA法检测法；②免疫吸附柱法；③棋盘滴定法；④间接免疫荧光法或胶体金免疫电镜；⑤竞争抑制法；⑥Westernblot分析法；⑦Pepscan确定表位法。关于具体的鉴定方法可参照有关免疫学技术专著。

（刘　斌，李　龙）

细胞培养

# 相关的部分分子生物学技术

分子生物学是从分子水平研究并解释生物学现象，并在分子水平上改造和利用生物的一门学科。分子生物学近十年发展相当迅速，尤其是生物高科技术及产品已进入临床诊断及治疗。其内容广泛，本章仅简要介绍与细胞培养直接有关的部分分子生物学实验方法。

## 9.1 培养细胞基因组 DNA 的提取及分析

### 9.1.1 培养细胞基因组 DNA 的提取

**概述**

DNA 是最主要的生物信息分子，也是分子生物学研究工作的主要对象。哺乳动物细胞基因组 DNA 的分离通常是以 EDTA、蛋白酶 K 消化细胞，用酚、氯仿抽提和纯化。提取纯化的 DNA 用于结构分析、序列测定、限制性内切酶酶切片段长度多态性分析及基因重组等。目前，DNA 提取、纯化方法已很成熟而且简便。

**用品**

（1）高速台式离心机、37 ℃孵箱、移液器、移液器头、水浴锅，离心管等。

（2）细胞裂解缓冲液（lysis 缓冲液）：10 mmol/L Tris - HCl，pH8.0，1 mmol/L EDTA，10 mmol/L NaCl，1% SDS，20 μg/mL RNaseA，4 ℃保存。

（3）蛋白酶 K：20 mg/mL 贮存液，-20 ℃保存。

（4）Tris 饱和酚，pH8.0，室温保存。

（5）氯仿，室温保存。

（6）3 mol/L 乙酸钠，pH5.2，室温保存。

（7）无水乙醇、70% 乙醇，4 ℃保存。

（8）1 ×TE：10 mmol/L Tris - HCl，1 mmol/L EDTA，pH 8.0，室温保存。

**步骤**

（1）用 0.25% 胰酶消化液或细胞刮除器将细胞从培养瓶或培养皿中分离，1 200 r/min，室温离心 10 min，弃上清。

（2）用预冷的 PBS 洗涤细胞沉淀，1 200 r/min，室温离心 10 min，弃上清。重复洗涤一次。

（3）加入 250 μL 细胞裂解缓冲液，37 ℃孵育 20 min。

（4）加入适量蛋白酶 K，使其终浓度达到 100 μg/mL，混匀，50 ~ 55 ℃水浴 1 h。

（5）加入 150 μL Tris 饱和酚，pH8.0，温和、充分混匀后加入 150 μL 氯仿，轻柔混匀 3 min，12 000 r/min，离心 10 min。将上层水相移至新的 1.5 mL 离心管中。

（6）加等体积 Tris 饱和酚/氯仿，轻轻混匀，离心 12 000 r，10 min，取上层水相到另一 1.5 mL 离心管中。如上层水相仍不澄清，可重复此步骤 2 ~3 次。

（7）加入 250 μL 氯仿，轻柔混匀，1 min,12 000 r/min 离心 10 min。将上层水相移至新的 1.5 mL 离心管中。

（8）加入 0.1 倍体积的 3 mol/L 乙酸钠，pH 5.2，和 2.5 倍体积 -20 ℃预冷的无水乙醇，轻轻倒置混匀。

（9）待絮状物出现后，12 000 r/min 离心，10 min，弃上清液。

（10）沉淀用预冷的 75% 乙醇洗涤，2 min。12 000 r/min 离心，10 min，弃上清液。

（11）室温下挥发乙醇，待沉淀将近透明后加入适量 TE 或 $H_2O$ 溶解 DNA，4 ℃保存。

**操作提示**

（1）防止和抑制 DNase 对 DNA 的降解：所有用品均压力蒸汽灭菌、所有试剂均用灭菌双蒸水配制。

（2）裂解液中加入足量的 RNaseA，以彻底降解 RNA。

（3）操作轻柔，尽量减少对溶液中 DNA 的机械剪切破坏。

### 9.1.2 DNA 鉴定

#### 9.1.2.1 DNA 纯度检测及含量计算

DNA 纯度及浓度可使用紫外分光光度仪测量并计算。

DNA 纯度检测：核酸的光吸收值位于波长 260 nm 处，蛋白质位于 280 nm 处，盐和小分子集中在 230 nm 处，测定制备物在 260 nm 和 280 nm 处的光吸收值，根据 $OD_{260}/OD_{280}$ 的值可以估计 DNA 的纯度，DNA 纯品的 $OD_{260}/OD_{280}$ 为 1.8。提取的 DNA 的 $OD_{260}/OD_{280}$ 在 1.7 ~1.9 为宜。若低于 1.7，表明制备物中有残余蛋白质存在。在这种情况下，可用酚、氯仿继续抽提、纯化。若高于于 1.9，说明制备物中含有 RNA，或 DNA 链破坏、断裂成为小分子。此外，$OD_{230}/OD_{260}$ 的比值应在 0.4 ~ 0.5，若比值较高说明有残余盐的存在。

DNA 浓度计算：用 260 nm 波长进行分光测定，$OD_{260}$ 值为 1 相当于大约50 μg/mL 双链 DNA。因此，DNA 浓度（μg/mL） = $OD_{260}$ 读数 × 50（μg/ml） × 稀释倍数。DNA 总量（μg） = DNA 浓度 × 总体积（mL）。

例如：某提取物 1 mL 稀释 10 倍后在 $OD_{260}$ 与 $OD_{280}$ 处值分别为 0.78 与 0.43。

其纯度 = $OD_{260}/OD_{280}$ = 0.78/0.43 = 1.8；

浓度 = 0.78 × 50 × 10 = 390 μg/mL = 0.39 mg/mL；

DNA 总量 = 0.39 × 1 = 0.39 mg。

#### 9.1.2.2 DNA 分子量大小鉴定

**概述**

琼脂糖凝胶电泳可用于分离不同分子量的 DNA 片段。取约 1 μg DNA，经 1%

琼脂糖凝胶电泳，溴化乙啶染色，紫外灯下观察。小片段比大片段移动快，在胶上的迁移距离与分子量的对数成反比。通常用已知大小的标准品，通过标准品片段的迁移距离，计算出样品片段大小。此技术还可用作分离基因组 DNA，进一步进行 Southern 印迹分析。

**用品**

（1）电泳缓冲液：

5 × TBE：54 g Tris

27.5 g 硼酸

20 mL 0.5 mg/L EDTA（pH8.0）

加 $H_2O$ 至 1 000 mL。

（2）加样缓冲液：

0.25% 溴酚蓝

0.25% 二甲苯氰 FF

15% 聚蔗糖（Ficoll 400）

1% 琼脂糖。

（3）溴化乙啶。

（4）DNA 分子量标准。

**步骤**

（1）琼脂糖凝胶制备：1% 琼脂糖（溶于 1 × 电泳缓冲液）加热熔化后，冷却至约 40 ℃ 时，加入溴化乙啶（0.5 μg/mL终浓度），铺潜水电泳槽，插放加样孔梳，室温放置至胶凝固，胶厚约 3 ~ 5 mm。

（2）加入电泳缓冲液，没过胶表面约 1 mm 高度，小心取出梳子。

（3）取 DNA 样品与加样缓冲液混匀，加入加样孔。加样的量根据 DNA 样品片段大小及数量而定，其范围可从毫微克至微克。加样体积由加样孔大小而定，注意不要将孔完全充满，以防邻孔互相污染。同时加入 DNA 分子量标准作为参照。

（4）盖上电泳槽盖，通电。DNA 从阴极向阳极移动，采用 3 ~ 4 V/cm 电压。

（5）电泳过程中可根据加样缓冲液中的染液位置，判断 DNA 移动情况，一般电泳时间 1 h 左右。

（6）切断电源，紫外灯下观察。经溴化乙啶染色的 DNA 为橘红色条带，根据分子量标准，判断 DNA 分子大小。

**操作提示**

（1）根据 DNA 片段大小，配制不同浓度的琼脂糖凝胶。

（2）琼脂糖加热应充分，保证其完全熔化。

（3）一定待琼脂糖冷却至约 40 ℃ 左右时再开始灌注。

（4）凝胶完全凝固后才可进行电泳，不可为了加快电泳速度而将电压调得过高。

（5）溴化乙啶有致癌危险性，使用时注意戴手套操作。

### 9.1.3 Southern blot

Southern 1975 年提出的 Southern blot 技术用于基因组 DNA 特定序列定位。此方法用于固定 DNA，并分析 DNA 结构，尤其可分析某些基因的限制性内切酶片段长度多态性，可以用于遗传性疾病的早期诊断、产前诊断或基因变异方面的研究。其过程包括：样品 DNA 的内切酶水解，水解片段的琼脂糖凝胶电泳分离，分离后水解片段的转移（固定），与标记的特异性的 DNA 片段的分子杂交及放射自显影

#### 9.1.3.1 DNA 内切酶水解

**概述**

限制性内切酶（RE）是细菌的酶，它可裂解双链 DNA，用于分子生物学中的限制性内切酶具有高度特异性的 DNA 裂解点。每种酶都需要特殊的反应条件，达

到最适裂解活性。它们唯一的差别就在于离子强度不同。

限制性内切酶活性的量：一单位（U）RE活性通常是在37 ℃、1 h内将1 μg DNA的所有特异性位点切断的酶用量。一个RE反应的典型测活条件含缓冲液10 mmol/L Tris pH 7.4，10 mmol/L $Mg^{2+}$，基本没有螯合剂。应用时，RE至少稀释达到1∶10，这样可以扩大反应体积，提高酶解效率。若同时需要两种RE时，要注意每种RE的最适盐浓度。若相同，则可同时使用；若不相同，先用在低离子强度的缓冲液中活性最高的酶切割DNA，再加入适量盐（NaCl）及第二种酶，继续温育。

不同的RE生产厂家推荐的反应条件往往不同，因此建议按照酶的说明书进行操作。

**用品**

（1）1.5 mL Eppendorf管。

（2）10×限制性酶消化缓冲液：

① 10×buffer O－无盐：

100 mmol/L Tris－HCl pH7.4

1 mg/mL BSA

100 mmol/L $MgCl_2$

10 mmol/L DTT（二硫苏糖醇）

② 10×buffer L－低盐：

缓冲液O

0.5 mol/L NaCl

③ 10×buffer H－高盐：

缓冲液O

1.0 mol/L NaCl。

（3）EDTA：pH8.0，0.5 mol/L。

**步骤**

（1）将DNA（0.2～1.0/μg）溶液加于一灭菌的Eppendorf管中，并加入适量去离子$H_2O$，总体积为18 μL，混匀。

（2）加入2 μL 10×限制性酶缓冲液，根据生产厂家建议的盐浓度，选择不同的缓冲液。

（3）加入1～2 U限制性内切酶，充分混匀。

（4）37 ℃温育适当时间。可根据需要，先进行预实验，摸索达到消化程度所需的时间。

通常用琼脂糖凝胶电泳鉴定，DNA酶解完全则呈现酶解片段，分子量从大到小分布均匀。

（5）加入0.5 mol/L EDTA，pH8.0至终浓度为10 mmol/L终止反应。

（6）消化后的DNA直接进行琼脂糖凝胶电泳，用于分析或Southern blot。

#### 9.1.3.2 Southern blot

**概述**

将经电泳走后琼脂糖中的DNA变性、中和后，以毛细管作用在高盐缓冲液中转移至硝酸纤维素滤膜上，再用放射性探针检测与之杂交的DNA大小及含量。

**用品**

（1）DNA分子量标准品。

（2）10×加样缓冲液（同DNA凝胶电泳）。

（3）1 0 mg/mL溴化乙啶。

（4）0.25 mol/L HCl。

（5）变性溶液：1.5 mol/L NaCl，0.5 mol/L NaOH。

（6）中和溶液：

200 mL 20×SSC

100 mL 1 mol/L HCl

100 mL 1 mol/L Tris－HCl pH8.0

加水至500 mL。

（7）20 × SSC：在 800 mL $H_2O$ 中溶解 175.3 g NaCl 和 88.2 g 柠檬酸钠，加入数滴 10 mol/L HCl 溶液调节 pH 值至 7.0，加水至 1 000 mL，高压灭菌。

（8）预杂交液：

12.5 mL 1 mol/L $K_3PO_4$ pH7.4

125 mL 20 × SSC

25 mL 100 × Denhardt 溶液

5 mL 5 mg/mL 鱼精 DNA

250 mL 100% 去离子甲酰胺

82.5 mL $H_2O$（总体积 500 mL）。

（9）用于杂交的标记探针，见原位杂交。

（10）杂交液：预杂交液各成分中再加入 10% 硫酸葡聚糖及标记探针。

（11）0.1%（PB）SDS。

（12）尼龙膜。

（13）滤纸。

（14）可封口塑料袋。

* 100 × Denhardt 液：

10 g 聚蔗糖（Ficoll 400）

10 g 聚乙烯吡咯烷酮

10 g 牛血清白蛋白（组分 V）

加 $H_20$ 至 500 mL。

## 步骤

（1）基因组 DNA 限制性内切酶酶切

① 设置 50 μL 反应体系，在 200 μL EP 管中加入：

| | |
|---|---|
| 10 μg 基因组 DNA | 4 μL |
| 10 × 缓冲液 | 5 μL |
| EcoR Ⅰ | 4 μL |
| 去离子水 | 补足 50 μL |

② 充分混匀，离心 20 s。

③ 置于 PCR 仪上 37 ℃反应过夜。

④ 加 1/10 体积乙酸钠、2 体积无水乙醇沉淀 DNA 晾干。

⑤ 加 20 μL TE 缓冲液溶解 DNA。

（2）DNA 琼脂糖凝胶电泳

① 用 0.5 × TBE 缓冲液配制 0.8% 琼脂糖凝胶，微波炉加热至溶化，加入 EB（0.5 μg/mL）混匀后倒入制胶器中室温凝固。

② 凝固后，去除样品梳及胶带，置于水平电泳仪中。

③ 将 DNA 样品用 6 × DNA 上样缓冲液混匀后加入样品孔中，恒压电泳（20 V/10 mA）直至染料电泳至边缘。

④ 电泳完毕，取出凝胶切角并在凝胶成像系统成像记录。

（3）DNA 转移与固定

① 凝胶置于 0.25 mol/L HCl 中处理 30 min，去离子水洗 1 次。

② 碱变性：凝胶置于变性液中作用 30 min。500 mL 中和溶液浸泡 30 min。

③ 毛细管法转移：根据凝胶大小裁剪与其等大小尼龙膜、滤纸片，尼龙膜一角软铅笔作方位标记。再剪一张滤纸，比胶的宽度长 30 ~ 40 cm。在一盘中加入数百毫升 20 × SSC，盘上搭一块玻璃，滤纸可从玻璃双侧浸到盘中的溶液。

④ 去离子水浸泡尼龙膜、滤纸片，转移液中再浸泡 5 min。

⑤ 逐层放置滤纸、凝胶、尼龙膜、滤纸及吸水纸，再加以重物。胶与滤膜之间不可有气泡。转移过夜。

⑥ 转移完毕后取出尼龙膜，2 × SSC 浸泡 5 min，滤纸吸干，夹在 2 层干净滤纸之间。

（4）预杂交与杂交

① 预杂交：将尼龙膜置于预热 DIG Easy Hyb 工作液（37 ℃ ~ 42 ℃）中摇晃，充分作用 30 min。

② 探针变性：DIG 标记探针煮沸 5 min后迅速置于碎冰中，用预热 DIG Easy Hyb 工作液制备含探针的杂交液。

③ 弃去预杂交液，加入杂交液 42 ℃摇动孵育 4 h 或过夜。

④ 2×SSC（0.1% SDS 中）洗膜 2 次（5 min×2），不断摇动。

⑤ 5×SSC（0.1% SDS 中）洗膜 2 次（15 min×2，65～68 ℃），期间不断摇动。

（5）杂交检测

① 清洗缓冲液润洗 1 遍（3～5 min）。

② 100 mL 封闭缓冲液工作液封闭 30 min。

③ 100 mL 抗体缓冲液（1∶5000）孵育 30 min。

④ 清洗缓冲液洗膜（15 min×2）。

⑤ 20 mL detection 缓冲液 平衡 2～5 min。

⑥ 将尼龙膜置于 10 mL 显色液棕色瓶中，避光数 min 至 1 d（出现颜色时不要摇动）。

⑦ 当出现条带时，TE 缓冲液洗膜（5 min×1），终止现色。

⑧ 照相记录，80 ℃烤干，储存。

⑨ 扫描计算相关基因扩增的倍数。

**操作提示**

（1）为了防止缓冲液流从凝胶边缘之外通过，沿凝胶的每一边放置一条石蜡膜，使滤纸桥与层叠上部的吸湿材料无法接触。

（2）尼龙膜是目前较理想的核酸固相支持膜，核酸转移时选择尼龙膜比硝酸纤维素膜效果好。

（3）尼龙膜漂洗应尽量彻底，以降低背景。

（4）显色液要新鲜配制。

## 9.2 培养细胞总 RNA 的提取及分析

### 9.2.1 培养细胞总 RNA 的提取

**概述**

真核细胞含有三类基本 RNA：核糖体 RNA（rRNA），信使 RNA（mRNA）以及转移 RNA（tRNA）。其中 mRNA 传递合成蛋白质的全部遗传信息，是蛋白质生物合成的中间环节，具有特殊意义。传统的 Chomezynski 介绍的从哺乳动物细胞中快速提取细胞总 RNA 方法是用强烈变性剂如盐酸胍溶液溶解蛋白质，导致细胞结构破坏，核蛋白二级结构破坏，把 RNA 从核酸上解离下来。此外，RNA 酶可被盐酸胍还原剂灭活，因此可获得细胞总 RNA。制备的 RNA 可用于提取 mRNA，从而分析 mRNA 表达量，cDNA 文库建立以及反义 RNA 对 mRNA 翻译的调控等。本文介绍目前常用的较简便的总 RNA 提取方法。

**用品**

（1）Trizol 试剂（Invitrogen 公司）：

饱和酚 38%

硫氰酸胍 0.8 mol/L

硫氰酸铵 0.4 mol/L

醋酸钠 0.1 mol/L

甘油 5%

$H_2O$。

（2）氯仿。

（3）异丙醇。

（4）DEPC 处理水。

（5）75% 乙醇。

（6）无 RNA 酶的 Eppendorf 管、移液器、移液器头、冷冻台式高速离心机、手套、口罩等。

**步骤**

（1）将长满底壁约90%细胞的100 mm培养皿置于冰上，吸去培养液，用PBS洗涤2次。

（2）加入1 mL Trizol试剂，反复吹打，室温裂解1～2 min。

（3）将细胞裂解液转移至新的1.5 mL Eppendorf管中，上下轻柔颠倒10次，室温静置5 min。

（4）加入0.2mL氯仿，颠倒混匀10次，室温静置5 min。12 000 r/min，4 ℃，离心20 min。

（5）离心后可见上层水相，中间混合相，下层酚相。将上层水相约0.5 mL转至新Eppendorf管中，加入0.5 mL异丙醇，颠倒混匀10次，室温静置10 min。12 000 r/min，4 ℃，离心15 min。

（6）用移液器或真空泵小心吸弃上层液体，可见白色沉淀，加入预冷的75%乙醇（DEPC水配制）1 mL，剧烈混匀。12 000 r/min，4 ℃，离心10 min。

（7）弃上清液，Eppendorf管倒扣，空气中干燥5～10 min。

（8）溶于20 μL DEPC处理水中。

**操作提示**

避免RNA酶污染，操作全程戴口罩及手套。

提取RNA前将离心机预冷到4 ℃。

Trizol处理完的细胞如暂时不用，可以放置在－70 ℃，至少可以保存3个月。

空气干燥后，白色的RNA沉淀可能变透明，因此可在EP管底RNA存在位置做一标记。

## 9.2.2 RNA鉴定

### 9.2.2.1 RNA纯度检测及含量计算

RNA纯度检测：取少量提取RNA，稀释后用紫外分光光度计测定$OD_{260}$、$OD_{280}$值，RNA纯品的$OD_{260}/OD_{280}$为2.0，$OD_{260}/OD_{280}$越接近2.0，说明RNA纯度越高。$OD_{260}/OD_{280}$在1.8～2.0，可进行后续反转录。若$OD_{260}/OD_{280}$明显低于1.8，可能存在蛋白质污染。

RNA含量计算：$OD_{260}$值为1的RNA溶液约含有40 μg/mL的RNA，因此所提取的RNA浓度（μg/mL）＝$OD_{260}$值×40 μg/mL×稀释倍数。RNA总量（μg）＝RNA浓度×总体积（mL）。

### 9.2.2.2 RNA分子量大小鉴定

有两种电泳方法可分离鉴定RNA，甲醛琼脂糖电泳和聚丙烯酰胺变性电泳。本书介绍现较常用的甲醛琼脂糖变性电泳。

**概述**

经过变性RNA琼脂糖凝胶电泳可分离RNA，用溴化乙啶染色后在紫外灯下观察RNA大小。

**用品**

10×MOPS缓冲液：

200 mmol/L 3－(N－morpholine) propanesulphofic acid

80 mmol/L乙酸钠

10 mmol/L EDTA pH7.0。

（2）溴化乙啶：10 mg/mL溶于DEPC处理水中。

（3）RNA加样缓冲液：

1×MOPS缓冲液

7%甲醛　pH4.0

5%甘油

50%去离子甲酰胺

0.025%饱和溴酚蓝溶液。

**步骤**

（1）制备1.2%琼脂糖胶：用DEPC处理水制备1.2%琼脂糖胶30 mL，微波炉加热沸腾，见琼脂糖溶解，室温冷却至 60 ℃，加入 3 mL 10 × MOPS，1.6 mL 去离子甲酰胺，制胶，放置梳子。

（2）胶凝固后，加入 1 × MOPS 电泳缓冲液。

（3）加样：5 ~ 10 μg RNA 样品，加入加样缓冲液，共 10 μL，60 ℃ 5 min，加入 1 μL 溴化乙啶，离心。

（4）走胶，由负极走向正极，1 ~ 5 V/cm。

（5）当溴酚蓝走至胶边缘后，紫外灯下观察 RNA 样品。

### 9.2.3 Northern blot

**概述**

Alwine 等 1977 年提出此方法可以测量总 RNA 或 poly（A） + RNA 样品特定 mRNA 分子的大小和丰度。RNA 分子在变性琼脂糖凝胶中可相互分离，随后将 RNA 转移至硝酸纤维素滤膜等，用放射性标记的探针进行 DNA – RNA 杂交。是研究 RNA（特别是 mRNA）的主要方法之一。

**用品**

除了 RNA 琼脂糖变性电泳所需的用品外，尚有如下用品。

20 × SSC：

3 mol/L 氯化钠

0.3 mol/L 枸橼酸钠。

（2）预杂交液：

5 × SSC

50% 甲酰胺

5 × Denhart 液

1% SDS

100 μg/mL 热变性鱼精 DNA。

（3）杂交液：

预杂交液

5% 硫酸葡聚糖

尼龙膜或硝酸纤维素膜。

**步骤**

（1）RNA 琼脂糖变性电泳。

（2）Northern 转移。

①将胶浸于蒸馏水中 3 次，每次 5 min，去除甲醛。

②将尼龙膜或硝酸纤维素膜剪成与胶大小一致。

③将膜浸于水中若干秒。

④放置转移装置。

如同 Southern blot 从下向上顺序为：

A. 横跨玻璃双侧的滤纸，双边浸到 20 × SSC 液中。

B. 琼脂糖胶。

C. 尼龙膜或硝酸纤维素膜。

D. 3MM 滤纸。

E. 吸水纸。

F. 重物。

G. 室温转膜过夜。

（3）将转移的尼龙膜或硝酸纤维素膜浸泡在 20 × SSC 中。

（4）80 ℃真空烤干，2h。

（5）用 5 ~ 10 mL 预杂交液将膜封于塑料袋中，排出气泡，42 ℃ 预杂交 1 ~ 4 h。

（6）100 ℃加热标记探针 5 min，置于冰上。

（7）去除预杂交液，加入杂交液和探针，42 ℃过夜。

（8）取出膜，室温 2 × SSC 中洗 1 次，15 min。

（9）继续按以下条件洗膜。

① 2 × SSC 0.1% SDS，15 min，65 ℃。

② 0.1 × SSC 0.1% SDS，15 min，65 ℃。

（10）放射自显影。

## 9.2.4 RT－PCR

**概述**

反转录－聚合酶链反应（reverse transcription－polymerase chain reaction，RT－PCR）的原理是：提取组织或细胞中的总RNA，以其中的mRNA作为模板，采用Oligo（dT）或随机引物利用反转录酶反转录成cDNA。再以cDNA为模板进行PCR扩增，而获得目的基因或检测基因表达。

### 9.2.4.1 培养细胞总RNA的提取

见9.2.1节培养细胞总RNA的提取。

### 9.2.4.2 cDNA第一链的合成

目前试剂公司有多种cDNA第一链试剂盒出售，其原理基本相同，但操作步骤不一。现以GIBICOL公司提供的Super-ScriptTM Preamplification System for First Strand cDNA Synthesis试剂盒为例。

**用品**

（1）Oligo（dT）18（0.5 μg/μL），DEPC处理水，5×反应缓冲液，RNase抑制剂（20 U/μL），10 mmol/L dNTP，反转录酶（20 U/μL）。

（2）移液器、移液器头、EP管等。

**步骤**

（1）在0.5 mL微量离心管中，加入1 μL Oligo（dT）18，总RNA 1～5 μg，用DEPC水使总体积达12 μL，轻轻混匀。

（2）70 ℃加热10 min，立即将微量离心管插入冰浴中至少1 min。

（3）取0.5 mL PCR管，依次加入下列试剂：第一链cDNA 2 μL；上游引物（10 pmol/L）2 μL；下游引物（10 pmol/L）2 μL；dNTP（2mmol/L）4 μL；10×PCR buffer 5 μL；Taq酶（2 U/μL）1 μL。轻轻混匀，离心。42 ℃孵育2～5 min。

（4）加入反转录酶1 μL，在42 ℃水浴中孵育50 min。

（5）于70 ℃加热15 min以终止反应。

（6）将试管插入冰中，加入RNase H 1 μL，37 ℃孵育20 min，降解残留的RNA。反转录产物－20 ℃保存备用。

### 9.2.4.3 RT－PCR

**用品**

（1）PCR仪，紫外凝胶成像仪，PCR管，移液器，移液器头等。

（2）5×PCR缓冲液，2.5 mmol/L dNTP，Taq酶，10×上样缓冲液，DNA分子量标准品，琼脂糖，0.5×TBE，溴化乙啶等。

**步骤**

（1）在PCR管中依次加入下列试剂：10×PCR buffer 5 μL；dNTP（2.5 mmol/L）4 μL；上游引物（10 pmol/L）2 μL；下游引物（10 pmol/L）2 μL；cDNA模板2～10 μL；Taq酶（2 U/μL）1 μL，最后加入去离子水，补齐50 μL。如采用25 μL PCR反应体系，则上述各组分剂量减半。

（2）轻轻混匀，离心。

（3）设定PCR程序，将PCR管放入PCR仪中。在适当的温度参数下扩增28～32个循环。为了保证实验结果的可靠与准确，在PCR扩增目的基因时，加入一对内参（如GAPDH或β-actin）的特异性引物，同时扩增内参DNA，作为对照。

（4）电泳鉴定：行琼脂糖凝胶电泳，紫外灯下观察结果。

（5）密度扫描、结果分析：采用凝胶图像分析系统，对电泳条带进行密度扫描。

**操作提示**

（1）在实验过程中要防止RNA的降解，保持RNA的完整性。在总RNA的提取过程中，注意避免mRNA的断裂。

（2）为了防止非特异性扩增，必须设阴性对照。

（3）内参的设定：主要为了用于靶RNA的定量。常用的内参有GAPDH、β-actin等。其目的在于避免RNA定量误差、加样误差以及各PCR反应体系中扩增效率不均一各孔间的温度差等所造成的误差。

（4）PCR不能进入平台期，出现平台效应与所扩增的目的基因的长度、序列、二级结构以及目标DNA起始的数量有关。故对于每一个目标序列出现平台效应的循环数，均应通过单独实验来确定。

（5）防止DNA的污染：采用DNA酶处理RNA；在可能的情况下，将PCR引物置于基因的不同外显子，以消除基因和mRNA的共线性。

（6）反转录酶的选择。

①Money鼠白血病病毒（MMLV）反转录酶：有强的聚合酶活性，RNA酶H活性相对较弱。最适作用温度为37 ℃。

②禽成髓细胞瘤病毒（AMV）反转录酶：有强的聚合酶活性和RNA酶H活性。最适作用温度为42 ℃。

③Thermus thermophilus、Thermus flavus等嗜热微生物的热稳定性反转录酶：在$Mn^{2+}$存在下，允许高温反转录RNA，以消除RNA模板的二级结构。

④MMLV反转录酶的RNase H－突变体：商品名为Superscript和SuperScriptⅡ。此种酶较其他酶能将更大部分的RNA转换成cDNA，这一特性允许从含二级结构的、低温反转录很困难的mRNA模板合成较长cDNA。

（7）合成cDNA引物的选择。

①随机六聚体引物：当特定mRNA由于含有使反转录酶终止的序列而难于拷贝其全长序列时，可采用随机六聚体引物这一不特异的引物来拷贝全长mRNA。用此种方法时，体系中所有RNA分子全部充当了cDNA第一链模板，PCR引物在扩增过程中赋予所需要的特异性。通常用此引物合成的cDNA中96%来源于rRNA。

②Oligo（dT）：是一种对mRNA特异的方法。因绝大多数真核细胞mRNA具有3'端Poly（A+）尾，此引物与其配对，仅mRNA可被转录。由于Poly（A+）RNA仅占总RNA的1～4%，故此种引物合成的cDNA比随机六聚体作为引物和得到的cDNA在数量和复杂性方面均要小。

③特异性引物：最特异的引发方法是用含目标RNA的互补序列的寡核苷酸作为引物，若PCR反应用二种特异性引物，第一条链的合成可由与mRNA 3′端最靠近的配对引物起始。用此类引物仅产生所需要的cDNA，导致更为特异的PCR扩增。

## 9.3 培养细胞的原位杂交

**概述**

原位杂交应用标记探针与组织原位的细胞RNA进行杂交，可用于分析组织结构中少量细胞特异分子的表达。首先应将细胞固定，广泛使用的固定剂是甲醛。最常用的探针是小于200核苷酸的DNA寡核苷酸探针。较短的RNA探针与寡核苷酸相似，但需要更严格的洗涤，细胞内RNA有可能在洗涤过程中丢失。RNA探

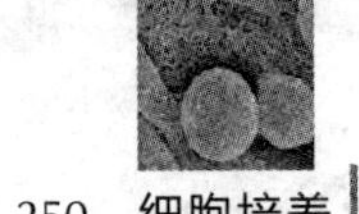



针的优点是价格低。但如果有很多样品需要杂交，DNA 探针比较合适，因为一次 DNA 探针合成可供上千个样品的杂交使用。该技术的缺点是比较容易产生非特异性反应。

**用品**

（1）固定液：

4% 甲醛

70% 乙醇

1 × PBS。

（2）20 × SSC。

（3）杂交液：

10% 硫酸葡聚糖

2 mmol/L 氧钒核糖核苷复合物（Vanadyl – ribonueleosidecomplex）

0.02% 无 RNA 酶 BSA

40μg 大肠杆菌 tRNA

30ng 标记探针

2 × SSC

50% 甲酰胺。

（4）水化剂：

2 × SSC

50% 甲酰胺。

（5）抗体稀释液：

2 × SSC

8% 甲酰胺

2 mmol/L Vanadyl – ribonucleoside complex

0.2% 无 RNA 酶 BSA。

（6）洗涤液：

2 × SSC

8% 甲酰胺。

**步骤**

（1）哺乳动物细胞生长在载玻片上，PBS 洗 1 次，固定液室温固定 2 h。

（2）PBS 洗 2 次，70% 乙醇处理过夜，玻片可在此步骤保留数月。

（3）细胞在室温在水化剂中水化 5 min。

（4）加入杂交液，37 ℃过夜。

（5）洗涤：细胞经以下条件洗涤 2 次,每次 30 min。

对于寡核苷酸探针：2 × SSC/50% 甲酰胺，37 ℃；

对于 RNA 探针：0.1 × SSC/50% 甲酰胺，50 ℃。

有时在洗涤液中加入 0.1% SDS 或 0.1% NP – 40 可帮助减少背景。

（6）若探针为地高辛标记，可用抗地高辛抗体与细胞反应，用稀释液稀释抗体。

（7）用洗涤液室温洗细胞 3 ×5 min。

（8）加入荧光标记的二抗。

（9）用洗涤液室温洗细胞 3 ×5 min。

（10）PBS 洗 1 次，封片观察。

## 9.4 探针标记

### 9.4.1 DNA 缺口翻译标记

**概述**

缺口翻译是一种快速有效的双链 DNA 标记方法。反应基于两种酶先后作用于 DNA 分子。首先由核糖核酸酶 I（DNase I）在一条 DNA 链上打开缺口，再由大肠杆菌多聚酶 I，使核糖核酸加至 3' 端，由 3'→5' 方向合成 DNA 链。无论是同位素还是地高辛标记的三磷酸核苷酸都掺入新合成的 DNA 分子。本文介绍同位素标记的磷酸核苷酸引入 DNA 分子中。

**用品**

（1）10 × 缺口翻译缓冲液：

0.5 mol/L Tris – HCl pH7.5

0.1 mg 硫酸镁

10 mmol/L DTT

0.5 mg/mL BSA。

（2）1 mg/mL DNase I 于以下溶液：

50 mmol/L Tris－HCl pH7.5

1 mmol/L DTT

10mmol/L 硫酸镁

50% 甘油。

（3）DNase I 稀释液：

50 mmol/L Tris－HCl pH7.5

10 mmol/L 硫酸镁

1 mmol/L DTT。

（4）dNTP：

0.2 mmol/L dTTP，dATP，dGTP。

（5）反应终止液：

20 mmol/L EDTA。

（6）2mg/mL DNA 聚合酶 I。

（7）[α－$^{32}$P] dCTP。

（8）待标记 DNA。

**步骤**

（1）用 DNase I 稀释液按 1∶4 000 稀释 DNase I。

（2）混合以下各成分。

2.5 μL 10×缺口翻译缓冲液

2.5 μL dNTP

1.85×$10^6$ Bq [α－$^{32}$P] dCTP

0.5 μL 稀释的 DNase I

1 μg DNA

加 $H_2O$ 至 20 μL。

（3）加入 0.1 μL 2mg/mL DNA 聚合酶，混合，16 ℃孵育 1 h。

（4）加入 25 μL 反应终止液。

（5）过 Sephadex G－50 柱去除未标记的游离 dCTP。收集洗脱液，测量同位素放射性，选择放射性最高的部分作为标记的 DNA 探针。

## 9.4.2 末端标记

**概述**

此方法基于 DNA 聚合酶 I Klenow 片断具备由 5’→3’ 聚合功能而缺乏去除核苷酸的功能。由于 Klenow 在无引物条件下无法合成 DNA，故需加入单链 DNA 模板。

**用品**

（1）母液：

β－巯基乙醇 18 μL

10 mmol/L dNTP（dATP，dTTP，dGTP）5 μL/每种

A 液　850 μL

↓

－20 ℃贮存。

（2）A 液：

1.47 mol/L Tris－HCl pH8.0

0.147 mol/L 氯化镁。

（3）B 液：

2 mol/L Hepes，pH 6.6，4 ℃贮存。

（4）C 液：

寡核苷酸－20 ℃贮存。

（5）Klenow 片段：

由 Klenow 缓冲液稀释 1 μL Klenow 片段

Klenow 缓冲液：

7 mmol/L Tris－HCl

7 mmol/L 氯化镁

50 mmol/L 氯化钠

50% 甘油。

（6）反应终止液：

10 mmol/L Tris－HCl，pH8.0

2 mmol/L EDTA

0.2% SDS。

（7）BSA（牛血清白蛋白）。

（8）[α－$^{32}$P] dCTP。

**步骤**

（1）100 ng DNA 加 $H_2O$ 至 31 μL。

（2）100 ℃煮沸 10 min，变性 DNA，立即置于冰中，再室温放置。

（3）立即加入 19 μL 寡核苷酸反应混合液，混匀，然后于冰上。

寡核苷酸反应液：A 液∶B 液∶C 液 = 1∶1.2∶1.5，-20 ℃贮存。

（4）混合以下成分：

| | |
|---|---|
| 母液 | 19 μL |
| 寡核苷酸反应液 | 10 μL |
| BSA（10n g/mL） | 10 μL |
| Klenow 片断 | 2.0 μL |
| （α－$^{32}$P）dCTP（1.11×$10^{14}$ Bq/mmo1） | 35.0 μL。 |

（5）37 ℃反应 1.5 h，随后室温放置 2 h 或过夜。

（6）加入 85 μL 反应终止液。

（7）过 Sephadex G－50 柱纯化标记 DNA 探针。

（8）煮沸 10 min，置于冰中 1～2 min，尽快使用。

### 9.4.3 随机引物 DNA 标记

**概述**

此方法可用同位素或地高辛标记 DNA，应用于 Southern blot、Northern blot 及原位杂交。

**用品**

（1）Klenow 片段。

（2）10×Klenow 缓冲液：

10 mmol/L Tris－HCl pH8.0

100 mmol/L 氯化镁。

（3）10×随机引物液：

将 50 单位随机引物溶于 900 μL $H_2O$ 中，加入 100 μL 1 mg/mL BSA。

（4）10 mmol/L dNTP（dATP，dGTP，dTTP）。

（5）反应终止液：

10 mmol/L Tris－HCl pH 8.0

2 mmol/L EDTA

0.2% SDS。

（6）［α－$^{32}$P］dCTP。

**步骤**

（1）混合以下成分：

2 ng 双链 DNA 于 5～10 μL $H_2O$ 中

2 μL d ATP

2 μL d GTP

2 μL d TTP

15 μL 10×随机引物液

5 μL（α－$^{32}$P）dCTP（约 1.85×$10^6$ Bq）

加 $H_2O$ 至 49 μL。

（2）混匀，离心。

（3）煮沸 5 min，立即置于冰中。

（4）加入 1 μL Klenow，轻混匀。

（5）室温反应 1 h。

（6）加入 2 μL 终止液。

### 9.4.4 RNA 探针标记

**概述**

RNA 分子可于 3′端由（5′－$^{32}$P）pCp（3′，5′双磷酸胞嘧啶）和 RNA 连接酶标记。要标记的 RNA 都有 3′－羟基，所有降解的 RNA 都不可能被 pCp 标记。

**用品**

（1）5×pCp 合成液：

150 mmol/L potassium CHES pH 9.5

25 mmol/L 氯化镁

0.25% NP－40。

（2）2×pCp 液：

100 mmol/L Hepes pH7.5

30 mmol/L 氯化镁

20% DMSO。

步骤

（1）合成［5'-$^{32}$P］pCp：

①混合以下成分：

250 mmol/L Tris-HCl/20 mmol/L 氯化镁 25 μL pH8.0

| | |
|---|---|
| 50 mmol/L DTT | 5 μL |
| 15 mmol/L 盐酸精胺 | 5 μL |
| 750 mmol/L 3'磷酸胞嘧啶 | 5 μL |
| ［α-$^{32}$P］ATP | 5 μL |
| 多核苷酸激酶 | 2 μL。 |

②37 ℃过夜。

③90 ℃加热3 min，离心5 min，取上清。

④ -20 ℃贮存。

（2）5 μg RNA 置于 Eppendorf 管中。

（3）加入以下成分：

| | |
|---|---|
| 2×pCp 液 | 25 μL |
| 1 mmol/L ATP | 1 μL |
| 1 mg/mL BSA | 1 μL |
| 100 mmol/L DTT | 4 μL |
| ［5'-$^{32}$P］pCp | 10 μL |
| RNA 连接酶 | 2.5 μL。 |

（4）4 ℃过夜。

（5）过 Sephadex C-50 柱纯化标记 RNA。

### 9.4.5 地高辛标记 RNA

用品

（1）10×地高辛标记混合液：

10 mmol/L ATP，CTP，GTP，6.5 mmol/L UTP

3.5 mmol/L 地高辛溶于 Tris-HCI pH7.5 液中。

（2）10×转录液：

400 mmol/L Tris-HCl pH8.0

60 mmol/L 氯化镁

100 mmol/L DTT

20 mmol/L 亚精胺

100 mmol/L 氯化钠

1U/mL RNA 酶抑制剂。

步骤

（1）混合以下成分：

1 μg 线性质粒 DNA

2 μL 10×地高辛 RNA 标记混合液

2 μL 10×转录液

1~2 μL RNA 酶抑制剂

18 μL DEPC 水

2 μL RNA 聚合酶。

（2）离心。

（3）37 ℃ 2~3 h。

（4）加入 2 μL DNase I 去除 DNA 模板。

（5）37 ℃，静置15 min。

（6）纯化 RNA 转录产物：

①加入 2.5 μL 3M 乙酸钠，75 μL 100%乙醇（-20 ℃）。

②-70 ℃ 30 min。

③高速离心12 000 g，5 min，4 ℃。

④加入70%乙醇洗沉淀。

⑤高速离心。

⑥真空干燥。

⑦溶于10 μL DEPC 水中。

## 9.5 Western blot

概述

Western blot 是一种蛋白质的固定和分析技术，是将已用聚丙烯酰胺凝胶或其他凝胶电泳分离的蛋白质转移到固相载体（例如硝酸纤维素滤膜）上。固相载体以非共价键形式吸附蛋白质，且能保持电泳分离的多肽类型及其生物学活性不变。以固相载体上的蛋白质或多肽作为抗原，与对应的抗体起免疫反应，再与酶或同位素标记的第二抗体起反应，经过底物显色或放射自显影以检测电泳分离的特异性目的基因表达的蛋白成分。Western blot 可用于：①定性检测某种蛋白质表达与否；②半定量检测某种蛋白质的表达水平。

### 用品

（1）细胞裂解缓冲液：

50 mmol/L Tris – HCl pH7.4

150 mmol/L NaCl

1% Triton X – 100

0.1% SDS

10% 甘油

蛋白酶抑制剂：PMSF 等。

（2）30% 聚丙烯酰胺（Poly-acrylamide）：

29.2% acrylamide

0.8% Bis – acrylamide

4 ℃贮存，避光。

（3）4×分离胶缓冲液：

1.5 mol/L Tris – HCl pH8.8。

（4）4×浓缩胶缓冲液：

0.5 mol/L Tris – HCl pH6.8。

（5）10% SDS。

（6）10% 过硫酸铵，TEMED。

（7）水饱和正丁醇，室温。

（8）上样缓冲液：

| | |
|---|---|
| 0.5 mol/L Tris – HCl pH6.8 | 1 mL |
| 甘油 | 0.8 mL |
| 10% SDS | 1.6 mL |
| 0.5% 溴酚蓝 | 0.4mL |
| $H_2O$ | 3.2 mL。 |

对于还原胶，加入 β – 巯基乙醇至 0.5%。

（9）电泳缓冲液：

25 mmol/L Tris – HCl pH 7.4

192 mmol/L 甘氨酸

0.1% SDS。

（10）转移缓冲液：

5.6 mmol/L Tris – HCl pH 7.4

120 mmol/L 甘氨酸

20% 甲醇。

（11）脱脂奶粉。

（12）0.1% Tween – PBS。

（13）一抗，二抗，ECL 液（Amersham 公司产品）。

### 步骤

（1）样品处理

① 用预冷 PBS 洗涤贴壁生长的培养细胞，2 次。

② 100 mm 培养皿加入 1 mL 细胞裂解液。

③ 用细胞刮刮下细胞，并用 22 号针头吹打。充分裂解。

④ 4 ℃离心，12 000 r/min，15 min，将上清（蛋白样品）转移至新离心管中。

⑤ 蛋白定量，分装，–70 ℃贮存。

⑥ 将蛋白与加样缓冲液按 4∶1 比例混合，100 ℃煮沸 5 min。

⑦ 12 000 r/min，离心 5 min。

⑧ 上清用于加样。

（2）配制 SDS – PAGE 胶

①配制分离胶：

**表 9－1　分离胶的制备**

| 分离胶浓度 | 5% | 7.5% | 10% | 12.5% | 15% |
|---|---|---|---|---|---|
| 30% 聚丙烯酰胺 | 1.67 mL | 2.5 mL | 3.34 mL | 4.17 mL | 5 mL |
| 4×分离胶缓冲液 | 2.5 mL | 2.5 mL | 2.5 mL | 2.5 mL | 2.5 ml |

续表

| 分离胶浓度 | 5% | 7.5% | 10% | 12.5% | 15% |
|---|---|---|---|---|---|
| 10% SDS | 0.1 mL | 0.1 mL | 0.1 mL | 0.1 mL | 0.1 mL |
| 去离子水 | 5.68 mL | 4.85 mL | 4.01 mL | 3.18 mL | 2.35 mL |
| 10%过硫酸铵 | 50 μL | 50 μL | 50 μL | 50 μL | 50 μL |
| TEMED | 3 μL | 3 μL | 3 μL | 3 μL | 3 μL |

注：表中所列为配制10 mL分离胶所需的各组分的量，实验中根据胶的厚度及大小对各组分量按比例调整

在试管中依次加入上述表格中除TEMED外的各组分液体，去除气泡→加入TEMED，混匀后迅速加入玻璃板中，在胶面上轻轻加入0.5 cm高的正丁醇，室温放置30 min→待分离胶固化→去除分离胶表面的正丁醇，用滤纸吸干水滴（表9-1）。

②配制浓缩胶：（以配制6%浓缩胶5 ml为例）

| | |
|---|---|
| 30%聚丙烯酰胺 | 1 mL |
| 4×浓缩胶缓冲液 | 1.25 mL |
| 10% SDS | 50 μL |
| 去离子水 | 2.7 mL |
| 10%过硫酸铵 | 25 μL |
| TEMED | 3 μL |

将上述组分按顺序加入、混匀→注入分离胶上，插入梳子→室温静置30 min→待浓缩胶凝固后拔出梳子→在电泳槽及加样孔内加入上样缓冲液。

（3）上样/电泳

将处理好的蛋白样品加入浓缩胶的加样孔内，样品在浓缩胶中时采用20 mA电流，样品位于分离胶中时用40 mA电流进行电泳。当溴酚蓝染液移至胶底边时，取出胶，浸泡在转移缓冲液中。

（4）转膜

①湿式电转移装置，由负极至正极，分别放置以下大小一样的材料：

3层电转移垫

1层3MM滤纸

1层胶

1层硝酸纤维素膜（或PVDF膜）

1层3MM滤纸

2~3层电转移垫

所有用料均由转移缓冲液浸泡。将以上“三明治”结构装入转移装置，4 ℃，100 V，2 h或更长时间。

半干式电转移装置：由下至上分别放置

2层3 MM转移用滤纸

1层硝酸纤维素膜（或PVDF膜）

1层胶

2层3 MM转移用滤纸

100 V电泳转移，1 h或更长时间。

（5）抗体反应

① 取出转好的膜，置于封闭液中（PBS配制的5%脱脂奶粉），室温，震荡封闭1 h或4 ℃过夜。

② 加入第一抗体，4 ℃孵育过夜。

③ 0.1% Tween-PBS震荡洗膜3次，每次10~20 min。

④ 加入HRP（或荧光素）标记的第二抗体，室温，震荡孵育1 h。

⑤ 0.1% Tween-PBS震荡洗膜3次，每次10~20 min。

（6）化学发光检测或荧光扫描

①化学发光检测（二抗为HRP标记）

A. 在避光条件下配制发光显色液（ECL溶液）（溶液1∶溶液2 =1∶1），混匀，立即应用。

B. 将ECL溶液加于膜上，避免干燥，室温1 min。

C. 去除ECL溶液，用保鲜膜将膜包好。

D. X片曝光、显影、定影。

E. 保存结果，留待分析。

②荧光扫描（二抗为荧光标记）

使用计算机－荧光扫描系统对膜进行扫描。

保存结果，留待分析。

**操作提示**

（1）因未聚合的丙烯酰胺具有神经毒性，配胶时应佩戴手套进行操作。

（2）最后加入TEMED，加入后迅速混匀，并迅速注入玻璃板内。

（3）转膜时滤纸大小应和胶的大小一样，避免滤纸过大导致上下滤纸接触而造成短路。

（4）抗体杂交时，膜的封闭应充分。抗体之间充分洗涤。

（5）化学发光液应现用现配，充分混匀。

## 9.6 基因转染

细胞接受外源基因称为“转染”。用于转染的DNA有多种，包括cDNA克隆，基因组DNA，装有目的基因的质粒DNA以及受感染的反转录病毒。DNA转染到新宿主细胞后，两种情况下可获得复制。第一，外源DNA进入宿主基因组DNA，当细胞分裂前合成新DNA时，外源DNA同时得到复制。第二，特殊的质粒，含有体外复制的序列，这种质粒不必进入宿主基因组中进行复制。

将DN久转染于培养细胞的原因或意义很多。例如，一种基因在目的细胞中不表达，将此基因导入，可研究基因产物对细胞的作用，其作用包括生长、分化、恶性转化等。此外，还可利用转染技术，有目的的使某基因产物在哺乳动物细胞中大量表达，用于纯化该蛋白或作为抗原免疫动物制作抗体等。

常用的哺乳动物细胞转染方法有两种，一种是暂时转染（瞬时转染），DNA被转入细胞，并不进入细胞基因组，因此其表达产物并不长久。随着细胞生长分裂，被转染的细胞表达产物被稀释而渐渐减少。磷酸钙沉淀法，脂质体载体法，DEAE葡聚糖法主要产生暂时转染。另一种则称为永久性转染（稳定转染），这类转染由反转录病毒携带目的基因感染细胞实现，所转入的DNA进入基因组，产生永久性功效的转染，它常用于不易被转染的细胞，如原代培养细胞等。

### 9.6.1 磷酸钙共沉淀法

**概述**

核酸以磷酸钙－DNA共沉淀物的形式出现时，培养细胞摄取DNA的能力将显著增强。外源性DNA与氯化钙混合后，加入含磷酸离子的缓冲液，在特定pH下（通常为pH7.1），磷酸钙与DNA形成结晶颗粒而出现共沉淀，加入受体细胞中培养一段时间后，DNA就通过脂相收缩时裂开的空隙进入细胞，或在钙、磷的诱导作用下，被细胞吞噬而进入细胞内，从而外源性DNA可以整合到受体细胞的基因组中得以表达。磷酸钙共沉淀法可广泛用于转染许多不同类型的细胞，不但适用于短暂表达，也可生成稳定的转化产物。此方法是贴壁细胞转染常用并首选的方法。

**用品**

（1）2 mol/L $CaCl_2$溶于$H_2O$中，过滤除菌，4 ℃分装贮存。

（2）2×HBS：

8 g NaCl

0.38 g KCl

0.19 g $Na_2HPO_4$

1.0 g 葡萄糖

溶于500 mL $H_2O$中，pH（7.05±0.05）高压灭菌，－20 ℃分装贮存。

（3）1×HBS－15%甘油：

50 mL 2×HBS

15 mL甘油

加$H_2O$至100 mL，高压灭菌，－20 ℃贮存。

（4）G418选择培养液：

200～800 μg/mL G418溶于培养液中。

**步骤**

（1）细胞在转染前24 h传代，待细胞密度达50%～60%满底时即可进行转染。加入沉淀前3～4 h，更换新的培养液。

（2）DNA沉淀液的准备：首先将质粒DNA用乙醇沉淀（10～50 μg/10 cm平皿），空气中晾干沉淀，将DNA沉淀重悬于10 μL无菌水中，加50 μL 2.5 mol/L $CaCl_2$。

（3）用巴斯德吸管在500 μL 2×HBS中逐滴加入DNA－$CaCl_2$溶液，同时用另一吸管吹打溶液，直至DNA－$CaCl_2$溶液滴完，整个过程需缓慢进行，至少需持续1～2 min。

（4）室温静置30 min，出现细小颗粒沉淀。

（5）将沉淀逐滴均匀加入10 cm平皿中，轻轻晃动。

（6）在标准生长条件下培养细胞4～16 h，使细胞充分吸入DNA－磷酸钙结晶颗粒。除去培养液，用5 ml 1×HBS洗细胞2次，加入10 ml完全培养液培养细胞。

（7）更换新鲜培养基，继续培养24 h，诱导转染基因的表达。

（8）更换G418选择培养液进行筛选，同时设有未能转染的对照细胞。

（9）培养大约3～5 d，对照细胞大部分死亡，这时转染细胞更换浓度为200 mg/L的G418选择培养基，每3～4 d更换一次选择培养基。

## 9.6.2 脂质体转染法

**概述**

脂质体为人工膜泡，可作为体内、体外物质转送载体。将需转移的DNA或RNA包裹于脂质体，由于脂质体具有磷脂双层与胞膜相似，因此，可与细胞膜融合将DNA转入宿主细胞。脂质体转染法是目前条件下最方便的转染方法之一，转染率高，明显优于磷酸钙沉淀法。

**用品**

（1）Lipofectamine（Invitrogen产品）。

（2）培养液。

**步骤**

[方法一]

（1）细胞培养：取6孔培养板（或用35 mm培养皿），向每孔中加入2 mL含（1～2）$\times10^5$个细胞的培养液，培养细胞至密度为50%～60%。

（2）转染液制备：在Eppendorf管中制备以下两液（为转染每一个孔细胞所用的量）

A 液：用不含血清培养基稀释 1 ~ 10 μg DNA,终量 100 μL。

B 液：用不含血清培养基稀释 2 ~ 50 μg Lipofectamine，终量 100 μL。

轻轻混合 A、B 液，室温中置 10 ~ 15 min，稍后会出现微浊现象，但并不妨碍转染（如出现沉淀可能因转染试剂或 DNA 浓度过高所致，应酌情减量）。

（3）转染准备：用 2 mL 不含血清培养液漂洗两次，再加入 1 mL 不含血清培养液。

（4）转染：把 A/B 复合物缓缓加入培养液中，摇匀，37 ℃温箱置 6 ~ 24 h，吸除无血清转染液，换入正常培养液继续培养。

（5）其余处理如观察、筛选、检测等与其他转染法相同。

[方法二]（快速脂质体转染法）

（1）以 $5 \times 10^5$ 细胞/孔接种 6 孔板（或 35 mm 培养皿）培养 24 h，使其达到 50% ~60% 密度。

（2）在试管中配制 DNA/脂质体复合物方法如下。

①在 1 mL 无血清 DMEM 中稀释 PSV2 - neo质粒 DNA 或供体 DNA。

②旋转 1 s，再加入脂质体悬液，旋转。

③室温下放置 5 ~ 10 min，使 DNA 结合在脂质体上。

（3）弃去细胞中的旧液，用 1 mL 无血清 DMEM 洗细胞一次后弃去，向每孔中直接加入 1mL DNA/脂质体复合物，37 ℃培养 3 ~5 h。

（4）再于每孔中加入含 20% 胎牛血清的 DMEM，继续培养 14 ~24 h。

（5）吸出 DMEM/DNA/脂质体混合物加入新鲜含 10% 胎牛血清的 DMEM，每孔 2 mL，再培养 24 ~48 h。

（6）用细胞刮或消化法收集细胞，以备分析鉴定。

[方法三]（稳定的脂质体转染方法）

（1）接种细胞同前，培养细胞至密度为 50% ~60%。

（2）DNA/脂质体复合物制备转染细胞同前（2）、（3）步骤。

（3）在每孔中加入 1 mL 含 20% 胎牛血清的 DMEM，37 ℃培养 48 h。

（4）吸出 DMEM，用 G418 选择培养液稀释细胞，使细胞生长一定时间，筛选转染克隆，方法参照细胞克隆筛选法进行。

**操作提示**

（1）脂质体与质粒的比例，细胞密度以及转染的时间长短均影响转染效率，应通过实验优化转染条件。脂质体对细胞有一定的毒性，转染时间以不超过 24 h 为宜。

（2）培养基中血清的含量影响转染效率，在无血清条件下将脂质体与 DNA 混合。转染前更换培养基并将其预热至 37 ℃可提高转染效率。

（3）脂质体/DNA 混合物应逐滴加入并边加入边轻摇培养皿，以确保混合物的均匀分布。

### 9.6.3 反转录病毒 DNA 转染法

**概述**

反转录病毒载体是一种传染性病毒，含有 RNA 遗传物质，可在体外体内介导非病毒基因进入分裂细胞，一旦感染细胞 RNA 则反转录产生 DNA 互补链，此 DNA 单链可以作为合成第二条 DNA 链的模板。这两条 DNA 链可掺入基因组 DNA 中。此病毒可利用宿主细胞的酶自行转录与复制。RNA 翻译成蛋白再包装病毒 RNA 脱离细胞成为感染性病毒。该载体可经不同方式改变。介导过程可使病毒单拷贝基因组稳定地进入宿主细胞。

反转录病毒载体可获得稳定、有效的转染，可用于不易转化的细胞或原代培养细胞。但也有一定的条件，若细胞在体外可获得暂时转染，此方法则不适用；如果需要转染大于 8 kb 的 DNA，此方法也不适合。此外，分裂后的细胞不被转染，因为病毒转录和病毒插入需要在细胞的 S 期完成。

### 用品

（1）能产生反转录病毒的细胞：如 phoenix 细胞系（来自 Stanford Nolan 实验室）。

（2）磷酸钙共沉淀法用品：2 × $CaCl_2$，2 × HBS。

（3）氯喹 50 mmol/L。

（4）1 000 × polybrene：5 mg/mL。

### 步骤

（1）第 1 天：准备 phoenix 细胞：转染前 18 ~ 24 h，接种 phoenix 细胞，培养过夜至 70% 满。

（2）第 2 天：

① 转染前，加氯喹于细胞培养液中，终浓度为 25 μmol/L。

② 在 1.5 mL 离心管中混匀以下成分：

10 μg DNA

438 μL $H_2O$

61 μL 2 mol/L $CaCl_2$。

③ 加入 0.5 mL 2 × HBS，剧烈混匀。

④ 将 HBS/DNA 混合液加于细胞中。

⑤ 显微镜下可见黑色小颗粒。

（3）第 3 天：

① 换液，3 mL DMEM + 10% 胎牛血清。

② 消化传代待转染细胞 $2 \times 10^5$/mL 细胞密度（6 孔板）。

（4）第 4 天：

① 将 phoenix 细胞上清液转移至 15mL 离心管中，上清 1 500 r/min 离心 5 min，0.45 μm 微孔滤膜过滤，滤过物 −80 ℃贮存至转染用。

② 如果用 LaZ 或其他可染色的标记病毒可染 X − gal 检测病毒滴度。

③ 将待转染细胞培养液去除 1 mL。

④ 加入 3 μL polybrene 轻混匀。

⑤ 加入 1 mL 病毒上清，37 ℃培养。

（5）第 5 天：去除病毒上清，换新培养液，37 ℃培养。

（6）第 6 天：被转染的细胞可用于目的基因检测或换选择培养液挑选永久性转染克隆。

（关素敏，薛　辉，刘　斌）

# 培养细胞检测有关的分析仪器

由于常规的培养细胞检测方法已不能满足精细研究细胞表面和内部分子及结构与功能的要求。因此，随着科学技术的进步，细胞相关仪器分析方法日新月异的发展，先进的仪器分析已成为细胞研究的重要手段。相关仪器将形态与化学、结构与功能以及定性与定量结合起来研究，加深了人们对细胞微观世界的了解。本章主要介绍广泛应用于培养细胞研究的流式细胞仪、激光扫描共聚焦显微镜、扫描电子显微镜、透射电子显微镜、原子力量显微镜和活细胞工作站等仪器。

## 10.1 流式细胞仪

### 10.1.1 概述

流式细胞仪（Flow cytometer，FCM）是现代激光技术、电子技术、单克隆抗体技术的智慧结晶，是生命科学研究及临床检验领域先进的科学仪器之一。流式细胞仪使细胞或其他颗粒成单个串状排列流经检测区，通过接收激光照射后液流内细胞的散射光信号和荧光信号所反映细胞的物理化学特征，如细胞的大小、颗粒度和抗原分子的表达情况等的一种仪器。单细胞分析的优势在于可以快速分析细胞（每秒10 000 ~ 20 000 细胞），能记录大量细胞的统计信息并关联汇总。它具有分析速度快、检测参数多、结果客观全面等特点，近年来已经广泛应用于免疫学、细胞生物学、基因组学等基础科学研究血液病、感染和肿瘤等临床疾病的分析检测中。

### 10.1.2 结构原理

流式细胞仪由 3 个基本结构组成：液流系统、光学系统和电子系统/计算机系统。此外，分选型流式细胞仪还有分选系统。液流系统由上样系统、管路和液流调控系统组成。

流式细胞术的工作原理是：在一定压力下，鞘液带着细胞或微粒通过喷嘴中心进入到流式照射室，在流式照射室的分析点，激光照射到细胞发生散射和折射，发射出散射光；同时，细胞所携带的荧光素被激光激发并发射出荧光。前向散射光（FSC）和侧向散射光（SSC）检测器把散射光转换成电信号，荧光则被聚光器收集，不同颜色的荧光被双色反光镜转向不同的光电倍增管检测器，把荧光转换成电信号。散射光信号和荧光信号经过放大后，再经过数据化处理输入电脑并储存，根据细胞的散射光和荧光进行分析或分选。

## 10.1.3 细胞样品准备

### 10.1.3.1 制备单个细胞悬液

流式细胞仪适用于对单个细胞样品进行分析。无论是培养的细胞还是从组织中分离的细胞，首先要制成单细胞悬液。这些单细胞悬液主要来源于单层细胞、血液、脱落细胞、实体组织等。要求样品中的细胞分散良好，不形成凝集块。对不同的样品应选择适宜的制备方法。

（1）悬浮生长细胞：多见于血液细胞。制备样品时，采集抗凝血，如欲分选高纯度的淋巴细胞，可先用淋巴细胞分离液进行预分离，用 PBS 洗涤、配制成 $(1\sim2)\times10^6$/mL 的细胞悬液备用。

（2）单层培养细胞：通常采用酶消化法分散细胞，如用 0.25% 胰蛋白酶和 0.02% EDTA 混合溶液消化细胞，制成 $(1\sim2)\times10^6$/mL 的细胞悬液，备用。

（3）新鲜实体组织：可采用机械法，化学法及酶消化法分散组织细胞。3 种方法各有优缺点。机械法简便，但易引起细胞损伤和丢失。化学法作用温和，但有些物质如 TPB（tetraphenyborom）能抑制细胞代谢。酶消化法特别适用于含结缔组织成分多的标本，但酶可以消化细胞膜上的某些成分。在实际应用中，通常是联合使用几种方法（具体方法参见相关章节）。经分离得到的单个细胞悬液用 PBS 洗涤，备用。

### 10.1.3.2 细胞样品的固定

用流式细胞仪分析活细胞或分选活细胞时，不能使用固定剂处理样品。除此之外，细胞均应适当固定，通常选用下述 2 种方法。

（1）乙醇法：将单个细胞悬液离心，弃上清，重新悬浮于 5mL 4 ℃预冷的盐水 G 中，缓慢加入 −20 ℃预冷的 95% 乙醇 15 mL，使其终浓度为 70%，冰浴 30 min。此法常用于 Hoechst 33258、EB、PI、FITC 等染色法。

（2）丙酮法：细胞悬浮于生理盐水中，慢慢加入冷丙酮，使其终浓度为 85%。此法常用于免疫荧光染色。

盐水 − G 的配制：称取葡萄糖 1.1 g，NaCl 8.0 g，KCl 0.4 g，$Na_2HPO_4\cdot12H_2O$ 0.39 g，$KH_2PO_4$ 0.15g，加蒸馏水至 1 000 mL。待完全溶解，再称取 $MgSO_4\cdot7H_2O$ 1.54 g，$CaCl_2\cdot2H_2O$ 0.16 g，依次溶解于 1 000 mL 上述盐溶液中。

### 10.1.3.3 细胞样品的染色

染色方法的选择应依据实验目的和内容而定。此处列举一些常用方法。

#### 10.1.3.3.1 免疫荧光染色

取培养细胞，用 0.25% 的胰酶进行消化后，或从全血分离的细胞，用含 3% FBS 的 PBS 离心洗涤 2 次（1 000 r/min，5 min），弃上清液后再加入 100 μL 含 13% FBS − PBS 重悬，计数，单个细胞率 ≥95%，调整细胞密度为 $(5\sim10)\times10^5$/100 μL，选择直接免疫荧光法或间接免疫荧光法染色。以直接免疫荧光法为

例，加入荧光标记特异性抗体，4 ℃避光孵育 30 min，3% FBS - PBS 离心漂洗，3%FBS - PBS 重悬浮细胞至 500 μL，上机检测细胞表面分子。

10.1.3.3.2 活细胞荧光染色

常用碘化丙啶（PI）。PI 为核酸嵌入型染料，可嵌入双股螺旋多核苷酸结构，故 DNA 和 RNA 均可着色。PI 不能穿过活细胞膜，故活细胞拒染；但能穿过死细胞膜，使之着色。该法鉴别细胞死活的灵敏度很高。因此，在流式细胞术中常用 PI 测定细胞活力。具体染色方法如下：

（1）制备活的单细胞悬液，用 PBS 配成细胞密度 $1\times10^6$个/mL。

（2）染液配制：PI 15 mg，枸橼酸钠 0.1 g，NP - 40 0.3 mL，加蒸馏水至 100 mL，4 ℃避光保存。

（3）将等体积的细胞悬液和 PI 染液混合，4 ℃放置 20 ~ 30 min。

（4）测定前将样品用 300 目尼龙膜过滤。

（5）将样品加入 FCM 的样品室，以激发波长 488 nm 测定。死细胞着染呈红色荧光，可稳定 2 h。

10.1.3.3.3 细胞 DNA 显示法

标记 DNA 的荧光色素有许多种，其中与 DNA 螺旋结构高度特异性结合的染料有普卡霉素（MI）等抗生素，它不与 RNA 结合，而优先与 C - C 键结合。MI 染色方法如下。

（1）MI 染液配制：商品 MI 每支安瓿含 2.5 mg，内含 1 份 MI 及 40 份甘露醇及磷酸二氢钠，易溶于水或醇。用 15 mmol/L $MgCl_2$及 150 mmol/L NaCl 溶液将 MI 配制成 100 μg/mL 水溶液。4 ℃避光保存，可稳定 1 周。

（2）制备单细胞悬液：活细胞悬浮在含 5% ~ 10% 胎牛血清的培养液中；经 70%冷乙醇固定的死细胞悬浮于生理盐水，细胞密度为 $1\times10^5$ ~ $1\times10^7$/mL。

（3）取适量细胞悬液与等体积 MI 染液混合，室温染 15 ~ 20 min。

（4）混合液过 300 目尼龙膜以除去杂质。染液不必洗去，FCM 会自动除去本底。

（5）选用 488 nm 激发波长测定样品。

10.1.3.3.4 细胞 DNA 和 RNA 双重染色

常用 Hoechst 33258 和派咯宁 Y（PY）。Hoechst 33258 为核酸特异性染料，与 A - T 键优先结合，在 pH2.0 时优先与 RNA 结合。因此，测定 DNA，需将溶液调至 pH7.0。这种染料对死细胞可立即染色，而活细胞为渐进性着色，在 10 min 内达到饱和。PY 为 RNA 特异性染料。染色方法如下：

（1）制备细胞密度为 $1\times10^6$/mL 的活细胞悬液，细胞悬浮于培养液或 PBS 中。

（2）将 5 μmol/L 的 Hoechst 33258 染液（该染料用蒸馏水溶解，再以 PBS 稀释至 1 mmol/L 作为母液，4 ℃避光保存）与等量细胞悬液混合，37 ℃，避光 60 ~ 90 min。

（3）继续加 5 μmol/L PY 染液，37 ℃放置 45 min。

（4）以 1 000 g 离心 1 min 除去染液，细胞悬浮于 RPMI 1640 培养液中。

（5）Hoechst 33258 用紫外光（351 ~ 363 nm）激发测定 DNA，PY 染色液用 476 nm 激发波长测定 RNA。

10.1.3.3.5 细胞 DNA 与蛋白质双重染色

（1）制备细胞密度为 $1\times10^6$/mL 细胞悬液，并用乙醇法固定。

（2）加 100 μL 5 mg/mL RNA 酶溶液

(RNA 酶 50mg，$Na_2HPO_4 \cdot 7H_2O$ 55.6 mg，$NaH_2PO_4$ 168.9 mg，溶于 10 mL 蒸馏水)，37 ℃ 保温 30 min，然后，冰浴终止酶作用。

(3) 用 PI 染液 (50 μg/mL) 避光染 15 min。

(4) 再用异硫氰酸荧光素染液 (1 μg/mL 乙醇溶液) 染 10 min。

(5) 用蒸馏水离心 (1 000 r/min，5 min) 洗 1 次，悬浮于生理盐水中。

(6) 进行 FCM 分析。DNA 被 PI 着色，呈红色荧光，蛋白质被 FITC 着色呈绿色荧光。

### 10.1.4 仪器操作步骤

(1) 打开电源，对系统进行预热。

(2) 打开气体阀，调节压力，获得适宜的液流速度；开启光源冷却系统。

(3) 在样品管中加入去离子水，冲洗液流的喷嘴系统。

(4) 利用校准标准样品，调整仪器，使在激光功率、光电倍增管电压、放大器电路增益调定的基础上，0 和 90 散射的荧光强度最强，并要求变异系数为最小。

(5) 选定流速、测量细胞数、测量参数等，在同样的工作条件下测量样品和对照样品；同时选择计算机屏上数据的显示方式，从而能直观掌握测量进程。

(6) 样品测量完毕后，再用去离子水冲洗液流系统。

(7) 因为实验数据已存入计算机硬盘 (有的机器还备有光盘系统，存贮量更大)，因此可关闭气体、测量装置，单独使用进行数据处理。

(8) 将所需结果打印出来。

### 10.1.5 操作和使用中的注意事项

(1) 在制备样品时，离心次数不宜过多，防止细胞丢失或形成凝集块。

(2) 细胞固定时间不宜过长。不要使用冰醋酸 - 乙醇、苦味酸及含汞固定剂。

(3) 为了减轻本底，应将细胞表面未结合的荧光染料洗净。

(4) 进行双标记测定时，应尽量选用激发光谱差异大的荧光色素。

(5) FCM 光电倍增管要求稳定的工作条件，暴露在较强的光线下以后，需要较长时间的“暗适应”以消除部分暗电流本底才能工作。

(6) 光源不得在短时间内 (一般要 1h 左右) 关上又打开；使用光源必须预热并注意冷却系统工作是否正常。

(7) 液流系统必须随时保持液流畅通，避免气泡栓塞，所使用的鞘流液使用前要经过过滤、消毒。

(8) 注意根据测量对象的变换使用合适的滤片系统、放大器类型等。

特别强调每次测量都需要对照组。

### 10.1.6 FCM 应用范围

(1) 流式细胞分析仪的应用：分析细胞表面标志；分析细胞内抗原物质；分析细胞受体；分析肿瘤细胞的 DNA、RNA 含量；分析免疫细胞的功能；细胞群比例测定；机体免疫功能监测及细胞表型鉴定；检测细胞因子；检测细胞增殖、凋亡、周期；检测细胞杀伤能力；检测细胞吞噬功能；检测细胞内活化的激酶；检测基因表达；细胞迁移、接触及黏附分析等。

(2) 流式细胞分选仪的应用：流式分

选独立、非独立群体细胞和低比例群体细胞；流式分选造血干细胞、间充质干细胞、肿瘤干细胞等。

## 10.2 激光扫描共聚焦显微镜

### 10.2.1 概 述

激光扫描共聚焦显微镜（confocal laser scanning microscope，CLSM）是20世纪80年代中期发展起来并得到广泛应用的新技术，它是激光、电子摄像和计算机图像处理等现代高科技手段渗透，并与传统光学显微镜结合产生的先进的细胞生物学分析仪器，在生物学及医学等领域的应用越来越广泛，已经成为生物医学实验研究的必备工具。激光扫描共聚焦显微镜在传统荧光显微镜成像的基础上加装了激光扫描装置，利用紫外线或可见激光激发荧光探针，对生物样品进行断层扫描，结合计算机对荧光图像进行加工处理，用以观察细胞和组织内部各个层面或不同侧面的形态变化。

### 10.2.2 结构原理

在传统光学显微镜基础上，激光扫描共聚焦显微镜用激光作为光源，采用共轭聚焦原理和装置，并利用计算机对所观察的对象进行数字图像处理观察、分析和输出。其特点是可以对样品进行断层扫描和成像，进行无损伤观察和分析细胞的三维空间结构。同时，利用免疫荧光标记和离子荧光标记探针，该技术不仅可观察固定的细胞、组织切片，还可以对活细胞的结构、分子、离子及生命活动进行实时动态观察和检测，在亚细胞水平上观察诸如 $Ca^{2+}$、pH值、膜电位等生理信号及细胞形态的变化。已经成为形态学、分子细胞生物学、神经科学、药理学、遗传学等领域中新一代强有力的研究工具，极大地丰富了人们对细胞生命现象的认识。

### 10.2.3 样品准备

（1）样品类型：培养细胞包括活细胞、固定细胞；其他活组织包括：活的脑片；固定组织包括石蜡切片、冰冻切片。

（2）样品染色：根据实验目的参考相关技术手册，选择恰当的染色方法。例如：细胞或组织免疫荧光染色法、微量注射法（微量电泳法等）、免疫荧光和原位杂交双标记、转染技术。

### 10.2.4 仪器操作步骤

以奥林巴斯公司FV1000激光扫描共聚焦显微镜为例。

（1）启动仪器

① 启动稳压器，开启计算机。

② 开启控制器电源、荧光光源、电动台、激光发射器电源、物镜转换器，待机1～2 min。

③ 打开控制器钥匙、激光发射器钥匙，等待1～2 min直至红灯停止闪烁。

④ 启动计算机桌面上的激光共聚焦显微系统操作软件。

（2）观察拍照

① 放置样本，盖玻片一面向下放置于载物台上。

② 目镜下调整样本位置，调节焦距。

③ 鼠标单击FluoView软件中的FocusX4按键，调节CA值、曝光值、饱和度等参数。

④ 单击拍摄键拍照。

⑤ 对新拍摄的照片进行重命名并保存。

⑥ 将样本取出保存于4 ℃冰箱。

(3) 关闭仪器

① 如果有使用油镜，请清洁镜头，并按动电动台复原按钮回复原位。

② 关闭操作软件。

③ 关闭荧光电源、激光发射器、物镜转换器。

④ 关闭电脑。

### 10.2.5 CLSM 应用范围

目前，激光扫描共聚焦显微镜已用于细胞形态定位、立体结构重组、动态变化过程等研究，并提供定量荧光测量、定量图像分析等实用研究手段，结合其他相关生物技术，在形态学、生理学、免疫学、遗传学、分子生物学等领域得到了广泛应用。在细胞水平，激光扫描共聚焦显微镜可对细胞形状、周长、面积、平均荧光强度及细胞内颗粒数等参数进行自动测定，并能对细胞的溶酶体、线粒体、内质网、细胞骨架、结构性蛋白质、DNA、RNA、酶 和受体分子等细胞内特异结构的含量、组分及分布进行定量、定性、定时及定位测定。CLSM 应用举例如下。

(1) 定量荧光测定

① 细胞内生物大分子如DNA、RNA、蛋白质、酶等物质的含量测定，分子扩散，细胞内钙离子浓度测定及pH值的测定。

② 应用二维图像分析技术进行细胞器的识别及定量分析。

③ 定量分析单细胞层面的DNA损伤及重修复。

④ 用荧光素phorbol esters研究蛋白激酶C的分布。

⑤ 用单克隆抗体作为探针识别混合培养细胞中的肿瘤细胞。

⑥ 细胞的原位分子杂交的定量分析。

(2) 细胞质钙离子及pH值的测定

① 测量单一或同步双光谱的荧光。

② 测定由不同的化学物质（包括肿瘤促进剂、生长因子和激素）所引起细胞内的钙反应。

③ 测定单心肌细胞里钙离子的振荡。

④ 用Fluro－3和SNARF－1探针可同时测量钙离子和pH。

(3) 光子漂白后荧光重分布技术(FRAP)

① 在细胞内的特定点产生光梯度。

② 测量分子扩散或通量。

A. 细胞膜蛋白的侧运动。

B. 植物细胞壁孔的直径。

C. 大分子或巨大分子穿过细胞膜的移动率。

③ 测量细胞与细胞的通讯（cell communications）。

A. 生长因子引起细胞内的第二信使反应。

B. 由钙离子、pH、cAMP所调节的间隙连接。

C. 植物细胞之间的输送控制。

(4) 免疫荧光的定量分析

① 肿瘤细胞组织抗原表达的定量筛选。

② NK细胞结合某些肿瘤细胞的细胞毒性测定。

③ 抗艾滋病毒药物的筛选。

(5) 激光共焦显微三维重建技术

① 应用高分辨的二维图像能观察到样本的整个结构，仪器可将一系列的二维图像进行三维重建，观察不同的细胞器及

分于在细胞里的三维结构及分布。

② 能穿透性地观察到样本各层次的真实立体结构而无需作切片。

③ 测量光片层中单细胞里的离子分布如钙离子及pH值。

④ 进行双标记的荧光定量测定。

（6）培养细胞的筛选与分离

① 从贴壁生长的培养细胞中直接选择细胞，进行分离，扩大培养及分析。

② 用Cookie Cutter TM方法分离稀有的细胞。例如，变异细胞、转化细胞和杂交肿瘤细胞等。

③ 用激光刀切除法分离细胞亚群。如人类T淋巴细胞、黑色瘤、实质性肝细胞等。

④ 进行全自动激光照射破坏非荧光或荧光细胞。

（7）显微切割

应用微型激光“光子刀”对各种细胞及染色体进行显微手术，如细胞特定部位和细胞器的烧结切除，染色体切割等。

## 10.3 扫描电子显微镜

### 10.3.1 概述

扫描电子显微镜（Scanning electron microscope, SEM）是介于透射电镜和光学显微镜之间的一种微观形貌观察手段，可直接利用样品表面材料的物质性能进行微观成像。扫描电镜的优点是：①有较高的放大倍数，20～200 000倍连续可调；②有很大的景深，视野大，成像富有立体感，可直接观察各种试样凹凸不平表面的细微结构；③试样制备简单。目前的扫描电镜都配有X线能谱仪装置，这样可以同时进行显微组织形貌的观察和微区成分分析，因此它是当今十分有用的科学研究仪器。

### 10.3.2 结构原理

扫描电子显微镜是1965年发明的较现代的细胞生物学研究工具，主要是利用二次电子信号成像来观察样品的表面形态，即用极狭窄的电子束去扫描样品，通过电子束与样品的相互作用产生各种效应，其中主要是样品的二次电子发射。二次电子能够产生样品表面放大的形貌像，这个像是在样品被扫描时按时序建立起来的，即采用逐点成像的发放获得放大像。

扫描电子显微镜的制造依据是电子与物质的相互作用，从原理上讲就是利用聚焦的非常细的高能电子束在试样上扫描，激发出各种物理信息。通过对这些信息的接收、放大和显示成像，获得对测试试样表面形貌的观察。

### 10.3.3 培养细胞的样品制备

扫描电镜的主要特点是观察物质表面的立体微细形貌。它的成像原理是利用电子束照射样品表面时，能引起二次电子的发射，而二次电子的发射量与样品的表面形貌有关。扫描电镜适用于观察细胞的表面或断面超微结构。培养细胞样品制备的基本过程与一般组织的扫描电镜制备过程类似，唯取材和固定步骤略有不同。

（1）取材：在直径35 mm培养皿内放置适当大小（6 mm×22 mm）的盖玻片，接种2 mL细胞悬液，约$1\times10^4$～$1\times10^5$个细胞，放入$CO_2$孵箱，培养一定时间，取出细胞铺片，浸入PBS，漂洗细胞表面。

（2）固定：将细胞铺片放入小玻璃瓶

中，加4 ℃预冷的3%戊二醛，在4 ℃固定2 h或过夜，吸出固定剂，用PBS浸洗2次，每次10 min，再用4 ℃预冷的1%锇酸，在4 ℃固定1 h，然后用PBS浸洗2次，每次10 min。注意锇酸作后固定后，必须将样品中的锇酸除净，因为锇酸本身也发射2次电子，影响观察，或者改用醛类固定剂。

（3）脱水：用系列梯度乙醇（30%、50%、70%、80%、90%、95%和100%）脱水，每种浓度乙醇通过2次，每次15 min。

（4）干燥：常用方法有临界干燥法，冰冻干燥法和乙腈真空干燥法。以乙腈真空干燥法为例叙述如下。

① 样品处理：按上述方法取材，固定和脱水。

② 乙腈置换：将脱水的细胞铺片浸入50%的乙腈水溶液中，然后依次更换70%、80%、90%、95%和100%的乙腈溶液，每次浸泡15～20 min，最后再换100%乙腈。

③ 真空干燥：将乙腈置换后的样品连同青霉素瓶一起放到真空镀膜台的钟罩内，抽低真空，一般需30～50 min。

④ 取出样品：样品干燥后，待其温度升至室温时再放气，取出样品。

⑤ 导电处理：常用的方法有真空蒸镀金属膜法和离子镀膜法。以真空蒸镀金属膜法为例叙述如下。

A. 样品准备：用导电胶（银胶）将干燥样品粘到样品托上。

B. 真空镀膜台准备：按要求安装电极、蒸发器、碳棒和蒸发金属（直径0.2 mm，长度为20 mm的金丝）。

C. 抽高真空。

D. 镀金属膜。

E. 镀膜稳定：蒸镀结束后，一般要在真空中存放10～20 min，使样品冷却，金属膜老化以及蒸镀室减压。然后取出样品。

### 10.3.4 仪器操作步骤

以日立S－4800冷场发射扫描电子显微镜为例，按要求启动扫描电镜—安装样品—观察细胞表面结构，具体操作流程如下。

（1）开机

① 检查真空、循环水状态。

② 开启“Display”电源。

③ 根据提示输入用户名和密码，启动电镜程序。

（2）样品放置、撤出、交换

① 严格按照高度规定高样品台，制样，固定。

② 按交换舱上“Air”键放气，蜂鸣器响后将样品台放入，旋转样品杆至“Lock”位，合上交换舱，按“Evac”键抽气，蜂鸣器响后按“Open”键打开样品舱门，推入样品台，旋转样品杆至“Unlock”位后抽出，按“Close”键。

（3）观察与拍照

① 根据样品特性与观察要求，在操作面板上选择合适的加速电压与束流，按“On”键加高压。

② 用滚轮将样品台定位至观察点，拧Z轴旋钮（3轴马达台）或在操作界面中调整样品台高度（5轴马达台）。

③ 选择合适的放大倍数，点击“Align”键，调节旋钮盘，逐步调整电子束位置、物镜光阑对中、消像散基准。

④ 在“TV”或“Fast”扫描模式下定位观察区域，在“Red”扫描模式下聚

焦、消像散，在“Slow”或“Cssc”扫描模式下拍照。

⑤ 选择合适的图像大小与拍摄方法，按“Capture”拍照。

⑥ 根据要求选择照片注释内容，保存照片。

（4）关机

① 将样品台高度调回 80 mm。

② 按“Home”键使样品台回到初始状态。

③“Home”指示灯停止闪烁后，撤出样品台，合上样品舱。

④ 退出程序，关闭“Display”电源。

### 10.3.5 仪器操作注意事项

（1）每天第一次加高压后，做一次 Flashing。

（2）冷场发射电镜一般不断电，如遇特殊情况需要大关机时，依次关闭主机正面的“Stage”电源、“Evac”电源，半小时后关闭离子泵开关和显示单元背面的 3 个空气开关，关闭循环水。开机时顺序相反。

（3）每半个月旋开空压机底阀放水 1 次。

### 10.3.6 SEM 应用范围

扫描电镜是一种多功能的仪器、具有很多优越的性能、用途非常广泛，检测范围包括：①生物：种子、花粉、细菌等；②医学：血球、病毒等；③动物：大肠、绒毛、细胞、纤维等。检测内容包括：①样本的表面形貌；②成分形貌；③元素分析；④高精度分析；⑤晶粒或晶面取向；⑥半导体缺陷或导质等。

## 10.4 透射电子显微镜

### 10.4.1 概述

透射电子显微镜（transmission electron microscope，TEM），可以看到在光学显微镜下无法看清的小于 0.2um 的细微结构，这些结构称为亚显微结构或超微结构。要想看清这些结构，就必须选择波长更短的光源，以提高显微镜的分辨率。1932 年 Ruska 发明了以电子束为光源的透射电子显微镜，电子束的波长要比可见光和紫外光短得多，并且电子束的波长与发射电子束的电压平方根成反比，也就是说电压越高波长越短。目前透射电镜的分辨率可达 0.2 nm。

### 10.4.2 结构原理

透射电镜的总体工作原理是：由电子枪发射出来的电子束，在真空通道中沿着镜体光轴穿越聚光镜，通过聚光镜将之汇聚成一束尖细、明亮而又均匀的光斑，照射在样品室内的样品上；透过样品后的电子束携带有样品内部的结构信息，样品内致密处透过的电子量少，稀疏处透过的电子量多；经过物镜的会聚调焦和初级放大后，电子束进入下级的中间透镜和第 1、第 2 投影镜进行综合放大成像，最终被放大了的电子影像投射在观察室内的荧光屏板上；荧光屏将电子影像转化为可见光影像以供使用者观察。

### 10.4.3 培养细胞的样品准备

透射电镜是最广泛使用的一类电镜，它的特点是利用电子束穿透样品获得样品的电子信号，经多级电子放大后成像于荧光屏，适于观察细胞内超微结构。由于电子束的穿透能力一般很弱，因此观察的样品必须很薄，约 50 ~ 80 nm。超薄切片技术大致分为取材、固定、脱水、浸透、包埋、切片及染色等几个步骤。

（1）取材：依实验的目的和要求不同选择适当的取材方法。对悬浮生长的细胞或单层生长的细胞欲观察其内部超微结构则选用离心法制备样品；对单层生长细胞欲观察其细胞连接则选用原位取材法。

① 离心法：取对数生长期的单层生长细胞，弃去瓶中培养液，用市售细胞刮（也可自制橡胶细胞刮）刮下单层细胞或用低浓度胰蛋白酶消化，用吸管将细胞移入 10 mL 尖底离心管中，加 4 ℃预冷的 PBS（0.01 mol/L，pH7.2）至 10 mL 并用吸管轻轻吹打均匀，然后以 2 000 rpm 离心 15 ~ 20 min，吸弃上清液，置冰浴杯中备用。悬浮生长细胞可直接离心。该法所需细胞量大，约 $1 \times 10^6 \sim 1 \times 10^7$ 个细胞。

② 原位法：在培养皿中预先加入玻璃盖片或聚苯乙烯盖片，接种细胞悬液，放入 $CO_2$ 孵箱培养，待细胞汇合，取出盖片，用 PBS 漂洗备用。

（2）固定：取离心管并倾斜一定角度，用吸管沿管壁缓缓加入 4 ℃预冷的 2% 戊二醛 4 mL（注意加液时一定不要冲散细胞团块），在 4 ℃固定 30 ~ 120 min。然后，用探针拨离细胞团块，移入小玻璃瓶中，在 4 ℃用 PBS 漂洗 3 次，每次 10 min。再用 1% 四氧化锇在 4 ℃固定 15 ~ 30 min，接着用 PBS 漂洗 3 次。细胞盖片按相同方法在小玻璃瓶中进行固定。

（3）脱水：用系列丙酮在室温下脱水：50% 丙酮溶液，1 次，10 min；70% 丙酮溶液，1 次，10 min；90% 丙酮溶液，2 次，每次 10 min；100% 丙酮溶液，3 次，每次 10 min。

（4）浸透：吸弃瓶中脱水剂，加 3 mL纯丙酮 - EPON 812 包埋剂（体积比为 1∶1），室温下放置 30 min 后，弃去稀释的包埋剂，加纯包埋剂 1 mL，室温放置 2 h 或过夜。

（5）包埋。

① 细胞团块：吸取混合包埋剂，滴 2 滴于 2 号胶囊模块孔的底部，把细胞团块移入胶囊底部中心，注满混合包埋剂，放入 60 ℃烤箱烘烤 24 h，使之固化成硬块。

② 细胞盖片：将预先干燥的明胶囊注满混合包埋剂，倒盖在单层细胞上，在 60 ℃固化 24 h。聚苯乙烯盖片与包埋剂性质不同，容易用手将包埋块与盖片分离。玻璃玻片与包埋块不易分离，这时可将它们一同投入盛有液氮的烧杯中片刻，然后迅速取出放入自来水中，二者可立刻分开。

（6）修块：将包埋块安装在特制的夹具上，在体视显微镜下用单刃刀片修整包埋块，即修去细胞团块表面的包埋剂，原位包埋块不需要修整表面。然后在细胞团块四周边以 45°角切去多余包埋剂，并做记号，以便定位。

（7）制备半薄切片。

① 切片：将修好的包埋块固定在超薄切片机上，切取厚度约 1 μm 的半薄切片。

② 染色：取洁净载玻片，浸入 1% 明胶和 1% 铬明矾混合液中，取出放在烤片机上加热至 60 ℃使之干燥。在玻片上加一滴蒸馏水，用镊子将半薄切片移入水滴中，再放在烤片机上加热使之展平干燥。然后滴加亚甲蓝染液（1% 亚甲蓝、1% 硼

酸钠和1%天青蓝)，在60 ℃染30 s，用水冲洗，再滴加1∶1的0.25%硼酸钠和0.5%碱性复红，60 ℃染10 s，水洗，烤干。

③ 镜检及定位：在显微镜下观察半薄切片的细胞图像，确定欲作超薄切片的部位并作标记。

(8) 制备超薄切片。

① 清洗载网：常用直径3 mm，150~200目的铜网，用清洗液洗净，用无水乙醇这脱水干燥。

② 制备支持膜：用氯仿配制0.45%的Formvar溶液，将干净载玻片垂直浸入此溶液，即刻取出，玻片表面即形成一层薄膜。用刀片划开薄膜四周，浸入盛满水的水槽中使薄膜与玻片分开。将铜网小心放在薄膜上并用封口膜覆盖其上，一并将铜网及支持膜取出。

③ 制备三角形玻璃刀。

④ 制备超薄切片：在超薄切片机上安装玻璃刀，固定包埋块，调整刀距，切取50~70 nm厚度的超薄切片，用睫毛笔挑选切片并用钢丝环套取切片，贴在铜网有支持膜的一侧，保存在干燥器皿中，待染色。

(9) 电子染色：以正染法为例。

① 将载有切片的铜网垂直夹于橡胶板上并放入平皿内，在切片一侧滴加一滴醋酸双氧铀染色液，加盖，室温下染5~10 min。

② 取出橡胶板，用双蒸水冲洗切片，并用滤纸吸干，放入平皿内，加一滴铅染液（含醋酸铅、硝酸铅和枸橼酸铅)，室温下染5~10 min。

③ 水洗、吸干、晾干备用。

(10) 电镜观察：按说明书要求安装超薄切片，调试电镜，观察细胞超微图像。

### 10.4.4 仪器操作步骤

以FEI公司Tecai G2 Spirit透射电子显微镜为例。

(1) 放样品前用杜瓦瓶加满液氮，放到冷阱上。

(2) 加高压，从60 kV开始，每隔1 min加20 kV，直到加至120 kV。

(3) 先将样品放到样品杆上，然后将样品杆放入样品台，直至Gun/Col的真空抽到20 log以下，才可以开始观察样品。

(4) 点击Clo Valve Close按钮，将放大倍数放到300倍左右，使电子束散开，观察荧光屏，找到自己所要观察的样品所在的区域。

(5) 将倍数放大到10 000倍左右，按下右控面板上的Eucentric height按钮，然后点击search - >control下的wobbler按钮，使样品台开始在a方向上摇摆。此时调节Z按钮，使得荧光屏中心部分的晃动最小，这样就完成了样品的高度调节。

(6) 将放大倍数调节到拍图片所需的倍数，点击CCD中的search按钮，在显示器上观察图片，此时调节Focus旋钮，直到得到清晰的图片为止。

(7) 选择合适的曝光时间，点击CCD中的Acquire按钮，采集所需要的照片。

(8) 点击TIA软件中的save as按钮，将图片保存在指定目录下。

(9) 关闭filament高压，关闭Clo Valve，将样品杆reset holder，轻轻拔出样品杆，结束实验。

### 10.4.5 TEM 应用范围

透射电镜的应用几乎已扩展到包括生命科学、材料科学、地质矿物和其他固体科学在内的所有科学领域，已经成为人类探索客观物质世界微观结构的强有力手段。可用于观察生物细胞或组织的超微结构；金属薄膜、玻璃薄膜、陶瓷薄膜和界面的微结构研究；粉末颗粒、纤维和纳米材料的结构分析等。

## 10.5 原子力显微镜

### 10.5.1 概　述

原子力显微镜（Atomic Force Microscope，AFM）是由 IBM 公司苏黎世研究中心的格尔德 · 宾宁于 1985 年所发明，其目的是为了使非导体也可以采用类似扫描探针显微镜（SPM）的观测方法。原子力显微镜是利用微悬臂感受和放大悬臂上尖细探针与受测样品原子之间的作用力，从而达到检测原子之间的接触、原子键合、范德瓦尔斯力或卡西米尔效应等来呈现样品的表面特性，其具有原子级的分辨率。

### 10.5.2 结构原理

原子力显微镜是一种可用来研究细胞以及包括绝缘体在内的固体材料表面结构的分析仪器。它通过检测待测样品表面和一个微型力敏感原件之间的极微弱的原子间相互作用力来研究物质的表面结构及性质。其基本原理是：将一对微弱力极敏感的微悬臂一端固定，另一端的微小针尖接近样品，这时它将与其相互作用，作用力将使得微悬臂发生形变或运动状态发生变化。扫描样品时，利用光学检测法或隧道电流检测法，可测得微悬臂对应于扫描各点的位置变化，从而以纳米的分辨率获得样品表面形貌结构及粗糙度等信息。

### 10.5.3 样品准备

原子力显微镜的研究对象可以是细胞、有机固体、聚合物以及生物大分子等，样品的载体选择范围很大，包括云母片、玻璃片、石墨、抛光硅片、二氧化硅和某些生物膜等，其中最常用的是新剥离的云母片，主要原因是其非常平整且容易处理。而抛光硅片最好要用浓硫酸与30%过氧化氢（7∶3）的混合液在 90 ℃下煮 1 h。利用电性能测试时需要导电性能良好的载体，如石墨或镀有金属的基片。

试样的厚度，包括试样台的厚度，最大为 10 mm。如果试样过量，有时会影响扫描器的工作，因此不宜放过重的试样。试样的大小以不大于试样台的大小为大致的标准，并且先将试样固定好后再测定，否则可能产生移位。

### 10.5.4 仪器操作步骤

以安捷伦公司 5500 原子力显微镜为例。

（1）依次顺序打开总电源开关、计算机主机以及显示器电源开关、控制机箱电源开关、AC Controller 电源开关。

（2）打开 PicoView 控制软件。

（3）从软件控制界面中选择合适操作模式，Mode → AC AFM。参数调整 AC Mode Controls→AC AFM。

（4）根据扫描器的序列号从控制软件界面 Scanner 中选择合适的扫描器型号（90 μm 和 9 μm）。

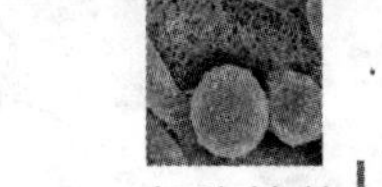



（5）取出扫描器，放置于扫描器基座上进行安装（在此过程中千万注意轻拿轻放），然后选择扫描器插头 AAC nose cone。

（6）选择 AAC 模式，针尖安装于 nose 上，弹簧一般压在针尖的 1/3 ~ 1/2 处。

（7）安装扫描器，连接插线并进行调试，使激光对在针尖背面。

（8）安装样品，确保针尖和样品之间有足够的距离，防止样品撞坏针尖。

（9）利用电子盒上的开关 Close 初步不仅样品，用放大镜观察缩短针尖和样品之间的距离使其达到最小，或者将利用光学系统，聚焦在探针上，逼近样品，样品的形貌逐渐变得清楚，以缩短针尖逼近时间。

（10）安装探测器，调整螺丝，使 deflection 读数接近为 0，LFM 读数接近为 0。

（11）点击 Control 窗口下面的 AC mode tune，出现 Amplitude – Frequency 窗口；根据所选探针共振频率值设定 Start 和 End 的值，Amplitude 在 3 ~ 6，选择峰位偏左一点（100 ~ 300 Hz）。选择 Auto，可以自动获得合适的振幅和峰位；选择 Manual，点击 Start 开始寻峰，逐步缩小 Frequency 范围，利用改变 drive% 数值，控制 Ampiltude 在 3 ~ 6，选择峰位偏左一点。

（12）软件参数设定：设置 I，P，set point，scan speed，scan size，stop at 0.8 – 0.9，points，设置 topograph，amplitude，phase 等。

（13）点击 Approach，针尖开始逼近，如果 deflection 在针尖逼近过程中数值发生突变，说明针尖已经真正逼近样品。

（14）点击 scan，开始扫描成像，同时在扫描过程中根据图像实时调整 set point，I，P，speed 等，从而获得高质量的图像。

（15）扫描结束后，点击 withdraw 数步（一般 2 ~ 3 步），实现退针，同时手动 open，手动退针。

（16）关闭 Picoview 软件、AC Controller 电源、控制机箱电源。

（17）关闭计算机主机、总电源。

（18）取下样品台并收好样品。

（19）取下探测器（注意：一定要先取下探测器后取下扫描器）。

（20）取下扫描器，取下针尖放回盒中（注意轻拿轻放），将扫描器、针尖放回干燥皿。

### 10.5.5 AFM 应用范围

AFM 的工作范围很宽，可以在自然状态（空气或液体）下对生物医学样品直接进行成像，分辨率也很高。因此，AFM 已成为研究生物医学样品和生物大分子的重要工具之一。AFM 应用主要包括三个方面：生物细胞的表面形态观测；生物大分子的结构及其他性质的观测研究；生物分子之间力谱曲线的观测。下面简要介绍 AFM 在细胞研究方面的应用。

AFM 可以用来对细胞进行形态学观察，并进行图像的分析。通过观察细胞表面形态和三维结构，可以获得细胞的表面积、厚度、宽度和体积等的量化参数等。例如，利用 AFM 可以对感染病毒后的细胞表面形态的改变、造骨细胞在加入底物后细胞形态和细胞弹性的变化、GTP 对胰腺外分泌细胞囊泡高度的影响进行研究。利用 AFM 还可以对自由基损伤的红细胞膜表面精细结构进行研究。

AFM 不仅能够提供超光学极限的细

胞结构图像，还能够探测细胞的微机械特性，利用 AFM 力 - 曲线技术甚至能够实时地检测细胞动力学和细胞运动过程。利用 AFM 研究细胞很少对样品预处理，因此能够在近生理条件下对它们进行研究。

利用 AFM 直接成像方法，可以对固定的活细胞和亚细胞结构进行深入研究，这些研究获得了关于细胞器的构造，细胞膜和细胞骨架更详细的信息。将细胞固定在基底上再进行 AFM 观察，可以得到细胞膜结构的皱褶，层状脂肪物，微端丝和微绒毛等特征。由于细胞质膜掩盖了细胞内部骨架，现在已经发展了一种仔细剥离该层膜的方法，并利用 AFM 对剥离细胞膜后的结构进行研究。

AFM 在细胞研究方面的一个最重要用途是对活细胞的动力学过程，细胞间的相互作用以及细胞对内外干扰因素的响应进行实时成像。目前，AFM 已经可以对外来病毒感染的细胞进行实时观察。AFM 还可以研究活性状态下血小板形状的变化情况和培养的胰腺细胞对淀粉消化酶的响应情况。

## 10.6 活细胞工作站

### 10.6.1 概　述

随着科技的发展，针对活细胞和组织的全方位研究越来越成为推动细胞生物学、神经生物学、发育生物学等生命科学研究的强大引擎。相对于被固定、制片的样品，只有对活细胞样品的观察研究，才能真正了解生命最基本单元—细胞，从形态到功能的过程中到底发生了什么变化，从而探索内在的生命机理，并为药物研发、临床治疗提供可靠的参考依据。因此，如何在体外模拟体内环境条件，确保细胞尽可能接近于自然状态并维持活性，并根据研究需求实现高清图像的快速采集和实验数据的有效分析，成为活细胞显微成像实验过程的主要要求。活细胞工作站（Live Cell Imaging System，LCIS）主要是指活细胞在体外模拟体内环境的条件下，进行显微成像采集定时拍摄，在白光或荧光下观测活细胞的增殖、细胞迁移、黏附、吞噬等活动并进行细胞分析成像。

### 10.6.2 结构原理

活细胞工作站通常包括高配置倒置电动荧光显微镜、活细胞培养环境控制系统和高速高灵敏度的图像采集设备，共同组成一套活细胞工作站。以奥林巴斯公司的活细胞工作站为例，其最新型的成像系统是通过系统主控软件整合、操作，通过控制高精度电动控件、多线程实时控制系统、第三代零漂移补偿系统、特殊应用的专属物镜等，在保证整个活细胞采集过程中多个条件的高度协调和稳定的前提下，实现活细胞多维度图像采集、控制、分析，保证高清晰、高反差和高速度的成像效果，充分体现了维持细胞生命活性与获得完美活细胞图像的统一。

时间序列成像主要用于自动采集活细胞随时间变化的图像。适用于拍摄细胞生长、新陈代谢、神经传递、信号传导等生理和动态信号的观察，拍摄的时间间隔从毫秒级到小时甚至数天。对于多标的样品，通过获取多通道荧光图像，清楚地区别标记不同荧光的亚细胞结构，同延时序列成像实验一起，记录多色荧光信号的动态变化过程。

### 10.6.3 仪器操作步骤

以奥林巴斯公司的 xcellence 为例。

（1）打开电脑与仪器，预热 3 h 以上，降低焦距的变动概率。

（2）将准备好的 24 孔板放入小培养箱中。

（3）打开 xcellencert 软件，依次点击 Acquire – Camera Control，导出 Camera Control 模块。

（4）然后分别点击 Illumination Settings – Microscope Settings – Motorized stage – Experiment Manager。

（5）在 Experiment Manager 模块下编程，使活细胞工作站根据自己的实验需求运行拍照记录。

（6）最后将数据表格以 EXCEL 格式导出并制图进行统一分析。

（7）视频的导出点击 File 菜单栏下的 Export to AVI 即可。

### 10.6.4 LCIS 应用范围

活细胞工作站可实现在细胞水平上的定性和定量分析、活细胞图像处理、活细胞动态示踪。在分子水平，可做到基因定位定量表达的动态分析、蛋白质合成降解运输和相互作用的动态研究、细胞骨架的代谢动力学测定和细胞周期各时相的动态观察等。主要应用包括：用于观察长时间细胞培养，进行活细胞运动、分化示踪观察，细胞周期测定；高敏感度成像系统，保证最小的细胞刺激时间，进行活细胞的荧光标记蛋白长时程观察；细胞活性维护系统；自动多荧光、多 Z 轴图像获取；支持多孔位，多位置染色标本、多孔板和活细胞荧光图像扫描，进行细胞荧光共定位；进行荧光共振能量转移研究，可观察细胞内荧光基团（CFP/YFP）产生和作用过程，从而揭示分子间、分子内的作用关系；进行定量离子测定等研究，例如，细胞内钙离子测定。

（段建红，刘　斌）

# 附录Ⅰ　细胞系或株的查询网址

## 1. 美国组织细胞库（America tissue culture collection，ATCC）

可直接查询有关网址，如：www. bio-reagent com/bio-reagent Product 41174. html。

也可在中文网址中先用“ATCC”搜索，网页中会提供很多中国代理公司的网址，例如：http://www. bio-reagent. com，http://www. bio-life. cn 等。

## 2. 中国科学院上海细胞生物学研究所

可直接查询该研究所有关网址，www. sibcb. ac. cn，www. ccpss. com 等。

也可在中文网址中先用“中国科学院上海细胞生物学研究所”搜索，网页中会提供很多相关网址。例如：www. jxsme. gov. cn，www. cxbio. com，www. cistc. gov. cn 等。

# 附录Ⅱ 细胞培养常用名词解释

1. **锚着（附着、贴壁）依赖性细胞**（anchorage - dependent cell）

必须有固相、惰性表面以供附着并生长的动物细胞。玻璃及塑料最常用于培养这种细胞。

2. **非整倍体**（aneuploid）

细胞核内染色体数为单倍染色体数的非整倍数时称为非整倍体，此时某一个或数个染色体数可多于或少于其余的染色体数目，可能有或无染色体的重排。

3. **无菌**（asepsis）

无真菌、细菌、支原体或其他微生物存在。

4. **无菌技术**（aseptic technique）

采用化学或物理手段防止微生物污染的技术。在组织细胞培养中还意味着防止有害物质污染及其他细胞的交叉感染。

5. **贴壁率**（attachment efficiency）

在一定时间内接种细胞贴附于培养器皿表面的百分率。应当说明在测定贴壁率时的培养条件。

6. **自分泌细胞**（autocrine cell）

动物体内的一种细胞，它产生激素、生长因子或其他信号物质，而本身又表达有其相应的受体。

7. **平衡盐溶液**（balanced salt solution）

含有近似生理学浓度的无机盐的等渗液，可能还含有葡萄糖，但通常并无其他的有机营养物质。

8. **生物反应器**（bioreactor）

一种用于大规模产生细胞的培养器皿，可以是附着于底物或于悬浮中繁殖。

9. **细胞克隆**（cell clone）

在动物细胞培养中指由单个细胞通过有丝分裂形成的细胞群体。一个克隆不一定是均质的。因此，“克隆”或“克隆的”（cloned）不能用来说明细胞群体的均质性（包括遗传性上的均质性）。

10. **细胞密度**（cell density）

每平方厘米底物贴附的细胞数。当指细胞悬液时，则为每 mL 悬液所含的细胞数。

11. **细胞一代时间**（cell generation time）

单个细胞连续两次分裂的间隔时间。目前，这一时间可借助于显微电影照相术来精确测定。该术语与群体倍增时间（population doubling time）并不同义。

12. **细胞杂交**（cell hybridization）

两个或多个不同的细胞融合导致形成合核体（synkaryon）。

13. **细胞系**（cell line）

原代培养物经首次传代成功后即成细胞系。由原先存在于原代培养物中的细胞世系所组成。如果不能继续传代或传代数有限，称为有限细胞系（finite cell line）；如果可以连续传代，则称为连续细胞系（continuous cell line），即“已建成（立）的细胞系（established cell line）”。“已建成的细胞系”一词现已不主张采用。发表论文描述任何新的细胞系时，均需详尽说明该细胞系的特征及培养经过。论文中涉及的培养物，若已发表过，则需注明最初发表的文献。从其他实验室取得的细胞系，必须保持该细胞系的原名。在培养过程中，如发现培养物的特性与原培养物的有差异，则应在适当刊物上予以报道。

14. **细胞株**（cell strain）

通过选择法或克隆形成法从原代培养物或细胞系中获得的具有特殊性质或标志的培养物称为细胞株。细胞株的特殊性质或标志必须在整个培养期间始终存在。描述一个细胞株时必须说明它的特殊性质或标志。如果不能继续传代或传代数有限，可称为有限细胞株（finite cell strain）；如果可以继续传代，则可称为连续细胞株（continuous cell strain）。发表论文描述任何新的细胞株时，均需详尽说明该细胞株的特征及培养经过。论文中涉及的细胞株，若已发表过，则需注明最初发表的文献。从其他实验室取得的细胞株，必须保持该细胞株的原名。在培养过程中，如发现培养物的特性与原培养物的有差异，则应在适当刊物上予以报道。

15. **合成培养液（基）**（chemically defined medium）

化学成分已知的细胞培养基；与生物性液体如血清或胚胎提取物等不同，后者具有生长促进性质，但含有不明的化学成分。

16. **克隆形成率**（cloning efficiency）

细胞接种到培养器皿内形成的克隆数与接种的细胞数所构成的百分率。

17. **互补作用**（complementation）

在同一个细胞内出现的两组细胞或病毒基因之间的相互作用。在遗传学中，指同一细胞中两种不同突变使野生型功能得以恢复；在病毒学中指两种有缺陷的噬菌体产生使两者都得以复制的相互作用。

18. **汇合**（confluent）

贴壁生长的细胞在培养器皿中生长达到一定数量时细胞彼此连接成层长满器皿底壁。

19. **接触抑制**（contact inhibition）

当细胞与其他相邻细胞完全接触时（如在铺满的培养物），胞质膜波动及细胞运动的抑制；常常在细胞增殖停止之前发生，但并非必须与之相关。

20. **连续细胞系或细胞株**（continuous cell line or cell strain）

具有无限生存能力的细胞系或细胞株，通常认为是“不死的”。以前曾称为“已建立的”。

**21. 胞质杂种细胞**（cybrid）

一个胞质体和一个完整的细胞融合而产生的能生存的细胞称为胞质杂种细胞。

**22. 细胞因子**（cytokine）

由细胞释放的一种因子，可诱发对其他细胞增殖、分化或炎症等的受体—介导效应。

**23. 细胞质遗传**（cytoplasmic inheritance）

一种非孟德尔型的遗传传递，它取决于有复制能力的细胞器如线粒体、病毒和质粒的细胞核外的基因而不依赖于核的基因。

**24. 胞质体**（cytoplast）

一个细胞去核后剩下的完整的细胞质。

**25. 生长的密度依赖性抑制**（density - dependent inhibition of growth）

和细胞密度增加有关的有丝分裂的抑制。

**26. 分化的**（differentiated）

在培养中，细胞保留了体内时所特有的全部或大部分结构和功能。

**27. 二倍体**（diploid）

除性染色体外所有的染色体均成双配对并与其原物种染色体结构相同的培养细胞可称为二倍体细胞。对培养细胞使用“二倍体”这个术语时应具备以下条件：

（1）培养细胞的染色体数目如有偏离，应不超出供体的正常染色体数范围。

（2）培养细胞的核型如有偏离，应不超出供体的正常核型范围（应包括带型）。

（3）与供体的遗传标志（如生化特征等）偏离甚微。

当确定为二倍体培养物时，必须具备描述染色体数目的分布图，该图除描绘染色体的分布外，还需指明染色体的个数，并附有代表性的核型。

**28. 胚胎培养**（embryo culture）

分离出成熟或未成熟的胚胎在体外培养并生存或发育。

**29. 胚胎发生**（embryogenesis）

胚胎产生及形成的过程。

**30. 内分泌细胞**（endocrine cell）

动物体内的一种细胞，它产生激素、生长因子或其他信号物质给予远离部位的表达相应受体的靶细胞。

**31. 后生的（外遗传）变异**（epigenetic variation）

非遗传基础的表型变异。

**32. 上皮细胞样的**（epithelial - like）

与上皮细胞在形态上或外观上相似的细胞称之为上皮样细胞。一般说来，须具备典型的上皮细胞特有的特征的细胞，才可以认定为上皮细胞。如在光学显微镜下，上皮细胞往往呈立方形；细胞成片状生长，接触紧密；与成纤维细胞相比，某些类型的上皮细胞核质比值相对较高，某些情况下培养细胞的组织来源和功能明确等。但实际上有许多情况与典型的上皮细胞相差甚远，至少会有一定偏差，所以，在使用“上皮细胞”这个术语时，一定要尽量报告该细胞所具有的各种参数。在这些参数未弄清前，最好还是使用“上皮细胞样细胞”或“类上皮细胞”（epithelioid cells）较为确切。

**33. 整倍体**（euploid）

细胞核内染色体数为单倍染色体数的整倍数时称为整倍体。

**34. 移植块（外植块）**（explant）

从其起源部位取出后移植并维持于人工合成培养基中的小块组织。

**35. 反馈**（feedback）

一个反应体系的部分输出反过来作用于同一体系的输入，以此方式影响其后这体系的输出的过程。反馈现象广泛存在于生命的基本活动过程中，包括基因表达的调控、物质代谢、免疫反应，以及神经、内分泌等各种生理过程，是机体维持内环境相对稳定、适应外环境变化的重要调节方式。

**36. 滋（饲）养层**（feeder layer）

又称滋养细胞。是在细胞培养中使用的一层具有滋养其他细胞作用的细胞。滋养细胞通常需经射线照射等处理，在其表面可培养那些需要复杂营养的细胞。常用的有成纤维细胞、巨噬细胞等。

**37. 发酵器**（fermentor）

大规模培养的器皿。

**38. 成纤维细胞样的**（fibroblast - like）

与成纤维细胞在形态上或外观上相似的细胞称之为成纤维样细胞。一般说来，须具备典型的成纤维细胞特有的特征的细胞，才可以认定为成纤维细胞。如在光学显微镜下，成纤维细胞往往呈尖形及细长形；细胞成片生长但接触疏松；与上皮细胞相比，某些类型的成纤维细胞核质比值相对较低，某些情况下培养细胞的组织来源和功能明确等。但实际上有许多情况与典型的成纤维细胞相差甚远，至少会有一定偏差，所以在使用“成纤维细胞”这个术语时，一定要尽量报告该细胞所具有的各种参数。在这些参数未弄清前，最好还是使用“成纤维细胞样细胞（fibroblast - like cells）”或“类成纤维细胞（fibroblastic cells）”较为确切。

**39. 有限细胞系**（finite cell line）

已通过传代而繁殖，但在体外只具有有限的细胞代数后将死亡的培养细胞。

**40. 流式细胞仪**（flow cytometer）

一种仪器设备，可通过采用一种激光或不同波长的几种激光来扫描单个细胞流，以对细胞群体中的单个细胞进行定性及定量分析，并记录散射的光或发射的荧光。

**41. 荧光抗体技术**（fluorescent antibody technique）

细胞或被检样品用对应的荧光抗体或荧光抗原处理后，在荧光显微镜下观察定位检查抗原或抗体的一种技术。

**42. 世代时间**（generation time）

在细胞分裂周期中从周期中的一点至周期中在一次分裂以后的相同点的相隔时间；与群体倍增时间不同，后者来自群体中全部总的细胞数，因此平均均分了不同的世代时间，包括非生长细胞的结果。

43. **基因型**（genotype）

一个细胞的全部遗传特征。

44. **（细胞被膜）多糖—蛋白质复合物（细胞衣）**（glycocalyx）

附着于细胞表面的糖基化多肽、蛋白质和脂质，以及黏多糖。

45. **生长曲线**（growth curve）

以正在生长繁殖的培养物中细胞的数目或生物量为时间的函数所绘制的曲线。

46. **生长因子**（growth factor）

由细胞释放的因子，能诱导其他细胞的增殖，多属旁分泌效应。

47. **生长培养基（液）**（growth medium）

用于繁殖一特殊细胞系的培养液，通常是含有如血清或生长因子等添加剂的基础培养液。

48. **驯化**（habituation）

在组织细胞培养中，指细胞群体适应外加调节因素而获得的生长和分裂能力。是培养中细胞遗传改变的一种方式，但经驯化后所获得的遗传改变并非永久性的。

49. **异核体**（heterokaryon）

在一共同的细胞质中，含有两个或更多的遗传上不同的核的细胞。通常由细胞间的融合所产生。

50. **异倍体**（heteroploid）

用于描述细胞群体而不用于单个细胞，如果这些细胞的核中含有除二倍体以外的染色体数，即可称之为异倍体，可分为整倍体和非整倍体两大类。

51. **组织型的**（histiotypic）

凡是能显示体内组织典型的形态和功能的体外培养物即可称为组织型的。如某种成纤维样的细胞在悬浮状态下可以分泌葡糖胺聚糖 - 胶原基质（glycosaminoglycan - collagen matrix），则可称为组织型的，因为它表现了与纤维结缔组织的结构相似性。它是一个描述性的术语，不一定要和培养（culture）一词连用。该词用以表明体内外组织形态或功能上是否具有相似性。

52. **恒温的**（homeothermic）

即使环境波动仍能维持恒定的温度。

53. **同种［异体］移植物**［homograft（allografi）］

取自与受体相同种族的、遗传不同的供体的移植物。

54. **同核体**（homokaryon）

在一共同的胞质中含有两个或更多遗传上相同的核的细胞。常通过细胞融合获得。

55. **杂交细胞**（hybrid cell）

两个不同的细胞融合而形成的单核细胞。虽然异核体（hete - rokaryon）也是杂种细胞，但此词现仅与单核杂种细胞（mononucleate hybrid）同义。

**56. 核酸杂交**（hybridization of nucleic acid）

利用退火作用使核酸单股分子复合，形成双链的区域中，碱基呈互补状态。

**57. 杂交瘤**（hybridoma）

由产生抗体的肿瘤细胞（骨髓瘤）与抗原一刺激的正常浆细胞融合而形成的细胞。这种细胞产生的抗体称为单克隆抗体。

**58. 亚倍体**（hypoploid）

比整倍体少一个或几个染色体或染色体片段的非整体的细胞或个体。

**59. 组型图**（ideogram）

一个细胞的染色体按大小及形态排列，以便研究并遗传学分析染色体组型。

**60. 代谢产物合成期**（idiophase）

微生物生长停止后大量产生次级代谢产物的时期。

**61. 永生化（无限增殖，不死性）**（immortalization）

获得无限的生命期。可以对有限细胞系通过转染端粒酶、癌基因或SV40基因组中的大T－区，或以SV40（全病毒）或EB病毒感染而诱导产生。永生化虽然可能是恶性转化的一部分，并非必须是恶性转化。

**62. 免疫活性细胞**（immunologically competent cell）

具有识别抗原、（或）合成抗体的能力的细胞。

**63. 诱导突变**（induced mutation）

经诱导因素（物理、化学的）作用后物体所产生的突变。

**64. 诱导**（induction）

引起组织结构、器官或某种过程起始的作用。

**65. 抑制作用**（inhibition）

使作用物的活性程度或速率降低或活性完全消失的作用。

**66. 整合**（integration）

外源DNA（如病毒DNA）以共价连接的形式掺入宿主细胞的染色体中。

**67. 分裂间期**（interkinesis）

在第一次和第二次成熟分裂之间可能发生的短暂的“休止阶段”，与有丝分裂相比，在减数分裂间期染色体不能复制。

**68. 倒位**（inversion）

染色体变化的“畸变”类型，其特点是染色体片断呈180°旋转的倒向，且其中所包含的基因顺序与有关的连锁群的标准排列发生了变化。

**69. 体外恶性肿瘤性转化**（in vitro malignant neoplastic transformation）

体外肿瘤性转化的一种特殊情形。当培养的非肿瘤细胞获得了在接种动物时可以产生恶性肿瘤（必须要有确实的证据表明这种肿瘤可以造成局部浸润或转移）的性质时可称为体外恶性肿瘤性转化。

**70. 体外肿瘤性转化**（in vitro neoplastic transformation）

体外转化的一种特殊情形。当培养的非肿瘤细胞获得了在接种动物时可以产生肿瘤

（包括良性肿瘤和恶性肿瘤）的性质时可称为体外肿瘤性转化。

**71. 体外繁殖**（in vitro propagation）

在生物体外，应用无菌技术、玻璃或塑料器皿、特定的培养基等人为控制生存环境下的繁殖。

**72. 体外转化**（in vitro transformation）

培养细胞自发的或经化学致癌物、病毒、辐射等处理细胞而引起的可遗传的变化，包括形态学、抗原、肿瘤、增殖或其他特性的变化。体外肿瘤性转化只是体外转化中的一种情况。在描述体外转化时应当指明其转化的类型。

**73. 同工酶**（isoenzyme）

指同一机体中具有类似或相同催化性的相互可资区别的一类酶。

**74. 同系［异体］移植物（同基因移植物）**［isograft（syngraft）］

从与受体种族相同、遗传一致或几乎一致的供体取得的被移植的组织。

**75. 有丝分裂**（karyokinesis）

专指与细胞质分裂不同的核分裂。经过核分裂，真核细胞染色体中所含的遗传信息就被分配到子核中去，在遗传上子核与母核是相同的。

**76. 核质，非染色质物质**（karyoplasm）

为中期核中不染色或不易染色（液体或半液体）的基质（非染色质），它充满在染色体和核仁四周的核间隙内。

**77. 核体**（karyoplast）

指完整的细胞核从细胞内脱出，外面包以质膜及薄薄的细胞质。该词与小细胞（minicell）同义。

**78. 核型，染色体组型**（karyotype）

一个物种、个体或细胞所特有的染色体组。通常是以有丝分裂中期染色体的数目和形态来表示。以染色体的形态特征为基础的染色体组型图期称之为“染色体组型模式图”。

**79. 凝集素**（lectin）

能与动物细胞表面的碳水化合物受体结合的各种不同植物蛋白质和糖蛋白。在某些情况下，凝集素的结合作用可以刺激非分裂的细胞生长。

**80. 线性生长**（linear growth）

以细胞数（或细胞质量）作为时间的函数作图，表现培养细胞的生长情况，可得一条直线。

**81. 脂质体转染**（lipofection）

通过与脂质－包裹 DNA 的融合转染 DNA。

**82. 脂质体**（liposome）

包绕水性内容物的封闭的脂质小囊球结构。由磷脂的混合物或磷脂与固醇的混合物分散在水溶液中而形成。

83. **半有效剂量**（median effective dose）

在实验时间内，对一组实验动物的50%产生治疗效果的药物剂量，符号 $ED_{50}$。

84. **减数分裂**（meiosis）

能进行有性生殖生物在成熟的生殖细胞中的一种核分裂。性母细胞两次连续的细胞分裂染色体在整个分裂过程中只复制一次，因此，形成的 4 个子细胞中的染色体数目减少到原来细胞的一半。

85. **微丝**（microfilament）

细胞内由一些伸展性的蛋白质分子集合而成的结构。其功能可能是起支架作用，也是细胞运动中的动力结构，与细胞的变形、吞噬、物质的分泌与释放有关。

86. **微粒体**（microsome）

由核糖体和内质网构成的一种细胞成分。

87. **小细胞**（minimal cell）

该词与核体（karyoplast）同义。

88. **最低限度培养基**（minimal medium）

大多数细胞能生长在其中的最简单的培养基。需要额外营养成分（如氨基酸类、嘌呤类、糖类或嘧啶类）的突变种细胞不能在此种培养基中生长。

89. **有丝分裂周期**（mitotic cycle）

在真核细胞将遗传物质等量的分配到子细胞前的一系列步骤的顺序。

90. **单层培养**（monolayer culture）

培养细胞在底物上长成单层。

91. **诱变剂**（mutagens）

提高突变频率的物理、化学因子，使突变频率大幅度高于自发突变的本底水平。如紫外线、X 线、γ 射线等。

92. **突变体**（mutant）

由改变了的或新的基因引起的表型变异体。

93. **核仁区**（nucleolar zone）

在末期与核仁形成相关的任何染色体区，与次级缢痕的存在与否无关。

94. **旁分泌**（paracrine）

一细胞对另一邻近细胞的由可溶性因子介导而不涉及系统性血运的一种效应。

95. ［**人行道**］**铺路石状**（pavement - like）

规则的单层、多角形细胞在附着物上排列的形式，类似“石子路”的形貌。上皮样细胞通常呈“铺路石状”排列。

96. **接种率**（plating efficiency）

在传代时接种而产生集落（克隆 clone）的细胞的百分率。若每个集落来自一个细胞，接种率与克隆形成率相同。有时接种率被不严谨地用于描述在传代后存活细胞的数目，但后者最好称为贴壁率。

97. **原代培养**（primary culture）

直接取自一机体的细胞、组织或器官开始进行并在首次传代之前的培养。

98. **受体**（receptor）

指分子水平上的靶部位。通过特定的相互作用，能在这个部位结合上一种物质。这个部位可以在细胞壁、细胞膜或者在细胞中的酶上，被连上去的物质可能是病毒、抗原、激素或药物。

99. **重建细胞**（reconstituted cell）

无活力的核体（karyoplast）与无活力的胞质体（cytoplast）融合后重新组建的活细胞。

100. **再表达**（reexpression）

杂种细胞的亲本细胞的特征在消失一个阶段后的再出现。

101. **逆转**（reversion）

指肿瘤细胞或恶性转化细胞向正常细胞转化的过程。

102. **饱和密度**（saturation density）

于特殊条件下，在单层培养中每 $cm^2$ 或在悬浮培养中每 mL 可获得的最多细胞数。

103. **贴壁率**（seeding efficiency）

在指定的时间内，附着于底物的接种物的百分率，提示活力或生存情况，但并非必须是增殖能力。

104. **选择性培养基**（selective medium）

能容许特定的细胞（如杂种细胞）存活和繁殖但杀死其他细胞（如亲本细胞）的培养基。

105. **衰老**（senescenee）

在细胞培养中指细胞群体倍增到一定的次数后即失去了再增殖的能力。

106. **体细胞杂交**（somatic cell hybridization）

来自遗传上互异的体细胞的体外融合。

107. **亚株**（substrain）

一个亚株是由某细胞株中分离出的单个细胞或群体细胞所衍生而成的。这种单个细胞或群体细胞具有的特征和标记不是亲本细胞株中所有细胞都具有的。

108. **底物**（substrate）

供在其表面生长单层培养物的基质或固体衬垫物。

109. **悬浮培养**（suspension culture）

当悬浮于生长培养液中时，其细胞能繁殖的培养物。

110. **合胞体**（syncytium）

细胞融合产生的巨大的多核细胞。

111. **组织培养**（tissue culture）

确切地应是指于体外维持小块的组织，但现已普遍作为一般的名词使用，表示组织移植块培养、器官培养及分散的细胞培养。

112. **全能**（totipotency）

具有形成机体所有细胞类型的能力称为全能。仅少数细胞具有此种能力。

113. **转染**（transfection）

将另一细胞的某个基因（群）转移到培养细胞的核内。

114. **转化**（transformation）

通过不可逆性的遗传改变发生的细胞表型的永久性变化。可以是自发性的，如来自早期生长缓慢的啮齿类细胞系发生的生长迅速连续细胞系；也可由化学或病毒作用诱导而产生。通常产生的细胞系有增加的生长速度、无限的生命期、低的血清需要以及较高的接种率，并常（但并非必需）为致瘤性。

115. **活力**（viability）

在细胞培养中指细胞具有生长和代谢的能力，经常以活细胞数占总细胞数的百分比表示。

116. **病毒转化**（viral transformation）

由转化病毒的遗传并可继承的效应诱发的永久性表型的改变。

117. **异种移植（物）**（xenograft）

将组织移植至不同的种族，常用于描述种植人类肿瘤于无胸腺（裸）、免疫缺乏或免疫抑制的小鼠。

# 附录Ⅲ　细胞培养中常用术语的译名

## A

aberration 畸变
accessory chromosome 副染色体，性染色体
acridine orange（AO）吖啶橙
adenosine diphosphate（ADP）二磷酸腺苷
adenosine monophosphate（AMP）一磷酸腺苷
adenosine triphosphate（ATP）三磷酸腺苷
agar 琼脂
allotypic antigen（allogeneic antigen）同种异型抗原
alleles exclusive phenomenon 等位基因排斥现象
allopolyploid 异源多倍体
allotypic antigen（allogeneic antigen）同种异型抗原
American Tissue Culture Collection（ATCC）美国组织培养库
amitosis（复 amitoses）无丝分裂
anchorage－dependent 贴壁依赖性、锚着依赖性或附着依赖性
anchorage－dependent cell 锚着（附着、贴壁）依赖性细胞
anchorage－independent 非贴壁依赖性、非锚着依赖性或附着依赖性
aneuploid 非整倍体，异倍体
antibody－dependent cellular cytotoxic reaction（ADCC）抗体介导的细胞毒杀伤作用
aseptic technique 无菌技术
attachment efficiency 贴壁率
autocrine cell 自分泌细胞
autopolyploid 同源多倍体

## B

balanced salt solution（BSS）平衡盐溶液
base sequence 碱基顺序
basic medium 基础培养基
B cell differentiation factor　B 细胞分化因子
bioreactor 生物反应器
5－bromodeoxyuridine（BUdR）5－溴脱氧尿苷

# C

cell agglutination 细胞凝集
cell culture 细胞培养
cell cycle 细胞周期
cell density 细胞密度
cell differentiation 细胞分化
cell division 细胞分裂
cell division cycle gene 细胞分裂周期基因
cell generation time 细胞一代时间
cell hybridization 细胞杂交
cell line 细胞系
cell matrix 细胞基质
cell membrane 细胞膜
cell recognition 细胞识别
cell strain 细胞株
cell surface receptor 细胞表面受体
cell suspension culture 细胞悬浮培养
chemically defined medium，synthetic medium 合成培养基
chromatid 染色单体
clone 克隆
cloning efficiency 克隆形成率
complementation 互补作用
confluence 汇合
confluent 汇合的
constitutive heterochromatin 结构异染色质
contact inhibition 接触抑制
continuous cell line or cell strain 连续细胞系或细胞株
cybrid 胞质杂种细胞
cytidine diphosphate（CDP）二磷酸胞苷
cytidine monophosphate（CMP）一磷酸胞苷
cytochalasin B（CB）松胞菌素 B
cytochrome 细胞色素
cytokine 细胞因子
cytokinesis 胞质分裂
cytomembrane 细胞质膜

cytophotometer 细胞光度计
cytoplasm（细）胞质
cytoplasmic ground substance 细胞质基质
cytoplasmic inheritance 细胞质遗传
cytoplast 胞质体
cytoskeleton 细胞骨架
cytotoxic T lymphocyte 细胞毒 T 淋巴细胞
cytotrophoblast 细胞滋养层

## D

denaturation 变性
density - dependent inhibition of growth 生长的密度依赖性抑制
density gradient centrifugation 密度梯度离心
density inhibition 密度抑制
deoxyribonucleic acid（DNA）脱氧核糖核酸
differentiated 分化的
diploid 二倍体
direct division 直接分裂
DNA polymerase DNA 聚合酶
DNA replication DNA 复制
doubling time 倍增时间
drug - resistance 抗药性
drug - resistant gene 抗药基因

## E

embryo culture 胚胎培养
embryogenesis 胚胎发生
endocrine cell 内分泌细胞
endothelial cell growth factor（ECGF）内皮细胞生长因子
enucleation 去核作用
epidermal growth factor（EGF）表皮生长因子
epigenetic variation 后生的（外遗传）变异
epithelial - like 上皮细胞样的
ethylene diamine tetraacetic acid（EDTA）乙二胺四乙酸
ethyl nitrosouria（ENU）乙基亚硝基脲

eukaryotic chromosome 真核染色体
explant 外植块（移植块）
euploid 整倍体
explant culture 外植块培养
extracellular matrix 细胞外基质

## F

feedback，feed - back 反馈
feeder layer 滋（饲）养层
fermentor 发酵罐
fetal bovine serum（FBS）胎牛血清
Feulgen staining 富尔根染色
fibroblast growth factor（FGF）成纤维细胞生长因子
fibroblast - like 成纤维细胞样的
filtration sterilization 过滤除菌
finite cell line 有限细胞系
flow cytometry（FCM）流式细胞术
fluorescence - antibody technique 荧光抗体技术
fluorescence microscope 荧光显微镜
5 - fluorouracil 5 - 氟尿嘧啶

## G

gene mutation 基因突变
generation time 细胞世代时间
generative cell 生殖细胞
genetic code 遗传密码
genotype 基因型
germicide 杀菌剂
glycocalyx（细胞被膜）多糖 - 蛋白质复合物
glycosaminoglycan（GAG）葡萄糖胺聚糖，氨基葡聚糖
Gram stain 革兰染色
granulo - macrophage stem cell 粒细胞 - 巨噬细胞系干细胞
growth curve 生长曲线
growth factor 生长因子
growth medium 生长培养基（液）

## H

habituation 驯化
haploid 单倍体
heterochromatin 异染色质
heterokaryon 异核体
heteroploid 异倍体
histotypic 组织型的
homeothermic 恒温的
homeotic mutant 同源异型突变体
homograft（allograft）同种（异体）移植物
homokaryon 同核体
homologous chromosome 同源染色体
hormone regulatory elements（HRE）激素调节成分
hormone response element 激素效应元件
human genetic mutant repository 人基因突变库（人类遗传突变型细胞保藏库）
hybrid cell 杂种细胞
hybridization of nucleic acid 核酸杂交
hybridoma 杂交瘤
hypoploid 亚倍体
hyproxanthine－guanine phosphoribosyl transferase 次黄嘌呤鸟嘌呤磷酸核糖基转移酶

## I

ideogram 染色体组型图
idiophase 代谢产物合成期
immortalization 无限增殖，永久性，不死性
immune response 免疫应答
immunocytochemistry 免疫细胞化学
immunoglobulin（Ig）免疫球蛋白（Ig）
immunologically competent cell 免疫活性细胞
immunotolerance 免疫耐受性
inactivation 失活
inclusion 内含物
incorporation 掺入
indirect division 间接分裂

individuality of chromosomes 染色体个性
induced mutation 诱导突变
induction 诱导，诱发
inheritance 遗传
inhibition 抑制作用
inoculation 接种
inosine monophosphate（IMP）一磷酸次黄嘌呤苷，肌苷（一磷）酸
integration 整合
intercellular junctional complex 胞间联结复合体
interphase 分裂间期
intranucleolar DNA 核仁内 DNA
intravital staining 活体染色
inversion 倒位
invert microscope 倒置显微镜
in vitro malignant neoplastic transformation 体外恶性肿瘤性转化
in vitro neoplastic transformation 体外肿瘤性转化
in vitro propagation 体外繁殖
in vitro transformation 体外转化
isoelectric point 等电点
isoenzyme 同工酶
isolation 分离，隔离

## K

karyenchyma 核液
karyokinesis 有丝分裂，核分裂
karyolymph 核液
karyoplasm 核质，非染色质物质
karyoplasmic ratio 核质比率
karyoplast 核体
karyotype 核［类］型，染色体组型

## L

lactate dehydrogenase（LDH）乳酸脱氢酶
lectin 凝集素
linear growth 线性生长

lipofection 脂质体转染
liposome 脂质体
liquid nitrogen cryopreservation 液氮保藏法
liver growth factor（LGF）肝细胞生长因子
log phase 对数期
lymphoblast 淋巴母细胞（原淋巴细胞）
lyophilization 冷冻真空干燥法
lysosome 溶酶体
lytic cycle 裂解周期

## M

median effective dose（$ED_{50}$）半有效剂量
maturation division 成熟分裂
median lethal dose（$LD_{50}$）半致死剂量
meiosis 减数分裂
membrane potential 膜电位
mercaptopurine（MP）六巯基嘌呤
metabolic stage 代谢期
methotrexate（MTX）氨甲蝶呤
methyl methanesulfonate（MMS）甲基甲磺酸
microcell 微细胞
microfilament 微丝
microsome 微粒体
millipore filter 微孔滤器
minicell 小细胞
minimal medium 最低限度培养基
mitochondrial matrix 线粒体基质
mitotic cycle 有丝分裂周期
mitotic index 有丝分裂指数
mixoploid 混倍体
molecular hybridization 分子杂交
monolayer culture 单层培养
mutagen 诱变剂，诱变因素
mutant 突变型，突变体，突变种
mycoplasma 支原体

## N

natural killer cell 自然杀伤细胞
natural medium 天然培养基
negative immune response 负免疫应答
nerve growth factor 神经生长因子
neuroglia cell 神经胶质细胞
nucleolar granular cortex 核仁颗粒区
nucleolar zone 核仁区

## O

oligodendrocyte 少突胶质细胞
oncogene 癌基因
organ culture 器官培养
organelle 细胞器
organization of cytoskeleton 细胞骨架的组织
organogenesis 器官发生
organotypic 器官型的

## P

paracrine 旁分泌
peroxidase 过氧化物酶
passage 传代、传代培养
passage number 传代数或代数
pavement-like［人行道］铺路石状
phagocytosis 吞噬作用
phosphate balanced solution（PBS）磷酸缓冲液
phytohemagglutinin（PHA）植物血凝素
plasmid 质粒
plasminogen activator（PA）纤溶酶原激活物
platelete derived growth factor（PDGF）血小板生长因子
plating efficiency 接种率（集落形成率）
polyethylene glycol（PEG）聚乙二醇
polyploid 多倍体

population density 群体密度
population doubling level 群体倍增水平
population doubling time 群体倍增时间
positive immune response 正免疫应答
primary culture 原代培养
promotor gene 启动基因
pseudodiploid 假二倍体
pure culture 纯系培养

## Q

quinacrine dihydrochloride（QD）盐酸米帕林，盐酸奎纳克林
quinacrine mustard（QM）芥子米帕林，芥奎纳克林

## R

reassociation 重新组合
receptor 受体
reconstituted cell 重建细胞
reexpression 再表达
regulatory gene 调节基因
reinoculation 再接种
resolving power 分辨率
reversion 逆转
ribonuclease（RNAase）核酸酶，核糖核酸酶，核糖核酸分解酶
ribonucleic acid（RNA）核糖核酸

## S

saturation density 饱和密度
secondary culture 传代培养
seeding efficiency 贴壁率
segmentation mutation 分节突变
selective medium 选择性培养基
semisolid medium 半固体培养基
semisynthetic medium 半合成培养基
senscence 衰老

shake cultivation 振荡培养
signal recognition particle（SRP）信号识别颗粒
simian virus 40（SV40）猿猴病毒 40
sister chromatid exchange（SCE）姐妹染色单体互换
slide culture 玻片培养物
solid medium 固体培养基
somatic cell hybridization 体细胞杂交
somatic mitosis 体细胞有丝分裂
somatomedin（SM）生长调节素
spontaneous fusion 自发融合
subculture 传代培养
substrain 亚株
substrate 底物
super clean bench 超净台
suspension culture 悬浮培养
synchronous culture 同步培养
synchronous division 同步分裂
syncytium 合胞体
synthetase 合成酶

## T

thymidine diphosphate（TDP）二磷酸胸苷
thymidine monophosphate（TMP）一磷酸胸苷
tissue culture 组织培养
totipotency 全能性，全能
transfection 转染
transfer RNA（tRNA）转移 RNA
transformation 转化

## V

viability 活力
viral transformation 病毒转化

# 附录Ⅳ　细胞培养常用的溶液

1. 缓冲液

（1）磷酸盐缓冲液：

① 25 ℃下 0.1 mol/L 磷酸钾缓冲液的配制※

| pH | 1 mol/L $K_2HPO_4$（mL） | 1 mol/L $KH_2PO_4$（mL） |
|---|---|---|
| 5.8 | 8.5 | 91.5 |
| 6.0 | 13.2 | 86.6 |
| 6.2 | 19.2 | 80.8 |
| 6.4 | 27.8 | 72.2 |
| 6.6 | 38.1 | 61.9 |
| 6.8 | 49.7 | 50.3 |
| 7.0 | 61.5 | 38.5 |
| 7.2 | 71.7 | 28.3 |
| 7.4 | 80.2 | 19.8 |
| 7.6 | 86.6 | 13.4 |
| 7.8 | 90.8 | 9.2 |
| 8.0 | 94.0 | 6.2 |

② 25℃下 0.1 mol/L 磷酸钠缓冲液的配制※

| pH | 1 mol/L $Na_2HPO_4$ | 1 mol/L $NaH_2PO_4$（mL） |
|---|---|---|
| 5.8 | 7.9 | 92.1 |
| 6.0 | 12.0 | 88.0 |
| 6.4 | 25.5 | 74.5 |
| 6.6 | 35.2 | 64.8 |
| 6.8 | 46.3 | 53.7 |
| 7.0 | 57.7 | 42.3 |
| 7.2 | 68.4 | 31.6 |
| 7.4 | 77.4 | 22.6 |
| 7.6 | 84.5 | 15.5 |
| 7.8 | 89.6 | 10.4 |
| 8.0 | 93.2 | 6.8 |

※：用蒸馏水将混合的两种 1 mol/L 贮存液稀释至 1 000 mL，根据 Henderson – hassebalch 方程计算其 pH 值：

pH = pK′ + lg（［质子受体］／［质子供体］）

在此，pK′ = 6.86（25 ℃）。

（2）各种 pH 值的 Tris 缓冲液的配制※

| 所需 pH 值（25 ℃） | 0.1 mol/L HCl 的体积 | 所需 pH 值（25 ℃） | 0.1 mol/L HCl 的体积 |
|---|---|---|---|
| 7.1 | 45.7 | 8.1 | 26.2 |
| 7.2 | 44.7 | 8.2 | 22.9 |
| 7.3 | 43.4 | 8.3 | 19.9 |
| 7.4 | 42.0 | 8.4 | 17.2 |
| 7.5 | 40.3 | 8.5 | 14.7 |
| 7.6 | 38.5 | 8.6 | 12.4 |
| 7.7 | 36.6 | 8.7 | 10.3 |
| 7.8 | 34.5 | 8.8 | 8.5 |
| 7.9 | 32.0 | 8.9 | 7.0 |
| 8.0 | 29.2 | | |

※：某一特定 pH 的 0.05 mol/L Tris 缓冲液的配制：

将 50 mL 0.1 mol/L Tris 碱溶液与上表所示相应体积（单位：mL）的 0.1 mol/L HCl 混合，加水将体积调至 100 mL。

2. 消化液

（1）胰蛋白酶（trypsin）溶液：

胰蛋白酶是白色或淡黄色粉末，低温干燥保存。主要作用是使细胞间的蛋白质水解，使细胞离散。其活性以其消化酪蛋白的能力进行测定。常用 1∶250（或 1∶500）方法表示，即 1 份胰蛋白酶可以消化 250 份（或 500 份）酪蛋白。胰蛋白酶对细胞的分离作用与细胞的类型和细胞的性质关系密切。不同细胞系对胰蛋白酶溶液的浓度、温度和作用时间等的要求也不相同。

无钙镁离子的平衡盐溶液（常用于配制胰蛋白酶溶液或用于洗涤细胞）

| | | | |
|---|---|---|---|
| NaCl | 8 g | $Na_2HPO_4$ | 0.073 g |
| KCl | 0.20 g | 葡萄糖 | 2.00 g |
| $KH_2PO_4$ | 0.02 g | 酚红 | 0.02 g |

溶于 1 000 mL 水中

染色体的 G 带核型实验中胰蛋白酶用生理盐水配制。

本实验室配制胰蛋白酶溶液常用培养液溶解所需浓度的胰蛋白酶，此种方法较为简便。

（2）EDTA 溶液：

又称 versene，一般用其钠盐，因可溶性较好。有些组织需要 $Ca^{2+}$、$Mg^{2+}$ 来保持其完整性，用 EDTA 来排除这些离子，可使细胞之间裂解，以分散细胞。其作用比胰蛋白酶缓和。使用的浓度为 0.02%，以无 $Ca^{2+}$、$Mg^{2+}$ 的平衡盐液配制。

实验室内常将胰蛋白酶和 EDTA 联合使用。可提高消化效率，细胞分散情况改善，EDTA 不被血清抑制，所以消化后必须彻底清洗，否则可致细胞脱落。EDTA 对成纤维细胞作用差。

（3）胶原酶溶液：

①用 Hanks 液配成 2000 U/mL。

②36.5 ℃搅拌溶解 2 h，4℃过夜。

③滤过消毒。

④分装成等份使用（1～2 周内）。

⑤长时间贮存宜在 -20℃。

3. 抗生素液

青、链霉素：取青霉素 100 万单位，链霉素 100 万单位 1 g，分别溶于 100 mL 灭菌的 Hanks 液中，浓度为青霉素 10 000 U/mL 和链霉素 10 000 μg/mL。使用浓度为100 mL 培养基内加 1 mL，则培养基内的最终浓度为 100 U/mL 青霉素和 100 μg/mL 链霉素。

常用抗生素剂量和作用

| 抗生素 | 浓度（量/mL） | 作用 | |
|---|---|---|---|
| | | 细菌 | 支原体 |
| 青霉素 G | 100～1 000 U | + + + | |
| 链霉素 | 100～1 000 μg | + + + * | |
| 庆大霉素 | 50～200 μg | + + + * | |
| 卡那霉素 | 100～1 000 μg | + + * | + |
| 四环素 | 10～50 μg | + + | + + |
| 红霉素 | 50～100 μg | + + | |

* 对革兰阴性菌有效

4. 其他溶液

（1）肝素抗凝剂：

有两种配制方法：

① 肝素注射液 1 支（12 500 U），溶于 25 mL 生理盐水，即成 500 U/mL 使用液。使用最终浓度为每毫升营养液含 12～20 U。

② 称量 0.2 g 肝素，溶于 100 mL 生理盐水中，356.18 kPa 15 min 高压灭菌。使用时每毫升营养液内加 0.01～0.02 mL。

（2）Giemsa 染液：

称量 0.5 g Giemsa 粉，甘油 33 mL，在研钵内先用少量甘油和 Giemsa 粉混合，研磨直至无颗粒为止，再将剩余甘油倒入，56 ℃保温 2 h，加入 33 mL 甲醇，保存于棕色瓶内。

（3）琼脂（2.5%）：

① 2.5 g 琼脂。

② 100 mL 蒸馏水。

③ 加热溶解。

④ 高压消毒后，室温保存。

（4）Ficoll（20%）：

① 取 20 g Ficoll，撒在 80 mL 蒸馏水表面，过夜溶解，补水至 100 mL。

② 高压消毒后，室温保存。

（5）Hoechst 33258：

① 用不含酚红 BSS 配成 1 mg/mL 的母液，－20 ℃贮存。

② 使用时稀释成 1∶20 000（1.0 μL→20 mL）BSS（无酚红，pH 7.0）。

本品可能有致癌性，使用时应注意。

（6）甲基纤维素（1.6%）培养基：

① 取 8 g 甲基纤维素（4 000 黏度单位）加入容量 500 mL 培养基瓶中，再加 250 mL 蒸馏水，在 80 ℃～100 ℃温度下，电磁搅拌溶解。

② 彻底溶解后，室温中冷却。

③ 移入稍冷室中继续搅拌过夜。

④ 高压灭菌，形成暗色固态。

⑤ 加入 250 mL × 培养基，4 ℃搅拌过夜。

⑥ 分装入无菌 100 mL 瓶中，－20 ℃贮存。

使用时加适量血清稀释甲基纤维素培养基，再加入细胞悬液，使甲基纤维素的浓度最终达 0.8%。

（7）丝裂霉素（50 × 母液）：

① 取 2 mg 包装丝裂霉素。

② 取 20 mL Hanks 液注入无菌容器中。

③ 用针管吸 2 mL Hanks 液注入丝裂霉素瓶中。

④ 置暗处 4 ℃中可存 1 周；长期贮存需在－20 ℃。

⑤ 使用时为 2 μg/$10^6$ 细胞。

（8）胰蛋白胨肉汤（tryptose phosphate broth）：

① trytose phosphate 100 g。

② Hanks 液 1 000 mL。

③ 溶解搅拌。

④ 分装，高压灭菌。

⑤ 室温中贮存。

⑥ 使用时按 1∶100 稀释（最终浓度为 0.1%）。

# 附录Ⅴ 离心速度和离心力的换算

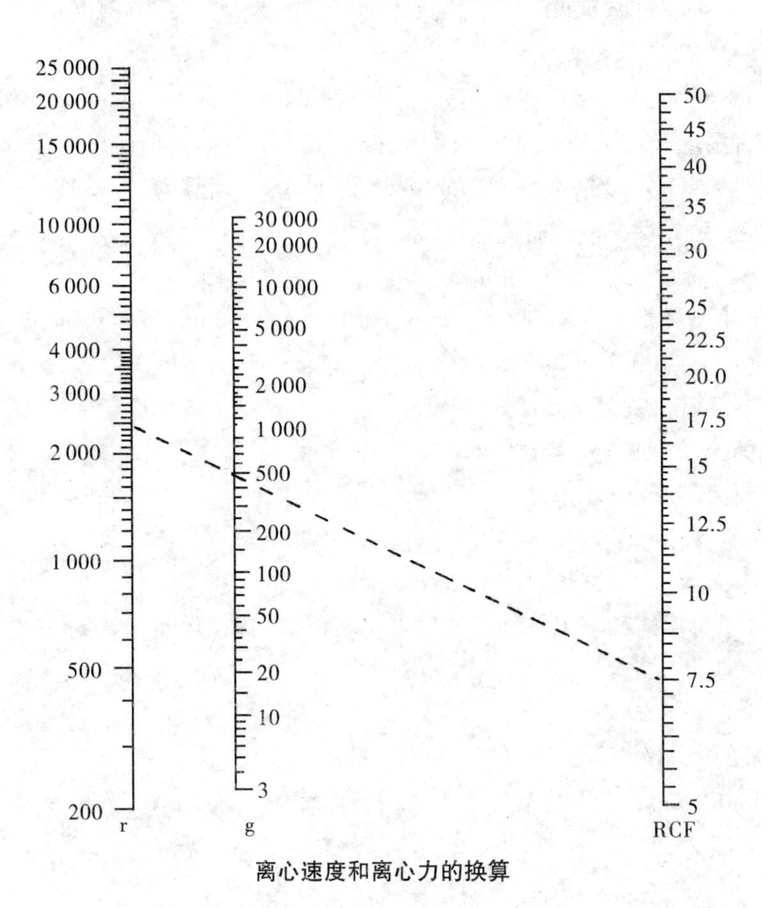


离心速度和离心力的换算

换算法：在 r 标尺（单位 r/min）上取已知转速，在 RCF 标尺上取已知的离心半径（单位 cm），将这两点作一直线相连，直线所通过的 g 标尺上的交叉点即为相应的离心力。

# 参考文献

[1] 奥斯伯，金斯顿，塞德曼，等．分子克隆实验指南．北京：科学出版社，1993.
[2] 鲍鉴清，郭娟霞．组织培养术．北京：人民卫生出版社，1965.
[3] 陈国良，陈志宏．细胞培养工程．上海：华东工程学院出版社，1992.
[4] 陈志南，刘民培．抗体分子与肿瘤．北京：人民军医出版社，2001.
[5] 大星章一，管野晴天．吴政安等，译．人癌细胞培养．北京：科学出版社，1979.
[6] 鄂征．组织培养和分子细胞学技术．北京：北京出版社 1995.
[7] 鄂征．组织培养技术．2 版．北京：人民卫生出版社，1993.
[8] 韩锐．抗癌药物研究与实验技术．北京：北京医科大学、中国协和医科大学联合出版社，1997.
[9] 韩锐．肿瘤化学预防及药物治疗．北京：北京医科大学、中国协和医科大学联合出版社，1991.
[10] 汉英、汉法、汉德、汉日、汉俄医学大辞典编纂委员会．汉英医学大辞典．北京：人民卫生出版社，1987.
[11] 华斯莱．动物组织培养技术．北京：科学出版社，1972.
[12] 鞠名达，陈景藻，孙传兴．现代临床医学辞典．北京：人民军医出版社，1993.
[13] 刘鼎新，吕证宝．细胞生物学研究方法与技术．北京：北京医科大学·中国协和医科大学联合出版社，1990.
[14] 刘彦仿．免疫组织化学．北京：人民卫生出版社，1990.
[15] 陆谷孙．英汉大辞典．上海：上海译文出版社，1993.
[16] 马小军．微胶囊与人工器官．北京：化学工业出版社，2002.
[17] 斯佩克特，戈德曼，莱因万得．黄培堂等，译．精编分子生物学实验指南．北京：科学出版社 1999.
[18] 斯佩克特，戈德曼，莱因万德．黄陪堂等，译．细胞实验指南．北京：科学出版社，2001.
[19] 汪堃仁．细胞生物学．北京：北京师范大学出版社，1990.
[20] 王蘅文．实验肿瘤学基础．北京：人民卫生出版社，1992.
[21] 王贤才．英中医学辞海．青岛：青岛出版社，1989.
[22] 王子淑．人体及动物细胞遗传学实验技术．成都：四川大学出版社，1987.
[23] 徐志凯．实用单克隆抗体技术．西安：陕西科学技术出版社，1992.
[24] 许屏．荧光和免疫荧光染色技术及应用．北京：人民卫生出版社，1983.

[25] 薛庆善．体外培养的原理与技术．北京：科学出版社，2001.
[26] 杨景山．医学细胞化学与细胞生物技术．北京：北京医科大学·中国协和医科大学联合出版社，1990.
[27] 章静波．细胞生物学实用方法与技术．北京：高等教育出版社，1990.
[28] 郑国锠．细胞生物学．北京：高等教育出版社，1980.
[29] 郑秀龙，金一尊．肿瘤放射治疗增敏药物的研究和应用．上海：上海医科大学出版社，1990.
[30] 丛笑倩，姚鑫．小鼠胚胎干细胞建系过程的核型及特性分析．实验生物学报，1987，20：237－251.
[31] 杜宪兴，施渭康．LIF 基因转染的 ES 细胞生长与分化特征性的究．实验生物学报，1996，29（4）：413－427.
[32] 卜文，汤钊猷，叶胜龙，等．利用酶谱法测定基质金属蛋白酶－2 判断肝癌侵袭转移性的研究．中国肿瘤临床，1998，25（3）：165－167.
[33] 陈柯，高毅，潘玉先，等．有效原代猪肝细胞培养体系的研制．世界华人消化病杂志，1999，3：206－209.
[34] 动物细胞、组织和器官培养技术专题讨论会．动物细胞、组织和器官培养术中的一些术语的译名和释义．细胞生物学杂志，1985，7（4）：184－187.
[35] 陈宇萍，吴军正，司徒镇强．人粘液表皮样癌 MEC－1 细胞 HMBA 诱导分化的研究．中华口腔医学杂志，1996，31（1）：28－30.
[36] 段小红，吴军正，毛勇，等．SV40 诱导髁突软骨细胞永生化的实验研究．中华口腔医学杂志，2001，36（1）：14－16.
[37] 高进．体内外侵袭模型系统在癌细胞机制研究中的应用．中国肿瘤临床，1991，18（增刊）：259－261.
[38] 郝嘉，李永旺，肖颖彬．大鼠肺泡Ⅱ型上皮细胞体外培养和鉴定．第三军医大学学报，2000，22（5）：500－501.
[39] 何申，林彭年．建国以来我国自建的一些细胞株或系．细胞生物学杂志，1983，5（4）：35－40.
[40] 何申，林彭年．建国以来我国自建的一些细胞株或系．细胞生物学杂志，1984，6（3）：141－142.
[41] 何申，林彭年．建国以来我国自建的一些细胞株或系．细胞生物学杂志，1985，8（2）：92－94.
[42] 何申，林彭年．建国以来我国自建的一些细胞株或系．细胞生物学杂志，1986，8（2）：92－96.
[43] 胡安斌，田源．生物人工肝中肝细胞来源及培养的新进展．国外医学生物医学分册，2002，25（1）：32－35.
[44] 胡棠，熊良俭，梁秉中，等．淋巴细胞分层液提高上皮细胞培养效率．中华整形烧

伤外科杂志，1998，14（2）：112－114.
[45] 贾保军，司徒镇强，吴军正，等．六亚甲基双乙酰胺对 MEC－1 细胞裸鼠移植瘤的诱导分化作用．中华口腔医学杂志，1996，31（2）：85－87.
[46] 贾保军，司徒镇强，吴军正，等．分化诱导剂 HMBA 联合 5－FU 治疗粘液表皮样癌的实验研究．实用口腔医学杂志，1994，10（1）：44－46.
[47] 江道振，王元和，卢建．肿瘤细胞与内皮细胞粘附的定量测定．第二军医大学学报，1998，19（4）：385－386.
[48] 景永奎．癌细胞分化诱导模型系统．国外医学肿瘤学分册，1991，18（4）：224－227.
[49] 瞿文军，徐如祥，蔡颖谦，等．多巴胺对体外培养神经细胞的影响．中华老年医学杂志，2000，19（5）：368－371.
[50] 孔宪涛．细胞凋亡检测方法．流式细胞术通讯，2002，2（2）：5－10.
[51] 李德华，刘宝林，吴军正，等．人胚成骨细胞体外原代培养和鉴定．牙体牙髓牙周病学杂志，1998，8（4）：92.
[52] 林嘉友．流式细胞测定仪在临床诊断和研究中的应用．国外医学免疫学分册，1988，11（2）：82－84.
[53] 刘斌，吴军正，段小红，等．口腔颌面部肿瘤细胞系中 PTEN 抑癌基因蛋白表达的研究．细胞与分子免疫学杂志，2003，19（1）：35－37.
[54] 刘斌，司徒镇强，吴军正，等．六亚甲基二乙酰胺联合 γ－射线对 MEC－1 细胞超微结构的影响．实用口腔医学杂志，1998，14（2）：284－287.
[55] 刘斌，司徒镇强，吴军正，等．HMBA 对人粘液表皮样癌．细胞系放射效应的影响．现代口腔医学杂志，1997，11（专辑）：55－58.
[56] 刘斌，司徒镇强，吴军正，等．HMBA 联合辐射对人粘液表皮样癌 MEC－1 细胞的抑制作用．实用口腔医学杂志，1995，11（2）：136－138.
[57] 刘斌，司徒镇强，吴军正，等．TNF－α 单用及合用 IFN－γ 对口腔癌细胞的抑制作用．实用口腔医学杂志，1994，10（1）：51－53.
[58] 刘斌，司徒镇强，吴军正，等．单克隆抗体 C－D11 相应抗原在口腔颌面部肿瘤患者血清中的水平．单克隆抗体通讯，1993，9（2）：5－8.
[59] 刘斌，司徒镇强，吴军正．人粘液表皮样癌 MEC－1 细胞放射敏感性的研究。实用口腔医学杂志，1997，13（2）：126－128.
[60] 刘斌，吴军正，雷德林，等．PTEN 抑癌基因对高转移性粘液表皮样癌裸鼠移植瘤的影响．中国颌面外科学杂志，2003，1（1）：43－45.
[61] 刘斌，吴军正，李焰，等．PTEN 抑癌基因对高转移性粘液表皮样癌细胞系药物敏感性的影响．临床口腔医学杂志，2003，19（1）：15－17.
[62] 刘斌，吴军正，司徒镇强，等．HMBA 对 MEC－1 系 P53 蛋白表达和细胞周期分布的影响．华西口腔医学杂志，1999，17（1）：17－19.
[63] 刘斌，吴军正，司徒镇强，等．六亚甲基二乙酰胺对 MEC－1 细胞体外粘附、移动

和侵袭的影响．中华口腔医学杂志，2000，35（3）：197－199.
[64] 刘斌，司徒镇强，吴军正，等．口腔颌面部肿瘤单克隆抗体研究的初步报告．单克隆抗体通讯，1991，7（2）：14－16.
[65] 刘斌，司徒镇强，吴军正．抗口腔癌单克隆抗体在肿瘤血清监测中的应用．中华口腔医学杂志，1994，29（1）：33.
[66] 刘斌，司徒镇强，吴军正，等．粘液表皮样癌单克隆抗体 M－D4 的研究Ⅰ：杂交瘤细胞系的建立及其鉴定．实用口腔医学杂志，1990，6（4）：327－328.
[67] 刘斌，司徒镇强，吴军正，等．枸杞和骨碎补对人牙龈成纤维细胞体外寿命的影响．老年学杂志，1993，13（5）：296－297.
[68] 刘斌，吴军正，司徒镇强．人牙龈成纤维细胞系的建立及其生物学特性．牙体牙髓牙周病学杂志，1999，9（1）：34－36.
[69] 刘德伍，陈国安，曹勇，等．人表皮细胞无血清培养的实验研究．中华整形烧伤外科杂志，1997，13（6）：417－420.
[70] 刘厚宝．人胆管上皮细胞的体外培养及其生物学特性．肝胆胰外科杂志，1998，10（3）：165－167.
[71] 刘建军，汪涛，王洪云．$^{60}Co$ γ 射线对原代培养神经细胞增殖的影响．苏州医学院学报，2000，20（10）：891－893.
[72] 刘仕勇，张可成，杨辉，等．神经干细胞的分离培养及其鉴定。第三军医大学学报，2000，22（1）：26－28.
[73] 马燕萍．免疫磁珠技术简介．山西职工医学院学报，2000，10（4）：50－52.
[74] 毛祖彝，高志，徐平平，等．实验性口腔癌变模型中端粒酶的研究．华西口腔医学杂志，2000，18（1）：52－54.
[75] 蒙诚跃．人体表皮细胞培养及临床应用概况．广西医科大学学报，1998，15（4）：140－141.
[76] 聂兴草，方峰．一种改良的小鼠原代肝细胞培养方法．同济医科大学学报，2000，29（2）：142－143.
[77] 裴雪涛，王立生，徐黎，等．$CD34^+$ 造血祖细胞的定向诱导分化研究．中华血液学杂志，1998，19（6）：289－293.
[78] 秦晓群，孙秀泓，张长青．联合应用酶消化和机械刷洗提取气道上皮细胞的实验技术．湖南医科大学学报，1999，24（1）：74－76.
[79] 司徒镇强，吴军正，陈建元，等．细胞培养结合中间丝抗体双标记法研究涎腺混合瘤起源．中华口腔医学杂志，1994，29（4）：222.
[80] 司徒镇强，吴军正，王为，等．人粘液表皮样癌细胞系 MEC－1 的建立及其生物学特征．实用口腔医学杂志，1990，6（2）：83－85.
[81] 孙来保，文剑明，张萌，等．TRAP－银染方法检测体外培养细胞的端粒酶活性．癌症，1997，16（6）：468－469.

[82] 唐南洪，殷凤峙，王晓茜，等. 成人正常肝细胞的持续旋转培养. 福建医科大学学报，2000，34（1）：7－9.

[83] 万玲，吴织芬，周以钧，等. 纤维结合蛋白对人牙周韧带细胞 DNA 合成及超微结构的影响. 上海口腔医学，1994，3（2）：87－89.

[84] 汪济广，刘宝林，吕春堂. 口腔黏膜基底层上皮细胞体外培养模型的建立. 中国口腔种植学杂志，1997，2（1）：1－4.

[85] 汪济广，司徒镇强，吴军正，等. 二甲基亚砜诱导 MEC－1 系细胞分化的研究. 实用口腔医学杂志，1990，6（4）：333－334.

[86] 汪健，祝怀平，孙自敏，等. 脐血造血细胞培养的特性. 安徽医科大学学报，2000，35（5）：343－345.

[87] 王东，吴雄飞，金锡御. 大鼠肾小管上皮细胞的原代培养及传代. 中华实验外科杂志，1999，16（2）：179－180.

[88] 王树党. MIAS－300 图像分析仪在形态计量学研究中的应用. 山西医科大学学报，2001，32（1）：88－89.

[89] 王英杰，李梦东，王字明，等. 微载体培养人肝细胞用于人工肝的初步研究. 中华肝脏病杂志，1998，1：35－37.

[90] 吴军正，陈建元，李峰. 六亚甲基二乙酰胺对 Mc3 的转移抑制作用. 实用口腔医学杂志，2000，16（5）：355－356.

[91] 吴军正，司徒镇强，陈建元，等. 肿瘤切除术对裸鼠移植的人粘液表皮样癌的治疗效果. 实用口腔医学杂志，1991，7（3）：176－177.

[92] 吴军正，司徒镇强，陈建元，等. 体外培养人牙龈牙周膜牙髓细胞生长及形态特点. 实用口腔医学杂志，1993，9：227－229.

[93] 吴军正，司徒镇强，陈建元，等. 腺样囊性癌、舌癌、牙龈癌细胞系的药物敏感性实验. 中华口腔医学杂志，1992，27（2）：107－108.

[94] 吴军正，司徒镇强，刘斌，等. 四唑盐比色试验中有关条件的探讨. 第四军医大学学报，1991，12（4）：304－306.

[95] 吴军正，司徒镇强，刘斌，等. MTT 试验及其在抗癌中药筛选中的应用. 中华口腔医学杂志，1992，27（6）：373－375.

[96] 吴军正，司徒镇强，刘斌，等. 用 MTT 法对口腔鳞状细胞癌的化疗药物敏感性试验. 实用口腔医学杂志，1990，6（1）：3－5.

[97] 吴军正，司徒镇强，刘志斌，等. 涎腺粘液表皮样癌高转移细胞克隆的筛选及其生物学特性. 第四军医大学学报，1998，19（1）：1－4.

[98] 吴军正，司徒镇强，刘志斌，等. 涎腺粘液表皮样癌高转移细胞克隆的筛选及其生物学特性. 第四军医大学学报，1998，19（1）：1－4.

[99] 吴军正，司徒镇强，王为，等. 补骨脂素对粘液表皮样癌的抑制作用. 实用口腔医学杂志，1990，6（4）：322－323.

[100] 薛辉，司徒镇强，吴军正，等．腮腺腺细胞体外极性培养及形态观察．实用口腔医学杂志，1995，11（2）：125－127.
[101] 杨宏林，吴军正，刘斌，等．裸鼠脊髓转移灶粘液表皮样癌细胞系 Ms 的建立及其生物学特性．实用口腔医学杂志，2003，19（3）：241－244.
[102] 曾庆富，钱仲柒，孙去病，等．生长因子对成年大鼠肺泡Ⅱ型细胞增生的影响．解剖学报，2000，2：152－156.
[103] 张劲松，魏经国，吴军正，等．兔胆道口括约肌细胞的培养及结构形态学观察．世界华人消化杂志，1999，7（4）：316－319.
[104] 郑骏年，谢叔良，陈家存，等．Annexin V 联合 PI 染色法定量检测凋亡细胞．上海免疫学杂志，1999，19（1）：31－34.
[105] 周海文，周曾同，商庆新，等．体外连续培养人口腔黏膜角化细胞．中华口腔医学杂志，2000，35（6）：455－457.
[106] 朱晓海，何清濂，林子豪．人前脂肪细胞培养及增殖与分化模型的建立．中华整形烧伤外科杂志，1999，15（3）：199－201.
[107] 朱晓英，吴军正，刘斌，等．舌癌脊髓转移细胞系 Ts 的建立及相关生物学特性．临床口腔医学杂志，2002，18（6）：412－415.
[108] 章静波，李申德，谢弘．动物细胞，组织和器官培养术中的一些术语的译名和释义．细胞生物学杂志，1985，4：13.
[109] 符蓉，赵犇鹏，杨洁，等．采用 EDTA－胰酶处理难消化细胞株在凋亡检测分析中的可行性．上海交通大学学报医学版，2015，35（9）：1422－1425.
[110] 张文祥，倪家骧．胶原酶生物学特征及胶原酶注射治疗椎间盘突出症的临床应用．中国组织工程研究与临床康复，2007，11（26）：5211－5214.
[111] 陈超，李光辉，陈安民．含胎牛血清胶原酶消化法培养兔成骨细胞．中国矫形外科杂志，2004，12（9）：683－685.
[112] 张惠娟，丛姗，梁美萍，等．人羊膜间充质干细胞分离培养：胰蛋白酶及胶原酶消化时间及浓度的选择．中国组织工程研究，2014，18（6）：944－949.
[113] 于波，崔宪春，谢进．复元活血汤含药血清对大鼠成骨细胞功能的影响．中医正骨，2011，3（1）：17－21.
[114] 刘振峰，方锐，孟庆才．Ⅱ型胶原酶消化法可短时间获得大量纯化大鼠关节软骨细胞．中国组织工程研究与临床康复，2011，15（50）：9323－9326.
[115] 闫虎，苏友新，林学义，等．Ⅱ型胶原酶消化法培养兔关节软骨细胞．中国组织工程研究，2013，17（50）：8647－8653.
[116] 李玲慧，丁道芳，杜国庆，等．不同胶原酶消化对原代成骨细胞获得率及活性的比较．中国骨伤，2013，26（4）：328－331.
[117] 汤小康，应航，李敏，等．Ⅰ型与Ⅱ型胶原酶在原代成骨细胞培养中消化效果的对比研究．中医正骨，2013，25（6）：406－409.

[118] 李德，唐兵，杨大春，等．Ⅱ型胶原酶加压灌流提高成年大鼠心肌细胞分离效率．中国实验动物学报，2011，19（2）：150－152.

[119] 韦丽兰，莫书荣．成年大鼠心肌细胞的急性分离方法．中国组织工程研究与临床康复，2012，16（11）：1969－1972.

[120] 宋秀军，陈代雄，方宁，等．人羊膜间充质细胞具有分化成软骨及成骨细胞的潜能．中国组织工程研究与临床康复，2007，11（50）：10056－10060.

[121] 谢秀雯，周建强，崔红平．DispaseⅡ消化法原代培养兔结膜上皮细胞及鉴定．眼科新进展，2011，31（4）：312－316.

[122] 谢秀雯，周建强，崔红平．DispaseⅡ消化法原代培养兔结膜上皮细胞及鉴定．眼科新进展，2011，31（4）：312－316.

[123] 田苗，彭绍民．Dispase 与 RPE 细胞联合诱导的小鼠 PVR 模型的建立．哈尔滨医科大学学报，2011，45（6）：556－559.

[124] 王永光，陈旭义，刘英富，等．中性蛋白酶Ⅱ消化法在神经元诱导培养中的应用．武警后勤学院学报（医学版），2015，24（3）：182－184.

[125] 王朵朵，马蕾，周玉梅．兔角膜缘干细胞原代培养优化方法的初步探索．中华临床医师杂志，2015，9（11）：2140－2143.

[126] 赵翔，张沙，肖军军，等．RPMI－1640 和 DMEM 培养基中肝癌细胞系 BEL－7402 与 HepG－2 的生长状态比较．中国组织工程研究与临床康复，2011，15（11）：2002－2005.

[127] 孟明耀，解燕华，刘红伟，等．改良 RPMI1640 培养基对 CIK 细胞增殖的影响．中国生物制品学杂志，2010，23（8）：843－844.

[128] 袁建琴，高斌战，郑明学．不同 pH 值对鸡胚成纤维细胞培养的影响．养殖与饲料，2010，9：1－5.

[129] 张军红，杨晶，豆晓伟，等．乳腺干细胞培养基的建立及有效性验证．中国组织工程研究，2014，18（10）：1585－1590.

[130] 杨敏，王胜楠，李孟倩，等．Y2763 条件培养基体外扩增口腔黏膜上皮细胞．口腔生物医学，2015，6（2）：90－94

[131] 刘建．KBM581 培养基－人 T 细胞诱导与扩增培养基应用指南．中国医药生物技术，2015，10（4）：371－372.

[132] 郭纪元．CHO DG44 稳定细胞株无血清培养基的研发与优化．厦门大学生命科学学院，2014.

[133] 郭峘杉，颜玲．无血清培养促进脂肪干细胞向血管内皮细胞分化．中国组织工程研究，2013，17（36）：6443－6448.

[134] 刘国庆，陈飞，赵亮，等．表达单克隆抗体的 CHO 细胞无蛋白培养基的优化．高校化学工程学报，2013，27（1）：96－101.

[135] 苏晓蕊，岳华，汤承．Vero 细胞无血清培养基研究进展．动物医学进展，2012，

33（2）：87－90.
[136] 商瑜，张启明，李悦，等．动物细胞无血清培养基的发展和应用．陕西师范大学学报，2015，43（4）：68－72.
[137] 赵逸超．肝细胞的无血清培养研究．南方医科大学，2012.
[138] 王永民，陈昭烈．动物细胞无血清培养基的研究与设计方法．中国生物工程杂志，2007，27（1）：110－114.
[139] 陈天，陈克平，陈昭烈．Vero 细胞无血清培养技术的研究与应用．生物技术通讯，2009，20（3）：417－421.
[140] 石占全．小鼠黑色素细胞体外分离培养及生物学特性研究．山西农业大学，2015.
[141] 孙振伟．兔膝关节软骨单位体外酶解法消化、分离的实验研究．山西医科大学，2010.
[142] 王朵朵．兔角膜缘干细胞原代培养优化方法的初步探索．山西医科大学，2015.
[143] 蔡长帅．鼠尾血管内皮细胞分离、培养及鉴定．东北师范大学，2015.
[144] 王芳．基质金属蛋白酶处理猪脱细胞真皮基质移植后组织学观察及其血管化评价．山东大学，2014.
[145] 姜雪松．新生 SD 大鼠心肌细胞培养方法的研究．昆明医学院，2004.
[146] 齐凯，董丽媛，陈显久，等．人脐带来源间充质干细胞分离培养方法的优化．中国组织工程研究与临床康复．2011，15（23）：4220－4224.
[147] 张涛，贠喆，蔡承魁，等．大鼠髓核细胞原代培养及表型鉴定．现代生物医学进展．2012，3（34）：430－435.
[148] 邱匀峰，吴小涛，王运涛．成人退变髓核细胞体外培养和细胞周期测定．中国矫形外科杂志，2009，17（1）：52－54.
[149] 王治国，王传蓉，王加启．不同方法分离奶牛乳腺上皮细胞体外培养的研究．乳业科学与技术，2009，1（10）：35－39.
[150] 胡智兴，周轶平，吴兰鸥，等．人胚胎干细胞在血清和无血清培养体系中的特性比较．解剖学报，2010，41（3）：419－424.
[151] 任春红，张昕．无动物源成分培养基用于人脐带间充质干细胞培养的研究．延安大学学报（医学科学版），2015，13（1）：1－4.
[152] 李燕，张健．分子生物学实用实验技术．西安：第四军医大学出版社，2011.
[153] Freshney RI. Culture of Animal Cells. 4th ed. New York：A John Wiely & Sons，Inc，2000.
[154] Abdel－Naser MB. Mitogenrequirements of normal epidermal human－melanocytes in a serum and tumor promoter free medium. Eur J Dermatol，2003，13（1）：29－33.
[155] Anderson DJ. Stem cells and pattern formation in the nervous system：the possible versus the actual. Neuron，2001，30（1）：19－35.
[156] Audet J，Miller CL，Rose－John S，et al. Distinct role of gpl30 activation in promoting

self - renewal divisions by mitogenically stimulated murine hematopoietic stem cells. Proc Natl Acad Sci USA, 2001, 98 (4): 1757 - 1762.

[157] Bonner - Weir S, Taneja M, Weir GC, et al. In vitro cultivation of human islets from expanded ductal tissue. Proc Natl Acad Sci USA, 2000, 97 (14): 7999 - 8004.

[158] Davis EG, Wilkerson MJ, Rush BR. Flow cytometry: clinical applications in equine medicine. J Vet Intern Med, 2002, 16 (4): 404 - 410.

[159] Trosko JE, Chang CC. Isolation and characterization of normal adult human epithelial pluripotent stem cells. Oncol Res, 2003, 13 (6 - 10): 353 - 357.

[160] Egeblad M, Werb Z. New functions for the matrix metalloproteinases in cancer progression. Nat Rev Cancer, 2002, 2 (3): 161 - 174.

[161] Farina KL, Huttelmaier S, Musunuru K, et al. Two ZBP1 KH domains facilitate beta - actin mRNA localization, granule formation, and cytoskeletal attachment. J Cell Biol, 2003, 160 (1): 77 - 87.

[162] Gronthos S, Brahim J, Li W, et al. Stem cell properties of human dental pulp stem cells. J Dent Res, 2002, 81 (8): 531 - 535.

[163] Gronthos S, Mankani M, Brahim J, et al. Postnatal human dental pulp stem cells (DPSCs) in vitro and in vivo. Proc Natl Acad Sci USA, 2000, 97 (25): 13625 - 13630.

[164] Hancock JP, Goulden NJ, Oakhill A, et al. Quantitative analysis of chimerism after allogeneic bone marrow transplantation using immunomagnetic selection and fluorescent microsatellite PCR. Leukemia, 2003, 17 (1): 247 - 251.

[165] Harimaya Y, Koizumi K, Andoh T, et al. Potential ability of morphine to inhibit the adhesion, invasion and metastasis of metastatic colon 26 - L5 carcinoma cells. Cancer Lett, 2002, 187 (1 - 2): 121 - 127.

[166] Hermanson O, Jepsen K, Rosenfeld MG. N - CoR controls differentiation of neural stem cells into astrocytes. Nature, 2002, 419 (6910): 934 - 939.

[167] Herzenberg LA, De Rosa SC. Monoclonal antibodies and the FACS: complementary tools for immunobiology and medicine. Immunol Today, 2000, 21 (8): 383 - 390.

[168] Horii T, Nagao Y, Tokunaga T, et al. Serum - free culture of murine primordial germ cells and embryonic germ cells. Theriogenology, 2003, 59 (5 - 6): 1257 - 1264.

[169] Huss R, Lange C, Weissinger EM, et al. Evidence of peripheral blood - derived, plastic - adherent CD34 ( - /low) hematopoietic stem cell clones with mesenchymal stem cell characteristics. Stem Cells, 2000, 18 (4): 252 - 260.

[170] Huss R. Isolation of primary and immortalized CD34 - hematopoietic and mesenchymal stem cells from various sources. Stem Cells, 2000, 18 (1): 1 - 9.

[171] Janatpour K, Paglieroni TG, Schuller I, et al. Interpretation of atypical patterns encountered when using a flow cytometry - based method to detect residual leukocytes in leu-

koreduced red blood cell components. Cytometry, 2002, 50 (5): 254 -260.

[172] Jasmund I, Langsch A, Simmoteit R, et al. Cultivation of primary porcine hepatocytes in an OXY - HFB for use as a bioartificial liver device. Biotechnol Prog, 2002, 18 (4): 839 -846.

[173] Jiang Y, Jahagirdar BN, Reinhardt RL, et al. Pluripotency of mesenchymal stem cells derived from adult marrow. Nature, 2002, 418 (6893): 41 -49.

[174] Keller G, Snodgrass HR. Human embryonic stem cells: the future is now. Nat Med, 1999, 5 (2): 151 -152.

[175] Lopez M, Beaujean F. Positive selection of autologous peripheral blood stem cells. Baillieres Best Pract Res Clin Haematol, 1999, 12 (1 -2): 71 -86.

[176] Maier D, Jones G, Li X, et al. The PTEN lipid phosphatase domain is not required to inhibit invasion of glioma cells. Cancer Res, 1999, 59 (21): 5479 -5482.

[177] Pesce M, Scholer HR. Oct -4: control of totipotency and germline determination. Mol Reprod Dev, 2000, 55 (4): 452 -457.

[178] May MH, Sefton MV. Conformal coating of small particles and cell aggregates at a liquid-liquid interface. Ann N Y Acad Sci, 1999, 875: 126 -134.

[179] Mehta PP, Perez - Stable C, Roos BA, et al. Identification, characterization, and differentiation of human prostate cells. Methods Mol Biol, 2000, 137: 317 -335.

[180] Reyes M, Lund T, Lenvik T, et al. Purification and ex vivo expansion of postnatal human marrow mesodermal progenitor cells. Blood, 2001, 98 (9): 2615 -2625.

[181] Obara S, Nakata M, Takeshima H, et al. Inhibition of migration of human glioblastoma cells by cerivastatin in association with focal adhesion kinase (FAK). Cancer Lett, 2002, 185 (2): 153 -161.

[182] Orkin SH, Morrison SJ. Stem - cell competition. Nature, 2002, 418 (6893): 25 -27.

[183] Pittenger MF, Mackay AM, Beck SC, et al. Multilineage potential of adult human mesenchymal stem cells. Science, 1999, 284 (5411): 143 -147.

[184] Ramos DM, But M, Regezi J, et al. Expression of integrin beta 6 enhances invasive behavior in oral squamous cell carcinoma. Matrix Biol, 2002, 21 (3): 297 -307.

[185] Reid A. Nick translation. Methods Mol Biol, 2002, 179: 23 -25.

[186] Tamura M, Gu J, Takino T, et al. Tumor suppressor PTEN inhibition of cell invasion, migration, and growth: differential involvement of focal adhesion kinase and pl3OCas. Cancer Res, 1999, 59 (2): 442 -449.

[187] Untergasser G, Rumpold H, Plas E, et al. High levels of zinc ions induce loss of mitochondrial potential and degradation of antiapoptotic Bcl -2 protein in in vitro cultivated human prostate epithelial cells. Biochem Biophys Res Commun, 2000, 279 (2): 607 -614.

[188] Wu JZ, Situ ZhQ, Liu B. Establishment and characterization of a cell line from brain metastasis in nude mice induced by injection of human tongue cancer tca8113 cells. Chin J Dent Res. 2002, 5 (1) 16 – 21.

[189] Yang S, Delgado R, King SR, et al. Generation of retroviral vector for clinical studies using transient transfection. Hum Gene Ther, 1999, 10 (1): 123 – 132.

[190] Young CS, Terada S, Vacanti JP, et al. Tissue engineering of complex tooth structures on biodegradable polymer scaffolds. J Dent Res, 2002, 81 (10): 695 – 700.

[191] Abe R, Ueo H, Akiyoshi T. Evaluation of MTT assay in agarose for chemosensitivity testing of human cancers: comparison with MTT assay. Oncology, 1994, 51 (5): 416 – 425.

[192] Albini A, Iwamoto Y, Kleinman HK, et al. A rapid in vitro assay for quantitating the invasive potential of tumor cells. Cancer Res, 1987, 47 (12): 3239 – 3245.

[193] Arechiga CF, Hansen PJ. Response of preimplantation murine embryos to heat shock as modified by developmental stage and glutathione status. In Vitro Cell Dev Biol Anita, 1998, 34 (8): 655 – 659.

[194] Asaga T, Suzuki K, Takemiya S, et al. Short – term cultivation of human mammary tumors and normal mammary glands in medium containing human colostrum milk. Gann, 1982, 73 (6): 920 – 925.

[195] Aslam I, Robins A, Dowell K, et al. Isolation, purification and assessment of viability of spermatogenic cells from testicular biopsies of azoospermic men. Hum Reprod, 1998, 13 (3): 639 – 645.

[196] Bacus SS, Ruby SG. Application of image analysis to the evaluation of cellular prognostic factors in breast carcinoma. Pathol Annu, 1993, 28 Pt 1: 179 – 204.

[197] Banks – Schlegel S, Green H. Formation of epidermis by serially cultivated human epidermal cells transplanted as an epithelium to athymic mice. Transplantation, 1980, 29 (4): 308 – 313.

[198] Barren RJ, III, Holmes EH, Boynton AL, et al. Method for identifying prostate cells in semen using flow cytometry. Prostate, 1998, 36 (3): 181 – 188.

[199] Beug H, Graf T. Isolation of clonal strains of chicken embryo fibroblasts. Exp Cell Res, 1977, 107 (2): 417 – 428.

[200] Bier H, Hoffmann T, Eickelmann P, et al. Chemosensitivity of head and neck squamous carcinoma cell lines is not primarily correlated with glutathione level but is modified by glutathione depletion. J Cancer Res Clin Oncol, 1996, 122 (11): 653 – 658.

[201] Bodnar AG, Ouellette M, Frolkis M, et al. Extension of life – span by introduction of telomerase into normal human cells. Science, 1998, 279 (5349): 349 – 352.

[202] Boersma AW, Nooter K, Oostrum RG, et al. Quantification of apoptotic cells with fluo-

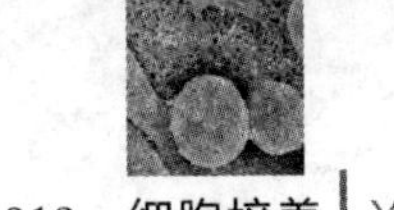



rescein isothiocyanate – labeled annexin V in chinese hamster ovary cell cultures treated with cisplatin. Cytometry, 1996, 24 (2): 123 – 130.

[203] Boike GM, Petru E, Sevin BU, et al. Chemical enhancement of cisplatin cytotoxicity in a human ovarian and cervical cancer cell line. Gynecol Oncol, 1990, 38 (3): 315 – 322.

[204] Chomczynski P, Sacchi N. Single – step method of RNA isolation by acid guanidinium thiocyanate – phenol – chloroform extraction. Anal Biochem, 1987, 162 (1): 156 – 159.

[205] Chomczynski P. A reagent for the single – step simultaneous isolation of RNA, DNA and proteins from cell and tissue samples. Biotechniques, 1993, 15 (3): 532 – 537.

[206] Croee MV, Colussi AG, Segal – Eiras A. Assessment of methods for primary tissue culture of human breast epithelia. J Exp Clin Cancer Res, 1998, 17 (1): 19 – 26.

[207] Daniel CW, Berger J J, Strickland P, et al. Similar growth pattern of mouse mammary epithelium cultivated in collagen matrix in vivo and in vitro. Dev Biol, 1984, 104 (1): 57 – 64.

[208] Darzynkiewicz Z, Juan G, Li X, et al. Cytometry in cell necrobiology: analysis of apoptosis and accidental cell death (necrosis). Cytometry, 1997, 27 (1): 1 – 20.

[209] Davies B, Miles DW, Happerfield LC, et al. Activity of type IV collagenases in benign and malignant breast disease. Br J Cancer, 1993, 67 (5): 1126 – 1131.

[210] Pedal WP, Warzok RW, Hufnagl P, et al. Location of nucleolar organizer regions (AgNORs) in the nuclei of astrocytic tumors. Clin Neuropathol, 1995, 14 (1): 55 – 61.

[211] De Vos A, Nagy ZP, Van d, V, et al. Percoll gradient centrifugation can be omitted in sperm preparation for intracytoplasmic sperm injection. Hum Reprod, 1997, 12 (9): 1980 – 1984.

[212] Drenou B. Flow cytometry for CD34 determination in hematopoietic grafts. Hematol Cell Ther, 1996, 38 (6): 505 – 512.

[213] DuBridge RB, Tang P, Hsia HC, et al. Analysis of mutation in human cells by using an Epstein – Barr virus shuttle system. Mol Cell Biol, 1987, 7 (1): 379 – 387.

[214] Dyakonov TA, Zhou L, Wan Z, et al. Synthetic strategies for the preparation of precursor polymers and of microcapsules suitable for cellular entrapment by polyelectrolyte complexation of those polymers. Ann N Y Acad Sci, 1997, 831: 72 – 85.

[215] Edlund T, Jessell TM. Progression from extrinsic to intrinsic signaling in cell fate specification: a view from the nervous system. Cell, 1999, 96 (2): 211 – 224.

[216] Ehmann UK, Peterson WD, Jr., Misfeldt DS. To grow mouse mammary epithelial cells in culture. J Cell Biol, 1984, 98 (3): 1026 – 1032.

[217] England TE, Uhlenbeck OC. 3′ – terminal labelling of RNA with T4 RNA ligase. Na-

ture, 1978, 275 (5680): 560 - 561.

[218] Federico M, Alberts DS, Gareia DJ, et al. In vitro drug testing of ovarian cancer using the human tumor colony - forming assay: comparison of in vitro response and clinical outcome. Gynecol Oncol, 1994, 55 (3 Pt 2): S156 - S163.

[219] Fukui K, Fujishita M. teractive laser cytometer/anchored cell analysis and sorting system. Tanpakushitsu Kakusan Koso, 1994, 39 (11): 1920 - 1926.

[220] Martin GR. Isolation of a pluripotent cell line from early mouse embryos cultured in medium conditioned by teratocarcinoma stem cells. Proc Natl Acad Sci USA, 1981, 78 (12): 7634 - 7638.

[221] Garin MI, Kravtzoff R, Chestier N, et al. Density gradient separation of L - asparaginase - loaded human erythrocytes. Biochem Mol Biol Int, 1994, 33 (4): 807 - 814.

[222] Gartner F, David L, Seruca R, et al. Establishment and characterization of two cell lines derived from human diffuse gastric carcinomas xenografted in nude mice. Virchows Arch, 1996, 428 (2): 91 - 98.

[223] Gharapetian H, Davies NA, Sun AM. Encapsulation of viable cells within polyacrylate membranes. Biotechnol Bioeng, 1986, 28: 1595 - 1600.

[224] Gorai I, Nakazawa T, Miyagi E, et al. Establishment and characterization of two human ovarian clear cell adenocarcinoma lines from metastatic lesions with different properties. Gynecol Oncol, 1995, 57 (1): 33 - 46.

[225] Gamble JR, Vadas MA. A new assay for the measurement of the attachment of neutrophils and other cell types to endothelial cells. J Immunol Methods, 1988, 109 (2): 175 - 184.

[226] Gratama JW, Orfao A, Barnett D, et al. Flow cytometric enumeration of CD34 + hematopoietic stem and progenitor cells. European Working Group on Clinical Cell Analysis. Cytometry, 1998, 34 (3): 128 - 142.

[227] Griffon G, Merlin JL, Marchal C. Comparison of sulforhodamine B, tetrazolium and clonogenic assays for in vitro radiosensitivity testing in human ovarian cell lines. Anticancer Drugs, 1995, 6 (1): 115 - 123.

[228] Gronthos S, Mankani M, Brahim J, et al. Postnatal human dental pulp stem cells (DPSCs) in vitro and in vivo. Proc Natl Acad Sci USA, 2000, 97 (25): 13625 - 13630.

[229] Hakkinen AM, Laasonen A, Linnainmaa K, et al. Radiosensitivity of mesothelioma cell lines. Acta Oncol, 1996, 35 (4): 451 - 456.

[230] Harley CB, Futcher AB, Greider CW. Telomeres shorten during ageing of human fibroblasts. Nature, 1990, 345 (6274): 458 - 460.

[231] Hay R, Macy M, Corman - Weinblatt A, et al. American type culture collection catalog of cell lines hybridomas. 5th ed. Edition Library of Congress Catalog, Card Number,

1985, 164 – 209.

[232] Hay RJ, Strechler BI. The limited growth span of cell strains isolated from the chick embryo. Exp Geronol, 1967, 2: 123.

[233] Hayflick L, Moorhead PS. The serial cultivation of human diploid cell strains. Exp Cell Res, 1961, 25: 585 – 621.

[234] Heinisch G, Wozel G. Determination of epidermal proliferative activity in experimental mouse tail test by AgNOR analysis. Exp Toxicol Pathol, 1995, 47 (1): 19 – 23.

[235] Heinonen JT, Sidhu JS, Reilly MT, et al. Assessment of regional cytochrome P450 activities in rat liver slices using resorufin substrates and fluorescence confocal laser cytometry. Environ Health Perspect, 1996, 104 (5): 536 – 543.

[236] Heinzel SS, Krysan PJ, Calos MP, et al. Use of simian virus 40 replication to amplify Epstein – Barr virus shuttle vectors in human cells. J Virol, 1988, 62 (10): 3738 – 3746.

[237] Hoffman WL, Jump AA. Inhibition of the streptavidin – biotin interaction by milk. Anal Biochem, 1989, 181 (2): 318 – 320.

[238] Holtke HJ, Ankenbauer W, Muhlegger K, et al. The digoxigenin (DIG) system for non-radioactive labelling and detection of nucleic acids – an overview. Cell Mol Biol (Noisy de – grand), 1995, 41 (7): 883 – 905.

[239] Horster M. Tissue culture in nephrology: potential and limits for the study of renal disease. Klin Wochenschr, 1980, 58 (19): 965 – 973.

[240] Iwata H, Kobayashi K, Takagi T, et al. Feasibility of agarose microbeads with xenogeneic islets as a bioartificial pancreas. J Biomed Mater Res, 1994, 28 (9): 1003 – 1011.

[241] Iwata H, Takagi T, Kobayashi K, et al. Strategy for developing microbeads applicable to islet xenotransplantation into a spontaneous diabetic NOD mouse. J Biomed Mater Res, 1994, 28 (10): 1201 – 1207.

[242] Stahl J, Wobus AM, Ihrig S, et al. The small heat shock protein hsp25 is accumulated in P19 embryonal carcinoma cells and embryonic stem cells of line BLC6 during differentiation. Differentiation, 1992, 51 (1): 33 – 37.

[243] Jordon PA. Determination of proliferation index in advanced ovarian cancer using quantitative image analysis. Am J Clin Pathol, 1993, 13: 187 – 192.

[244] Kassem M, Mosekilde L, Rungby J, et al. Formation of osteoclasts and osteoblast – like cells in long – term human bone marrow cultures. APMIS, 1991, 99 (3): 262 – 268.

[245] Kassem M, Risteli L, Mosekilde L, et al. Formation of osteoblast – like cells from human mononuclear bone marrow cultures. APMIS, 1991, 99 (3): 269 – 274.

[246] Kepley C, Craig S, Schwartz L. Purification of human basophils by density and size alone. J Immunol Methods, 1994, 175 (1): 1 – 9.

[247] Khatib ZA, Inaba T, Valentine M, et al. Chromosomal localization and cDNA cloning of

the human DBP and TEF genes. Genomics, 1994, 23 (2): 344 -351.

[248] Kiraly K, Lapvetelainen T, Arokoski J, et al. Application of selected cationic dyes for the semiquantitative estimation of glycosaminoglyeans in histological sections of articular cartilage by microspectrophotometry. Histochem J, 1996, 28 (8): 577 -590.

[249] Kirchgesser M, Dahlmann N. A colorimetric assay for the determination of acid nucleoside triphosphatase activity. J Clin Chem Clin Biochem, 1990, 28 (6): 407 -411.

[250] Kleiner DE, Stetler - Stevenson WG. Quantitative zymography: detection of picogram quantities of gelatinases. Anal Biochem, 1994, 218 (2): 325 -329.

[251] Klumper E, Pieters R, Kaspers GJ, et al. In vitro chemosensitivity assessed with the MTT assay in childhood acute non - lymphoblastic leukemia. Leukemia, 1995, 9 (11): 1864 -1869.

[252] Koechli OR, Schaer GN, Sevin BU, et al. In vitro chemosensitivity of paclitaxel and other chemotherapeutic agents in malignant gestational trophoblastic neoplasms. Anticancer Drugs, 1995, 6 (1): 94 -100.

[253] Koenig ML, Rothbard PM, DeCoster MA, et al. N - acetyl - aspartylglutamate (NAAG) elicits rapid increase in intraneuronal $Ca^{2+}$ in vitro. Neuroreport, 1994, 5 (9): 1063 -1068.

[254] Krishnan EC, Krishnan L, Schweiger GD, et al. Quantitative assay for the radiosensitivity of malignant melanomas. Melanoma Res, 1994, 4 (3): 151 -155.

[255] Kubota T. Metastatic models of human cancer xenografted in the nude mouse: the importance of orthotopic transplantation. J Cell Biochem, 1994, 56 (1): 4 -8.

[256] Kurbacher CM, Mallmann P, Kurbacher JA, et al. Chemosensitivity testing in gynecologic oncology. Experiences with an ATP bioluminescence assay. Geburtshilfe Frauenheilkd, 1996, 56 (2): 70 -78.

[257] Lim F, Sun AM. Microencapsulated islets as bioartificial endocrine pancreas. Science, 1980, 210 (4472): 908 -910.

[258] Liotta LA. Tumor invasion and metastases: role of the basement membrane. Warner - Lambert Parke - Davis Award lecture. Am J Pathol, 1984, 117 (3): 339 -348.

[259] Lohi J, Tani T, Leivo I, et al. Expression of laminin in renal - cell carcinomas, renal - cell carcinoma cell lines and xenografts in nude mice. Int J Cancer, 1996, 68 (3): 364 -371.

[260] Lunardi - Iskandar Y, Bryant JL, Zeman RA, et al. Tumorigenesis and metastasis of neoplastic Kaposi's sarcoma cell line in immun odeficient mice blocked by a human pregnancy hormone. Nature, 1995, 375 (6526): 64 -68.

[261] Macera MJ, Verma RS, Conte RA, et al. Mechanisms of the origin of a G - positive band within the secondary constriction region of human chromosome 9. Cytogenet Cell

Genet, 1995, 69 (3 -4): 235 -239.

[262] Macpherson I, Stoker M. Polyoma transformation of hamster cell clones - an investigation of genetic factors affecting cell com petence. Virology, 1962, 16: 147 -151.

[263] Matsui Y, Zsebo K, Hogan BL. Derivation of pluripotential embryonic stem cells from murine primordial germ cells in culture. Cell, 1992, 70 (5): 841 -847.

[264] Meek RL, Bowman PD, Daniel CW. Establishment of mouse embryo cells in vitro. Relationship of DNA synthesis, senescence and malignant transformation. Exp Cell Res, 1977, 107 (2): 277 -284.

[265] Mogel M, Kruger E, Krug HF, et al. A new coculture - system of bronchial epithelial and endothelial cells as a model for studying ozone effects on airway tissue. Toxicol Lett, 1998, 96 -97: 25 -32.

[266] Morikawa N, Iwata H, Matsuda S, et al. Encapsulation of mammalian cells into synthetic polymer membranes using least toxic solvents. J Biomater Sci Polym Ed, 1997, 8 (8): 575 -586.

[267] Mosmann T. Rapid colorimetric assay for cellular growth and survival: application to proliferation and cytotoxieity assays. J Immunol Methods, 1983, 65 (1 -2): 55 -63.

[268] Murthy MS, Scanlon EF, Jelachich ML, et al. Growth and metastasis of human breast cancers in athymic nude mice. Clin Exp Metastasis, 1995, 13 (1): 3 -15.

[269] Nielsen HI, Don P. Culture of normal adult human melanocytes. Br J Dermatol, 1984, 110 (5): 569 -580.

[270] Ochiai A, Emura M, Riebe - Imre M, et al. Secretory differentiation and cell type identification of a human fetal bronchial epithelial cell line (HFBE). Virchows Arch B Cell Pathol Incl Mol Pathol, 1991, 61 (3): 217 -226.

[271] Oku H, Yamashita M, Iwasaki H, et al. Further optimization of culture method for rat keratinocytes: titration of glucose and sodium chloride. In Vitro Cell Der Biol Anita, 1999, 35 (2): 67 -74.

[272] Onishi M, Mui AL, Morikawa Y, et al. Identification of an oncogenic form of the thrombopoietin receptor MPL using retrovirus - mediated gene transfer. Blood, 1996, 88 (4): 1399 -1406.

[273] Park DS, Park JS, Yeon DS. The effects of laminin on the characteristics and differentiation of neuronal cells from epidermal growth factor - responsive neuroepithelial cells. Yonsei Med J, 1998, 39 (2): 130 -140.

[274] Pharr T, Olah I, Bricker J, et al. Characterization of a novel monoclonal antibody, EIV - E12, raised against enriched splenic ellipsoid - associated cells. Hybridoma, 1995, 14 (1): 51 -57.

[275] Polejaeva IA, Reed WA, Bunch TD, et al. Prolactin - induced termination of obligate

diapause of mink (Mustela vison) blastocysts in vitro and subsequent establishment of embryonic stem - like cells. J Reprod Fertil, 1997, 109 (2): 229 - 236.

[276] Price P, McMillan TJ. Use of the tetrazolium assay in measuring the response of human tumor cells to ionizing radiation. Cancer Res, 1990, 50 (5): 1392 - 1396.

[277] Prokop A, Hunkeler D, Dimari S, et al. Water soluble polymers for immunoisolation I: complex coacervation and cytotoxicity. Adv Polym Sci, 1998, 136: 1 - 52.

[278] Pu YS, Hsieh TS, Tsai TC, et al. Tamoxifen enhances the chemosensitivity of bladder carcinoma cells. J Urol, 1995, 154 (2 Pt 1): 601 - 605.

[279] Puck TT, Cieciura SJ, Robinson A. Genetics of somatic mammalian cells. III. Long - term cultivation of euploid cells from human and animal subjects. J Exp Med, 1958, 108 (6): 945 - 956.

[280] Rathjen PD, Toth S, Willis A, et al. Differentiation inhibiting activity is produced in matrix - associated and diffusible forms that are generated by alternate promoter usage. Cell, 1990, 62 (6): 1105 - 1114.

[281] Repesh LA. A new in vitro assay for quantitating tumor cell inva sion. Invasion Metastasis, 1989, 9 (3): 192 - 208.

[282] Rhyu MS. Telomeres, telomerase, and immortality. J Natl Cancer Inst, 1995, 87 (12): 884 - 894.

[283] Rudbach JA, Cantrell JL, Ulrich JT. Methods of immunization to enhance the immune response to specific antigens in vivo in preparation for fusions yielding monoclonal antibodies. Methods Mol Biol, 1995, 45: 1 - 8.

[284] Safa AR, Tseng MT. Isolation and preparation of colonies grown on soft agar for ultrastructural investigation. J Microsc, 1983, 130 Pt 1: 119 - 122.

[285] Sager R. Tumor suppressor genes in the cell cycle. Curr Opin Cell Biol, 1992, 4 (2): 155 - 160.

[286] Sato M, Murao K, Mizobuchi M, et al. Nick translation of mammalian DNA. Biochem Biophys Acta, 1979, 56: 155 - 166.

[287] Sawhney AS, Pathak CP, Hubbell JA. Modification of islets of langerhans surfaces with immunoprotective poly (ethylene glycol) coatings via interracial photopolymerization. Biotechnol. Bioeng, 1994, 44: 383 - 386.

[288] Schmitz B, Radbruch A, Kummel T, et al. Magnetic activated cell sorting (MACS) - a new immunomagnetic method for megakaryocytic cell isolation: comparison of different separation techniques. Eur J Haematol, 1994, 52 (5): 267 - 275.

[289] Scudiero DA, Shoemaker RH, Paull KD, et al. Evaluation of a soluble tetrazolium/formazan assay for cell growth and drug sensitivity in culture using human and other tumor cell lines. Cancer Res, 1988, 48 (17): 4827 - 4833.

[290] Sefton MV, Dawson RM, Brougton RL, et al. Microencapsulation of mammalian cells in a water – insoluble polyacrylate by coextrusion and interfacial precipitation. Biotechnol Bioeng, 1987, 29: 1135 – 1143.

[291] Sen S, Sen P, Mulac – Jericevic B, et al. Microdissected double – minute DNA detects variable patterns of chromosomal localizations and multiple abundantly expressed transcripts in normal and leukemic cells. Genomics, 1994, 19 (3): 542 – 551.

[292] Shay JW, Wright WE. Quantitation of the frequency of immortalization of normal human diploid fibroblasts by SV40 large T – antigen. Exp Cell Res, 1989, 184 (1): 109 – 118.

[293] Shen SB, Tu M, Lu DY. Developmental potential of mouse primitive ectoderm cells following blastocyst injection. Shi Yan Sheng Wu Xue Bao, 1988, 21 (2): 189 – 199.

[294] Shepherd Hs. Random primer labeling of DNA in high melting point agaross gel slices for chemiluminescent detection. Biotechniques, 1992, 12: 80.

[295] Shimomura Y, Suzuki F. Cultured growth cartilage cells. Clin Orthop Relat Res, 1984, 184: 93 – 105.

[296] Simmer RCM. Insuline – like growth factors and blastocysts development. Theriogenology, 1993, 39: 163 – 175.

[297] Smith TA, Hooper ML. Medium conditioned by feeder cells inhibits the differentiation of embryonal carcinoma cultures. Exp Cell Res, 1983, 145 (2): 458 – 462.

[298] Soulieres D, Rousseau A, Tardif M, et al. The radiosensitivity of uveal melanoma cells and the cell survival curve. Graefes Arch Clin Exp Ophthalmol, 1995, 233 (2): 85 – 89.

[299] Stachowski J, Barth C, Lewandowska – Staehowiak M, et al. Flow cytometric analysis of urine lymphocytes isolated from patients with renal transplants – purification of urine lymphocytes. J Immunol Methods, 1998, 213 (2): 145 – 155.

[300] Stausbol – Gron B, Nielsen OS, Moller BS, et al. Selective assessment of in vitro radiosensitivity of tumour cells and fibroblasts from single tumour biopsies using immunocytochemical identification of colonies in the soft agar clonogenic assay. Radiother Oncol, 1995, 37 (2): 87 – 99.

[301] Strojek RM, Reed MA, Hoover JL, et al. A method for cultivating morphologically, undifferentiated embryonic stem cells from porcine blastocysts. Theriogenology, 1990, 33 (4): 901 – 913.

[302] Subramanian M, Madden JA, Harder DR. A method for the isolation of cells from arteries of various sizes, J Tiss Cult Meth, 1991, 13: 13 – 20.

[303] Suemori H, Nakatsuji N. Establishment of the embryo – derived stem cell lines from mouse blastocysts: Effects of the feeder cell layer. Development Growth and Differ,

1987, 29 (2): 133 - 139.

[304] Sukoyan MA, Vatolin SY, Golubitsa AN, et al. Embryonic stem cells derived from morulae, inner cell mass, and blastocysts of mink: comparisons of their pluripotencies. Mol Reprod Dev, 1993, 36 (2): 148 - 158.

[305] Sullivan FJ, Carmichael J, Glatstein E, et al. Radiation biology of lung cancer. J Cell Biochem Suppl, 1996, 24: 152 - 159.

[306] Taghian A, DuBois W, Budach W, et al. In vivo radiation sensitivity of glioblastoma multiforme. Int J Radiat Oncol Biol Phys, 1995, 32 (1): 99 - 104.

[307] Terranova VP, Hujanen ES, Loeb DM, et al. Use of a reconstituted basement membrane to measure cell invasiveness and select for highly invasive tumor cells. Proc Natl Acad Sci USA, 1986, 83 (2): 465 - 469.

[308] Thomas - Cavallin M, Ait - Ahmed O. The random primer labeling technique applied to in situ hybridization on tissue sections. J Histochem Cytochem, 1988, 36 (10): 1335 - 1340.

[309] Thomson JA, Itskovitz - Eldor J, Shapiro SS, et al. Embryonic stem cell lines derived from human blastocysts. Science, 1998, 282 (5391): 1145 - 1147.

[310] Todaro GJ, Green H. Quantitative studies of the growth of mouse embryo cells in culture and their development into established lines. J Cell Biol, 1963, 17: 299 - 313.

[311] Tomita N, Jiang W, Hibshoosh H, et al. Isolation and characterization of a highly malignant variant of the SW480 human colon cancer cell line. Cancer Res, 1992, 52 (24): 6840 - 6847.

[312] Tsuchiya R. Isolation of ICM - derived cell colonies from sheep blastocysts. Theriogenology, 1994, 41: 321 - 340.

[313] Tsujita K, Shiraishi T, Kakinuma K. Microspectrophotometry of nitric oxide - dependent changes in hemoglobin in single red blood cells incubated with stimulated macrophages. J Biochem (Tokyo), 1997, 122 (2): 264 - 270.

[314] Van der Loo JC, Ploemacher RE. Marrow - and spleen - seeding efficiencies of all murine hematopoietic stem cell subsets are decreased by preincubation with hematopoietic growth factors. Blood, 1995, 85 (9): 2598 - 2606.

[315] Venaille TJ, Misso NL, Phillips MJ, et al. Effects of different density gradient separation techniques on neutrophil function. Scand J Clin Lab Invest, 1994, 54 (5): 385 - 391.

[316] Villas BH. Flow cytometry: an overview. Cell Vis, 1998, 5 (1): 56 - 61.

[317] Vray B, Plasman N. Separation of murine peritoneal macrophages using Percoll density gradients. J Immunol Methods, 1994, 174 (1 - 2): 53 - 59.

[318] Watkins AM, Chan PJ, Kalugdan TH, et al. Analysis of the flow cytometer stain Ho-

echst 33342 on human spermatozoa. Mol Hum Reprod, 1996, 2 (9): 709 - 712.

[319] Rajyalakshmi M, Kumar R. Monoclonal antibodies to Plasmodium falciparum and their characterization. Hybridoma, 1995, 14 (1): 59 - 66.

[320] Webber MM. Cytopathic effects in primary epithelial cultures derived from the human prostate. Invest Urol, 1976, 13 (4): 259 - 270.

[321] Wilkins L, Gilchrest BA, Szabo G, et al. The stimulation of normal human melanocyte proliferation in vitro by melanocyte growth factor from bovine brain. J Cell Physiol, 1985, 122 (3): 350 - 361.

[322] Wobus AM, Grosse R, Schoneich J. Specific effects of nerve growth factor on the differentiation pattern of mouse embryonic stem cells in vitro. Biomed Biochim Acta, 1988, 47 (12): 965 - 973.

[323] Wobus AM, Holzhausen H, Jakel P, et al. Characterization of a pluripotent stem cell line derived from a mouse embryo. Exp Cell Res, 1984, 152 (1): 212 - 219.

[324] Wu JZ, Situ ZhQ, Chen JY, et al. Chemosensitivity of Salivary gland and oral cancer cell lines. Chin Med J, 1992, 12 (4): 304 - 306.

[325] Yamada KM, Geiger B. Molecular interactions in cell adhesion complexes. Curr Opin Cell Biol, 1997, 9 (1): 76 - 85.

[326] Yeom YI, Fuhrmann G, Ovitt CE, et al. Germline regulatory element of Oct - 4 specific for the totipotent cycle of embryonal cells. Development, 1996, 122 (3): 881 - 894.

[327] Yousaf SI, Carroll AR, Clarke BE. A new and improved method for 3′ - end labelling DNA using [alpha - 32p] ddATP. Gene, 1984, 27 (3): 309 - 313.

[328] Roux W. Beitragezur morphologic der funktionnellen anspassung. Arch Anat Physiol Anat Abt, 1885, 9: 120 - 158.

[329] Harrison RG, Greenman MJ, Mall FP, et al. Observations of the living developing nerve fiber. The Anatomical Record, 1907, 1 (5): 116 - 128.

[330] Carrel A. On the permanent life of tissues outside of the organism. The Journal of experimental medicine, 1912, 15 (5): 516 - 528.

[331] Carrel A, Ebeling AH. Survival and growth of fibroblasts in vitro. The Journal of experimental medicine, 1923, 38 (5): 487 - 497.

[332] Rous P, Jones FS. A method for obtaining suspensions of living cells from the fixed tissues, and for the plating out of individual cells. The Journal of experimental medicine, 1916, 23 (4): 549 - 555.

[333] Earle WR. A technique for the adjustment of oxygen and carbon dioxide tensions and hydrogen ion concentration in tissue cultures planted in carrel flasks. Arch Exp Zl, 1934, 16: 116.

[334] Sanford KK, Earle WR, Likely GD. The growth in vitro of single isolated tissue cells.

Journal of the National Cancer Institute, 1948, 9 (3): 229 - 246.

[335] Hanks JH, Wallace RE. Relation of oxygen and temperature in the preservation of tissues by refrigeration. Experimental Biology and Medicine, 1949, 71 (2): 196 - 200.

[336] Dulbecco R. Production of plaques in monolayer tissue cultures by single particles of an animal virus. Proceedings of the National Academy of Sciences of the United States of America, 1952, 38 (8): 747.

[337] Parker RC, Healy GM, Fisher DC. Nutrition of animal cells in tissue culture: vii. Use of replicate cell cultures in the evaluation of synthetic media. Canadian journal of biochemistry and physiology, 1954, 32 (3): 306 - 318.

[338] Eagle H. The specific amino acid requirements of a mammalian cell (strain L) in tissue culture. Journal of Biological Chemistry, 1955, 214 (2): 839 - 852.

[339] Eagle H. Amino acid metabolism in mammalian cell cultures. Science, 1959, 130 (3373): 432 - 437.

[340] Ham RG. An improved nutrient solution for diploid Chinese hamster and human cell lines. Experimental cell research, 1963, 29 (3): 515 - 526.

[341] Ham RG. Clonal growth of mammalian cells in a chemically defined, synthetic medium. Proceedings of the National Academy of Sciences of the United States of America, 1965, 53 (2): 288.

[342] Gey GO, Coffman WD, Kubicek MT. Tissue culture studies of the proliferative capacity of cervical carcinoma and normal epithelium. Cancer research. 1952, 12 (4): 264 - 265.

[343] Hayflick L, Moorhead PS. The serial cultivation of human diploid cell strains. Experimental cell research, 1961, 25 (3): 585 - 621.

[344] Wiktor TJ, Fernandes MV, Koprowski H. Cultivation of rabies virus in human diploid cell strain WI - 38. The Journal of Immunology, 1964, 93 (3): 353 - 366.

[345] Harris H, Watkins JF. Hybrid cells derived from mouse and man: artificial heterokaryons of mammalian cells from different species. Nature, 1965, 205: 640 - 646.

[346] Illmensee K, Mintz B. Totipotency and normal differentiation of single teratocarcinoma cells cloned by injection into blastocysts. Proceedings of the National Academy of Sciences, 1976, 73 (2): 549 - 553.

[347] Darnell JE. Variety in the level of gene control in eukaryotic cells. Nature, 1982, 297: 365 - 371.

[348] Weinberg RA. Oncogenes, antioncogenes, and the molecular bases of multistep carcinogenesis. Cancer Research, 1989, 49 (14): 3713 - 3721.

[349] Butler M. Mammalian cell biotechnology. A practical approach. IRL Press, 1991.

[350] Venter JC, Adams MD, Myers EW, et al. The sequence of the human genome. sci-

ence, 2001, 291 (5507): 1304 - 1351.

[351] Robinson JT, Thorvaldsdóttir H, Winckler W, et al. Integrative genomics viewer. Nature biotechnology, 2011, 29 (1): 24 - 26.

[352] Atala A. Methods of tissue engineering. Gulf Professional Publishing, 2002.

[353] Haycock JW. 3D cell culture: a review of current approaches and techniques 3D Cell Culture. Humana Press, 2011: 1 - 15.

[354] Mark KVD, Gauss V , Mark HVD, et al. Relationship between cell shape and type of collagen synthesised as chondrocytes lose their cartilage phenotype in culture. Nature, 1977, 267 (5611): 531 - 532.

[355] Baker BM, Chen CS. Deconstructing the third dimension - how 3D culture microenvironments alter cellular cues. Journal of cell science, 2012, 125 (13): 3015 - 3024.

[356] Abbott A. Cell culture: biology′s new dimension. Nature, 2003, 424 (6951): 870 - 872.

[357] Benya PD, Shaffer JD. Dedifferentiated chondrocytes reexpress the differentiated collagen phenotype when cultured in agarosegels. Cell, 1982, 30 (1): 215 - 224.

[358] Kenny PA, Lee GY, Myers CA, et al. The morphologies of breast cancer cell lines in three - dimensional assays correlate with their profiles of gene expression. Molecular oncology, 2007, 1 (1): 84 - 96.

[359] Gordeev AA, Chetverina HV, Chetverin AB. Planar arrangement of eukaryotic cells in merged hydrogels combines the advantages of 3 - D and 2 - D cultures. Biotechniques, 2012, 52 (5): 325.

[360] Petersen TH, Calle EA, Zhao L, et al. Tissue - engineered lungs for in vivo implantation. Science, 2010, 329 (5991): 538e41.

[361] Li WJ, Laurencin CT, Caterson EJ, et al. Electrospunnanofibrous structure: a novel scaffold for tissue engineering. Journal of biomedical materials research, 2002, 60 (4): 613 - 621.

[362] Kumar G, Tison C K, Chatterjee K, et al. The determination of stem cell fate by 3D scaffold structures through the control of cell shape. Biomaterials, 2011, 32 (35): 9188 - 9196.

[363] Kumar G, Waters MS, Farooque TM, et al. Freeform fabricated scaffolds with roughened struts that enhance both stem cell proliferation and differentiation by controlling cell shape. Biomaterials, 2012, 33 (16): 4022 - 4030.

[364] Caicedo - Carvajal CE, Liu Q, Remache Y, et al. Cancer tissue engineering: a novel 3D polystyrene scaffold for in vitro isolation and amplification of lymphoma cancer cells from heterogeneous cell mixtures. Journal of tissue engineering, 2011, 2011: 362326.

[365] Tung YC, Hsiao AY, Allen SG, et al. High - throughput 3D spheroid culture and drug

testing using a 384 hanging drop array. Analyst, 2011, 136 (3): 473 – 478.

[366] Jaganathan H, Gage J, Leonard F, et al. Three – dimensional in vitro co – culture model of breast tumor using magnetic levitation. Scientific reports, 2014, 4 (4): 100.

[367] Morabito C, Steimberg N, Mazzoleni G, et al. RCCS bioreactor – based modelled microgravity induces significant changes on in vitro 3D neuroglial cell cultures. Bio Med research international, 2015, 20: 1 – 14

[368] Leheup BP, Federspiel SJ, Guerry – Force ML, et al. Extracellular matrix biosynthesis by cultured fetal rat lung epithelial cells. I. Characterization of the clone and the major genetic types of collagen produced. Lab Invest, 1989, 60 (6): 791 – 807.

[369] Laurence SL, Andri R, Rebekah P, et al. Effect of dispase denudation on amniotic membrane. Molecular Vision, 2009, 15 (2): 1962 – 1970.

[370] Van der Valk J. Brunner D. De Smet K, et al. Optimization of chemically defined cell culture media – replacing fetal bovine serum in mammalian in vitro methods. Toxicology in Vitro: An International Journal Published in Association with BIBRA, 2010, 24 (4): 1053 – 1063.

[371] Keen MJ, Rapson NT. Development of a serum – free culture medium for the large scale production of recombinant protein from a Chinese hamster ovary cell line. Cytotechnology, 1995, 17 (3): 153 – 163.

[372] Li Y, Powell S, Brunette E, et al. Expansion of human embryonic stem cells in defined serum – free medium devoid of animal – derived products. Biotechnology and Bioengineering, 2005, 91 (6): 688 – 698.

[373] Cardoso TC, Teixeira MC, Fachin N, et al. Evaluation of serum – and animal protein – free media for the production of infectious bronchitis virus (M41) strain in a continuous cell line. Altex, 2005, 22 (3): 152 – 156.

[374] Huang YM, Hu W, Rustandi E, et al. Maximizing productivity of CHO cell – based fed – batch culture using chemically defined media conditions and typical manufacturing equipment. Biotechnology Progress , 2010, 26 (5): 1400 – 1410.

[375] Mazurkova NA, Desheva IUA, Shishkina LN, et al. Use of plant – origin components in roller cultivation of vaccine reassortant influenza virus strain H5N2. Zh Mikrobiol Epidemiol Immunobiol, 2011, 2: 88 – 92.

[376] Rourou S, van der Ark A, van der Velden T, et al. Development of an animal – component free medium for vero cells culture. Process Bioch, 2009, 25 (6): 1752 – 1761.

[377] Iwata K, Asawa Y, Nishizawa S, et al. The development of a serum – free medium utilizing the interaction between growth factors and biomaterials. Biomaterials, 2012, 33 (2): 444 – 454.

[378] Song C, Sanford EE, Ming P. Coculture of synovium - derived stem cells and nucleus pulposus cells in serum - free defined medium with supplementation of transforming growth factor - beta1: a potential application of tissue - specific stem cells in disc regeneration. Spine (Phila Pa 1976), 2009, 34 (12): 1272 - 1280.

[379] Peramo A, Marcelo CL, Feinberg SE. Tissue engineering of lips and muco - cutaneous junctions: in vitro development of tissue engineered constructs of oral mucosa and skin for lip reconstruction. Tissue Eng Part C Methods, 2012, 18: 273 - 282.

[380] Wang Z, Weng Y, Lu S, et al. Osteoblastic mesenchymal stem cell sheet combined with Choukroun platelet - rich fibrin induces bone formation at an ectopic site. J Biomed Mater Res B Appl Biomater, 2015, 103: 1204 - 1216.

[381] Li P, Zhang Y, Wang YM, et al. RCCS enhances EOE cell proliferation and their differentiation into ameloblasts. Mol Biol Rep, 2012, 39: 309 - 317.

[382] Dutt K, Cao Y. Attachment to cytodex beads enhances differentiation of human retinal progenitors in 3 - D bioreactor culture. Curr Stem Cell Res Ther, 2011, 6: 350 - 361.

[383] Shafiee A, Atala A. Printing Technologies for Medical Applications. Trends Mol Med, 2016, 22: 254 - 265.

[384] Burg KJ, Boland T. Minimally invasive tissue engineering composites and cell printing. IEEE Eng Med Biol Mag, 2003, 22: 84 - 91.

[385] Mandrycky C, Wang Z, Kim K, et al. 3D bioprinting for engineering complex tissues. Biotechnol Adv, 2016, 34 (4): 422 - 434.